Natur und Begriff

Wolfgang Neuser

Natur und Begriff

Zur Theoriekonstitution und Begriffsgeschichte von Newton bis Hegel

2. Auflage

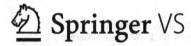 Springer VS

Wolfgang Neuser
Kaiserslautern, Deutschland

ISBN 978-3-658-15141-6   ISBN 978-3-658-15142-3   (eBook)
DOI 10.1007/978-3-658-15142-3

Die Deutsche Nationalbibliothek verzeichnet diese Publikation in der Deutschen National-
bibliografie; detaillierte bibliografische Daten sind im Internet über http://dnb.d-nb.de abrufbar.

Springer VS
1.Aufl.: © Stuttgart, Metzler, 1995
2.Aufl.: © Springer Fachmedien Wiesbaden 2017
Lektorat: Frank Schindler

Gedruckt auf säurefreiem und chlorfrei gebleichtem Papier

Springer VS ist Teil von Springer Nature
Die eingetragene Gesellschaft ist Springer Fachmedien Wiesbaden GmbH
Die Anschrift der Gesellschaft ist: Abraham-Lincoln-Str. 46, 65189 Wiesbaden, Germany

Für Nikolaus und Valentin

Vorwort zur 2. Auflage

Seit Erscheinen der ersten Auflage von *Natur und Begriff* haben die Fragen der Theorienkonstitution und Begriffsgeschichte in verschiedenen Wissenschaften an Bedeutung gewonnen. In Philosophie und Kulturwissenschaft sowie in der Wissenschaftsgeschichte und -theorie liefern die metaphysischen und ideengeschichtlichen Überlegungen zur Genese und Entwicklung von Begriffen und Theorien einen Ansatz, um historische Begriffe systematisch einordnen zu können. In den Informations- und Kognitionswissenschaften bietet der Blick in eine „Archäologie der Begriffe" das Material, um die Vielfalt der Interpretationsmöglichkeiten von Begriffen bei Kommunikationsprozessen zwischen Menschen, Maschinen oder Mensch und Maschine zu verstehen.

Die 2. Auflage von *Natur und Begriff,* die nun im Nachdruck der vergriffenen ersten Auflage wieder vorgelegt wird, stellt Vorüberlegungen zu einer Theorie der Begriffsgeschichte vor, die ich in *Wissen begreifen*[1] in einer philosophischen Theorie der Wissensgesellschaft weiter ausgeführt habe. Kernpunkt dabei ist „das dialektische Schema der Begriffsentfaltung" als „Grundlage für die Theorienentwicklung"[2], um unser Begreifen der Welt im Detail zu verstehen und zu nutzen. *Natur und Begriff* beleuchtet die Theorien- und Begriffsentwicklung durch einzelne historische Studien zur naturphilosophischen Auseinandersetzung vom Beginn der modernen Naturwissenschaft bei Newton bis zum Ende der Aufklärung im Deutschen Idealismus. Die Begriffsentwicklung war in der Neuzeit in Folge ihres subjekttheoretisch begründeten Wissensbegriffs weitgehend stabil (im Gegensatz zu den posttraditionellen Übergangsepochen der Renaissance und des Umbruchs seit ca. 1830), sodass diese stabile Phase erlaubt, die Dynamik der Begriffe unter einer stabilen Rahmenstruktur eines Weltverständnisses zu untersuchen. Die

---

1 Neuser, W. (2013): Wissen begreifen, Springer, Wiesbaden.
2 Carrier, M. (1996): Rezension zu *Natur und Begriff* in Physikalische Blätter 52 Nr. 1, S. 56.

einzelnen historischen Beispiele zeigen im Sinne einer „Archäologie der Begriffe",
wie sich Bedeutungsverschiebungen, Differenzierungen und Verallgemeinerungen
von Begriffen im Rahmen einer weitgehend konsenten Metaphysik in einer inneren
Dynamik entfalten, die die Voraussetzungen unseres Wissens stiftet.

Inhalt

Vorüberlegungen zu einer Theorie der Begriffsgeschichte

Die klassischen Naturwissenschaften der Neuzeit treten mit dem Anspruch auf, daß ihre Theorien eine vollständige Erkenntnis der Natur ermöglichen. Dieser Anspruch ist zwar nicht von Anfang an einlösbar, weil Forschungen und Erkenntnisse ausstehen und Präzisierungen der Theorien nötig sind, aber es scheint, daß dies zumindest im Verlauf weiterer Forschung wenigstens weitgehend erreichbar ist. Bei diesem Forschungsprogramm gibt es zumindest eine Konstante für die klassischen Naturwissenschaften der Neuzeit: das wissenschaftlich-methodische Programm Newtons (1642- 1727). An ihm orientieren sich die mathematischen Naturwissenschaften bis heute. Auch Disziplinen, deren Gegenstände nicht im engeren Sinne zur Physik zählen, wie Chemie, Biologie, zum Teil auch die Human- und Sozialwissenschaften, finden ihr *Methodenideal* häufig im Wissenschaftsprogramm Newtons. Dieses Programm muß deshalb mit einer beachtlichen Flexibilität in der Deutung seiner Grundbegriffe ausgelegt sein. Diese Flexibilität der Grundbegriffe liegt in der Auffassung und Handhabung der inhaltlichen Bedeutungen der Begriffe: Bereits im 18. und 19. Jahrhundert kann selbst für den harten Kern der physikalischen Disziplinen, für die Newtons Programm im engeren Sinne formuliert wurde, nicht von einer *inhaltlichen Konstanz* der theoretischen Annahmen gesprochen werden. Vielmehr sind die Grundbegriffe der Newtonschen Physik selbst jederzeit Modifikationen unterworfen und unterliegen in jeder Interpretation einer modifizierten Deutung. Bedeutungsverschiebungen in den Begriffen der naturwissenschaftlichen Theorien machen nachgerade die Entwicklung der Naturwissenschaften der Neuzeit aus. Solche Bedeutungsverschiebungen ergeben sich im 18. und 19. Jahrhundert in der Diskussion zwischen Naturwissenschaften und Philosophie. Diese Veränderungen in den naturwissenschaftlichen Theorien und Begriffen stellen das empirische Material dar, an dem wir studieren können, wie Vorgaben und Konnotationen der naturwissenschaftlichen Begriffe unseren Umgang mit der Natur und unsere Einschätzung der Natur prägen und nachhaltig bestimmen. Eben dies soll in den hier vorliegenden Studien versucht werden. An

1

Fallbeispielen sollen Entwicklungen der neuzeitlichen Naturwissenschaften nach-
gezeichnet werden, und in Vorüberlegungen zu einer Theorie der Begriffsgeschichte
sollen Rahmenbedingungen für eine *Wissenschaftsdarstellung in philosophischer
Absicht* untersucht werden, die Entwicklungsgesetze der Wissenschaften auf Entwicklungen von Begriffen wissenschaftlicher Theorien zurückführt.[1]

1   Das erkenntnistheoretische Problem

Was ist der Gegenstand der Naturphilosophie und des wissenschaftlichen Denkens?
Der wissenschaftliche Gegenstand der Philosophie ist das Denken. Gegenstand des
philosophischen Denkens ist also das Denken selbst. Gegenstand dieses philosophisch gedachten Denkens können entweder der Geist und seine Produkte sein
oder aber die dem Geist äußerlichen Gegenstände, die Natur. Naturwissenschaften
hingegen haben die dem Geist äußeren Gegenstände direkt zu ihrem wissenschaftlichen Objekt. Ihr Objekt ist nicht das Nachdenken über die äußere Natur.
Naturphilosophie betrachtet das Denken, sofern es einen Gegenstand denkt, der
dem Geist äußerlich ist. Denken hat dabei immer die Aufgabe, eine Orientierung
des Menschen in der Welt zu ermöglichen. In den vorliegenden philosophischen
Studien ist der wissenschaftliche Gegenstand deshalb das Denken selbst, soweit
es Naturgegenstände denkt; unser wissenschaftlicher Gegenstand ist das Denken,
das ein Naturobjekt oder ein Naturereignis denkt.

Wir richten uns in einer Welt ein, die selbst ihrem Wesen und ihrer Erscheinung
nach ein dynamischer Prozeß ist, in dem es keine festen und unveränderbaren
Strukturen oder gar ein festes Fundament gibt. Die Welt, die wir als ein Ganzes
erleben, das aus zahlreichen Objekten besteht, ist die bloße Folge von Struktur-
bildungen, deren wir uns im Denken über die Welt gewiß werden. Das Wesen der
Welt ist permanentes Werden. Wir richten uns darin ein, indem wir aufgrund
unseres Erlebens dieser Welt – intuitiv oder reflektiert – Gesetzmäßigkeiten folgern
und daraus weitere Folgen und Entwicklungen der Welt antizipieren, oder besser:
entwerfen. Diese Gesetzmäßigkeiten machen unser Begreifen der Welt aus. Sie sind
in Begriffen geronnen. Wir haben augenblicklich einen Bedeutungsgehalt präsent,
wenn wir einen Begriff nennen. Die Gesetzmäßigkeit und das Perennierende an
der im ständigen Prozeß befindlichen Welt haben wir unausgesprochen, aber klar
vor Augen. Das Aufnehmen von Gesetzmäßigkeiten von Welt geschieht vor dem
Hintergrund einer vorsinnlichen, vorrationalen und vorbegrifflichen Anschau-

---

1   Cf. Neuser, W. (1993a).

ung, einer Imaginatio, die eine produktive Anschauung von der Welt ist und die jeweilige Erfahrung auf dem Hintergrund von Vorbegriffen repräsentiert.[2] Diese vorsinnliche und vorrationale Imaginatio von der Welt ist freilich nicht im Sinne einer Einbildungskraft zu verstehen, die sich etwas vorstellt, das immer schon vor ihr da war, sondern es ist eine Einbildungskraft in dem Sinne, daß sie sich mit dem Bewußtwerden der Welt als ein bildhaftes Bewußtsein selbst konstituiert. Diese Imaginatio stellt einen bildlichen (aber keinen sinnlichen) und vorbegrifflichen Hintergrund des Erkennens dar. Diese vorrationale und vorbegriffliche Anschauung stellt eine intellektuelle Präsenz von Bildern dar, die vorbegriffliche Konzepte repräsentiert. Sie ist ein vorrationales Bewußtsein, sofern das Bewußtsein noch keine differenzierte Einzelbestimmung der Welt und der Begriffe von der Welt vorgenommen hat. Es ist gleichsam im Moment der Aufmerksamkeit das durch Überlieferung und Vorbildung vorstrukturierte, aber noch nicht ausdifferenzierte, bildhafte Wahrnehmen der Welt in komplexen Zusammenhängen. Diese vorrationale Anschauung ist kein Irrationales. Die Bilder und das Gesamtbild des vorrationalen Bewußtseins haben keine scharfen Konturen, weil Konturen und Grenzen erst mit der Fähigkeit des Verstehens zu unterscheiden, zu definieren, logisch zu verknüpfen und auf das Bild der vorbegrifflichen Anschauung zurückzuverweisen, eintreten. Das rationale Denken strukturiert den diffusen Gegenstand des Bildbewußtseins und schafft damit Begriffe. Diese Begriffe sind immer schon mit sinnhaften Notationen verknüpft. Die Anschauung ist immer zugleich mit den Begriffen da. Die einzelnen Begriffe stellen sinnhafte Ausschnitte aus dem Bild dar, das das vorrationale Bewußtsein augenblicklich hat. Sie sind Ausschnitte aus einem Ganzen des Denkens. Die Begriffe und ihre innere Logik bilden unsere Weltbilder im Denken. Die Begriffe als Ergebnis einer Logik des Denkens sind intersubjektiv und insofern für eine Zeit und für eine Epoche in gewissen Grenzen allgemeingültig. Die Gren-

---

2 Fellmann, F. (1991) spricht von einem produktiven Bildbewußtsein im Kontext der Brunoschen Philosophie. Er interpretiert das Bildbewußtsein subjektiv. Im Kontext meiner Überlegungen wird Bildbewußtsein aber als eine objektive Voraussetzung unseres Denkens geltend gemacht, weil es die einzige Möglichkeit ist, einen Einstieg in Wissen zu erlangen. *Imaginatio* kommt dem Begriff der Anschauung als Komplement zur *intuitio* zu. Beide Komponenten machen aus, was Anschauung ist. Anschauung im Kantschen Sinne ist dabei die Übersetzung von Begriffen in die bildhafte Darstellung. Imaginatio hier jedoch beschreibt den umgekehrten Vorgang: die vorrationale und unbestimmte, aber vor einem inneren »Sinn« präsente Summe individueller und intersubjektiver Erfahrung, die in den Begriff umzusetzen ist. Schelling, F. W. J (1988), 35 spricht von einer produktiven Anschauung. Cf. auch Hegel, G. W. F (1970f, 10, §§ 4; 5, 6f. Im Sinne von Veranschaulichungen benutzt Hertz, H. (1894), 67ff *Bilder der Vorstellung.* Dies ist im Kontext dieses Kapitels hier nicht gemeint. Cf. aber auch Bruno, G. (1879-1891), I, 4, 32 (summa terminorum metaphysicorum).

zen ihrer Allgemeingültigkeit liegen in der Logik der Begriffe selbst. Eine Summe solcher Begriffe macht unsere Theorien aus, die damit selbst ein Ausschnitt aus dem Gesamtbild des vorrationalen Bewußtseins sind, wenn auch ein umfassenderes als die einzelnen Begriffe. Weltbilder und Theorien zielen darauf, dieses Ganze des Gesamtbildes des vorsinnlichen und vorrationalen Bewußtseins zu erfassen.

Da die vorrationale vorbegriffliche Anschauung die Grundlage für das Denken darstellt, können die auf den Gegenstand dieser Imaginatio bezogenen Begriffe in dem Grenzbereich ihrer Bedeutungen differieren – und zwar für ganze Epochen oder auch Individuen einer Epoche. Dennoch sind die Grundstrukturen an die Bedingungen logischer Gesetzmäßigkeiten gebunden und insofern für jeden und in jeder Epoche überkommen. Die Begriffe folgen einer inneren Logik, die dadurch bestimmt ist, daß die Grenzbestimmung und der eingegrenzte Bedeutungsgehalt aufeinander abgestimmt sind. Form und Inhalt des Begriffs müssen, um die Intention der Imaginatio zu erfüllen, einerseits übereinstimmen, aber sie können diese Übereinstimmung wegen der Ausgrenzung, die in den Begriff gehört, andererseits nie erreichen. Gleiche Begriffe können wegen der vorbegrifflichen Anschauung und des darin liegenden unbestimmten Bildes variierende Ausgrenzungen haben. Diese möglichen Ausgrenzungen sind latente und nicht ausgesprochene Bedeutungsgehalte und gehören zur latenten inneren Logik des Begriffs. Diese Ausgrenzungen können historisch – und müssen aus systematischen Gründen – ausdifferenziert werden. Darin liegt eine Reaktion des begrifflichen Denkens darauf, daß der Gegenstand der Imaginatio unbegrenzt und deshalb nicht zu fassen ist. Eine vollständige Erkenntnis, insbesondere dessen, was das Ganz-Andere des Geistes ist, der Natur, ist in einem objektiven Sinne niemals möglich. Das Objekt des Begriffs ist ständig bestrebt, sich dem Begriff zu entziehen. Die fortschreitende Differenzierung des Begriffs ist ein Versuch des Denkens, diesem sich Entziehen des Objektes zu begegnen. Das Objekt aber ist prinzipiell nicht zu fassen, weil die Objekte, die die Welt sind, prozeßhaft im Bewußtsein sind und die Imaginatio deshalb konturenlose Bilder enthält, die durch den Begriff erst begrenzt werden sollen. Die Dialektik des Begriffs, die die fortwährende Differenzierung der inneren Logik des Begriffs darstellt, ist deshalb eine Konsequenz der Prozeßhaftigkeit der Welt. Oder anders formuliert: Da wir keine unzweifelhaft sichere Erkenntnis der Welt haben können, interpretieren wir den tastenden Versuch, Welt zu erkennen und diese im Begriff zu fassen, als das gleiche wie die Prozeßhaftigkeit der Welt.

2 Das logische Problem

Da sich das Objekt dem Begreifen entzieht, das Begreifen aber dessen gewahr wird und anstrebt, dieses Entziehen zu berücksichtigen, enthält der Begriff latente Anteile, die nicht formulierbar sind. Sie stellen die Antwort auf die Unmöglichkeit vollständiger Erkenntnis dar. Dieser latente Begriffsanteil der Begriffe bedarf der Interpretation. Die Mittel der Techniken der Deutung latenter Begriffskomponenten sind die der dialektischen Begriflfsexplikation. Theorien sind die komplexe Vermittlung möglichst aller Begriffe einer Weltinterpretation. Auf der Ebene der Theorien wird die Frage nach der Einheitlichkeit der Welt und der Konsistenz des Denkens beantwortet. Da die Welt in stetem prozeßhaftem Wandel begriffen ist, kann das Denken, um die vorbegriffliche Anschauung von der Welt zu begreifen, nur mit einem *Entwurf der Logik* der Welt reagieren. Die *Logik des Entwurfs* ist die Logik von Begriffen, die in ständigem Selbstbestimmungsprozeß das Sich-Entziehen eines prozeßhaften Objektes zu unterlaufen bestrebt sind. Wenn die Welt die immer gleiche ist, so deshalb, weil unser Entwurf der Welt der immer gleichen Logik folgt. Gleichwohl können die einzelnen Begriffe unterschiedlich sein, sie folgen aber immer der gleichen Logik des Entwurfs. Der Unterschied der Begriffe liegt in der in ihnen unterschiedlich vorliegenden Differenzierung des Bildes aus der vorrationalen, vorbegrifflichen Anschauung. Zu unterschiedlichen Epochen wird es deshalb unterschiedliche Begriffe geben, d. h. es liegen unterschiedliche Ausdifferenzierungen der Begriffe vor. Freilich gibt es eine selbststabilisierte Beziehung zwischen unserem Entwurf in den Begriffen und den historischen und sozialen Kontextbedingungen einer Epoche. Was wir als Entwicklung der Wissenschaften beobachten, ist tatsächlich die Entwicklung dieser Ausdifferenzierung der Begriffe. Die Begriffe und ihre Ausdifferenzierungen folgen den gleichen logischen Gesetzen, die in allen Epochen wiederkehren. Es sind nicht die individuellen Wahrnehmungen, die uns die Theorien von der Welt liefern, sondern es sind die überkommenen Begriffe und die ihnen zugrundeliegende Logik, mit denen und gegen die wir unser Bild von der Welt schaffen. Gleichwohl gibt es trotz der Nötigung zur Ausdifferenzierung in der historischen Entwicklung kein Ziel eines Fortschritts der Erkenntnis. Die Vorstellung einer iterativen Annäherung an ein zukünftiges Ziel menschlicher Erkenntnis ist eine nicht begründbare Fiktion. Zu einer gegebenen Zeit ist in der Gesamtheit der Begriffe alles immer da – auch wenn es nicht explizit in einzelnen Begriffen gefaßt wird. Deshalb ist auch nicht immer der gesamte Bedeutungskomplex verfügbar. Nur was explizit im Begriff aufgefaßt wird, ermöglicht den rationalen Umgang mit der Welt. Einen Fortschritt gibt es nicht im Sinne einer Anreicherung. Fortschritt tritt immer nur als eine Umorganisation von Begriffsstrukturen von bestehenden

Weltbildern auf, oder als das Bedürfnis, aufgrund veränderter Erfahrungen andere Bedeutungskomponenten von Begriffen stärker zu gewichten.

Die *Logik der Entwürfe* hat zwei Aufgaben zu bewältigen: Einerseits muß sie die Ganzheit des konturenlosen Bildes, das Gegenstand der vorrationalen vorbegrifflichen Anschauung ist, als Ganzes fassen. Dies bewältigt sie durch eine rekursive Logik, in der das Ganze sich als Matrix der mannigfaltigen Bestimmtheiten erweist, die ihrerseits in wechselseitigem Bezug aufeinander und auf das Ganze das Ganze und sich selbst konstituieren. Andererseits bedarf das Denken einer Linearisierung der Argumentation und der Reduktion auf einfache Bestimmungen, d. h. auf Begrenzungen des Bildes unseres vorsinnlichen und vorrationalen Bewußtseins von der Welt in separate Einzelbilder, die wir als Begriffe haben. Wissenschaftliches Denken ist also einmal als Deutung in die vorbegriffliche Anschauung hinein einer interpretatorischen Methodik verbunden und andererseits mit der Ausdifferenzierung der inneren Logik der Begriffe einer analytischen linearen Methodik verbunden. Dabei laufen zwei methodische Tendenzen einander entgegen und müssen zugleich als einander ergänzend zusammengenommen werden: Die Absicht, die Welt vollständig und korrekt als Ganzes zu beschreiben, wird im Begriff in Form positiver Bestimmungen des Begriffs erfüllt, und der Differenzierung wird durch Ausgrenzung alles übrigen Rechnung getragen. Der Begriff ist so die ganze beschreibbare Welt, die entweder in der positiven Begriffsbedeutung oder dem negativen Ausschluß angesprochen wird. Gleichzeitig ist die Beschränkung auf die Bestimmungen des Begriffs als den positiven Inhalt des Begriffs eine Reduktion auf in linearer Abfolge strukturierte Kategorien. Das Streben nach dem Erfassen des ganzen Bildes der vorbegrifflichen Anschauung führt zu einem Identitätsmodell für die innere Struktur des Begriffs. Die Informationsreduktion führt zur analytischen Betrachtung der Welt. Die *Logik der Entwürfe* setzt dabei anstelle eines ontologischen oder metaphysischen Absoluten ein rein formales Ganzes an den Anfang. Die zyklische Selbstreferentialität wird ebenso thematisiert wie die lineare Folgeargumentation. Das Denken ist so ein projektives Entwerfen von Welt und damit möglicher Folgen von Handlung in der Welt unter Festhalten der Gesetzmäßigkeiten von Welt – exakter: des Entwurfs der Gesetzmäßigkeiten von Welt. Dieses Denken muß einem formalen Verfahren folgen, welches, das Ganze analysierend und zugleich als Ganzes festhaltend, eine Linearisierung der Beziehungen der Argumentationsebenen, die das Ganze konstituieren, vornehmen muß, das zugleich aber diese Linearisierung nur als einen unzulänglichen Entwurf des Ganzen auffassen und unbegrenzt die Elemente des Ganzen in ihren möglichen Kombinationen durchspielen muß, da die Konstitution des Ganzen nur in dieser unendlichen Kombinatorik erreicht würde. Nur die Vielfalt aller (unendlichen) Möglichkeiten wäre das Ganze selbst. Die *Logik der Entwürfe* besteht darin, daß unser Denken einer unentrinnbaren Bezogenheit von Sinnzusammenhängen unterliegt, der wir nicht ausweichen können und die unsere Art, Welt zu strukturieren, unveränderbar erzwingt. Dieses Erzwingen liegt in einer Logik, die einerseits rekursiv und andererseits durch die historisch vorliegenden Begriffsgefüge geprägt ist. Dabei wird versucht, ein unbestimmtes Ganzes mit Hilfe des Verstandes durch Unterteilung operabel zu machen. Die produktive vorbegriffliche Anschauung differenziert ein zuvor undifferenziertes Bild von der Welt. Diese Beziehung zwischen dem undifferenzierten Ganzen, dem Bild, und den verständigen Unterteilungen machen aus, was als rekursive Logik die Selbstreferentialität der Elemente und des Ganzen bestimmt. Rationales Denken und Bild sind so aufeinander abgestimmt und selbstorganisiert. Die *Logik des Entwurfs* hat jener Nicht-Verstehbarkeit Rechnung zu tragen, die darin besteht, daß Begriffe immer nur Teilausschnitte des Ganzen sind und mithin an den Grenzen der Begriffe ein prinzipiell nicht aufklärbarer Bereich bestehen bleibt. Die logischen Grenzen der Verschiebungsmöglichkeiten von Bedeutungsgehalten eröffnen uns unsere historisch möglichen Wirkungen und unsere Wirksamkeit: Wir können das Ganze auch anders zerteilen, aber wir können es nicht in jeder Hinsicht anders zerteilen. Die Logik des Zerteilens ist unveränderlich.

Welchen Erklärungswert hat eine solche Interpretation wissenschaftlichen Denkens? Die Welt läßt sich in ihrer Komplexität nicht direkt im Rahmen eines statisch abgeschlossenen Systems oder Theorienkomplexes in allen ihren Aspekten erklären. Vielmehr muß man eine Abgrenzung der prinzipiell im jeweils definierten Begriff nicht erfaßten Teile der Wirklichkeit vornehmen. Diese Differenz zwischen Bestimmtheit und Unbestimmtheit im Begriff ist der Grund für eine Gesetzmäßigkeit bei der Entwicklung der Begriffe, die darin besteht, daß der Begriff permanent seine Grenze in sich enthält und damit den Widerspruch seiner selbst. Über diese Grenzbestimmung kann man eine Abschätzung des nicht in diesem Begriff enthaltenen, ihm komplementären Inhalts vornehmen und damit dann die notwendige Beziehung von eingeschränktem und spezifiziertem Begriff auf die Ganzheit der Wirklichkeit leisten. Dieses dialektische Verfahren bedeutet, daß der jeweils komplementär umkehrbar eindeutig analytische Bedeutungsgehalt eines Begriffs mit der Struktur zugleich gedacht wird, die für das, was negativ ausgeschlossen werden soll, steht. Damit werden der begriffliche Gehalt und die Grenzen des Begriffs zugleich gedacht. Dialektik ist also hier der Versuch, eine prinzipiell nicht erfaßbare Wirklichkeit als logisch mögliche Wirklichkeit zu begreifen, indem sie *ex negativo* beschrieben wird und zugleich positiv als Bedeutungsgehalt der Begriffe interpretiert wird. Der Ausschluß von logisch spezifizierten Begriffsinhalten wird als Grenze des Begriffs, die Teil des Begriffs ist, verstanden.

Aus diesen Gründen ist es sinnvoll zu untersuchen, wie sich Begriffe in der Geschichte des Denkens entwickeln und wie sie sich in der historischen Abfolge von

Epochen ausdifferenzieren. Begriffsgeschichte behandelt gleichsam das empirische Material, an dem wir lernen können, nach welchen Gesetzen das Denken äußerer Gegenstände abläuft und wie Wissenschaft logisch funktioniert. Wissenschaft ist das institutionalisierte System einer rationalen Begrenzung innerhalb der konturenlosen Bilder unseres vorrationalen Bewußtseins, die zum Begriff führt. Selbstverständlich ist das nicht die Selbstsicht der Wissenschaften der klassischen nach-newtonschen Periode. Vielmehr meint die Wissenschaft der Aufklärung, im Besitz einer angemessenen Methode zu sein, um die Welt vollständig theoretisch begreifen und durch Induktion vollständig erfahren zu können. Überlegungen zu einer *Theorie der Begriffsgeschichte* sind dagegen ein Versuch, am historischen Material die tatsächlichen Veränderungen des Weltverständnisses der (Natur-) Wissenschaften der Neuzeit unabhängig von deren Selbstsicht zu erarbeiten.

3   Begriffsgeschichte – Theorien zur Entwicklung der Wissenschaften

Was bedeutet Begriffsgeschichte? Die Bedeutung von Begriffsgeschichte kann man in einem trivialen Sinne nehmen und den in der begrifflichen Betrachtung in Frage stehenden Begriff in seiner Bedeutung zu verschiedenen Zeiten darstellen. Geschichte wäre dann als Abfolge von Ereignissen begriffen, die keinerlei Gesetzmäßigkeiten folgt. Dazu braucht man keine These über den geschichtlichen Verlauf von Wissen und Wissenschaft. Als Ergebnis hätte man allerdings dann allenfalls die deskriptive Beschreibung von kulturellen Zusammenhängen aus der Sicht einer bestimmten Zeit. Wenn der diskutierte besondere Begriff zentral für die Weltvorstellung jener Zeit ist, könnten wir damit unter Umständen eine momentane kulturelle Identität der Zeit erfassen. Als Beispiel dafür böte sich der Kraftbegriff des 18. Jahrhunderts an. In nahezu allen Lebensbereichen, den Naturwissenschaften wie Medizin, Biologie, Chemie, Hydrodynamik, Magnetismus, Elektrizitätslehre bis hin zu Ästhetik, Ethik, Psychologie, Psychophysik und sogar zur Physikotheologie prägt dieser Begriff das grundlegende Verständnis der Welt.[3] Vergleichbares würde der Evolutionsbegriff des 19. Jahrhunderts, der Relativitätsbegriff zu Beginn des 20. Jahrhunderts und der Selbstorganisationsbegriff des ausgehenden 20. Jahrhunderts für die jeweilige Zeit leisten. Begriffsgeschichte kann aber auch mit einem sehr viel theoriehaltigeren Anspruch betrieben werden, etwa als eine spezielle Methode der Wissenschaftsgeschichtsschreibung.

---

3   Cf. Kapitel III.

Ein Konzept, in dem Begriffsgeschichte als ein Aufweis der Gesetzmäßigkeiten der Wissenschaftsgeschichte begriffen wird, stammt von dem Chemiker und Historiker Wilhelm Ostwald (1853-1932). Er hat die Aufgabe der Wissenschaftsgeschichtsschreibung bestimmt, indem er mit der Wissenschaftsgeschichtsschreibung den Anspruch verbunden hat, auch in der Wissenschaftsgeschichtsschreibung eine wissenschaftliche Disziplin zu haben, die einer rationalen Wissenschaft gerecht wird. Wie in jeder Wissenschaft gibt es – nach Ostwald – dabei drei Stadien der Entwicklung des *context of discovery,* einerseits das Sammeln und das Ordnen von Datenmaterial und andererseits die Interpretation der Daten in einer Theorie. Er schreibt:

>»Die Wichtigkeit dieses ersten Stadiums der Arbeit steht außer Zweifel, denn ohne zu wissen, wie es eigentlich gewesen ist, kann man nicht nach dem Übereinstimmenden suchen ... sowie aber aus dieser Sammlung des Materials sich die Übereinstimmungen der Einzelfälle bezüglich irgendwelcher gemeinsamen Verhältnisse erkennen lassen, beginnt das zweite Stadium, das in der Herausarbeitung der Übereinstimmungen besteht... Das Wesentliche ist immer das Allgemeine, und der Grad der Allgemeinheit kennzeichnet auch den Grad der Wichtigkeit.«[4]

Ostwald ergänzt 1887:

>»In der Entwicklung jeder Wissenschaft lassen sich drei Stufen unterscheiden. Die erste besteht in dem Kennenlernen der Objekte, die zweite in der systematischen Ordnung derselben, und die dritte in der Ermittlung der allgemeinen Gesetze, denen sie unterworfen sind. Diese Stufen werden nicht in der Weise erreicht, daß nach völliger Erledigung der ersten die zweite in Angriff genommen wird und so fort. Die Wissenschaft schreitet nicht in geschlossener Front vor.«[5]

Ostwald geht noch weiter, indem er sich (1909) den Gang der Geschichte der Wissenschaft vorstellt: Danach verläuft der gesetzmäßige Gang der Wissenschaften in historischem Verlauf sehr nahe mit der »logischen Entwicklung im Sinne einer beständigen Verallgemeinerung und Vertiefung der Probleme«. Der Grund dafür liegt nach Ostwald in einer »inneren Bedingung der wissenschaftlichen Produktion«[6].

Die Behauptung, die historische Aufarbeitung einzelner Begriffe der Naturwissenschaften habe gleichzeitig die logische Rekonstruktion der Begriffe zur Folge, hat eine Reihe gravierender Implikate. Ostwald spricht von dem »gesetzmäßigen Gang der Wissenschaften«, d. h. von einer Entwicklung von Wissenschaften gemäß einem oder mehreren Gesetzen, denen die Geschichte folgt. Das heißt, Ostwald setzt erstens

---

4   Ostwald, W. (1885), 1, Einleitung. Cf. Ostwald, W. (1985), 18f.
5   Ostwald, W. (1887), 3.
6   Ostwald, W. (1909), 173.

voraus, daß es überhaupt eine Entwicklung der Geschichte gibt, und zweitens wird die logische Entwicklung mit einer beständigen Verallgemeinerung und Vertiefung der Probleme verknüpft. Die logische Entwicklung der Wissenschaften ist – nach Ostwald – also eng verknüpft mit den Vorgehensweisen der Naturwissenschaften selbst. Naturwissenschaften scheinen danach ihre Begriffe ständig einer Verallgemeinerung zuzuführen, d. h. den Bedeutungsgehalt und den Geltungsbereich ihrer Begriffe auszudehnen. Ostwald sieht darin eine »Vertiefung der Probleme« der Wissenschaften selbst. Dies kann man so verstehen, daß die Differenziertheit der Begriffe vergrößert wird und damit die Probleme, die thematisch werden, genauer mit den Begriffen übereinstimmen, als das zuvor mit den weniger differenzierten Begriffen möglich und der Fall war. »Weniger genaue Begriffe« bedeuten, daß man eine Reihe von empirischen Fällen zunächst mit unter den Begriff fasst, aber dann sieht, daß die Behandlung eines Falles, d. h. insbesondere die Vorhersage aufgrund der Begriffe, nicht nach den für diese Begriffe vorgesehenen Prozeduren ablaufen kann. Die beständige Verallgemeinerung hat ihr Grenzen dort, wo die Homogenität des Bedeutungsgehaltes des Begriffs betroffen ist.[7]

Bei Ostwald finden wir also zwei Typen von Voraussetzungen für eine Begriffsgeschichte, die wir zu bedenken haben: erstens solche Voraussetzungen, die sich synchron mit dem Vorgehen von Wissenschaft einer bestimmten Zeit befassen. Wir müssen überlegen, wie Wissenschaft zu einer bestimmten und festen Zeit vorgeht. Dies werden wir für jeden Zeitpunkt unserer Betrachtung der Geschichte eines Begriffs untersuchen müssen, und gleichzeitig hängt von der Beantwortung der Frage, ob es ein gemeinsames Vorgehen der Wissenschaften aller Zeiten gibt, ab, ob wir Begriffsgeschichte in einem emphatischen Sinn als Theorie der Entwicklung der Wissenschaften betrachten können. Nur dann, wenn wir für jede Wissenschaft sagen können, daß sie an der Präzisierung ihrer Begriffe arbeitet, nur dann gibt es eine Geschichte der Begriffe. Zweitens haben wir einen Typ von Voraussetzungen, der sich diachron mit der Möglichkeit von Entwicklung der Geschichte beschäftigt. Nur wenn wir wenigstens eine gewisse Kontinuität in der Geschichte der Naturwissenschaften haben, macht es Sinn, eine Entwicklung in der Präzisierung der Begriffe zu konstatieren. Dann werden wir aber auch eine Gesetzmäßigkeit der Geschichte voraussetzen müssen und diese aufzuzeigen haben.[8]

---

7   Faßte man z. B. den Begriff *Vogel* so weit, daß auch Flughörnchen noch Vögel wären, – um ein Beispiel von Lamarck zu zitieren – so wird man spätestens bei der Beschreibung des Brutverhaltens eine Ausnahme (für das Flughörnchen) machen müssen. Die Präzisierung des Begriffs und die Homogenität des Begriffsinhaltes verlangt dann, die Flughörnchen aus der Begriffsbestimmung herauszunehmen.

8   Zur Ideengeschichte und ihren Problemen siehe die *Einführung* in: Lovejoy, A. O. (1985).

4 Wissenschaftsgeschichte

In den letzten Jahren hat es zahlreiche Versuche gegeben, Gesetzmäßigkeiten in der Entwicklung der Naturwissenschaften aufzuzeigen. An ihren Erklärungsversuchen sollen die Strukturen aufgesucht werden, die erklärungsbedürftige Erscheinungen der Wissenschaftsgeschichte aufzeigen. Unter den Theorien, die Wissenschaftsgeschichte auf eine wie auch immer geartete Gesetzmäßigkeit zurückführen wollen, lassen sich solche, die einen revolutionären Umbruch unterstellen (Kuhn, Koyre), von denen unterscheiden, die eine eher evolutionäre und kontinuierliche Entwicklung der Wissenschaftsgeschichte annehmen (Duhem), und solche, die an einen eher gemäßigten Übergang glauben, wie die Theorien von Epochen und Epochenschwellen (Blumenberg). Bei allen diesen Theorien ist keineswegs zwingend eine Entwicklung auf ein bestimmtes Ziel hin anzunehmen, etwa einen zunehmenden Fortschritt, auch wenn einige Autoren dies annehmen mögen, wie z. B. Kuhn. Das Datenmaterial der Wissenschaftsgeschichte gibt Hinweise sowohl auf kontinuierliche als auch auf diskontinuierliche Entwicklungsstufen der Wissenschaften und eine Erklärung der Gesetzmäßigkeit der Entwicklung der Wissenschaftsgeschichte muß beides berücksichtigen und erklären können. Sie muß das Medium angeben können, in dem eine sowohl kontinuierliche als auch diskontinuierliche Entwicklung stattfinden kann. Ein solches Medium ist der Begriff und eine *thematische Analyse* der Wissenschaftsgeschichte (Holton) führt zu einer inneren Logik der Begriffe.

a   Revolutionäre Umbrüche in den Wissenschaften

Nach T. S. Kuhn[9] schreitet die Wissenschaft in zwei Phasen fort: einer normalen und einer revolutionären Phase. Wissenschaft ist nach Kuhn der Versuch, Rätsel zu lösen, die sich ergeben, wenn man Beobachtungen erklären will und dazu naturwissenschaftliche Theorien heranzieht. Dieses *puzzle-solving* geschieht unter Heranziehen anerkannter Naturgesetze. Die Art, wie diese Rätsel gelöst werden, und das Instrumentarium zur Lösung, d. h. die Naturgesetze, machen das Paradigma aus. Diesem Paradigma folgen die Naturwissenschaften bei der Lösung der Rätsel. In Phasen normaler Wissenschaft wird versucht, unter Hinzuziehung des Paradigmas bislang ungeklärte Rätsel zu lösen. Eine gravierende Änderung des Paradigmas ist dabei ausgeschlossen. Allerdings gibt es immer wieder Rätsel, die nicht lösbar scheinen. Im Kontext des geltenden Paradigmas sind sie auch unlösbar.

---

9 Kuhn, T. S. (1967). Cf. Neuser von Oettingen, K. (1980). Eine völlig andere Auffassung
   von wissenschaftlicher Revolution hat Cohen, I. B. (1985).

Sie sind Anomalien in der normalen Wissenschaft. Durch stete Modifikation des Paradigmas wird versucht, eine Anpassung vorzunehmen, die jedoch nicht vollständig möglich ist. Dies geschieht so lange, bis ein neues Paradigma auftaucht, wie etwa Einsteins Überlegungen und Erklärungen der Raum-Zeit als Reaktion auf Newtons Äther- und Lichttheorie. Durch einen solchen Paradigmenwechsel wird eine neue Phase einer neuen normalen Wissenschaft eingeleitet. Es hat ein revolutionärer Umbruch stattgefunden. Dieser Umbruch läßt sich nicht rational erklären; er ist immer irrational, und die vorherige wissenschaftliche Meinung wird nur überwunden, indem sie mit ihren Vertretern ausstirbt. Es gibt keinen Übergang durch Überzeugung.[10] Kuhns Theorie wissenschaftlicher Revolutionen in den Naturwissenschaften hat vor allem einen Mangel: Sie kann die Umbrüche nicht rational erklären.

Überzeugend hat Kuhn aber gezeigt, daß die Wissenschaften in der Lage sind, ihre Konzepte innerhalb eines Paradigmas zu modifizieren. Kuhn kennt sowohl den revolutionären Umbruch als auch eine evolutionäre Entwicklung. Die revolutionäre Umbruchphase ist dadurch bestimmt, daß Theorien unterschiedlicher Herkunft und Aussagen nebeneinander bestehen können. In Phasen der normalen Wissenschaft wird nur noch eine in sich konsistente Theorie vertreten. Selbst Theorien mit unterschiedlichen Vorstellungen werden trotz widersprüchlicher Voraussetzungen ineinander eingearbeitet. Die Irrationalität des Paradigmenwechsels widerspricht freilich bei Kuhn der Kontinuität der Geschichte. Unplausibel bleibt, wieso dieser Paradigmenwechsel zustande kommt. Niemand entscheidet sich willkürlich für einen Wechsel. In jedem einzelnen Fall ist dies in der Wissenschaftsgeschichte motiviert. Wenn man den Begriff der Paradigmenwechsel gar zu eng fasst, gibt es die Tendenz, jede noch so kleine Veränderung bereits als eine revolutionäre Veränderung einzustufen.

Auch Alexander Koyre neigt dazu, in der Geschichte der Wissenschaften revolutionäre Veränderungen anzunehmen. Insbesondere hat er Übergänge vom Mittelalter zur Frühneuzeit untersucht und dabei eine grundlegende Änderung der *geistigen Haltung* beider Epochen herausgearbeitet. Koyre hebt hervor, daß

---

10   Sneed und Stegmüller haben diese Vorstellung der Entwicklung von Wissenschaft formalisiert, indem sie das Paradigma mit einem Theorienkern und Theorienerweiterungen identifizierten. Theorienkerne können nicht – ohne Verlust des Charakters der Theorie – modifiziert werden. Theorienerweiterungen können erweitert werden. Revolutionäre Umbrüche gehen dann mit dem Wechsel des Theorienkerns einher. Theorienkerne und Theorienerweiterungen entsprechen theoretischen Termen, die mit empirischen Befunden geordnet korreliert sind. Auf diese Weise wird Kuhns Theorie im Kontext herkömmlicher Wissenschaftstheorie interpretierbar. Sneed, J. D. (1971) und Stegmüller, W. (1973).

die übliche Position der Wissenschaftsgeschichtsschreibung sei, daß z. B. das 17. Jahrhundert eine radikale geistige Revolution erlebt und vollzogen habe, die sowohl in den modernen Naturwissenschaften wurzelt, als auch Anlaß für die modernen Naturwissenschaften gab. Koyre erwähnt mehrere Möglichkeiten, diese Wandlung darzustellen: Einerseits behaupten Historiker, daß es eine Säkularisierung des Bewußtseins gibt, in der eine Abwendung von transzendentalen Zielen zu immanenten Zwecken prägend gewesen sei. Das heißt, die Sorge um die andere Welt wird durch die Beschäftigung mit dem Leben in dieser Welt ersetzt. Eine andere Position bemerkt den Wandel darin, daß die Menschen die wesentliche Subjektivität des menschlichen Bewußtseins neu entdeckten. Die antike objektive Haltung wird durch die Subjektivität der Moderne ersetzt. Die dritte Möglichkeit besteht darin, zu zeigen, wie das alte Ideal der *vita contemplativa* dem der *vita activa* Raum gibt. Der antiken reinen Kontemplation der Natur und des Seins tritt in der Moderne der Dominanz- und Herrschaftswunsch des Menschen entgegen. Diese Beschreibungen des Überganges vom Mittelalter zur Neuzeit sind nach Koyre nur Begleiterscheinungen und Ausdruck eines Prozesses, in dem der Mensch seinen Ort in der Welt verlor und nicht nur die fundamentalen Begriffe und Attribute ändern mußte, sondern das gesamte Gefüge seines Denkens. Dieser Wandlung schreibt Koyre die fundamentalen Änderungen zu, die den Übergang vom Mittelalter zur Frühneuzeit markieren. Sie sind die Ursache für die Zerstörung des Kosmos, d. h. dafür, daß die Vorstellung einer endlichen, geschlossenen und hierarchisch geordneten Welt destruiert wurden. Sie wurden ersetzt durch ein grenzenloses und sogar unendliches Universum, dessen Zusammenhalt in der Identität seiner fundamentalen Bestandteile und in den Gesetzen der Beziehungen dieser fundamentalen Bestandteile besteht. Alle Bestandteile dieser Welt werden auf derselben Stufe des Seins angesiedelt. Dabei werden Wertvorstellungen wie Vollkommenheit, Harmonie, Bedeutung und Zweck aufgegeben, und es geschieht eine völlige Entwertung des Seins. Die Welt der Werte und die Welt der Fakten werden geschieden. Koyre sieht also im Übergang vom Mittelalter zur Frühneuzeit vor allem eine Zerstörung der Vorstellung vom geschlossenen Kosmos zugunsten einer Infinitisierung des Universums. Dies ist eine grundlegende Wandlung der Haltung des Menschen im Übergang vom Mittelalter zur Frühneuzeit. Die wissenschaftliche Revolution ist keineswegs die Wurzel dieses Umbruchs, sondern nur ein Teil einer grundlegenden Revolution des Seins des Menschen.[11]

Koyre geht also in einem gewissen Sinn bereits weiter als Kuhn, insofern er die wissenschaftlichen Veränderungen nunmehr als einen kleinen Teil der Veränderungen der gesamten Lebenswelt, insbesondere aber der Haltung des Menschen

---

11 Cf. Koyre, A. (1980), 11ff.

zur Welt betrachtet. Die wissenschaftliche Revolution geht hier mit einer philosophischen Revolution einher.[12] So überzeugend Koyre die »Verunendlichung« der
Welt in Einzelstudien zeigen konnte, so bleibt doch ungelöst, wie und in welchem
Zeitraum solche Wandlung stattfindet und inwiefern überhaupt ein Umschwung
zeitlich markiert werden kann. Ist es nicht vielmehr so, daß der Umschwung über
längere Zeit stattfand? Ist es nicht vielmehr so, daß diese Übergangsphase ihrerseits
eine eigene Epoche darstellt?

b   Evolutionen in den Wissenschaften

Der bedeutendste Vertreter einer evolutionären Entwicklung der Wissenschaft ist
Pierre Duhem (1861-1916). Duhem, selbst theoretischer Physiker, verstand Wissenschaftsgeschichtsschreibung als einen Versuch der Selbstverständigung des
aktiven Naturwissenschaftlers. Wissenschaftsgeschichtsschreibung ist mit einem
systematischen Interesse an Naturwissenschaften verbunden. »Die Darlegung der
Geschichte eines physikalischen Prinzips bedeutet gleichzeitig die logische Analyse
desselben.«[13] Aus diesem Grund ist Duhems Theorie der Wissenschaftsgeschichte
eng verbunden mit seiner Theorie der Entstehung naturwissenschaftlicher Theorien. Zwei Elemente prägen die Theoriebildung, einmal die theoretische Erklärung
und zum anderen der beschreibende Teil, der die Beobachtung enthält. Beide
sind wechselseitig voneinander abhängig. Sie sind allerdings nur auf eine sehr
schwache Weise miteinander verbunden. Die Kontinuität in der Geschichte der
Naturwissenschaften wird durch die Weitergabe von Beobachtungen durch die Zeit
tradiert. Nicht Erklärung, sondern Beobachtungen sind das Konstitutivum für die
Geschichte. Diese Beobachtungen führen zu einer »naturgemäßen Klassifikation«,
die ein »Bild oder Reflex der wirklichen Ordnung« ist.[14] Der beschreibende Teil der
Theorie und der erklärende Teil sind in der Regel nur durch eine sehr schwache
Verbindung verknüpft. Diese Verknüpfung ist häufig nur scheinbar, gelegentlich
auch nur durch einen ausschließenden Widerspruch gegeben, in der geschichtlichen
Entwicklung der Naturwissenschaften wird dann der Erklärungsteil der Theorie
geändert, nicht aber der beschreibende Teil der Wissenschaften.

»Wenn die Fortschritte der experimentellen Physik eine Theorie umstoßen, wenn sie
erfordern, daß sie geändert oder umgewandelt werde, geht der rein beschreibende

---

12   Cf. auch Sarnowsky, J. (1989), 1ff.
13   Duhem, E (1978).
14   Duhem, P. (1978), 35.

Teil fast vollständig in die neue Theorie über, indem er ihr die Erbschaft von alledem Übermacht, was die alte Theorie an Kostbarem besaß, während der erklärende Teil wegfällt, um einer anderen Erklärung Platz zu machen. So überträgt jede physikalische Theorie durch eine stetige Überlieferung der ihr folgenden den Teil der naturgemäßen Klassifikation, den sie aufstellen konnte«.[15]

In diesem Sinne hat Duhem eine Kontinuität zwischen der mittelalterlichen Naturwissenschaft und der der Neuzeit behauptet. Danach wurden durch allmähliche Veränderung und Vervollkommnung die naturwissenschaftlichen Errungenschaften des Mittelalters in die der frühen Neuzeit transformiert. So geht etwa Newtons Theorie auf kontinuierliche Modifikationen der Impetustheorie zurück. Die Freiheiten von Theoriebildung sind in einem solchen Konzept von Wissenschaftsgeschichte einerseits durch das überlieferte Material eingeschränkt, und andererseits bedeutet dies, daß die neuen Theorien durch die alten vorbereitet sind – sie liegen in der Luft und sind an der Zeit. Erklärungen, die früher aus den Theorien eliminiert wurden, können deshalb später ein heuristisches Potential für neue Theorien besitzen. Duhems Konzept hat vor allem seine Grenze darin, daß eine angemessene Erklärung für neu auftauchende Beobachtungen und für das Vergessen von Beobachtungen fehlt.[16]

Eine jüngere elaborierte Theorie der Evolution in der Wissenschaftsgeschichte stammt von Stefan Toulmin[17]. Er formuliert eine evolutionäre Entwicklung der Wissenschaft in Anlehnung an Darwins Evolutionstheorie und versteht die Entwicklung als eine organische Evolution. Auch in der Wissenschaftsgeschichte sei der Ausleseprozeß entscheidend für den Fortbestand der Theorien. In der Vermittlung vom Lehrer zum Schüler finde die Auslese statt. Analog zu Darwins Modell finden wir bei Toulmin weder abrupte Brüche noch eine eindeutige Übereinstimmung der individuell vertretenen Theorien.

»Wissenschaft ... entwickelt sich als Ergebnis eines zweifachen Prozesses: In jedem Stadium zirkuliert ein Pool von wetteifernden intellektuellen Varianten, und in jeder Generation ist ein Selektionsprozeß am Werk, durch den bestimmte dieser Varianten akzeptiert und der betreffenden Wissenschaft einverleibt werden, um an die nächste Generation von Forschern als integrales Element der Tradition weitergegeben zu werden.«[18]

---

15 Duhem, P. (1978), 38.
16 Cf. auch Crombie, A. C. (1977), 451f.
17 Toulmin, S. (1978).
18 Toulmin, S. (1978), 265.

Toulmin unterscheidet dabei Theorien, die sich rasch ändern (diffuse Theorien) von solchen, die sich nicht rasch ändern (kompakte Theorien).

c   Epochentheorie

Hans Blumenberg[19] beschreibt die Geschichte als eine Abfolge von Epochen, die von Epochenschwellen an der Epochenwende unterbrochen sind. Epochen werden im Fortgang der Wissenschaften charakteristisch durch kontinuierliche Kriterien beschreibbar. Wissenschaftsgeschichte ist dabei nur ein Spezialfall von Geschichte, d. h. was für Geschichte gilt, muß auch für die Wissenschaftsgeschichte gelten. Dabei ist für Blumenberg entscheidend, daß etablierte Systeme von sich aus dazu neigen, sich selbst zu stabilisieren, indem sie sich selbst ein Instrumentarium zu ihrer Absicherung bzw. ihrer Erweiterung schaffen. Dazu gehört insbesondere jede Form von Begründung. Wissenschaft ist eine solche Form der Absicherung des Systems. Diese Stabilisierungstendenz des Systems hat dann umgekehrt zur Folge, daß Inkonsistenzen des Systems ständig aus einem immanenten Rigorismus heraus aufgesucht werden müssen und gerade die abgelegenen Inkonsistenzen und die marginalen Unstimmigkeiten zu Zweifel und Widerspruch in dem konsolidierten Feld der Erklärung eines Systems führen. Und so erzwingt die Erkenntnis, d. h. die Erklärung und Selbststabilisierung des Systems, die Preisgabe ihrer Voraussetzungen und die Einführung elementarer neuer Annahmen. Da die Erkenntnis ein Instrument der Selbststabilisierung eines Systems ist, muß die Vorstellung der Epoche von der Möglichkeit der Erfahrung her begriffen werden, die einer Epoche zur Verfügung steht. Epoche muß sich auf einen »konstanten Bezugsrahmen beziehen« lassen, wodurch die »Erfordernisse« einer Epoche definiert werden können: Neues in der Geschichte steht unter der Strenge einer vorgegebenen Erwartung und vorgegebener Bedürfnisse. Wie und was bislang gefragt wurde, muß auch von dem Neuen abgedeckt werden. Das Minimum an Identität einer Epoche liegt deshalb in der »Umbesetzung«, d. h. in der Eigenart der Epoche, »differente Aussagen als Antworten auf identische Fragen verstehen zu können«. Dabei werden Modifikationen wie Ausdehnungen oder Schrumpfungen bestimmter Fragen immer nur dieser einen Epoche zugeschrieben. In einer anderen Epoche erscheinen diese Modifikationen als Dogmatik oder »Phantastische Redundanz«. Die Identität einer Epoche definiert sich also durch die Kontinuität der in ihr gestellten Fragen. Epochenwenden können sich – weil Geschichte immer in permanenter Veränderung besteht – nur durch »gehäufte und beschleunigte Bewegung« auszeichnen. Diese Bewegungen

---

19 Blumenberg, H. (1976), 7ff. Cf. auch Herzog, R. und Koselleck, R. (1987).

sind in der Epochenwende ausgerichtet. Fragestellungen, die für das ganze System oder aber doch große Teile davon in einem »strukturellen gegenseitig abhängigen Verbund« stehen und einseitig gerichtet sind, führen in der Epochenschwelle dazu, daß etwas definitiv entschieden ist. Für die Epochenschwelle muß sich zeigen lassen, daß »da etwas ist, was nicht wieder aus der Welt geschafft werden kann, daß eine Unumkehrbarkeit hergestellt ist.« Mit Absicht definiert Blumenberg die Epoche und den Wandel in der Epochenschwelle so unpräzise und diffus, damit der Begriff universell und für alle historischen Zeiten verfügbar wird. Auch die Vorstellung von der Epoche und der Epochenwende kann letztlich nicht angeben, worin genau und wie der Umschwung stattfindet. Ein Medium, das die Kontinuität trägt, läßt sich ebenfalls nicht angeben.[20]

d   Erweiterungen und Gegenkonzepte

Modifikationen oder auch Gegenkonzepte sind die Reaktionen von Wissenschaftshistorikern und Philosophen auf diese beiden Grundannahmen der evolutionären und revolutionären Entwicklung von Wissenschaft. In der Regel werden dabei (einige) Entdeckungen beider Konzepte akzeptiert, aber die Entwicklungsmodalitäten werden unterschiedlichen Orten im erkenntnistheoretischen Prozeß zugewiesen.

Fritz Krafft[21] spricht von einem *historischen Erfahrungsraum*, um den Übergang vom Mittelalter zur Neuzeit in der Renaissance zu kennzeichnen. Der historische Erfahrungsraum wird durch die in der Zeit jeweils vorgegebenen »philosophischen und sprachspezifischen, theologischen und ideologischen, sozialen und politischen, technischen, wirtschaftlichen und andere Komponenten« geprägt. Der historische Erfahrungsraum bestimmt den Standpunkt des einzelnen. Dieser Erfahrungsraum ist für die Art und Weise der Erfahrung, wie auch deren Deutung, spezifisch. Die so neu erworbenen Erfahrungen prägen den je neu entstehenden historischen Erfahrungsraum. Die Veränderungen entstehen durch kleine Schritte, ohne die Kommunikation der Wissenschaftler dabei zu stören. Gelegentliche Veränderungen in großen Schritten jedoch verhindern dann das »gleichartige Verstehen der Erfahrung desselben Vorgangs«. Dabei geht der neue Erfahrungsraum – so Krafft – nicht unmittelbar aus dem alten hervor. Unterschiedliche Disziplinen können eine gewisse zeitliche Phasenverschiebung bei der Entwicklung ihres historischen Erfahrungsraumes haben. Bei Krafft scheint die Entwicklung völlig kontingent zu

---

20 Schmidt-Biggemann, W. (1991) reflektiert die Rolle und die Probleme einer Begriffsgeschichte des Begriffs *Geschichte*.

21 Krafft, F. (1989).

sein, und das Medium der Entwicklung scheint die Erfahrung zu sein, wie wohl es doch eigentlich um die Erklärung des *Verstehens* in den Naturwissenschaften gehen soll.

Jürgen Mittelstraß[22] versucht in einer konstruktiven Begründungstheorie, das Geschehen in den Wissenschaften historisch zu rekonstruieren und Philosophie als ein kritisches Element im Umgang mit der Welt geltend zu machen. Diese Philosophie will gestalten. Dazu versucht Mittelstraß aufzuzeigen, wie Wissenschaft funktioniert. Wissenschaft institutionalisiert Wissen, deshalb muß es darum gehen zu zeigen, wie sich Wissen konstituiert. Wissen wird als eine pragmatische Rekonstruktion theoretischer und vortheoretischer Intentionen konstruiert. Diese Intentionen legen wir bewußt oder unbewußt in die Begrifflichkeiten. Sie werden in der Interaktion des Menschen mit der Lebenswelt entwickelt. In einer konstruktiven Begriffstheorie wird das Wissen von der außerhalb unseres Begriffs gelegenen Welt konstituiert. Theorien und theoretische Vorstellungen sollen nicht mit letzter Sicherheit begründet werden, sondern in einer Rekonstruktion vortheoretischer Praxiszusammenhänge sollen die rationalen Gründe theoretischer Modelle angegeben werden. Solche Theorien sind prinzipiell revidierbar. Als Gründungsvoraussetzung für Wissenschaft und Wissen eignen sich danach nicht die Annahmen, daß das Leben vollständig verständlich sei, daß alles Wissen auf eine empirische Basis zurückgehe oder sich aus einer a priori-Deduktion begründen ließe. Theorien sind in ihrem pragmatischen Lebenszusammenhang vielmehr ein Geflecht von Vorstellungen, von Realität, Begriff und Erfahrung. Realität ist dabei keineswegs immer schon jenseits jeden Wissens vorhanden, und Begriffe sind nicht nur in unserem Bewußtsein. Die Begriffe sind vielmehr ein Teil der Konstruktion, die wir vornehmen, wenn wir Unterscheidungen am Gegenstand vornehmen und die so Unterschiedenen untereinander in ihrer Beziehung untersuchen. Diese exemplarische Unterscheidung bei der Begriffsbildung geschieht konkret und immer in Abhebung auf den konkreten Lebensprozeß. Begriffsbildung und Theoriebildung werden so als praxis- und erfahrungsstabilisierendes Wissen auf Erfahrung zurückgeführt. Die Funktion von Theorien ist es, Erfahrung auf den Begriff zu bringen. Auf diese Weise versucht Mittelstraß, Realität, Begriff und Erfahrung in einem gleichzeitig gedachten Begründungszusammenhang darzustellen. Dies erweckt auch dort, wo es sich auf historische Beispiele bezieht, den Eindruck, als wäre es möglich, im individuellen Leben und im Kontext einer bestimmten historischen Epoche Begriffe zu etablieren, ohne immer schon jenseits einer ursprünglichen Erfahrung mit Erfahrungsgehalten befaßt zu sein. Eine solche konstruktive Begründungstheorie, die von einer lebensweltlichen Interaktion ausgeht, die die Begriffsstruktur

---

22 Mittelstraß, J. (1989).

begründet, widerspricht unserer Erfahrung, daß unsere Welterfahrung nicht als Individuum erarbeitet werden kann, sondern vielmehr die Weltbegriffe und die Lebenserfahrung unserer Zeit und unserer Epoche aufnimmt und uns in ihnen einrichtet, ohne jemals auch nur die Chance zu haben, die wichtigsten Begriffe im Rückgriff auf unsere individuellen Lebenszusammenhänge zu begründen. Es scheint Gesetzmäßigkeiten zu geben, die hinter unseren Weltvorstellungen stehen und jenseits eines konkreten Lebenszusammenhanges die Entstehung und Entwicklung von Weltbildung über Weltalter hinweg bestimmen.

Eine Wissenschaftsgeschichtsschreibung, die die Genialität einzelner Wissenschaftler herausarbeitet, hat große Schwierigkeiten, den Fortgang der Wissenschaften zu interpretieren. In der Regel läßt sich nur sehr schwer festmachen, was denn die alleinige Leistung eines einzelnen, etwa Newtons, sei. Je genauer man den historischen Kontext untersucht, um so mehr verschwindet die Leistung des einzelnen in einem Kontinuum von Einzelleistungen vieler.

Hinzu kommt, daß wichtige wissenschaftliche Ergebnisse und Entdeckungen zumeist von mehreren Wissenschaftlern zugleich gemacht wurden.[23] Dies ist ein Hinweis darauf, daß große Entdeckungen gleichsam eine Gerinnung des Begriffs in einer Zeit sind. Zusammenfassend können wir Aspekte und Problemkreise aus diesen Theorien für Wissenschaftsgeschichte herausarbeiten, die eine Begriffsgeschichte in einem emphatischen Sinn als Problembewußtsein konservieren und als Problem vermeiden und so zu einer Lösung führen. Aus Kuhns Konzept von der Wandelbarkeit der Paradigmen wird wichtig, daß er kein Kriterium für die revolutionären Sprünge angeben kann. Die Irrationalität des historischen Wechsels von Paradigmen führt zu einer Uneinsichtigkeit und interpretiert so die Geschichte der Wissenschaften als einen gesetzlosen kontingenten Verlauf. Blumenberg verweist zu Recht darauf, daß die Kontinuität von Wissenschaft nur möglich ist, wenn die Frage nach dem Rahmen verstehbarer Geschichte geklärt wird. Die Möglichkeiten der Erfahrung scheinen aber weniger das Kontinuierliche zu betreffen, als vielmehr eine innere Logik von Begriffen. Erfahrung wandelt sich. Wie Erfahrenes zu interpretieren ist und zur Erfahrung wird, das bestimmt der theoretische Interpretationsrahmen, mit dem wir an die Erfahrungen herangehen. Die Begriffe aber sind immer der Rahmen des Denkens und des Weltbildes einer Zeit. Daraus folgt, daß dann, wenn eine innere Logik der Begriffe nachweisbar ist, die Begriffe das geronnene Begreifen von Welt durch die Wissenschaften einer Zeit sind. Duhem zeigt zu Recht, daß in der Geschichte Entscheidungsspielräume durch Geschichte eingeschränkt werden und Fortschritt damit nicht zwingend auf ein

---

23 Cf. Stork, H. (1991). Bacon, F. (1638, 1970), Ogburn, W.F., Thomas, D. (1922). Merton, R.K. (1961).

bestimmtes Ziel hin interpretiert werden muß, also etwa als Fortschritt des Wissens (wie im Konzept des Wiener Kreises) oder als gesellschaftlicher Fortschritt (wie in der Vorstellung in der Französischen Aufklärung). Die Rekonstruktionen der Entwicklungen der Wissenschaften in der Wissenschaftsgeschichte folgt in den vorgetragenen Konzepten immer dem Selbstverständnis der Wissenschaften, und d. h. dem der Aufklärung. Unverrückbar geht in diese Konzepte deshalb ein, daß Wissenschaft zumindest tendenziell eine wie auch immer gegebene Wirklichkeit vollständig und korrekt verstehen und beschreiben kann. Ein Konzept von der Wissenschaftsgeschichte, das das Nichtverstehen von Bereichen der Natur konstitutiv in seine Erkenntnistheorie aufnimmt, ist nicht ausgearbeitet.

5   Entwicklung der Wissenschaften durch Entwicklung von Begriffen

Was haben Wissenschaftsgeschichtsschreibung und Begriffsgeschichte miteinander zu tun? Wissenschaftsgeschichtsschreibung beschreibt die Entwicklung wissenschaftlicher Theorien und Anschauungsweisen. Begriffsgeschichte beschreibt die Entwicklung von einzelnen Begriffen oder von Komplexen von Begriffen. Sie stellt eine komplexe Verknüpfung von Begriffen dar, die mit einer wohldefinierten wissenschaftlichen Methode eine Interpretation von Bildern äußerer Gegenstände im vorrationalen Bewußtsein liefern. Inwieweit wirken sich die Gesetzmäßigkeiten der Begriffsexplikation auf die Entwicklung von Wissenschaften aus? Wie erklärt sich die Wissenschaftsgeschichte vor dem Hintergrund einer Begriffsgeschichte?

Gerald Holton hat mit seinem Konzept einer *thematischen Analyse* den Vorschlag gemacht, die Begriffe der Wissenschaftskonzepte unterschiedlicher Wissenschaftsdisziplinen zu analysieren. Danach[24] werden gleiche Themata für völlig gegensätzliche wissenschaftliche Konzepte geltend gemacht. Die Idee ist, daß bei logisch entgegengesetzten Theorien die Bezugspunkte dieser Theorien darin liegen, daß sie die gleiche Thematik behandeln und folglich nur unterschiedliche Aspekte des gleichen Gegenstandes in ihnen thematisch werden, wenn die entgegengesetzten Theorien einer jeweils eigenen Logizität konsistent folgen. Dabei werden als die thematischen Komponenten eines Begriffs die methodischen Themen und die thematischen Aussagen oder thematischen Hypothesen verstanden.[25] Dies alles gehört zum Bedeutungsgehalt von Begriffen, die einem wissenschaftlichen Verständnis

---

24 Holton, G. (1981), 14f.
25 Holton, G. (1981), 25.

zugrunde liegen. Unterschiedliche Theorien entfalten nur unterschiedliche logische Zusammenhänge des gleichen Gegenstandes, wenn sie sich auf den gleichen Gegenstandsbereich beziehen.

Begriffsgeschichte in einem emphatischen Sinn muß eine Theorie der Geschichte der Wissenschaften sein, die sowohl Elemente einer evolutionären als auch einer revolutionären Entwicklung erklären kann. Begriffsgeschichte enthält die Behauptung, daß das Kontinuierliche in der Geschichte der Begriff in seiner logischen Struktur ist, der Bedeutungsumfang des Begriffs aber Veränderungen und Wandlungen unterworfen ist, die in dem Begriff selbst angelegt sind. Diese Wandlungen können über den Begriff in einer speziellen Ausprägung hinausweisen. Ausdifferenzierungen des Begriffs und die Explikation der inneren Logizität der Begriffe können zu Bedeutungsverschiebungen führen, die in einer zeitlich distanten Betrachtung (gleichsam makroskopisch) als revolutionäre Sprünge erscheinen. Begriffsgeschichte thematisiert also die Entwicklung einzelner Begriffe über einen großen historischen Zeitraum hinweg, so daß die Begriffe sich dabei im geschichtlichen Verlauf unter der Entwicklung der Wissenschaften logisch explizieren. Dies ist möglich, weil Begriffe eine Bedeutungsvielfalt enthalten, die nur zum Teil explizit gedacht wird, zum anderen Teil aber implizit oder latent präsent ist. Innerhalb dieser Bedeutungsvielfalt können Bedeutungsverschiebungen vorgenommen werden, ohne daß der gemeinte und dahinterstehende Gegenstand zur Gänze verworfen wird oder sich ändert, wie am Kraftbegriff im 18. und 19. Jahrhundert in den vorliegenden Studien deutlich wird.

Wenn man Texte von Heisenberg, Bohr, Born oder Einstein, also den Begründern eines oder mehrerer neuer wissenschaftlicher Paradigmen liest, dann haben diese Texte eine verständliche Geschlossenheit. Diese Geschlossenheit fehlt jedoch bei den meisten Darstellungen in späteren, auf kodifizierten Lehrgegenständen beruhenden Lehrbüchern. Der Grund liegt darin, daß in der Phase revolutionärer Wissenschaft in den Modellen Konnotationen gedacht und formuliert werden, die in den normalen Phasen nicht mehr explizit präsent sind und später häufig sogar dem theoretischen Gegenkonzept zugeschrieben werden. Offensichtlich gibt es in den Begriffen der Wissenschaften analytisch nicht einholbare Konnotationen, die in der Phase der Wissenschaften, in der noch keine dogmatisierten und vollständig axiomatisierten Begriffe vorliegen, noch mitgedacht und thematisch werden. Bei der Begriffsreduktion auf den axiomatisch relevanten Aspekt werden diese Bedeutungsgehalte abgedrängt und zu latenten Begriffsstrukturen, die nicht mehr explizit vorhanden sind. Diese Begriffe, die einen expliziten und einen latenten Anteil an Bedeutungsgehalt haben, prägen unser Weltbild, auch das wissenschaftliche Weltbild.

Wenn diese Beschreibung der Begriffe unseres Weltbildes zutreffend ist, dann muß es auch vernünftig sein, umgekehrt zu verfahren und an historischen Beispielen die Konnotationen herauszuarbeiten, um in der historischen Sequenz Entwicklungs-gesetze für die begriffliche Entwicklung der Wissenschaften zu erarbeiten. In der Extrapolation der historischen Sequenz oder der Entwicklungsgesetze erlangt man dann Auskunft über die Konnotationen in den Begriffen unseres Weltbildes. Das heißt, man erhält Auskunft über die latenten Bedeutungsgehalte unserer Begriffe, die in der Theorie nicht explizit auftauchen und damit unerklärt und unverstanden bleiben. Das Herausarbeiten der latenten Bedeutungsgehalte ist ein Versuch, die Dialektik der Aufklärung zu hintergehen,[26] die ja darin besteht, daß jede Form von Aufklärung des wissenschaftlichen Gegenstandes diese Aufklärung zugleich wieder unterläuft. Bei diesem Versuch soll in einer erneuten Reflexion auf die Reflexion der Wissenschaften dem nicht mehr analytisch einholbaren Bedeutungsgehalt in der Deutung als eines Nichtverstehens Rechnung getragen werden. Prinzipiell gibt es immer latente, nicht mehr einholbare Bedeutungsgehalte. Sie sind die Grenzen der Grenzbestimmungen der Begriffe.

Eine solche Theorie der Begriffsgeschichte, wie sie hier skizziert ist, soll und kann sicherstellen, daß Bedeutungen unterschiedlicher wissenschaftlicher Konzepte nicht über Zeiten und Zeitgrenzen oder über unterschiedliche Explikationsschrit-te der Begriffe hinweg vermischt werden, sondern daß sich die sich wandelnden Bedeutungsgehalte in Traditionslinien des Denkens als sich ständig wandelnde Begriffsabgrenzungen einordnen lassen. Die logische Explikation des Begriffs in der Entwicklung der naturwissenschaftlichen Theorien stellt eine Präzisierung des ursprünglichen Begriffs dar. Wissenschaftliche Konzepte werden in der Be-griffsgeschichte nicht als Übergangstypen verstanden. Alle wissenschaftlichen Konzepte sind in gleicher Weise Ausdifferenzierungen der Begriffe. Begriffe haben immer einen positiven Begriffsinhalt, der negativ begrenzt wird gegen den Be-griffsinhalt, der nicht mitgedacht werden soll. Damit wird die Grenze des Begriffs – als dessen Gegenteil – zugleich innerhalb des Begriffs implizit mitgedacht. Eine weitere Präzisierung führt zur erneuten Eingrenzung, d.h. also zur Begrenzung der Grenze. Diese implizite Abgrenzung im Begriff wird im historischen Verlauf immer wieder neu vorgenommen, was zu einer Präzisierung führt, aber auch zu einer Veränderung der Welterklärung. Wenn die Präzisierung des Begriffs soweit vorgenommen worden ist, daß nur noch eine elementare Bestimmung dieses Be-griffs als sein Inhalt festgehalten wird, dann hat der Begriff seinen ursprünglichen

---

26 Condillac, E. B. de (1959), 29f hat z. B. gesehen, daß bei jeder Klassifizierung ein freier Raum der Bedeutungen zwischen den Klassen bleibt, der nicht abgedeckt wird. Aber Condillac hat daraus nicht die Konsequenz gezogen, daß dies systematisch zu falscher Erkenntnis führt und deshalb vielmehr eine Erkenntnistheorie gefordert werden muß, die die Zwischenräume zwischen den Klassen in ihre wissenschaftliche Erklärung aufnimmt.

Bedeutungsgehalt verloren. Die Präzisierung des Begriffs führt also zu einer Einschränkung des Bedeutungsgehaltes, die bis hin zur Bedeutungsleere des Begriffs gehen kann. Dies scheint ein allgemeines Problem jeder Begriffsexplikation zu sein.[27] Diese Präzisierung der Begriffe hat auch Folgen für die Komplexität des im Begriff gedachten Gegenstandes. Bezogen auf die Binnenstruktur des präzisierten Begriffs bedeutet dies eine Reduktion der Komplexität. Diese im Sinne einer operablen und praktisch umsetzbaren Wissenschaft wünschenswerte Reduktion führt zwar zu einer Reduktion an Komplexität in der Binnenlogik des Begriffs, hat in dem angrenzenden Bereich der Bedeutung aber ein Erklärungsdefizit zur Folge. An dieser Stelle müssen nun neue Begrifflichkeiten ansetzen, um eine Erklärung des Gegenstandes zu ermöglichen. Bezogen auf die Gesamtheit der Begriffe führt diese Reduktion der inneren Komplexität des Begriffs deshalb in der Regel zu einer Erhöhung der Komplexität der Theorie, weil zusätzlicher Erklärungsbedarf durch zusätzliche Begriffe abgedeckt werden muß. Geschieht dies nicht, so bedeutet dies, daß in der historischen Entwicklung Aspekte der Welt für eine Kultur aus der Perspektive verschwinden und nicht mehr mit rationalen Mitteln, d.h. dem Denken, zugänglich sind. Wissen geht verloren.

Die Präzisierung der Begriffe dient dazu, Begriffe operabel zu machen, auch wenn die Operabilität nicht der Grund der Präzisierung ist. Die Präzisierung ergibt sich vielmehr aus der Ausdifferenzierung des Begriffs, die zu einer präziseren Fixierung und Begrenzung des diffusen Bildes der vorbegrifflichen Anschauung führt. Die größere Operabilität des Begriffs folgt der Tendenz des Denkens, kleine und elementare Deutungseinheiten für die Welt so in Begriffe zu fassen, daß jeweils spezielle Kontexte des Gegenstandes ausgeblendet werden und der verbleibende Bedeutungsgehalt des einzelnen Begriffs allgemeiner, d.h. freier von speziellen Kontexten, einsetzbar ist. Diese Einschränkung der Bedeutungsbreite des Begriffs grenzt also Bedeutungen aus, die eine Verallgemeinerung des Begriffs verhindern und deshalb Schlußfolgerungen in universellen Kontexten ausschließen. Die Reduktion der inneren Komplexität der Begriffe führt zu einer Zunahme der äußeren Komplexität, d.h. unter Umständen zu einer Zunahme der Anzahl koexistierender Begriffe.

Die Koexistenz teilweise widersprüchlicher Begriffe ist nicht nur unumgänglich, sondern sie stellt sogar ein notwendiges Konstitutivum für Erkenntnis dar. Da die Begriffe zunächst nicht sehr präzise sind und einen großen Bereich an Bedeutung abdecken, müssen sie mit der Präzisierung und der Beschränkung ihres Bedeutungsgehaltes neue Konzepte freisetzen, die nicht in ihren Geltungsbereich

---

27 Heidegger hat dies bereits für den Seinsbegriff der Antike festgestellt. Cf. Neuser, W. (1992).

fallen, denn das Erklärungsbedürfnis hat ja für den durch die Präzisierung aus-
gegrenzten Bereich nicht nachgelassen. Da diese neuen Erklärungskonzepte eng
mit dem präzisierten Begriff Zusammenhängen (er wurde früher im gleichen
Bedeutungsgehalt mitgedacht), treten sie als widersprüchliche Begriffe zum ersten
Begriff auf und besitzen die gleiche Existenzberechtigung, weil sie genauso einen
Bedeutungsbereich abdecken wie der ursprüngliche, jetzt aber präzisierte und im
Bedeutungsumfang reduzierte Begriff.

Die Präzisierung der Begriffe folgt einer eigenen inneren oder immanenten Logik
der Begriffe. Die Explikation dieser Logik entspricht der Präzisierung des Begriffs.
Die Präzisierung geschieht als eine Reflexion darauf, ob die Form des Begriffs dem
Bedeutungsgehalt angemessen ist, d. h. ob mit dem Begriff eine Bedeutung statuiert
wird, die in der Form reflektiert wird, d. h. also, ob die Bestimmtheit, die in dem
Begriff gedacht wird, einer logischen Bestimmung formal entspricht. Wenn wir von
einem begriffenen Gegenstand eine Unbestimmtheit ausdrücken (und das müssen
wir immer, sofern wir die Grenzbestimmung des Begriffs, d. h. seine Ausgrenzung,
vornehmen müssen), dann geschieht dies mit Bestimmtheit, weil auch die Ausgrenzung zur Bestimmung des Begriffs gehört. Darin liegt ein innerer Widerspruch
des Begriffs. Das Wechselspiel zwischen Bestimmung des Inhaltes des Begriffs
und seiner eigenen Ausgrenzung ist so für die Explikation der inneren Logik der
Begriffe verantwortlich. Im Begriff selbst liegt der Widerspruch, der den Begriff zur
Explikation und Ausdifferenzierung treibt. Dieser Widerspruch ist jener fruchtbare
Widerspruch, der die geschichtliche Entwicklung der Wissenschaften bedingt.

Die geschichtliche Entwicklung der Wissenschaft hängt damit primär von der
inneren Logik der Begriffe und deren Entwicklung ab, und die systematische Entwicklung der Begriffe geht mit der historischen Entwicklung konform, weil jede
Auswahl aus einer Vielheit von Begriffsmomenten oder Begriffen einer komplikativen
Determiniertheit folgt, d. h. nicht an eine lineare Kausalität gebunden ist, aber aus
einer Vielzahl von möglichen Folgen eine wählt, von der im Nachhinein gesagt
werden muß, daß sie ohne ihre Voraussetzung nicht denkbar wäre. Komplikative
Determiniertheit meint also eine retrospektiv nachvollziehbare Entwicklung, die
prospektiv einer nichtkausalen und nichtlinearen komplizierten Bestimmtheit
entspricht. Die Gesetzmäßigkeit folgt – anders als bei mechanischen Wechselwirkungen – nicht auf einer diskreten Matrix von Entwicklungsmöglichkeiten,
sondern auf einem Quasikontinuum von Entscheidungsmöglichkeiten, das nur
durch Reaktionsklassen eingeschränkt wird. Natürlich folgt daraus nicht, daß die
Geschichte der Wissenschaften mit Notwendigkeit so und nur so verlaufen kann.
Vielmehr gibt die Logik des Begriffs den Rahmen für die Entwicklung ab, denn
die Ausdifferenzierung der Begriffe kann in unterschiedliche Richtungen erfolgen.
Ausschlaggebend für die Entwicklungsrichtung können praktische Bedürfnisse

sein, aber auch die Experimente oder Beobachtungen – aber sie allein sind nicht das Movens, das die Entwicklung von Wissenschaft oder Theorie bestimmt.[28] Vielmehr können sie eine Richtung der Entwicklung der Theorien angeben, für die die innere Logik der Begriffe den Rahmen vorgeben.[29] Die komplexe Zusammenfügung methodischer und faktischer Begriffe machen die naturwissenschaftlichen Theorien aus. Die komplexe Zusammenfugung der grundlegenden Begriffe mehrerer Wissenschaften machen das Weltbild einer Epoche aus. Weltbilder sind komplexe, auch interkulturelle Überlagerungen von Begriffen. Das Weltbild einer Zeit ist geprägt durch diese Begriffe und ihre Explikationsrahmen, die kulturell überliefert sind. Innerhalb eines solchen Rahmens wird in einem historischen Kontext auf der Basis der überlieferten Begriffe die Deutung der Welt auch im Kontext der Wissenschaften vorgenommen. Veränderungen der Begriffsgefüge im Weltbild führen daher (auch interkulturell) zu einer Veränderung der Erklärung der Welt.[30]

Da in den Wissenschaften die Ausdifferenzierung der Begriffe zur Präzisierung der Begriffe vorangetrieben wird, ist die Entwicklung des wissenschaftlichen Denkens immer mit der Änderung von Grundbegriffen verknüpft. Diese aus systeminternen Gründen vorgenommenen Bedeutungsverschiebungen führen zu neuem Denken. Solche Bedeutungsverschiebungen bedeuten freilich, daß die Anwendung der neuen Begriffe im Kontext von Begrifflichkeiten des alten Konzeptes ein Denkfehler ist. Dieser kontrollierte »Denkfehler« liegt deshalb jeder Entwicklung der Wissenschaften zugrunde. Die Interpretation von Denken als einer Deutung der Gegenstände einer ursprünglichen vorbegrifflichen Anschauung besagt freilich, daß eine einmal und für immer bestehende Wahrheit nicht gefunden werden kann. Unverändert scheint allenfalls die implizite Methodik der Differenzierung und Differenzierbarkeit der Begriffe zu sein. Zu keiner Zeit, auch heute nicht, kann man sagen, daß man wahre Begriffe hätte, die die Natur korrekt beschreiben würden, weil ja alle Begriffe explikationsfähig, und das heißt präzisierungsfähig sind, es sei denn, sie sind leer und ohne Bedeutungsgehalt. Dann aber führen sie zu einem gravierenden Erklärungsbedürfnis, dem die Entwicklung der Wissenschaften Rechnung tragen

---

28 Siehe z. B. Agricola. Für Agricola muß eine Theorie zwei Bedingungen erfüllen: Sie darf der Erfahrung nicht widersprechen und muß die Erfahrung für das theoretische Verständnis erschließen. Suhling, L. (1986), 304.

29 Cf. Leisegang, H. (1951), 15 versteht Denkformen inter- und transkulturell als »das in sich zusammenhängende Ganze der Gesetzmäßigkeit des Denkens, das sich aus der Analyse von schriftlich ausgedrückten Gedanken eines Individuums ergibt und sich als derselbe Komplex bei anderen ebenfalls auffinden läßt.«

30 Die Ablehnung der Signaturenlehre der Renaissance zu Beginn der Neuzeit z. B. bedeutet zugleich das Leugnen von einigen bestimmten Kräften in Heilpflanzen. Dies veränderte gleichzeitig unsere Verfügbarkeit von Heilpflanzen für therapeutische Zwecke.

wird. Aus systematischen Gründen bedeutet dies, daß wir unser explizites Bild von der Welt aufgrund von »unwahren« Begriffen entwerfen, sofern Wahrheit eine unverrückbare isomorphe Abbildung des Gegenstandes im Denken bedeutet. Die einzige Chance, die wir haben, um Natur korrekter zu beschreiben, ist daher nur dann gegeben, wenn wir mit dem Begriff zugleich seine Präzisierungsmöglichkeiten oder seine nicht explizierte innere Logik mitzudenken versuchen. Die mit der Ausdifferenzierung der Begriffe einhergehende Reduktion der inneren Komplexität, die begleitet wird von einer Zunahme der äußeren Komplexität, entspricht der evolutionären Entwicklung von Wissenschaft. Dann jedoch, wenn die äußere Komplexität mit einer Bedeutungsleere der Grundbegriffe einhergeht, gibt es eine plötzliche Wende, einen revolutionären Umschlag, der eine neue Deutung des Gegenstandes der vorrationalen Anschauung bedeutet. Dies hat neue Grundbegriffe mit komplexer Binnenlogik zur Folge. »Fortschritt« in den Naturwissenschaften geht auf eine plötzlich zunehmende Komplexität des zugrundeliegenden Bedeutungsgehaltes der grundlegenden Begriffe zurück.[31] Analytisch heißt das, daß die ursprüngliche Logizität auf eine höhere Ebene der Begriffsexplikation führt, die darin besteht, daß ein durch die Ausdifferenzierung des Begriffs in einer Hinsicht leer gewordener Begriff nur noch sein (volles) Komplement als seine Begrenzung zu seinem eigenen Inhalt gemacht hat. Die ursprünglich evolutionäre Entwicklung der Wissenschaften wurde durch einen revolutionären Umschlag zu einer neuen theoretischen Grundannahme geführt.

Die Darstellung der Entwicklung der Wissenschaften in einer Begriffsgeschichte ist an die Voraussetzung geknüpft, daß Begriffe selbst einer ihnen zukommenden Entwicklungslogik folgen. Begriffe sind danach komplexe Verknüpfungen von Bedeutungen, die durch den Verstand Aspekten eines Bildes zugeordnet werden, wobei die vernünftige Weitsicht das Bild in einer vorrationalen vorbegrifflichen Anschauung auf einen Schlag im Moment der Aufmerksamkeit vor sich hat. Die Ratio zerteilt dieses ganzheitliche Bild in Einzelaspekte und schafft damit erstmals operable Instrumente für eine differenzierte Weitsicht. Zugleich mit der positiven Bestimmung dieses Bedeutungsgehaltes wird eine Abgrenzung qua Negation vorgenommen, die alles aus dem Begriff ausschließt, was nicht zu ihm gehören soll. Der Begriff wird begrenzt. Hat der Begriff mit dieser positiven Bestimmung seine Bedeutungsinvarianz, so hat er an seiner Begrenzung Bedeutungsvarianzen, die den Bedeutungsumfang des Begriffs verändern können. An den Grenzen gar muß der Begriff aus systematischen Gründen verändert werden, weil das ihm zugeordnete Objekt prinzipiell – es ist das Ganze – nicht vollständig in den Einzelaspekten zu lokalisieren ist. Diese Veränderungen führen zu Begriffsexplikationen aufgrund der

---

31 Bachelard, G. (1974), 200ff.

inneren Logik des Begriffs. In dieser Grenzbestimmung liegen latente Bedeutungsgehalte des Begriffs, die explizit nicht angegeben werden (können): Je schärfer die Grenzbestimmung des Begriffs ist, um so bedeutungsleerer wird der Begriff. Die Allgemeingültigkeit seiner Operabilität wird eingeschränkt. Der Begriff muß aber die Tendenz zur Verallgemeinerung haben, um mit immer weniger Grenzbestimmungen behaftet zu sein. Gleichzeitig gibt es die Gegentendenz der Präzisierung des Begriffs, um die Eindeutigkeit seiner Aussagbarkeit zu garantieren und eine genaue Anwendung zu erreichen. In diesem Wechselspiel finden Bedeutungsumschläge im Begriff statt. Dies alles macht die immanente Logik der Ausdifferenzierung von Begriffen aus. Dabei folgt diese Logik nicht einer linearen Kausalität, sondern der Ort der Differenzierung im Begriff kann variieren. Es gibt eine komplikative Determiniertheit, die nur im Rückblick die Eindeutigkeit kausaler Ketten hat. Der Begriff ist so der Gerinnungsprozeß unseres Begreifens der Welt. Er ist ein Kondensat eines dynamischen Prozesses und stellt wegen seiner dauernden Ausdifferenzierung nur eine Momentaufnahme einer permanenten Begriffsentwicklung dar. Die Summe mehrerer Begriffe und ihrer Beziehungen aufeinander machen eine wissenschaftliche Theorie aus. Insbesondere die Grenzbestimmungen der Begriffe sind dabei für die Dynamik der Theorien verantwortlich. An diesen Grenzen entstehen mit der Ausdifferenzierung einzelner Begriffe Erklärungsdefizite, die durch neue Begriffe oder Erweiterungen anderer Begriffe an diesen Stellen gedeckt werden müssen. Präzisierungen und Reduktion von Komplexität eines Begriffs führt zur Komplexität der gesamten Theorie. Die Wissenschaften jeder Zeit sind deshalb bestrebt, eine Konsistenz des Denkens und eine Einheitlichkeit des Weltbildes zu erreichen. Dies geschieht freilich – aus systematischen Gründen – vergeblich. Die theoretischen Alternativen und die Koexistenz von Ideen mit scheinbar logisch einander ausschließenden Implikaten versuchen, die Erklärungslücken in den einzelnen Theorien zu decken. Erfolgreiche Wissenschaft zielt deshalb nicht auf die Wahrheit, sondern auf nachvollziehbare Präzisierung. Dies geschieht im Spannungsfeld von Praxis, begrifflichem Denken und Experiment beziehungsweise Beobachtung. Die Logik der Begriffsentwicklung ist der Hintergrund für die Logik der Wissenschaftsentwicklung. Die Konstanz von Bedeutungsmomenten im Begriff trägt die Theorien über die Zeit, und die Varianz des Bedeutungsgehaltes im Begriff trägt die wissenschaftlichen Innovationen einer Zeit. Die Wissenschaften jeder Zeit stellen nur einen historischen Querschnitt einer sich permanent wandelnden Weitsicht dar. Sie sind nicht unveränderlich, sondern vielmehr selbst immer im Prozeß begriffen. Kontinuierliche und diskontinuierliche Prozesse der Wissenschaftsentwicklung lassen sich als mehr oder weniger gravierende Veränderungen in einzelnen Begriffen von einzelnen Theorien interpretieren, unter Beibehaltung der übrigen Begriffe.

Eine Wissenschaftsgeschichtsschreibung, die diesen Veränderungen von Begriffen nachgeht, wird zu einer Archäologie der Begriffe. Die naive Vorstellung, daß Wissenschaft immer so vorzugehen habe, daß Beobachtungsdaten aus der Empirie aufgenommen werden und dann in einer Theorie zu erklären seien, steht in ihrem Ausschließlichkeitsanspruch im Widerspruch zum vorliegenden Konzept einer Begriffsgeschichte. Mit der Empirie sind bereits immer schon theoretische Deutungen vorhanden, die ihrerseits erst die empirischen Daten schaffen. Indem uns immer schon überlieferte Begriffe vorliegen, in die hinein wir die Beobachtungsdaten interpretieren, bedeutet dies, daß wir Wirklichkeit mit der Beobachtung schaffen. Die Beobachtung selbst ist bereits ein Urteil, insofern ihr eine Fragestellung vorausgehen muß. Umgekehrt geht jede Theorie auf Begriffe zurück, die sich auch im Rückgriff auf Beobachtungen und Erfahrungen ergeben haben.[32] Das Konzept einer Begriffsgeschichte als einer philosophischen Erklärung für unser wissenschaftliches Weltverständnis ist also selbst ein Deutungsversuch, der auf sich selbst angewandt sich selbst erklären muß. Sowohl die evolutionäre Kontinuität als auch die revolutionären Umbrüche, ja sogar der Kontinuität, die sich über die revolutionären Umbrüche hinweg in Traditionslinien bezüglich der Thematik und einiger erklärter Phänomene einstellt, lassen sich im Kontext einer Theorie der Begriffsgeschichte präziser verstehen, wenn sie die historische Begriffsentwicklung als dialektische Explikation der inneren Logik der Begriffe erklärt. Das Medium einer »gesetzmäßigen« Entwicklung der Wissenschaften ist die Entwicklung der Begriffe ihrer Theorien.

Aus diesen Überlegungen zur Beziehung von Begriffen und unserer Erkenntnis von Natur ergeben sich eine Reihe von Konsequenzen für die Betrachtung historischer wissenschaftlicher Vorstellungen und Theorien: Einzelne Begriffe müssen jeweils im Kontext der zentralen Begriffe einer Theorie eines einzelnen Autors rekonstruiert werden, um dann im Übergang von einem Autor zum nächsten an Bedeutungskomplexen der jeweiligen Theorien Bedeutungsverschiebungen an wenigen Begriffen zu konstatieren, damit daran die Entwicklungen der Wissenschaften festgemacht werden können, weil nur so deutlich wird, welche Bedeutungen der in Frage stehenden Begriffe jeweils abgedeckt werden. Dies soll für einige Aspekte der Entwicklung der Newtonschen Physik im 18. und 19. Jahrhundert und an daran orientierten Wissenschaften in den zehn Studien in diesem Buch geschehen. Der Begriff, der im Zentrum der Überlegungen steht, ist der Kraftbegriff.

---

32 Cf. Weizsäcker, V. von (1973), 222.

6   Zu den Studien in diesem Buch

In den folgenden Kapiteln wird an Einzelstudien aus dem Zusammenhang der Diskussion der Newtonschen Physik im 18. und 19. Jahrhundert versucht, im Sinne einer Begriffsgeschichte exemplarisch Modifikationen der Begründung der Methodik mathematischer Naturwissenschaft und deren Rückwirkungen auf die Philosophie aufzuzeigen.

Die zentrale Fragestellung ist, von welchen erkenntnistheoretischen und methodischen Voraussetzungen die Theorien, die sich am Typus der Newtonschen Wissenschaften orientieren, ausgehen. Exemplarisch wird bei dieser Untersuchung immer wieder auf den Kraftbegriff und die jeweilige Interpretation des Kraftbegriffs zurückgegriffen, weil Kraft für Newtons Theorie der bedeutendste Ausgangsbegriff ist. In den Theorien des 18. und 19. Jahrhunderts wird die methodische und erkenntnistheoretische Bedeutung, die der Kraftbegriff hat, immer wieder reflektiert. Grundfragen der Philosophie des klassischen Idealismus sind dabei unlösbar mit der Newtonschen Physik im 18. und 19. Jahrhundert verknüpft.

Für die Entwicklung der Newtonschen Physik ist der Einfluß der Philosophie während der Französischen und der Deutschen Aufklärung auf die Naturwissenschaften kaum zu überschätzen. Nachdem Voltaire die Newtonsche Physik in Frankreich bekannt gemacht hatte, wurde dort nicht nur eine durchgängige Mathematisierung der gesamten Mechanik angestrebt und auch von D'Alembert, Lagrange, Laplace und anderen erarbeitet, sondern es wurden außerdem die Folgen diskutiert, die die Methoden der Naturwissenschaften für Erkenntnis in einem allgemeinen Sinn haben könnten. Condillac, der der französische Locke genannt wurde, hat Lockes Erkenntnistheorie, nach der es zwei Quellen der Erkenntnis gibt, nämlich Wahrnehmung und Reflexion, modifiziert und versucht, nur noch eine Quelle, die Sinne, als Grund jeder Erkenntnis anzunehmen. Empirische Wahrnehmungen werden danach in elementare Ideen konvertiert, deren Beziehung aufeinander von der Vernunft erkannt werden.

Damit hat Condillac das doppelte Erkenntnisprinzip von empirischer Induktion und mathematischer Deduktion, das Newton seiner Physik zugrunde gelegt hatte, durch eine Gleichsetzung verknüpft, die letztlich in der Leistung des wahrnehmenden Intellekts liegt, sofern die empirischen Befunde mit den Ideen identifiziert werden.

D'Alembert hat dies aufgenommen und im Kontext eines enzyklopädischen Wissenschaftsverständnisses neu gedeutet und der Metaphysik und Logik die Aufgabe zugeschrieben, die Grundbegriffe der Naturwissenschaften und deren Beziehungen untereinander zu interpretieren. Die analytische Methode ist das Programm der neuzeitlichen Naturwissenschaften. Sie ist das Programm der Moderne.

Dies alles geschah im Kontext einer umfassenden Diskussion der Newtonschen Physik in Frankreich und Deutschland und wurde auch auf die Diskussion in Disziplinen wie der Biologie und der Chemie ausgedehnt. Kant hat den Faden bei D'Alembert aufgenommen, aber eine Begründung der Grundbegriffe nicht in der Metaphysik, sondern in der Transzendentalphilosophie gesehen. Begriffe, auf denen synthetische Urteile a priori beruhen, sind jene Grundlage, die jeder Erfahrung und jeder theoretischen Formulierung vorausgehen muß, wenn Erfahrung eine wahre Einsicht in Natur wiedergeben soll. Kant hat in seinen *Kritiken* die Prinzipien und die Idee zu einer solchen Transzendentalphilosophie angegeben und damit aufgefordert, eine solche Philosophie, die aus transzendentalphilosophischen Gründen die bestimmte Naturerkenntnis erklären kann, zu formulieren. Schelling und Hegel kommen dem auf je unterschiedliche Weise nach und formulieren Erkenntnislehren, die sich jeweils auf konkrete Begriffe der Natur beziehen und somit über eine bloße Idee einer Transzendentalphilosophie, wie wir sie bei Kant sehen, hinausgehen. Dabei geht Schelling von den konkreten Naturphänomenen aus, schließt von ihnen dann zurück auf ihre transzendenten Bedingungen und rekonstruiert so die Selbstproduktivität der Natur am konkreten Material. Hegel hingegen formuliert die Logik, die die Form jeden Denkens beschreiben soll, indem die interne Struktur der Begriffe ihrer Form nach offengelegt wird. Danach ist dann die logische Explikation von Begriffen aus Theorien der Naturwissenschaften bei Hegel möglich und intendiert.

Gegen Schelling und Hegel besinnt sich der Biologe Schleiden auf eine Methodenlehre, die nicht der begrifflichen Spekulation verpflichtet ist, sondern – ebenfalls in Anlehnung an Kants Programm einer Transzendentalphilosophie – die Erfahrungstatsachen in einer mathematisch-analytischen Methode erklärbar findet: der mathematischen Naturphilosophie von Fries. Dieser naturphilosophische Ansatz von Fries, der zeitlich parallel zu Hegels und Schellings Philosophie entwickelt wird, findet seine materiale Anwendung in Schleidens Biologie.

Damit ist der Entwicklungsweg abgeschritten, der seinen Kulminationspunkt in der Kantschen Philosophie hat und auf dem eine methodische Begründung mathematischer Naturwissenschaften versucht wurde. Ohne Kants Philosophie wäre die mathematische Naturwissenschaft ohne jene Plausibilität geblieben, ohne die sie wohl kaum so erfolgreich geworden wäre, wie sie es als Orientierungsrahmen aller neuzeitlichen Naturwissenschaften geworden ist.

Mit dieser Entwicklung geht gleichzeitig eine Wandlung des Naturbegriffs einher. Bei Condillac wird Natur im Sinne des Descartschen Rationalismus als ein reines Objekt begriffen, dessen sich das Subjekt nur zu bedienen braucht. Bei Kant schließt der Naturbegriff die gestaltende Vernunft mit ein, deren Gebrauch die Idee der Freiheit voraussetzt. Vernunft ist nicht mehr bloß rezeptiv, sondern gestaltet konstruktiv die Wirklichkeit.

Diese philosophische Diskussion war immer mit der naturwissenschaftlichen Diskussion verknüpft. Die Naturwissenschaften (zum Beispiel in der Zeit der Französischen Revolution) profitierten von den philosophischen Erörterungen und wurden zum Teil erst durch sie möglich. Die Philosophien (zum Beispiel von Kant, Fries, Hegel und Schelling) hatten ihre Paradigmen in Modellen der Naturwissenschaften. Entwickelt hat sich diese Diskussion im 18. und 19. Jahrhundert insbesondere in Verbindung mit einem Begriff von Kraft, der nicht nur die mathematische Kraft der Newtonschen Physik meint, sondern auch den allgemeineren Begriff, in dem Ursache und Wirkung als Kausalitätsbeziehung verknüpft sind. Dabei hat der Begriff *Kraft* selbst nie eine historisch konstante Bedeutung. Vielmehr ist die Geschichte der neuzeitlichen Naturwissenschaften nach Newton mit der Geschichte von impliziten und expliziten Bedeutungsverschiebungen in diesem fair die naturwissenschaftlichen Theorien der Neuzeit zentralen Begriff verbunden.

Newtons Vorstellung von Kraft als einem theoretischen Begriff, der in der Mathematik und in der mathematischen Argumentation der leitende Grundbegriff ist, der jede Form von Kausalität beschreibt, wird von Lockes Philosophie in dieser Form noch einmal gespiegelt: Kraft ist sinnlich erfahrbar und in der Reflexion bestimmbar, in der Französischen Aufklärung wird bei dem Sensualisten Condillac, der an Locke anknüpft, Mathematik als ein Mittel des Verstandes, als Sprache interpretiert. Kraft ist dann kein erfahrbarer Gegenstand mehr, sondern eine abstrakte Idee. Diese Vorstellung erlaubt (etwas später) bei dem Mathematiker Monge eine Mathematik, die interne Beziehungen von Objekten referiert, ohne Kausalitäten unterstellen zu müssen, weil Mathematik ja nur eine Sprache sei. Selbst Lavoisiers Chemie, die an der Sprachkonzeption Condillacs ansetzt, kennt keine Kausalität in der Natur. Ampère hingegen projiziert aus einem Erleben von Kausalität in den Erscheinungen der makroskopischen Welt eine Kraftwirkung – *rapports* – in die Welt des Mikroskopischen. Mit der Interpretation der Mathematik als Sprache geht eine Vielfalt von Bedeutungsexpansionen und Bedeutungskontraktionen des Kraftbegriffs in der Mathematik von D'Alembert, Lagrange, Laplace und anderen einher, deren Grundtendenz ist, die mathematische Formel nicht an eine Bedeutung von Kraft zu binden, sondern beliebig auf unterschiedliche Parameter der Physik zu erweitern. Das scheint nur möglich, wenn dazu insbesondere auch der Begriff der *Energie*, d. h. der Leibnizsche Kraftbegriff, zugrunde gelegt wird.

Kant hingegen verlegt den Ort, der die Kausalstruktur von Beziehungen enthält, in eine transzendente Welt. Es ist das metaphysische Verständnis, das eine Kausalbeziehung, und das heißt Kraftwirkungen in der Welt, möglich macht. Für Hegel sind es die Begriffe, die die Gründe dafür, daß Seiendes Kraftwirkung zeigt, enthalten. Allerdings orientiert sich Hegel am Leibnizschen Kraftbegriff. Schelling, an dessen Philosophie Hegel anknüpft, hingegen bezieht sich stärker auf Newton, sofern er an LeSages Versuch einer mechanistischen Welterklärung auf der Basis von (Newtonschen) Grundkräften zwischen Ätherteilchen anknüpft. Schelling aber interpretiert diese mathematischen Hypothesen LeSages metaphysisch und schließt von der Erscheinung von Naturphänomenen auf Kräfte in der (transzendenten) Natur, die die Selbstorganisation der Natur bewerkstelligen. Dagegen steht die mathematische Naturphilosophie von Fries, die der Biologe Schleiden aufgreift. Schleiden entscheidet sich dafür, Kraft in der Biologie in Form der Lebenskraft nicht zu akzeptieren, wohl aber adaptiert er eine Methode, die Friessche, die in der Kombination von Induktion und erklärender methodischer Hypothese die erkenntnisleitenden Maximen der Wissenschaften sieht und damit wieder an Newtons doppeltem methodischen Prinzip von Induktion und mathematischer Deduktion anknüpft. Die in diesem Buch enthaltenen Einzelstudien zeigen Parallelentwicklungen von Naturwissenschaft und Philosophie im 18. und 19. Jahrhundert auf, die moderne Begriffe und erkenntnistheoretische Ansätze moderner Naturwissenschaft unter neuer Perspektive zugänglich machen. Bemerkenswert ist dabei, wieviel historisches Wissen in modernen Begriffen latent weiter benutzt wird und die naturwissenschaftlich-theoretische und erkenntnistheoretische Entwicklung weiterhin beeinflußt. Die hier vorgeschlagene Form der Betrachtung der Wissenschaftsentwicklung, die aus den unterschiedlichen Perspektiven von Naturwissenschaft und Philosophie auf die theoretischen Begriffe und die Begründungszusammenhänge methodischer Überlegungen in den Wissenschaften verweist, zeigt eine Begriffsgeschichte – im Sinne einer Archäologie der Begriffe –, die auf die Voraussetzungen unseres Wissens reflektiert und die begrifflichen Möglichkeiten zukünftiger Wissenschaft eröffnen möchte.[33]

---

33 Cf. Haverkamp, A. (1987), 547ff.

Isaac Newtons *Philosophiae Naturalis Principia Mathematica* I

Was in der Neuzeit unter Natur verstanden wird, ist grundlegend dadurch geprägt, wie die Naturwissenschaften meinen, Natur erkennen und beschreiben zu können. In der Wissenschaftsmethode liegt das Naturverständnis begründet. Der Naturbegriff der Neuzeit ist wesentlich durch die Naturwissenschaft Newtons geprägt.[1]

Der Newtonsche Ansatz basiert zum einen auf einem einzigen grundlegenden Begriff, dem einer mathematischen Kraft, und zum anderen auf dem doppelten methodischen Prinzip der mathematischen Deduktion und der empirischen Induktion. Beide Aspekte haben die Diskussionen der (natur-)wissenschaftlichen Theorien der Neuzeit, wie auch der Philosophie, geprägt. Sie stellen zentrale Begrifflichkeiten des Denkens der Neuzeit dar, auf die bezogen sich die Entwicklung des Denkens der Neuzeit vollzogen hat. Beides, Kraftbegriff und methodischer Ansatz, lassen sich als Synthese aus disparaten historischen Traditionen verstehen.

1 Newtons *Principia* und Aspekte des (vor-)newtonschen Kraftbegriffs

Im Jahre 1687 veröffentlichte der damals 44-jährige Isaac Newton (1642-1727) seine *Philosophiae Naturalis Principia Mathematica*, die *Mathematischen Prinzipien der Naturphilosophie*. Mit diesem Werk hat Newton nicht nur die Grundlagen für die moderne theoretische Physik gelegt und Anstöße für alle naturwissenschaftliche

---

1 Die philosophischen Ansätze von F. Bacon (1561-1626), G. Galilei (1564-1642) und R. Descartes (1596-1650) tragen weiteres zum Naturbegriff bei, wie die »Industrialisierung« des Wissens, die Mathematisierung der Erkenntnis und die Mechanisierung des Weltbildes.

Disziplinen gegeben, sondern die Wirkungsgeschichte der *Principia* reicht weit in die Philosophie und sogar in die Literatur, ja in alle Bereiche des Geisteslebens hinein. Wenn man aber im Detail angeben soll, worin Newtons eigene und eigentliche Leistung besteht, stößt man auf die Schwierigkeit, daß – wie fast immer in der Wissenschaftsgeschichte, so auch hier – die gefeierte Entdeckung nicht die Leistung eines einzelnen, sondern die einer ganzen Generation von Wissenschaftlern ist. Newtons Leistung besteht darin, einzelne divergierende Aspekte der Physik seiner Zeit in *einer* Theorie fokussiert zu haben, indem er einen operablen Begriff der *Kraft* eingeführt hat. Dabei hat er insbesondere den überlieferten Begriff der *Kraft* einer Bedeutungsverschiebung unterworfen, indem er den Begriff der Kraft von einer Reihe von Konnotationen befreite, wie der Vorstellung einer inneren Kraft, wie sie im Kontext der Signaturentheorie (etwa bei Agrippa von Nettesheim (1486-1533)) vorkam, als einer Wirkkraft, einer Potenz, die in dem Körper steckt. Neben der präzisen Reduktion auf eine äußere Kraft und deren rein mathematische Bedeutung hat Newton die empirisch gewonnene Vorstellung einer zentrifugalen Kraft in die einer theoretischen zentripetalen Kraft überführt.[2]

Newton hat die *Principia* in drei Bücher unterteilt. Im ersten Buch entwickelt er die mathematische Methode, mit deren Hilfe er Kreisbewegungen beschreiben kann. Newton zeigt, daß ein Körper, der sich im Kraftfeld eines Zentralkörpers bewegt, auf eine Kegelschnittbahn, also eine Kreis-, Ellipsen-, Parabel- oder Hyperbelbahn gelenkt wird. Die mathematische Methode, mit der Newton dies beweisen konnte, ist die Differentialrechnung, die er gleichzeitig mit Gottfried Wilhelm Leibniz (1646-1716) entwickelte. In der Wissenschaftsgeschichte findet sich wohl keine Entdeckung, die nicht zugleich so oder in ähnlicher Form von mehreren Wissenschaftlern gemacht worden wäre. Insbesondere hat ja auch Newton Prioritätenstreitigkeiten durchgefochten: die berühmtesten mit Leibniz über die Erfindung der Infinitesimalrechnung und mit Robert Hooke (1635-1702) über die Theorie der Planetenbewegung.[3] Newton hat die Infinitesimalrechnung erstmalig auf ein mechanisches Problem angewandt, auf die Himmelsbewegungen. Allerdings hat er in der Darstellung der *Principia* ausschließlich geometrische Argumente benutzt und nicht die Darstellung mit infinitesimalen Größen gewählt, weil er die Gelehrten seiner Zeit nicht mit einer neuen Darstellungsmethode irritieren wollte.

Im zweiten Buch seiner *Principia* hat Newton dann untersucht, wie Bewegungen unter Reibung zu beschreiben sind. Dieser Teil richtet sich gegen Descartes' Weltbild, das etwa 50 Jahre früher entstanden und weit verbreitet war. René Descartes (1596- 1615) war der Meinung, daß man ein Bild von der Welt nur dann

---

2 Cf. Kapitel III.

3 Rosenberger, F. (1895), 151ff, 157ff.

schlüssig begründen könne, wenn man diejenigen Kraftübertragungen heranziehe, die damals in der Mechanik beste Dienste taten und gut untersucht waren: Stoß und Druck. Daraus folgte einerseits ein Universum, dessen Raum vollständig mit unterschiedlich großen Materieteilchen gefüllt sein und andererseits unzählige Wirbelbewegungen vollführen sollte. Dieses wissenschaftliche Weltbild stand im Zentrum von Newtons Kritik.

Im zweiten Buch der *Principia* hat Newton gezeigt, daß Descartes' Weltbild zu Konflikten mit Beobachtungsdaten führt. Dazu berechnete Newton unter den physikalischen Annahmen, die Descartes gemacht hatte, wie sich ein Körper um die Sonne dreht, wenn der Zwischenraum zwischen Sonne und Planeten mit dichten, einander widerstehenden Teilchen ausgefüllt ist und wenn sich in dieser Materie Wirbel bilden. Dabei zeigte Newton, daß die Periheldrehung des Mars empirisch eine andere ist, als sie sich nach Descartes Theorie ergeben müßte:

»Hieraus ergibt sich, daß die Planeten nicht durch körperliche Wirbel herumgetragen werden. Nach den Hypothesen des Copernicus bewegen sich nämlich die um die Sonne fortgeführten Planeten in Ellipsen, deren Brennpunkt sich in der Sonne befindet und beschreiben mit den nach der Sonne gezogenen Radien Vectoren den Zeiten proportionale Flächen.«

Und:

»Demnach widerspricht die Hypothese der Wirbel durchaus den astronomischen Erscheinungen, und dient nicht so sehr zu ihrer Erklärung, als zu ihrer Verwirrung. Wie aber jene Bewegungen in freien Räumen ohne Wirbel ausgeführt werden, kann man aus dem ersten Buche (der *Principia*, W.N.) ersehen und wird vollständiger im Weltsysteme gelehrt werden.«[4]

Danach stellt Newton im dritten Buch sein eigenes Weltbild vor.

Das *Weltsystem,* wie das dritte Buch von Newtons *Principia* überschrieben ist, sieht so aus: Das Universum ist in einen absoluten Raum eingebettet, d. h. es gibt einen Raum, der sich nicht nur aus relativen Beziehungen von Objekten zueinander ergibt, sondern sich aufgrund von physikalischen Versuchen festlegen läßt. Zwischen einem Planeten und der Sonne gibt es eine Anziehungskraft, die den Planeten von einer geraden Bahn auf eine Kreisbahn um die Sonne zwingt. Diese Gravitation ist eine *allgemeine Gravitation* aller Massen, d. h. die Sonne zieht den Planeten an und ebenso der Planet die Sonne – und das gilt für alle Himmelskörper. Worauf greift Newton zurück?

---

4   Newton, I. (1872), 377f.

Bereits zwischen 1605 und 1618 war es Johannes Kepler (1571-1630) gelungen, mit drei fundamentalen Gesetzen die Bewegung eines Planeten um die Sonne systematisch zu beschreiben. Nach dem ersten Gesetz haben die Umlaufbahnen die Gestalt einer Ellipse, wobei die Sonne in einem der Brennpunkte steht. Das zweite Gesetz, der Flächensatz, trägt der Tatsache Rechnung, daß ein Planet nicht mit gleichbleibender Geschwindigkeit umläuft, sondern bei der größten Entfernung von der Sonne die kleinste Geschwindigkeit hat, die dann bis zum Perihel, dem sonnennächsten Punkt, maximal wird. Das dritte Gesetz schließlich setzt den Abstand eines Planeten zur Sonne mit der jeweiligen Umlaufzeit in Beziehung.

Hooke arbeitete daran, Galileo Galileis (1564-1642) Bewegungsgesetze für Bewegungen auf der Erde, insbesondere Galileis Fallgesetz, mit Keplers Gesetzen für die Bewegungen am Himmel in einer gemeinsamen Theorie zu formulieren.[5] Hookes Idee war folgende: Descartes und Christiaan Huygens (1629-1695) hatten in Versuchen gefunden, daß bei Rotationsbewegungen eine Kraft auftritt, die die Materieteilchen das Zentrum fliehen macht. Von dieser Zentrifugalkraft wußte man, daß ihre Größe dem Quadrat des Abstandes zum Zentrum umgekehrt proportional war. Hookes Idee war nun, daß eine gleichgroße Kraft, die allerdings nicht das Zentrum flieht, sondern zum Zentrum strebt, die Planetenbewegung beschreiben und die Fallgesetze Galileis mit den Gesetzen Keplers vereinigen könnte. Hooke suchte deshalb einen Mathematiker, der zeigen konnte, daß das $1/r^2$-Gesetz eine Ellipsenbewegung beschreibt. Nach sehr langer Suche und auf dem Umweg über eine Vermittlung durch Edmund Halley (1656-1743) fand Hooke diesen Mathematiker in Newton, der sich seinerseits schon lange mit diesem Problem und der mathematischen Methode, der späteren Infinitesimalrechnung, beschäftigt hatte, bzw. an deren Entwicklung arbeitete. Die schriftliche Fassung dieses ersten Schrittes Newtons hin zu seiner Theorie der allgemeinen Gravitation trägt den Titel: *De Motu* (1684).[6]

Sein Programm hatte Hooke schon fast 15 Jahre vor den *Principia* Newtons in seinem Buch *An Attempt to Prove the Motion of the Earth from Observations* formuliert. Hook erwähnt explizit die Universalität der Gravitation, den Trägheitssatz und das $1/r^2$-Gesetz – alles wichtige Elemente der Newtonschen Physik. Übersetzt lautet Hookes Programm so:

»Ich werde ein Weltsystem erklären, das sich in vielen Einzelheiten von allen bisher bekannten unterscheidet und den bekannten Gesetzen der mechanischen Bewegungen voll entspricht. Dieses System hängt von drei Annahmen ab: erstens daß

---

5   Kuhn, T. S. (1981), 256ff. Siehe auch Schneider, I. (1988) und Wickert, J. (1983).
6   Gjertsen, D. (1986) und Herivel, J. (1965).

alle Himmelskörper eine anziehende oder Gravitationskraft in Richtung auf ihre eigenen Mittelpunkte haben, wodurch sie nicht nur ihre eigenen Teile anziehen und vor dem Davonfliegen bewahren, wie wir es auf der Erde beobachten können, sondern durch die sie auch die anderen Himmelskörper anziehen, die innerhalb der Sphäre ihrer Aktivität sind. Folglich haben nicht nur Sonne und Mond einen Einfluß auf die Erde und ihre Bahn, wie die Erde auch auf sie, sondern auch Merkur, Venus, Mars, Jupiter und Saturn üben aufgrund ihrer anziehenden Kräfte beträchtlichen Einfluß auf die Bewegungen der Erde aus, wie auch in derselben Weise die entsprechende Anziehungskraft der Erde jede ihrer Bewegungen beeinflußt. Die zweite Annahme lautet: daß alle Körper, die in eine einfache Bewegung versetzt werden, sich so lange geradlinig vorwärts bewegen, bis sie durch eine andere Kraft abgelenkt und zu einer Bewegung auf etwa einem Kreis, einer Ellipse oder einer anderen komplizierten Kurve gezwungen werden. Die dritte Annahme ist: daß diese anziehenden Kräfte um so stärker wirken, je näher der Körper, auf den sie wirken, ihren Kraftzentren ist. Ich habe noch nicht experimentell überprüft, wie diese Beziehung genau lautet; doch wenn diese Vorstellung vollkommen ausgearbeitet ist, wie sie es verdient, wird sie dem Astronomen eine wichtige Hilfe bei der Rückführung aller Himmelsbewegung auf ein bestimmtes Gesetz sein, ohne das Astronomie zweifellos niemals mehr betrieben werden wird.«[7]

Dieser Text könnte unmittelbar von dem Newton der *Principia* stammen. Hooke hatte den Inhalt Newton in einem Briefwechsel in den Jahren 1679/80 mitgeteilt.

Die Vorstellung von der allgemeinen Gravitation war bereits von Francis Bacon (1561-1626) Jahrzehnte vorher formuliert worden, wie bereits Voltaire (1694-1778), ein begeisterter Newton-Anhänger, in seinen philosophischen Briefen feststellte. G. P. De Roberval (1602-1675) hatte um 1644, also über 40 Jahre vor Newton, behauptet, alle Körper zögen sich gegenseitig an und die Erdbewegung um die Sonne ginge auf diese Anziehung zurück.[8]

Was Newtons herausragender Beitrag zur Wissenschaft ausmachte – und was offensichtlich sonst niemand zu seiner Zeit leisten konnte – war, Hookes Programm mathematisch umzusetzen.[9] Newton hat dazu die Differentialrechnung erfunden, mit deren Hilfe man mechanische Probleme geschlossen lösen konnte. Newton hat sie zu einem grundlegenden Paradigma einer mathematisch argumentierenden Mechanik gemacht. Selbstverständlich hat auch die Differentialrechnung Newtons Vorläufer, und auch hier bestand Newtons Leistung darin, in durchgehender Rationalität divergierende Ansätze zu vereinigen.

---

7   Zitiert nach Kuhn, T. S. (1981), 257.

8   Cf. Mach, E. (1933), 156ff, 182ff, 288ff.

9   Newton hat insbesondere als einer der ersten den Einfluß der Massen der beteiligten Himmelskörper bei seinem Gravitationsgesetz berücksichtigt. Cf. Figala, K. (1975), 148 Fußnote 14.

Newtons mathematische Lösungen für die Mechanik der Himmelsbewegungen wurden dann in den folgenden 50 Jahren von Leonard Euler (1707-1783), Joseph Louis de Lagrange (1736-1813) und anderen zu einem formalen Apparat entwickelt und als ein umfassendes mechanisches Programm umgesetzt. Insbesondere in diesem Bereich waren Newtons *Principia* der entscheidende Anstoß für die Wissenschaften. Was wir heute *Newtonsche Physik* nennen, entspricht im Wesentlichen der Physik, die D'Alembert, Euler und Lagrange formuliert haben.

Newtons Physik war nach dem Programm Hookes ein Versuch, die Himmelserscheinungen auf Kräfte zurückzuführen, die eine Erscheinungsform der Schwere sind, wie wir sie auf der Erde empfinden und für die Galileis Fallgesetze gelten. Die Frage war, was die Ursache dieser Kräfte sei. In der Antike sah man den Grund für Schwere und das, was in der Neuzeit *Anziehung* genannt wird, in einem Streben der Körper zu ihrem natürlichen Ort. Der natürliche Ort für Materie war das Zentrum der Erde, so daß alle fallenden Gegenstände zum Erdmittelpunkt hinstrebten.

Vorstellungen über Anziehungsphänomene gab es in der Antike nur bezogen auf Magnetismus und Elektrizität.[10] Noch Kepler sah im Magnetismus einen möglichen Wirkungsmechanismus für die Anziehung zwischen Erde und Mond bzw. Sonne und Planeten. Newton selbst hat die Zentralbewegung in den *Principia* für ein zentrales Magnetfeld berechnet, allerdings ohne zu behaupten, daß die Planetenanziehung auf Magnetwirkung beruhe.

Wenngleich Nikolaus Kopernikus (1473-1543) im 16. Jahrhundert in seinem Werk *De Revolutionibus* das Streben zum natürlichen Ort als eine mögliche Erklärung akzeptierte und die Ursache dafür im Streben nach Kugelgestalt sah, neigte man im 17. Jahrhundert dazu, das Streben zu seinem natürlichen Ort als eine okkulte Eigenschaft zu bewerten, die in einer wissenschaftlichen Erklärung der Welt nichts zu suchen habe. Descartes' Weltbild hatte den Vorteil, daß es solcher okkulter Qualitäten nicht bedurfte. Bei Descartes lag die Ursache der Kraftwirkungen in Stößen zwischen den Ätherteilchen im Universum.

Newton gibt nun in der ersten Auflage der *Principia* keine Ursache für die Kräfte der Schwere an, sondern beschränkt sich ganz bewußt darauf, die Mathematik für Kräftewirkungen zu beschreiben.

»Dies ist wenigstens der mathematische Begriff derselben, denn die physischen Ursachen und Sitze der Kräfte ziehe ich hier nicht in Betracht.«[11] »Die Benennung: Anziehung, Stoss oder Hinneigung gegen den Mittelpunkt nehme ich ohne Unterschied und untereinander vermischt an, indem ich diese Kräfte nicht im physischen, sondern nur im mathematischen Sinne betrachte. Der Leser möge daher aus Bemerkungen

---

10   Cf. Dijksterhuis, E. J. (1983), 347ff.
11   Newton, I. (1872), 24.

dieser Art nicht schliessen, dass ich die Art und Weise der Wirkung oder die physische Ursache erklären oder auch, dass ich den Mittelpunkten (welche geometrische Punkte sind) wirkliche und physische Kräfte beilege, indem ich sage: die Mittelpunkte ziehen an, oder es finden Mittelpunktskräfte statt.«[12] »Aus diesem Grunde fahre ich fort, die Bewegung von Körpern zu erklären, welche sich wechselseitig anziehen, indem ich die Centripetalkräfte als Anziehung betrachte, obgleich sie vielleicht, wenn wir uns der Sprache der Physik bedienen wollen, richtiger Anstösse genannt werden müssten. Wir befinden uns nämlich jetzt auf dem Gebiete der Mathematik und wir bedienen uns deshalb, indem wir physikalische Streitigkeiten fahren lassen, der uns vertrauten Benennung, damit wir von mathematischen Lesern um so leichter verstanden werden.«[13]

Was die tatsächlichen – das meint: physikalischen – Ursachen der Kräfte seien, das müßten spätere Naturwissenschaftler herausfinden und angeben. Nach erbittert geführten Disputen, vor allem mit der Leibniz-Schule,[14] deutet Newton in der zweiten Auflage der *Principia* 1713 dann eine mögliche Erklärung an, ohne sie jedoch auszuführen:

»Es würde hier der Ort sein, etwas über die geistige Substanz hinzuzufügen, welche alle festen Körper durchdringt und in ihnen enthalten ist.« »Diese Dinge lassen sich aber nicht mit wenigen Worten erklären, und man hat noch keine hinreichende Anzahl von Versuchen, um genau die Gesetze bestimmen und beweisen zu können, nach welchen diese allgemeine geistige Substanz wirkt.«[15]

Durch diesen Zusatz zur zweiten Auflage versucht Newton, dem Vorwurf zu entgehen, seine mathematischen Kräfte seien okkulte Eigenschaften und die Descartessche Erklärung, die okkulte Eigenschaften nicht enthielt, sei der seinen vorzuziehen. Außerdem vermeidet Newton jede Aussage darüber, was denn nun die tatsächlichen Ursachen der Kräfte seien.

Die Bedeutung der Newtonschen Theorie ist, die Bewegung als eine mathematisch beschreibbare Wirkung aufzufassen. Das hat den Preis, daß die (physikalisch-philosophische) Ursache nicht benannt werden kann. Sie bleibt in den Principia insofern aus der Diskussion heraus, als *Kraft* ihre Bedeutung nur als mathematisierbare Bewegungsursache hat. Kraft ist all das, was einen Bewegungsablauf mathematisch deuten hilft. Darin liegt die Verallgemeinerbarkeit des Newtonschen Begriffs einer mathematischen Kraft: Gravitationsphänomene, wie auch solche der

---

12 Newton, I. (1872), 25.
13 Newton, I. (1872), 167.
14 Cf. Koyré, A. (1980).
15 Newton, 1.(1872), S. 511,512.

Elektrizitätsfelder und des Magnetismus, können mit diesem Kraftbegriff beschrieben werden. Ihre Ursache – im Sinne von letzter Ursache – ist nicht bekannt, und sie kann und soll auch nicht angegeben werden. Darauf hat Newton selbst immer wieder hingewiesen und es bedauert:

> »Ich habe noch nicht dahin gelangen können, aus den Erscheinungen den Grund dieser Eigenschaften der Schwere abzuleiten, und Hypothesen erdenke ich nicht... Es genügt, dass die Schwere existire, dass sie nach den von uns dargelegten Gesetzen wirke, und dass sie alle Bewegungen der Himmelskörper und des Meeres zu erklären im Stande sei.«[16]

Für Newton gilt also seine mathematische Beschreibung nicht schon als eine *Erklärung* der Phänomene. Eine solche Erklärung könnte erst eine philosophische Begründung der mathematischen Theorie liefern. Diese Forderung ist Thema aller Wissenschaften im 18. Jahrhundert.

Der mathematische Kraftbegriff Newtons bezeichnet eine äußere Kraft, die einen Körper von seiner geradlinig-gleichförmigen Bahn zieht, der der Körper dank seiner Trägheit sonst folgen würde. Diese Kraft ist proportional der Beschleunigung, die der Körper durch die Kraft erfährt. Diese Kraft ist eine »formale« Kraft, die – folgt man Newtons Intention – für alle Naturphänomene gilt und damit das Grundgesetz aller Naturwissenschaften schlechthin enthält. Diesem Anspruch der Allgemeingültigkeit der Kraft entspricht, daß die Ursache der Kraft nicht eindeutig von Newton festgelegt wird.

2   Newtons Methodologie

Newtons wissenschaftliche Methode ist durch zwei Elemente geprägt:[17] die mathematische Deduktion und die Verifizierung durch Induktion. Dabei verfährt Newton so, daß er unter Annahme mathematischer Voraussetzungen, die als mathematische Modelle interpretiert werden können, nach mathematischen Gesetzen ein Ergebnis deduziert, das er häufig in den *Principia* nicht am empirischen Material verifiziert. (Dabei überläßt er es gelegentlich anderen Forschern zu prüfen, ob dieses Ergebnis zutrifft oder nicht.) Wenn es sich um astronomische Probleme handelt, die das Sonnensystem betreffen, trägt Newton selbst die em-

---

16   Newton, I. (1872), 511.
17   Cf. Rosenberger, F. (1895), 200, 212f, 290ff.

pirischen Befunde (Naturerscheinungen)[18] zusammen, um zu belegen, daß seine mathematischen Annahmen zutreffen. Solche mathematischen Annahmen nennt Newton mathematische Hypothesen.[19] Den mathematischen Hypothesen stehen natürliche Hypothesen gegenüber.[20] Während mathematische Hypothesen im Sinne von theoretischen Voraussetzungen erlaubt sind, sind natürliche Hypothesen nicht erlaubt. Sie behaupten die optative Existenz von natürlichen Gegebenheiten. Natürliche Gegebenheiten aber lassen sich ausschließlich aus Erfahrungen ableiten und per Induktion allgemeingültig machen:

> »Was immer nämlich sich nicht aus den Naturerscheinungen ableiten läßt, muß Hypothese genannt werden, und Hypothesen, sei es metaphysische, sei es physische, sei es solche über verborgene Eigenschaften, sei es solche über die Mechanik, haben in der experimentellen Philosophie keinen Platz. In dieser Philosophie werden Lehrsätze aus Naturerscheinungen abgeleitet und durch Induktion allgemeingültig gemacht.«[21]

In diesem Sinne wäre eine »theoretische Erklärung für die Eigenschaft Schwere« eine Hypothese einer Naturexistenz, die nicht durch Erfahrung begründbar ist. Vielmehr ist die Induktion der einzige erlaubte Weg einer »auf Erfahrung gegründeten« Wissenschaft, um Aussagen über Naturgegenstände zu verallgemeinern.[22] Die auf dem Weg der Induktion gewonnenen Lehrsätze gelten so lange, bis »andere Erscheinungen« sie widerlegt haben. Dieser Vorrang der Induktion – so Newton in der letzten seiner vier Regeln des Philosophierens oder des wissenschaftlichen Schließens – muß erhalten bleiben, damit der Induktionsbeweis nicht durch neuerliche Hypothesen vernichtet werden kann.

Dieses Konzept Newtonscher Physik, das mit der Induktion und der mathematischen Deduktion als methodischen Prinzipien und dem Kraftbegriff als theoretischer Grundannahme verknüpft ist, wird in der Folgezeit nach Newton der Ausgangspunkt, aus dem sich naturwissenschaftliche Welterklärung wie philosophische Welterklärung entwickelte, von der Aufklärung bis zum deutschen Idealismus, von der englischen Metaphysik bis zur französischen mathematischen Physik, von der Naturwissenschaft bis zur Erkenntnistheorie, ja von der Physik bis zur Biologie. Der Kraftbegriff steht dabei für mehrere Bedeutungszusammenhänge: Methodisch ist Kraft häufig gleichbedeutend mit *Kausalität, Ursache-Wirkungsrelation* und *Gesetzmäßigkeit,* methodologisch bedeutet Kraft gelegentlich *hypothetische,*

---

18 Newton, I. (1988b), 17ff.
19 Newton, I. (1988b), 85, 134, 195f.
20 Newton, I. (1988b), 134.
21 Newton, I. (1988b), 230.
22 Newton, I. (1988b), 171.

reale oder *transcendente Letztbegründung* und inhaltlich oder physikalisch meint *Kraft* – je nach Kontext auch: *Energie, Arbeit* oder gar: *Entropie.* In diesem Newtonschen Kontext werden Begriffe formuliert, die die Grundlage zeitgenössischer wie späterer Theorien bilden und die in vielfältiger Modifikation den Rahmen für die Entwicklung der Wissenschaften der Neuzeit abgeben.

Die Sprache als Letztbegründung der Naturwissenschaften

II

Von der Französischen Aufklärung zu den Ideologen

Mit der Gründung der Royal Society (1660) hat England in den folgenden Jahrzehnten einen in Europa einmaligen Fortschritt in der Entwicklung der Wissenschaften gemacht, der erst wieder zu Beginn des 19. Jahrhunderts in Frankreich nach der Revolution aufgeholt werden konnte. Die Erfolge Frankreichs sind den Erfolgen bei der Neuorganisation der wissenschaftlichen Institutionen und des Bildungssystems in und nach der Französischen Revolution zuzuschreiben[1], die durch eine kleine, aber während der Revolution die gesamte Kultusbürokratie tragende Philosophengruppe, die Ideologen, geprägt wurde.[2]

An vier Beispielen soll gezeigt werden, daß – von der Philosophie des französischen Aufklärers Condillac ausgehend – neue naturwissenschaftliche Disziplinen entstehen, die auf seiner Interpretation der Sprache als einem letzten Grund für die Wissenschaften aufbauen. Sprache und insbesondere mathematische Sprache, wie sie für Newtons mathematische Theorie konstitutiv ist, wird nun zur Letztbegründungsinstanz zur Beschreibung von Beziehungen in einer immer gleichen Gesetzen folgenden Natur.

In der Zeit der Französischen Revolution gibt es wichtige Entdeckungen in der Chemie: Antoine Laurent Lavoisier (1743-1794) entwickelte seine antiphlogistische Chemie. Sie ist – mit den Modifikationen C. L. Berthollets – die heute noch benutzte Formelchemie, die auf der Idee basiert, daß die Reaktionen der aus Elementen zusammengesetzten Materie auf ganzzahligen Proportionen der Elemente beruhen. Die *Darstellende Geometrie* und die Ansätze der *Differentialgeometrie* werden von Gaspare Monge (1748- 1818) entwickelt, Andre Marie Ampère (1775-1836) erforscht die Elektrizität und den Magnetismus und Jean Batiste Pierre Antoine de Monet,

---

1 Williams, L. E (1953), 311-330 und Staum, M. S. (1985), 49-76. Cf. auch die einschlägigen Artikel in: Volpi, F., Nida-Rümelin, J. (1988), sowie Lange, E., Alexander, D. (1987).

2 Levin, A. (1984), 303-320 und Cohen, I. B. (1985).

Chevalier de Lamarck, (1744- 1829) wird zu einem französischen Vorläufer der *Evolutionstheorie* Darwins.

Bei all diesen Entwicklungen der Wissenschaften steht der kleine Kreis von Philosophen im Hintergrund, der sich in Auteuil, einem Vorort von Paris, etwa von 1792 bis Anfang des 19. Jahrhunderts trifft und deren Mitglieder sich *les ideologues,* die Ideologen, nennen. Von 1794 bis 1804 erscheint *La Decade,* die Zeitschrift der *Ideologen.* 1804 wird sie von Napoleon verboten.

Die Ideologen gehen von dem philosophischen Werk des Aufklärers und Sensualisten Abbe Etienne Bonnot de Condillac (1715-1780) aus und entwickeln anhand seiner Schriften ihre eigene Philosophie. Dieser Kreis, zu dessen hartem Kern unter anderen Condorcet, Destutt de Tracy und Cabanis (und auch Lakanal, Garat, Volney, Ginguene und Daunou) gehörten, bestimmt das Programm aller Ausbildungseinrichtungen, bis hin zum Musée National d'Histoire Naturelle. Aus diesem Kreis gehen bedeutende Wissenschaftler wie J. B. Fourier hervor, und auf sie beziehen sich Lavoisier, Monge, Lamarck und Ampère. In diesem Kapitel soll deutlich werden, daß unter unterschiedlichen und geringfügigen Bedeutungsverschiebungen des Begriffs von der Natur und der Suche nach dem Grund, auf den sich wissenschaftliche Erkenntnis stützen soll, neue Arbeitsgebiete erschlossen werden und neue methodische Ansätze in den Wissenschaften Einzug halten. Diese Entwicklungen in der Französischen Aufklärung gingen von der Newtonschen Vorstellung einer induktiven Wissenschaft aus.

1 Condillac und Condorcet, Cabanis und Destutt De Tracy

Die Ideologen, die die Philosophie in der Zeit der Französischen Revolution in Frankreich prägten, stützten sich auf den Aufklärer Condillac, der der Französische Locke genannt wird. Condillac bezieht sich seinerseits auf John Locke (1632-1704). John Locke übernahm von seinem persönlichen Freund Newton die Ablehnung metaphysischer Konstrukte, wie sie Newton in Descartes' Theorie der Welt als einem System aus vielen Wirbeln sah. Nach Lockes Vorstellung[3] ist der menschliche Geist eine Tabula rasa, der keine Ideen eingeschrieben sind; deshalb sind die Ideen erst im Laufe des Bildungsprozesses zu erzeugen.[4] Ideen erhält der Mensch mit der Er-

---

3 Locke, J. (1981), geschrieben ab 1671 und publiziert 1689, 1690, also nach Newtons *Principia* 1687.

4 Locke, J. (1981), 107.

fahrung. Unsere Ideen werden auf zwei Weisen geschaffen, entweder durch »äußere materielle Dinge« als »Objekte der Sensation« oder durch die »inneren Operationen unseres Geistes« als den »Objekten der Reflexion«.[5] *Sensation* und *Reflexion* sind die beiden Weisen, wie wir zu Ideen kommen. Auf diese Weisen werden einfache Ideen gebildet, die durch Wiederholung und Erinnerung oder Vergleichen und Abstrahieren zu komplexeren Ideen aufgebaut werden. Zum Beispiel ist die Idee der Kraft eine solche einfache Idee:

> »Wenn wir nämlich an uns selbst beobachten, daß wir denken und denken können und daß wir nach Belieben gewisse Körperteile, die sich in Ruhe befanden, zu bewegen vermögen, und wenn zugleich die Wirkungen, die die natürlichen Körper ineinander hervorrufen können, jeden Augenblick unseren Sinnen begegnen, so gewinnen wir auf diesem doppelten Wege die Idee der Kraft.«[6]

Die Ausgangsfrage des französischen Aufklärers Condillac ist – wie bei Descartes – die Frage nach den Möglichkeiten gewisser, d. h. sicherer Erkenntnis und nach der Einheit der Wissenschaften.[7] Condillac[8] lehnt – mit Locke – jede Metaphysik ab und will die Sicherheit von Erkenntnis allein aus einer Analyse der Sinnesdaten erhalten. Condillac gilt als der bedeutendste Vertreter des Sensualismus im Frankreich der Aufklärung. Dabei geht Condillac in seiner späten Philosophie etwa ab 1780 über Locke hinaus. Insbesondere nimmt Condillac nicht mehr – wie Locke – zwei Quellen der Erkenntnis an, sondern nur noch eine, die aus den Empfindungen folgt.[9] Condillac interessiert nicht mehr nur die Konstitution der Ideen, sondern vielmehr, in welcher Weise die Ideen in den Wissenschaften als Erkenntnis relevant werden. Condillac interessiert sich für das System des Wissens und nicht für das System der Wissenschaften. Er interpretiert die Sinnesdaten als die Wirklichkeit. Unsere Erkenntnis ist allein ein angemessenes sprachliches Inbeziehungsetzen von Bildern dieser Daten. Auf diese Weise bekommt die Sprache eine zentrale Bedeutung für die Wissenschaft. Denn das sprachlich Inbeziehungsetzen bildet die Grundlage

---

5   Locke, J. (1981), 109.

6   Locke, J. (1981), 142.

7   Mit Descartes hat Condillac natürlich auch die Fixierung einer Natur auf ein starres Objekt, dessen sich das Subjekt nur zu bedienen braucht, gemeinsam. Descartes, R. (1644).

8   Lauener, H. (1981), 413ff.

9   In seinen Schriften *Traité des systems* (1749) und *Essai sur l'origine de connaissances humaines* (1746) vertritt Condillac noch völlig Lockes Position. Seine eigene Position finden wir vollständig erst in Condillacs *Logik* (1780), auf die ich mich hier beziehen will.

logischer Erkenntnis. Die Sprache wird so zur Letztbegründung auch der Logik auf der Basis von Sinnesdaten herangezogen.

Die *Logik*, in der Condillac seine Erkenntnistheorie zusammenfaßt, enthält zwei Teile, von denen der erste die Fähigkeiten der Seele beschreibt. Dieser Teil ist die sensualistische Darstellung der Erkenntnistheorie. In Konsistenz mit seiner eigenen Methode wählt Condillac diesen Weg der Darstellung, weil auch die *Logik* mit der Erfahrung beginnen muß. Der zweite Teil der *Logik* betrachtet »die Analyse im Hinblick auf ihre Mittel und Ergebnisse«. Dort wird die »Kunst des Denkens« auf eine »gut gebildete Sprache reduziert«[10]. *Analyse* ist der zentrale Begriff der Condillacschen Methode, und deshalb muß die *Logik* in einer Selbstreferenz diesem Verfahren ebenfalls genügen. Unter Analyse versteht Condillac das Zergliedern der sensorischen Bilder oder Sinnesdaten und das sprachliche Inbeziehungsetzen der einzelnen Elemente. Die Analyse – so Condillac – sei eine Methode, die wir von der Natur selbst gelernt hätten[11], und nach dieser Methode allein könnten wir die Entstehung von Ideen und Seele erklären. Condillac will in dem ersten Teil seiner *Logik* klären, was der Ursprung der Ideen ist. Dazu beginnt er seine Logik nicht mit Definitionen, Axiomen oder Prinzipien, weil wir niemals aus solchen theoretischen Sätzen lernen, sondern vielmehr aus der Analyse unserer Empfindungen. Die Analyse ist die einzige Methode, die wir für unsere Erkenntnis zur Verfügung haben. Condillac warnt explizit davor, von Definitionen auszugehen.[12]

Die erste Fähigkeit unserer Seele ist die Empfindung *(sensation)*. Durch sie gelangen die Eindrücke der Objekte in unsere Seele.[13] Die Sinne sind die veranlassende Ursache *(cause occasionelle)* für die Eindrücke, die von den Objekten ausgehen, aber nur die Seele hat die Empfindungen. Diese Empfindungen lehrt uns also die Natur, die den Lebewesen Fähigkeiten und Bedürfnisse gegeben hat, die in den Empfindungen Befriedigung erhalten. Was wir kennen, kennen wir nur durch sinnlich wahrnehmbare Eigenschaften *(qualités sensibles)*,[14] Durch wiederholtes Urteilen über Wahrnehmungen erlangen wir Erfahrungen. Freilich wird auf diese Weise kein System von uns aufgebaut oder geschaffen, sondern vielmehr ist es die Natur in uns, d. h. unsere Bedürfnisse, die dieses System schafft. Deshalb müssen wir von unseren dringendsten Bedürfnissen ausgehen und analysieren, was geschieht, wenn wir z. B. eine Landschaft sehen. Am Beispiel der Wahrnehmung einer Landschaft

---

10 Condillac, E. B. de (1959), 5. Siehe zum folgenden auch die Einleitung von G. Klaus in: Condillac, E. B. de (1959).
11 Condillac, E. B. de (1959), 4.
12 Condillac, E. B. de (1959), 88.
13 Condillac, E. B. de (1959), 6.
14 Condillac, E. B. de (1959), 9.

und des anschließenden Verarbeitens der Empfindungen entwickelt Condillac das Modell der Analyse, die ja das einzige Mittel der Erkenntnis darstellt. Unser erster Blick schafft noch keine Ideen von den Dingen. Die erhalten wir erst, wenn wir wiederholt einzelne Objekte des Bildes separat betrachten und in Beziehung zu den anderen Objekten der Landschaft setzen. Dabei beginnt man mit den hauptsächlichen Objekten, beobachtet sie sukzessiv, vergleicht sie und bildet sich ein Urteil über die Beziehung der Objekte zueinander. Diese Ordnung in unserem Geist ist die Ordnung der Natur. Vor dem Blick des Geistes *(vue de l'ésprit)*[15] erscheinen die Objekte gleichzeitig. Zugleich werden weniger bedeutende Objekte untersucht. Daraus entsteht eine Hierarchie von Ordnungen. Auf der Gleichzeitigkeit dieser Ordnungen beruht unsere Kenntnis. Um diese Ordnung etablieren zu können, muß man sich also »exakte und deutliche Ideen«[16] von den Gegenständen schaffen. Die Ideen sind bei Condillac also nichts anderes als Empfindungen, die ihrerseits Repräsentanten der sinnlich wahrnehmbaren Objekte sind. Sie kommen aus der Natur, sind aber nicht angeboren, sondern kommen aus der Natur, weil wir sie dank unserer Natur durch Empfindungen erwerben und sie uns dank der Natur der Beziehungen der Objekte lehren, wie wir die Dinge zu denken haben. Analyse bei Condillac heißt »auseinanderlegen« und gleichzeitig die Ordnung »wieder zusammensetzen«.

»Analysieren heißt also nichts anderes, als die Eigenschaften eines Objektes in einer sukzessiven Ordnung beobachten, um sie im Geiste zu der gleichzeitigen Ordnung zusammenzufügen, in der sie existieren. So läßt die Natur uns alle handeln.«[17] »Um sich verständlich auszudrücken, muß man seine Ideen in der analytischen Ordnung, die jeden Gedanken zerlegt und wieder zusammenfügt, erfassen und wiedergeben. Nur diese Ordnung kann ihnen die ganze Klarheit und Präzision, deren sie fähig sind, verleihen, und wie wir kein anderes Mittel haben, um uns selbst zu unterrichten, so haben wir auch kein anderes Mittel, um unsere Kenntnisse mitzuteilen.«[18]

Das Zusammensetzen ist jedoch nicht Synthese[19]. Die Synthese beginnt vielmehr immer schon mit dem Zusammengesetzten, während die Analyse das Zusammensetzen an das Ende des Verfahrens setzt. Ähnlich wie die Analyse von Wahrnehmungen geschieht die Analyse der Gedanken *(pense)*. Dabei gibt es bei Condillac in dieser Hinsicht keine Differenz zwischen der sinnlichen Wahrnehmung und dem Denken:

---

15 Condillac, E. B. de (1959), 15.
16 Condillac, E. B. de (1959), 16.
17 Condillac, E. B. de (1959), 16f.
18 Condillac, E. B. de (1959), 19.
19 Condillac, E. B. de (1959), 94.

»Alle Kenntnisse, die wir von den sinnlich wahrnehmbaren Objekten haben können, sind also im Prinzip nur Empfindungen und können nichts anderes sein. Die Empfindungen, als Repräsentanten *(comme représentant)* der sinnlich wahrnehmbaren Objekte betrachtet, heißen *Ideen* – ein figürlicher Ausdruck, der eigentlich dasselbe bedeutet wie *Bilder (images)*«[20].

Da die Ideen Repräsentanten der Empfindungen sind, ist ihre Ordnung in unserem Denken selbst genauso zusammengesetzt wie die Teile der Wirklichkeit. Unsere Kenntnis stammt so aus den Sinnen. Sie ist in den Empfindungen der Seele mitgeteilt worden und hat in den Ideen ihre Repräsentanten. Qua Analyse der Wahrnehmung und des Denkens ergibt sich daraus eine Ordnung der Ideen sowie die Hierarchie von Ordnungen.[21] Dieses wohlgeordnete System ist eine Folge präziser und exakter Ideen, die durch die Analyse so geordnet sind, wie die Dinge selbst geordnet sind.[22] Die Ordnung wird durch sukzessives Aufsuchen der Empfindungen, durch Vergleich der Objekte und durch Bilden eines Urteils erreicht.[23]

Die Ordnung der Analyse entspricht genau der Entstehung der Ideen.[24] Dabei werden Klassen gebildet, weil nicht jedes Individuum mit einem eigenen Namen versehen werden kann. Aus zunächst individuellen Ideen, d. h. Ideen von Individuen, werden durch Zusammenfassung allgemeine Ideen.[25] Unterschiedliche Objekte werden dabei mit gleichem Namen versehen.[26] Die Grenzen der Verallgemeinerung werden durch unsere Bedürfnisse, aus praktischen Gründen zu unterscheiden, festgelegt. Dies führt zu einem allgemeinen Unterscheidungsvermögen.[27] Wir unterscheiden also die Klassen nach unseren Denkweisen:

»Tatsächlich würden wir uns gröblich täuschen, wenn wir uns einbildeten, daß es in der Natur Arten und Gattungen gebe, weil es sie in unserer Denkweise *(manière de concevoir)* gibt. Die allgemeinen Namen sind eigentlich nicht Namen für ein existierendes Ding; sie bringen lediglich die Blickpunkte des Geistes zum Ausdruck, wenn wir die Dinge in Hinsicht auf Ähnlichkeit oder Verschiedenheit betrachten. Es gibt keinen Baum im allgemeinen, keinen Apfelbaum im allgemeinen, keinen

---

20 Condillac, E. B. de (1959), 18.
21 Condillac, E. B. de (1959), 16.
22 Condillac, E. B. de (1959), 23.
23 Condillac, E. B. de (1959), 15.
24 Condillac, E. B. de (1959), 24.
25 Condillac, E. B. de (1959), 26.
26 Condillac, E. B. de (1959), 27.
27 Condillac, E. B. de (1959), 27.

Birnbaum im allgemeinen; es gibt nur Individuen. Also gibt es in der Natur weder Gattungen noch Arten.«[28]

Artenbildung ist also ausschließlich das Ergebnis sprachlicher Fähigkeit, die keine Realität in irgendeiner Wirklichkeit hat.[29] Solche Ideen belegen wir mit Worten. Es ist also notwendig, daß wir mit den Worten, die für Ideen stehen, auch Ideen verbinden. Metaphysische Bezeichnungen wie »Wesen« haben keine Ideen, und das heißt keine Dinge als Repräsentant. Sie sind Fiktionen, und Condillac erkennt sie deshalb nicht an. Jede Benutzung solcher Wörter hat ein Fehlurteil zur Folge.[30] Gleichwohl gibt es Dinge, die nicht unmittelbar in die Sinne fallen, wie etwa Kraft.[31] Kraft ist eine unterstellte Ursache für die Bewegung, die sinnlich wahrnehmbar ist. Also:

»Die Sinne können mir das, was die Dinge an sich sind, nicht enthüllen: sie zeigen mir nur einige Beziehungen, die unter ihnen bestehen, und einige Beziehungen, in denen sie zu mir stehen.«[32]

Auf ähnliche Weise repräsentiert die Tätigkeit des Körpers die Seele. Der Körper verrät also gelegentlich die geheimsten Gedanken:

»Dies ist die Sprache der Natur: sie ist die erste, die expressivste, die wahrhaftigste, und wir werden sehen, daß wir nach diesem Muster gelernt haben, Sprachen zu bilden.«[33]

Die einzige Möglichkeit, unsere Ideen zu haben, ist, eine Sprache zu formulieren. Die Sprache, die am ursprünglichsten ist, die Sprache der Gesten, ist deshalb die erste, die uns über die Methode der Analyse Auskunft erteilt und die nur im unverbildeten Menschen ursprünglich ist. Die Sprache der Gesten lernt er von der Natur. Beim Erlernen der Sprache sind Wiederholung und Wiedererinnerung die wichtigsten Eigenschaften unseres Gedächtnisses. Auf ihnen beruht unsere Fähigkeit, die Ordnung der Ideen aufrechtzuerhalten.[34]

Condillac unterteilt die Fähigkeiten der Seele in zwei größere Bereiche: einmal die Fähigkeiten, die die Empfindungen repräsentieren und Operationen des Verstandes sind, und zum anderen die Fähigkeiten, die im Hinblick auf ihren angenehmen und

---

28 Condillac, E. B. de (1959), 28. Cf. auch 24, 83f.
29 Cf. auch Lamarck, J. B. de (1990), I, 88 und I, 97.
30 Condillac, E. B. de (1959), 67ff.
31 Condillac, E. B. de (1959), 32.
32 Condillac, E. B. de (1959), 33.
33 Condillac, E. B. de (1959), 36.
34 Condillac, E. B. de (1959), 46.

unangenehmen Charakter betrachtet werden.[35] Die letzte Gruppe heißt gelegentlich bei Condillac *Wille*. Beide Gruppen zusammen sind nach Condillac das Denken.

>>Denn Denken heißt empfinden, aufmerksam sein, vergleichen, urteilen, Reflexionen anstellen, sich etwas vorstellen, schließen, begehren, Leidenschaften haben, hoffen, fürchten etc.<<[36]

Die Operationen des Verstandes umfassen Empfindungen, die nur der Seele zukommen. Dazu gehören Aufmerksamkeit *(attention)* (weil die analysierte Tätigkeit auf das Objekt abzielt *(tend))*, vergleichen der Objekte, urteilen (weil die Objekte hinsichtlich ihrer Ähnlichkeit oder Verschiedenheit untersucht werden müssen) und Reflexion (weil sich dabei >>dann meine Aufmerksamkeit gewissermaßen von einem Objekt auf das andere verlegt *(réfléchit)*, werde ich sagen, daß ich überlege *(réfléchis)*<<). [37] Zu den Operationen des Verstandes gehören Einbildungskraft *(imagination)* (weil die Ideen die man sich bildet Bilder *(images)* sind, die nur im Geist Realität besitzen) und Schließen (weil wir bei der Erstellung von Ordnungen vom Bekannten zum Unbekannten Vorgehen und dabei die Ordnungen höherer Hierarchie erstellen). Schließlich gehört der Verstand selbst dazu, der alle diese Operationen umfaßt. Durch diese Fähigkeit >>versteht *(entend)* (die Seele, W.N.) gewissermaßen die Dinge, die sie studiert, wie sie durch das Ohr die Töne versteht. Deshalb heißt die Gesamtheit all dieser Fähigkeiten *Verstand (entendement)*. Der Verstand umfaßt also die Aufmerksamkeit, die Vergleichung, das Urteil, die Reflexion, die Einbildungskraft und das Schließen. Eine exaktere Idee davon kann man sich nicht bilden.<<[38] *Unlust* und *Lust* sind als Fähigkeiten der Seele nach Condillac die Bedürfnisse der Unruhe, der Begierde, der Leidenschaft und des Willens zusammengenommen.

Im ersten Teil seiner Logik formuliert Condillac abschließend eine *Physiologie der Empfindungen*. Da von den Empfindungen alle Kenntnis ausgeht, ist sie und ihr Entstehen von äußerstem Interesse. Leider – so Condillac – sei dies allerdings eine dunkle Materie und es fehle meist jede differenzierte Kenntnis davon:

>>Ich kann mich also nur rühmen, das wenige, was wir über eine der dunkelsten Materien wissen, von allen willkürlichen Hypothesen gereinigt zu haben. Dabei

---

35 Condillac, E.B. de (1959), 43.
36 Condillac, E.B. de (1959), 45.
37 Condillac, E.B. de (1959), 41.
38 Condillac, E.B. de (1959), 43.

sollten es die Naturforscher meiner Meinung nach stets bewenden lassen, statt auf Dingen, deren erste Ursachen nicht festzustellen sind, Systeme errichten zu wollen.«[39]

Was er weiß, faßt Condillac so zusammen:

»Physische und veranlassende Ursache, welche die Ideen fortdauern läßt oder zurückruft, liegt also in den Reizen, an die sich das Gehirn als das erste Organ des Empfindungsvermögens gewöhnt hat und die selbst dann noch fortbestehen oder reproduziert werden, wenn die Sinne nicht mehr an ihnen beteiligt sind, denn wir könnten uns die Objekte, die wir gesehen, gehört oder betastet haben, nicht wieder vergegenwärtigen, wenn die Bewegung nicht dieselben Reize annähme wie zu der Zeit, wo wir sehen, hören oder tasten. Kurz, die mechanische Tätigkeit folgt den gleichen Gesetzen, ob man nun eine Empfindung hat oder sich nur erinnert, sie gehabt zu haben, und das Gedächtnis ist nur eine Art des Empfindens.«[40]

Der physiologische Grund für die Notwendigkeit der analytischen Methode und Rechtfertigung des Condillacschen erkenntnistheoretischen Ansatzes liegt also darin, daß die Erkenntnismethode nur sprachlich nachschafft, was der Körper in der Erkenntnis tatsächlich tut[41]:

»In der Ordnung, die unsere Natur oder unser Körperbau zwischen unseren Bedürfnissen und den Dingen herstellt, zeigt sie uns, in welcher Ordnung wir die Beziehungen, deren Kenntnis für uns wesentlich ist, studieren sollen.«[42]

Analyse bezeichnet bei Condillac immer die gleiche Methode, unabhängig davon, wo sie zur Anwendung kommt. Sie ist die einzige Methode, durch die wir überhaupt Kenntnisse erlangen können. Condillac wendet sie deshalb auf die Logik selbst an, und die vorliegende Logik ist zugleich das didaktische Material ihrer Darstellung. Auch wenn die Analyse als logische, metaphysische oder mathematische Analyse auftritt, ist sie das gleiche Verfahren. Aufgrund der Analyse von Wahrnehmung und Denken werden dabei immer Ordnungen von Ideen mit zunehmender Komplexität etabliert. Die Analyse begründet jeden wissenschaftlichen Erfolg überhaupt. Ihre Gesamtleistung wird im Schließen zusammengefaßt. Das Schließen hat mit der Sprache begonnen – wie sich aus der Analyse der Gebärdensprache ergibt.

---

39 Condillac, E. B. de (1959), 60.

40 Condillac, E. B. de (1959), 53.

41 Spätestens seit Thomas von Aquin kann im Kontext christlicher Schöpfungstheologie Erkenntnis nur als ein Schöpfungsprozeß selbst verstanden werden. Cf. *De veritate*. Angelegt ist diese Vorstellung schon bei Augustinus; cf. Bohner, P., Gilson, E. (1954), 204f. Bei Thomas bekommt sie eine erkenntnistheoretische Wendung.

42 Condillac, E. B. de (1959), 63.

Die Gebärdensprache ist die älteste, weil angeborene Sprache. »Die Elemente der Gebärdensprache sind dem Menschen angeboren, und diese Elemente sind die Organe, die uns der Schöpfer unserer Natur verliehen hat. So gibt es eine angeborene Sprache, obgleich es keine angeborenen Ideen gibt. In der Tat mußten die fertigen Elemente irgendeiner Sprache unseren Ideen vorausgehen; denn gänzlich ohne Zeichen irgendwelcher Art könnten wir unsere Gedanken nicht analysieren, um uns über das, was wir denken, klar zu werden, d.h., um es deutlich zu sehen. Daher ist unser Körperbau dazu bestimmt, alles, was in der Seele vor sich geht, auszudrücken: er ist der Ausdruck unserer Empfindungen und unserer Urteile, und wenn er spricht, kann nichts verborgen bleiben.«[43]

Alle Ideen können – aus Gründen der intersubjektiven Vermittelbarkeit – durch Gebärden ausgedrückt werden. Deshalb ist die Gebärdensprache im Laufe der Zeit zum Modell der analytischen Methode geworden. Auch nachdem der Mensch von der Gebärdensprache zur artikulierten Lautsprache übergegangen ist, stützt sich die Analyse auf Zeichen. Diese Zeichen werden, von der einfachsten bis zur komplexesten Struktur, in der Sprache verknüpft. Die Regeln der Verknüpfung stehen damit als Grammatik für die Beziehungen der Zeichen. Sprache bildet also die analytische Methode nach und ist so eine präzise Strukturierung dessen, was wir von den Empfindungen aufgenommen haben. In der Lautsprache stehen dabei Wörter für die Zeichen der Gebärdensprache. Allgemeine Ideen wie etwa die von der *Kraft* haben nur eine Realität in unserem Geist:

>»Diese Teilidee besitzt also außerhalb von uns keinerlei Realität. Sie existiert nur in unserem Geist, in welchem sie, abgesondert von den individuellen oder Gesamtideen, vorhanden ist. Sie besitzt in unserem Geist nur deshalb Realität, weil wir sie als von jeder individuellen Idee abgesondert betrachten, und aus diesem Grunde nennen wir sie *abstrakt*«.[44]

Hier wird ein wichtiger Unterschied zu Locke deutlich: Während Locke zwei Quellen der Erkenntnis hatte, die Sensation und die Reflexion, anerkennt Condillac nur die sinnliche Wahrnehmung. Locke kann deshalb auch so vermittelte Begriffe wie den Kraftbegriff als ursprüngliche Sinneswahrnehmung, gleichsam in der Reflexion stattfindende Wahrnehmung, interpretieren, während Condillac unter *Kraft* einen vermittelten, abstrakten Begriff versteht. Condillac schreibt:

>»Diese Beobachtung über die abstrakten und allgemeinen Ideen zeigt, daß deren Klarheit und Präzision einzig von der Ordnung abhängt, in der wir die Benennun-

---

43 Condillac, E. B. de (1959), 70. Cf. auch 73f.
44 Condillac, E. B. de (1959), 82.

gen der Klassen gebildet haben, und daß es zur Bestimmung dieser Arten von Ideen folglich nur ein Mittel gibt, nämlich: die Sprache gut zu bilden. Sie liefert, wie wir bereits gezeigt haben, die Bestätigung dafür, wie notwendig uns die Wörter sind; denn wenn wir keine Benennungen hätten, hätten wir keine abstrakten Ideen; wenn wir keine abstrakten Ideen hätten, hätten wir weder Gattungen noch Arten, und wenn wir weder Gattungen noch Arten hätten, könnten wir über nichts Schlüsse ziehen.«[45]

Das Gleiche gilt auch für Wörter wie *Gattungen* und *Arten*. Sie sind nur eine Klassifizierung der Dinge entsprechend ihrer Beziehungen, die sie zu uns und untereinander haben.[46] Sie sind gleichsam nur, was sie als Ordnung unserer Sprache sind. Die Mathematik ist ebenfalls eine Sprache:

»Ich sage nicht mit manchen Mathematikern, daß die Algebra eine Art von Sprache ist. Ich sage, daß sie eine Sprache ist und nichts anderes sein kann. An dem Problem, das wir vorhin gelöst haben, sieht man, daß sie eine Sprache ist, in die wir den Schluß, den wir vorher mit Wörtern gebildet hatten, übertragen haben. Wenn nun die Buchstaben und die Wörter denselben Schluß ausdrücken, ist es klar, daß man, da man mit den Wörtern nur eine Sprache spricht, auch mit den Buchstaben nur eine Sprache spricht.«[47]

Die Mathematik kann, weil sie eine gut gebildete Sprache ist, auf präzise und exakte Weise ihren Gegenstand beschreiben.

Die Grenzen der analytischen Methode lassen sich als verschiedene Grade der Gewißheit bezüglich der Evidenz, bezüglich der Mutmaßungen und bezüglich der Analogie angeben. Die Verstandesevidenz der Rationalisten ersetzt Condillac durch Tatsachenevidenzen und Empfindungsevidenzen.[48] Dazu müssen wir wissen, was Phänomene, Beobachtungen und Experimente sind: Phänomene sind »die sich aus den Naturgesetzen ergebenden Tatsachen«. »Diese Gesetze sind (freilich) selbst Tatsachen.«[49] Die Beziehungen der Elemente darin sind Beobachtungen. Will man diese näher kennenlernen, so stellt man Experimente an:

»Wir müssen (die Beobachtungen, W. N.) außerdem durch verschiedene Mittel aus allem, was sie verhüllt, herauslösen, wir müssen sie uns näherbringen und für unseren Blick erreichbar machen. In diesem Falle spricht man von Experimenten.«[50]

---

45 Condillac, E. B. de (1959), 83.
46 Condillac, E. B. de (1959), 84.
47 Condillac, E. B. de (1959), 103.
48 Condillac, E. B. de (1959), 108.
49 Condillac, E. B. de (1959), 110.
50 Condillac, E. B. de (1959), 110.

Mutmaßungen können zur Wahrheit führen, wenn man aufgrund von bereits gefundenen Wahrheiten Vermutungen anstellt über Unbekanntes und dies dann durch Beobachtung verifiziert. Mutmaßungen deuten eher auf Wahrscheinlichkeit als auf Wahrheit.[51] Unter den möglichen Analogien sind solche, »die auf die Beziehung zwischen Wirkungen und Ursache oder Ursache und Wirkungen gegründet ist. (Diese Analogie, W. N.) ist die zwingendste: sie wird sogar eine Beweisführung, wenn sie durch das Zusammenwirken aller Umstände bestätigt wird.«[52] Im Kontext unserer Überlegungen zur Wissenschaft in der Französischen Revolution ist wichtig, daß diese hier formulierte Erkenntnistheorie grundlegend von den Ideologen herangezogen wird. Insbesondere die Rolle der Sinne, der Sprache, der Grammatik und der Natur bleiben in der Erkenntnistheorie der Ideologen erhalten. Selbst die materialistische Interpretation der Erkenntnis von Cabanis ist bereits in Condillacs Physiologie der Empfindungen angelegt.

Ähnlich wie Condillac (und Locke) sieht der Marquis de Condorcet (1743-1794), der exponierteste Vertreter der Ideologen, die Beziehungen von Welt und Erkenntnis. Condorcet ist ebenfalls Sensualist. Das heißt, er geht davon aus, daß der Mensch mit der Fähigkeit geboren wird, Sinneseindrücke aufzunehmen und Elemente, aus denen die Sinneseindrücke bestehen, aufzunehmen und zu analysieren. Die Fähigkeit, Sinneseindrücke zu haben, wird durch die Außenwelt, durch den Umgang mit anderen Menschen oder durch künstliche Mittel, die sich der Mensch erfindet, weiterentwickelt. Durch den äußeren Sinn, d. h. die Sinneseindrücke, und den inneren Sinn, d. h. das Denkvermögen, wird die Außenwelt für den Menschen erkennbar.[53] Condorcet geht von der Existenz ewiger und unveränderlicher Gesetze in Natur und Gesellschaft aus. Kurz vor seinem Gifttod in der Gefängniszelle schrieb Condorcet 1794 seine Schrift *Entwurf einer historischen Darstellung der Fortschritte des menschlichen Geistes*, die posthum veröffentlicht wurde und vom Konvent an die Abgeordneten verteilt wurde. Condorcet[54] will in dem *Entwurf* zeigen, daß jede »wahrhafte Vervollkommnung des Menschengeschlechts« durch Vernunft gegeben wird[55], vorausgesetzt, die Vernunft würde der »unmittelbaren Anwendung des Kalküls«[56] – wie jede Wissenschaft überhaupt – folgen. Die Beseitigung von Unwissenheit, Vorurteil, Aberglaube, Grausamkeit und Unterdrückung führt zur sozialen Emanzipation des Menschen. Diese Veränderungen unterliegen

---

51 Condillac, E. B. de (1959), 110.
52 Condillac, E. B. de (1959), 112.
53 Condorcet (1976), 30.
54 Zum folgenden cf. Lauener, H. (1981), 416ff.
55 Condorcet (1976), 192.
56 Condorcet (1976), 179.

zwar Gesetzmäßigkeiten, werden aber von Condorcet nur statuiert – wie auch in der Aufklärung bei Condillac ja keine Gründe dafür angegeben werden. Condorcet behauptet, daß am Ende alle diese Beobachtungen, die in unserem geplanten Werk näher dargelegt werden sollen, ein Beweis dafür sind, daß die moralische Güte des Menschen, dieses notwendige Resultat seiner natürlichen Beschaffenheit, genauso wie alle anderen »Fähigkeiten einer unbegrenzten Vervollkommnung offensteht und daß die Natur Wahrheit, Glück und Tugend unauflöslich miteinander verkettet«.[57] Die gesellschaftliche Entwicklung wird in zehn Stufen dargestellt und als eine Form von Wachstum begriffen.

Condorcet beschreibt die Bedeutung der Aufklärung durch Wissenschaft am Modell der (Newtonschen) Naturwissenschaften. Newtons Fähigkeit bestand – nach Condorcet – darin, daß er nicht nur »jenes allgemeine Naturgesetz entdeckt« habe, sondern »er lehrte die Menschen, in der Physik keine anderen als unzweideutige und aus Berechnung hervorgegangene Theorien zuzulassen, Theorien, die nicht nur die Existenz eines Phänomens, sondern auch seine quantitativen und räumlichen Eigenschaften nachweisen.«[58] Die Bedeutung Newtons besteht also in dem Neuorganisieren bekannter Phänomene. Deshalb und wegen der Sicherheit der Aussagen mathematischer Gesetze ist Condorcets Ziel, alle Wissenschaften nach dem Modell Newtonscher Wissenschaften auf den Kalkül zurückzuführen.[59]

Bei Condorcet finden wir einen prägnanten Naturbegriff angesetzt, der aus diesem erkenntnistheoretischen Ansatz folgt und der vor allem dadurch geprägt ist, daß die Natur einen statischen Rahmen für das praktische menschliche Handeln abgibt, innerhalb dessen Veränderungen vorgenommen werden können. Natur ist dabei einerseits gleichbedeutend mit Vernunft, wenn sie auf den Menschen bezogen wird, und andererseits bezeichnet sie auch die unveränderlichen Dinge in der Welt, wenn sie auf den gegenständlichen Referenten der Erkenntnis bezogen ist. Condorcet faßt seine sensualistische Erkenntnistheorie, die an Condillac orientiert ist, knapp zusammen und verknüpft die Erkenntnis der Naturgegenstände sowie die wissenschaftlichen Methoden mit dem Handlungsziel der Ideologen, nämlich der Vervollkommnung des Menschen. Die Erkenntnistheorie Condorcets ist dabei eng an der Condillacs orientiert. Die Sprache wird als eine geschickte Kombination von Zeichen aufgefaßt, die zu einer Reduzierung der Komplexität der möglichen Beziehungen der Begriffe untereinander führt und so das Denken erleichtert. Eine geschickte Sprache bedeutet eine Erweiterung des Erkenntnisinstrumentes. Insbesondere die Mathematik ist eine solche geschickte Sprache, deren angemessene

---

57 Condorcet (1976), 212f.
58 Condorcet (1976), 171.
59 Condorcet (1976), 168, 169, 171, 181.

Handhabung der Vervollkommnung der Wissenschaften dient – und das heißt auch des Menschen. Deshalb gibt eine auf der Basis einer geschickten Sprache verbesserte Wissenschaft Anlaß zu der Hoffnung, daß die Gesellschaft anhand dieser Erkenntnis der Natur Fortschritte zum Wohl der Menschen machen wird – falls die Wissenschaft durch einen universalen Unterricht im Land bekannt gemacht wird. Condorcet schreibt:

»Niemand hat je gedacht, daß der Geist alles, was in der Natur vorkommt, daß er die äußersten und genauesten Mittel zu dessen Messung und dessen Analyse, daß er die Beziehungen der Gegenstände zueinander und alle denkbaren Kombinationen von Begriffen erschöpfen könnte. Allein die Beziehungen zwischen den Größen, die Verbindungen bloß des Begriffes der Quantität oder Ausdehnung bilden bereits ein so unermeßliches System, daß es der menschliche Geist niemals ganz umfassen könnte, daß ihm ein Teil dieses Systems, der immer noch größer wäre als der, in den er schon eingedrungen ist, stets unbekannt bliebe.«[60]

Die Natur erscheint als das äußere fixe Substrat der Erkenntnis, das durch Analyse erkannt werden kann, die ihrerseits zu Begriffen führt, deren Kombinationsmöglichkeiten zu klären sind und dann zu einem unermeßlichem System von Ordnungen und Fakten führen können.

»Möglich jedoch war die Annahme, daß der Mensch, der ohnehin immer nur einen Teil der Gegenstände erkennen kann, welche die Natur seinem Verstand zu erreichen erlaubt, am Ende doch auf eine Grenze treffen müsse, wo die Anzahl und Kompliziertheit der ihm bereits bekannten Gegenstände seine Kräfte erschöpft haben und ihm jeder weitere Fortschritt in der Tat unmöglich sein wird. Da jedoch in dem Maße, wie die Tatsachen sich mehren, der Mensch lernt, sie auch zu klassifizieren, sie auf allgemeinere Tatsachen zurückzuführen; da die Instrumente und die Methoden, die der Beobachtung und exakten Messung der Tatsachen dienen, zugleich präziser werden; da man in dem Maße, wie man bei einer größeren Zahl von Gegenständen vielfältigere Zusammenhänge erkennt, auch dahin gelangt, diese auf umfassendere Zusammenhänge zurückzuführen und in einfachere Ausdrücke zu fassen, sie in Formen darzustellen, unter denen eine größere Zahl befaßt werden kann, selbst wenn man nicht mehr Geisteskraft als sonst und die gleiche intensive Aufmerksamkeit darauf verwendet; da im gleichen Maße, wie der Geist zu verwickelteren Kombinationen aufsteigt, einfachere Formeln ihm dabei behilflich sind – so werden die Wahrheiten, die zu entdecken die größte Mühe gekostet hat und die zunächst nur von Menschen verstanden werden konnten, die tiefer Meditation fähig sind, bald durch Methoden entwickelt und bewiesen, die nicht länger über den gewöhnlichen Verstand hinausgehen.«[61]

---

60   Condorcet (1976), 204.
61   Condorcet (1976), 205.

Die Komplexität des Gegenstandes wird durch angemessene Methoden auf einfache Formeln reduziert, und dadurch wird das Denken gleichsam mechanisiert, so daß jeder, auch der schlichteste Geist, der Erkenntnis fähig wird.

»Wenn die Methoden, die zu neuen Kombinationen führten, erschöpft sind; wenn ihre Anwendung auf noch ungelöste Fragen Arbeiten erfordern, die entweder die Zeit oder die Kraft der Gelehrten übersteigen, so eröffnen bald allgemeinere Methoden und einfachere Mittel dem Genie ein neues Feld. Die Energie und die natürliche Reichweite der menschlichen Sinnesorgane werden sich gleich geblieben sein; doch das Instrumentarium, über das sie verfügen, wird sich vergrößert und vervollkommnt haben«[62].

Der Bereich des Erkennbaren wird erweitert, weil das Erkenntnisinstrumentarium differenzierter wird.

»Die Sprache, welche die Begriffe fixiert und umschreibt, wird größere Genauigkeit und Allgemeinheit erlangt haben können; aber anstatt daß man, wie in der Mechanik, die Kraft nur steigern kann, indem man die Geschwindigkeit vermindert, werden diese Methoden, die das Genie bei der Auffindung neuer Wahrheiten leiten, seine Kraft wie die Schnelligkeit seiner Operationen gleicherweise steigern.«[63]

Die Genauigkeit der Sprache wird vergrößert, das Denken schneller und besser.

»Da endlich diese Veränderungen selber die notwendige Folge des Fortschritts in der Kenntnis der Einzelwahrheiten sind und da die Ursache des Bedürfnisses nach neuen Hilfsquellen zugleich auch die Mittel hervorbringt, sie zu erschließen, so folgt daraus, daß die Summe der Wahrheiten, die das System der beobachtenden, experimentierenden und rechnenden Wissenschaften ausmacht, unaufhörlich anwachsen kann«[64].

Der Erkenntnisfortschritt scheint gesichert.

»Und doch sollte es eigentlich unmöglich sein, daß jeder Teil dieses Systems unablässig sich vervollkommnet, wenn man in den Fähigkeiten des Menschen gleiche Stärke, gleiche Aktivität, gleiches Ausmaß voraussetzt.«[65] »Wir werden diese allgemeinen Überlegungen auf die einzelnen Wissenschaften anwenden und für jede von ihnen Beispiele dieser ständigen Vervollkommnung anführen, die keinen Zweifel an der Gewißheit mehr zulassen, mit der jene Vervollkommnung eintritt, die wir noch zu erwarten haben. Wir werden insbesondere bei den Wissenschaften, die das Vorurteil

---

62 Condorcet (1976), 205.
63 Condorcet (1976), 205. Condorcet spricht hier offensichtlich auf den von Descartes formulierten Impulserhaltungssatz an. Cf. Descartes, R. (1644), 2.Teil, §§ 40ff.
64 Condorcet (1976), 205.
65 Condorcet (1976), 205.

für nahezu erschöpft hält, die Fortschritte angeben, die am wahrscheinlichsten und am ehesten eintreffen werden. Wir werden entwickeln, was alles eine allgemeinere und mehr philosophische Anwendung des Kalküls auf alle menschlichen Kenntnisse dem gesamten System dieser Kenntnisse an Erweiterung, Genauigkeit und Einheitlichkeit einbringen muß. Wir werden darauf aufmerksam machen, wie ein universaler Unterricht in jedem Lande diese Hoffnungen noch verstärken muß, indem er nämlich einer größeren Zahl von Menschen das Elementarwissen vermittelt, das in ihnen sowohl die Neigung, irgend etwas zu studieren, als auch die Fähigkeit erwecken kann, dabei schnelle Fortschritte zu machen; wie sehr diese Hoffnungen wüchsen, wenn ein allgemeinerer Wohlstand es mehr Individuen erlaubte, sich diesen Beschäftigungen zu widmen« und die Grenzen der Wissenschaften durch neue Entdeckungen zu erweitern, in derselben.[66]

Da in diesem Konzept nicht Gegenstände in ihren Beziehungen thematisiert werden, sondern nur sprachliche Zeichen, gibt es kein Verständnis von Kausalität, sondern nur eine Aufeinanderfolge von Zeichen und Bildern. Phänomene werden also auch nicht erklärt.[67] So bedeutet das Sprechen von *Kräften* auch nicht, daß eine bestimmte Ursache eine spezielle Wirkung erzeugt, sondern nur, daß eine Relation zwischen Zeichen unterstellt wird. Eine erklärende naturwissenschaftliche Theorie im modernen Sinne gibt es nicht. Naturwissenschaft ist hier viel mehr entweder beschreibend, das heißt, daß der Wissenschaftler ähnliche Sinneswahrnehmungen zu geeigneten systematischen Gruppen ordnet, oder die Naturwissenschaft ist exakt, und das heißt, daß der Wissenschaftler beobachtete Regelmäßigkeiten in mathematisch strengen Gesetzen ausdrückt.

Zwei weitere Philosophen und Naturwissenschaftler aus dem Kreis der Ideologen sind in diesem Zusammenhang erwähnenswert; P.-J. G. Cabanis (1757-1808) und L. C. Destutt de Tracy (1754-1836). Cabanis steht dabei für eine materialistische Interpretation[68] der Philosophie der Ideologen und Destutt de Tracy für eine Interpretation der Sprache als einer Logik. Cabanis vertritt in seinem Werk *Über die Verbindung des Physischen und Moralischen in den Menschen*[69] den Standpunkt, daß nicht eine angeborene Fähigkeit bestehe, die Dinge zu erkennen, indem in

---

66 Condorcet (1976), 206.

67 Zur Beziehung von Sprache und Natur siehe auch Hoinkes, U. (1991), 75ff.

68 Cabanis' Materialismus wird in der Einleitung zur deutschen Übersetzung von dem Übersetzer L. H. von Jacob von einem metaphysischen Materialismus abgesetzt, der fiktive materielle Teilchen annehme. Cabanis hingegen führt alle Phänomene auf eine reale Bewegung von Materie zurück. Cabanis, P.-J. G. (1804), 1, XXXIII.

69 Der Begriff des *Moralischen* meint hier jede geistige Tätigkeit überhaupt. Cabanis, P.-J. G. (1804), 1, 53 Anm. des Übersetzers.

eingeborenen Ideen die Dinge immer schon präsent wären;[70] vielmehr behauptet Cabanis – ähnlich wie Condillac – die Materialität der Seele, die damit auch das geistige Wesen der Ideen physiologisch zu interpretieren erlaubt. Ausgangspunkt jeder Erkenntnis ist die Sensibilität oder Empfindung, und das Denken wird zu einer materiellen oder physiologischen Funktion der organischen Körper, insbesondere des Gehirns:

»Um sich einen richtigen Begriff von den Operationen des Denkens zu machen, muß man das Gehirn als ein besonderes Organ betrachten, das zum Denkgeschäft ganz eigen bestimmt ist.«[71]

Das Denken ist eine »Sekretion des Geistes«.

»Und wir schließen mit gleicher Gewißheit, daß das Gehirn die Impressionen auf gewisse Weise verdauet, und durch sein organisches Secretions-Geschäft die Gedanken hervor bringt. Hierdurch löst sich die Schwierigkeit vollständig auf, welche einige Vorbringen, welche die Sensibilität als eine bloß passive Fähigkeit ansehen, und nicht begreifen, wie Urtheilen, Schließen, Einbildungen haben, nie etwas anderes seyn solle, als Empfindungen. Die Schwierigkeit verschwindet augenblicklich, wenn man einsieht, daß das Gehirn bey diesen verschiedenen Operationen auf die Impressionen, die es von den Nerven enthält, thätig einwirkt.«[72]

Alle körperlichen und geistigen Produkte des Organismus werden – wie auch die Sinneswahrnehmungen – als körpereigene Produkte gedeutet. »Wir haben gesagt, daß das Nervensystem auf sich selbst zurückwirkt, um das Gefühl, und auf die Muskeln, um die Bewegung hervorzubringen.«[73]
Geistige Prozesse, wie z. B. das Denken, bekommen damit die gleiche Natürlichkeit wie jede andere Körperaktion.[74] Auch die Wissenschaften, die sittliches Verhalten zum Gegenstand haben, werden als der gleiche Typus von Wissenschaft aufgefaßt wie die exakten Naturwissenschaften. Cabanis will das Prinzip der moralischen Wissenschaften aus dem Gebiet der Physik nehmen. »Die Moral würde ein bloßer Zweig der Natur-Geschichte des Menschen werden.«[75] Seine eigene Theorie stellt

---

70 Cabanis, P.-J. G. (1804), 1, XXXVI.

71 Cabanis, P.-J. G. (1804), 1, 119.

72 Cabanis, P.-J. G. (1804), 1, 121.

73 Cabanis, P.-J. G. (1804), 1,129.

74 Cabanis, P.-J. G. (1804), 1, 185 – 205 (§ 6) erläutert Cabanis diese Beziehung der Sinne auf das Hirn und die Nervenfasern. Selbst der *innere Sinn* (205) läßt sich so erklären (so Cabanis).

75 Cabanis, P.-J. G. (1804), 1, XXIV.

Cabanis in eine Reihe mit denen von Locke, Helvetius und Condillac.[76] Die intellektuellen und moralischen Anlagen werden meßbar wie die physischen Eigenschaften, zum Beispiel Gewicht und Größe des Menschen.

»So ist behauptet nach den Factis und Beweisen, welche die mechanische Anatomie liefert, das Gehirn in seinen organischen Anlagen beschaffen, und die Vergleichung vieler Cadaver berechtiget uns diese verschiedenen Phänomene mit den Anlagen zur Empfindung, welche ihnen im Leben correspondieren, in Verbindung zu denken.«[77]

Wenngleich Cabanis die Bewegung als die grundlegende Eigenschaft aller Materie versteht und damit den Einzug der Naturwissenschaften in die Psychologie eröffnet[78], konstatiert er ebenfalls, daß es einen Unterschied zur Chemie und den organischen Wissenschaften gibt:

»Die chemischen Zusammensetzungen und Scheidungen der Körper geschehen nach Gesetzen, die bey weitem nicht so einfach sind, als die Gesetze der Attraction großer Massen. Die organisierten Wesen werden nach viel künstlichem Gesetzen erzeugt und erhalten, als die Gesetze der Wahlanziehung sind.«[79]

Dennoch nimmt Cabanis nicht mehrere lebendige Kräfte an, die die unterschiedlichen Reaktionen der Organe hervorrufen, sondern es ist vielmehr die von dem Gehirn ausgehende Tätigkeit, die – als sympathische Kraft interpretiert – die Bewegung aller Organe ermöglicht und die Organisation der Lebewesen bedingt.[80]

Tracy hat in einem fünfbändigen Werk mit dem Titel *Die Ideologie (Eléments d'Idéologie)* den gesamten ideologischen Apparat der Ideologen systematisch beschrieben. Dieses Buch wurde vor allem zu Lehrzwecken benutzt. Schwerpunkt dieses Werkes ist die Sprache und ihre Bedeutung für die Logik. Dabei umfaßt dieses Werk den gesamten Stoff für den Unterricht der Ecole Centrale.[81]

Auch bei Destutt de Tracy geht Erkenntnis von den Sinnesdaten aus. Das Denken dieser Sinnesdaten äußert sich im Gegensatz zu unserem Wollen, und wir erleben das Denken im Widerstand gegen die Triebe. Die wahre Metaphysik oder die Theorie der Logik ist nichts anderes als die Bildung der Ideen, ihres Ausdrucks,

---

76 Cabanis, P.-J. G. (1804), 1, 47f.
77 Cf. Cabanis, P.-J. G. (1804), 1, 157f.
78 Cabanis, P.-J. G. (1804), 1, XXIV.
79 Cabanis, P.-J. G. (1804), 1, 210.
80 Cabanis, P.-J. G. (1804), 2, 584 und 623.
81 Williams, L. P. (1953), 315ff.

ihrer Kombination und ihrer Deduktion. Ein Wort besteht in unserem Wissen.[82] Die so im Denken gewonnenen Ideen werden in sprachliche Zeichen umgesetzt. Die Grammatik ist die Wissenschaft der Zeichen und eine Fortsetzung der Wissenschaft von den Ideen. Jede Theorie der Zeichen geht einher mit dem Schaffen, Verbessern und Festschreiben einer Theorie der Ideen. Intellektuelle Operationen formen die Ideen und Zeichen.[83] Als Zeichen sind die Ideen in unserem Gedächtnis. Da die Grammatik die Analyse der Kombination sprachlicher Zeichen ist, nimmt die Grammatik die gleiche Analyse vor, die eine Ideenlehre an den Ideen vorzunehmen hat. Die Ideenlehre ist die Logik. Somit sind Logikstudium und Grammatikstudium gleich. Die Analysen der Grammatik, die denen der Ideen gleich sind, gehen deshalb jeder Urteilsbildung und den Schlüssen voraus. Die Erkenntnis folgt danach den folgenden Etappen: Sinnesdaten werden in Begriffen und Zeichen ausgedrückt. Deren Analyse findet in der allgemeinen Grammatik statt. Mathematik erscheint als eine spezielle Sprachform der exakten Naturwissenschaften und die Naturwissenschaften stellen mittels der Mathematik die Beziehungen zwischen den Zeichen, die für naturwissenschaftliche Worte stehen, dar und analysieren sie. Die mathematischen Wissenschaften geben uns dabei zwar die sicheren Rechenregeln, freilich ohne uns angeben zu können, wie wir die Idee der Zahl bilden, warum wir abstrakte Ideen haben und auch nicht, was der erste Grund für unsere Schlußfolgerungen aus einer Gleichung ist.[84] Die Worte ihrerseits vertreten die Bedeutungen der Sinnesdaten. Destutt de Tracy übernimmt die Methodenüberlegungen von Condillac. So sei die analytische Methode nur vollständig, wenn zwei Operationen angewandt würden, nämlich Sichern der Voraussetzungen und Beweis. Synthetische und analytische

---

82 »La vraie métaphysique ou la théorie de la logique n'est donc autre chose que la science de la formation de nos idées, de leur expression, de leur combinaison et de leur déduction; en un mot, ne consiste que dans l'étude de nos *moyens de connaître*.« Destutt de Tracy, A. L. C (1801-1815), I, 39ff und III, 143.

83 »La Grammaire est, dit-on, la science des signes. J'en conviens. Mais j'aimerais mieux que l'on dit, et sur-tout que l'on eu dit, de tout temps, qu'elle est la continuation de la science des idées. Si de bonne heure, on était arrivé à cette manière de la considérer qui est la vraie, on n'aurait pas imaginé de faire des théories des signes avant d'avoir crée, perfectionné et fixé la théorie des idées, avant d'avoir approfondi la connaissance de leur formation, et celle des opérations intellectuelles qui les composent, ou plutôt dont elles se composent.« Destutt de Tracy, A. L. C (1801-1815), II, 1; cf. auch 19f.

84 »La science des quantités abstraites nous donne les règles de calcul les plus savantes et les plus súres, sans nous dire ni comment nous formons l'idée de nombre, ni pourquoi nous avons des idées abstraites, ni quelle est la cause première de la justesse d'une équation.« Destutt de Tracy, A. L. C (1801-1815), III, 389f.

Aspekte seien die Antipoden einer Methode.[85] Tracy wendet diese Methode auf die Grammatik an und folgt auch dann Condillac. Danach haben wir ein allgemeines Wissen von den Zeichen, die unseren Ideen entsprechen. Wir kennen ihre Herkunft, ihre Entwicklung, ihre Abweichungen, ihren Einfluß und ihre prinzipiellen Eigenarten. Das ganze System der Zeichen ist unsere Sprache. Aller Umgang mit der Sprache, das Umsetzen in Zeichen, ist der Diskurs. Die Grammatik wiederum analysiert alle Arten von Diskursen.[86] Bei Tracy finden wir also eine Verkürzung von Grammatik und Logik, wie sie durch das frühe Mittelalter[87] bis hin zur Schule von Port Royal[88] üblich war – bei Destutt de Tracy wird diese Verkürzung freilich mit dem Sensualismus der Französischen Aufklärung verknüpft.

Bei den Ideologen ist Natur – wie schon bei Descartes – ein fixiertes Erkenntnissubstrat, das wir bloß in der Erkenntnis über unsere Empfindungen aufzunehmen haben und das eine unverrückbare Grundlage für menschliches Tun abgibt. Innerhalb der Gesetze der Natur ist eine moralische Vervollkommnung des Menschen nicht nur möglich, sondern die Natur strebt sogar selbst darauf zu.

2 Monge, Lavoisier, Ampère und Lamarck

Im Kontext dieser philosophischen Überlegungen der Ideologen wird der Typus der Naturwissenschaftler geprägt, der während und nach der Französischen Revolution zu den erfolgreichsten in Europa zählt, wie an vier Beispielen deutlich werden mag[89]: An der Erfindung der *darstellenden* oder *beschreibenden Geometrie* durch

---

85 »Mais une analyse n'est complette, que quand on a fait avec succès ces deux opérations, dont l'une sert de base et l'autre de preuve. Voilà ce qui doit terminer ces longues et anciennes disputes entre ce qu'on apelle la méthode synthétique, et la méthode analytique.« Destutt de Tracy, A. L. C (1801-1815), II, 21.

86 »Nous avons déjà une connaissance générale des signes de nos idées. Nous avons vu leur origine, leurs progrès, leurs variétés, leur influence et leurs principales propriétés. Nous savons que tout système de signes est un langage: ajoutons maintenant que tout emploi d'un langage, toute émission de signes, est un discours; et faisons que notre Grammaire soit l'analyse de toutes les espèces de discours.« Destutt de Tracy, A. L. C (1801-1815), II, 23.

87 Cf. Kretzman, N. et. al. (1982), 101ff.

88 Cf. Arnauld, A. (1685, 1972). Cf. Kohler, O. (1931), 3. Destutt de Tracy, A. L. C (1801-1815), II, 7.

89 In der neunten Epoche in: Condorcet (1976) stellt Condorcet die Wissenschaften, wie sie im Selbstverständnis der Ideologen sich darstellten, prägnant dar.

Monge, an der modernen Chemie Lavoisiers, an Ampères Wissenschaftsmethode und dem Einfluß der Ideologen auf die Evolutionstheorien.

Monges 1795 erschienene *Darstellende Geometrie (Géometrie déscriptive)* erlangte in ihrem weiteren Ausbau für die Entwicklung der Technik hervorragende Bedeutung. Thema von Monges *Darstellender Geometrie* ist ein mathematisches Verfahren zur verzerrungsfreien Darstellung von Grundriß und Aufriß dreidimensionaler Körper in zwei Dimensionen. Dabei werden zwei Schnittebenen parallel zum Grund- und Aufriß durch das dreidimensionale Objekt gelegt, so daß die Projektionen senkrecht zur Projektionsachse liegen. Dies ist bis heute ein wichtiges Verfahren für die Darstellung von Konstruktionszeichnungen.

Monge erwähnt in seinem Vorwort, warum seine beschreibende Geometrie den Anforderungen der französischen Nation so sehr entgegenkomme. Um sie von der Abhängigkeit der ausländischen Industrie zu befreien, müsse vor allem eine Nationalerziehung an solchen Lehrinhalten orientiert werden, die Exaktheit verlangten; eben das sei bislang vernachlässigt worden. Vor allem die verschiedenen Werkstücke brauchten eine Genauigkeit in der Konstruktion, die bisher nicht gegeben sei. Auch die Naturwissenschaften, die für den industriellen Fortschritt erforderlich seien, müßten – so Monge – öffentlich gelehrt werden. Schließlich sei den Handwerkern die Kenntnis der Herstellungsverfahren von Maschinen zu vermitteln, deren Zweck es sei, entweder die Handarbeit zu verringern oder Arbeitsergebnisse besser, gleichmäßiger und genauer zu machen. Alle diese Bedürfnisse könnten mit Hilfe der darstellenden Geometrie gelöst werden. Diese Wissenschaft habe nun zwei Hauptziele: Das erste sei die Wiedergabe dreidimensionaler Gegenstände in nur zwei Dimensionen. Dies sei eine notwendige Sprache für den Ingenieur und für denjenigen, der die Durchführung zu leiten habe. Die Aufgabe seiner Geometrie heißt, die Formulierung einer neuen Sprache vorzunehmen. Das zweite Ziel bestehe in einer exakten Lagebeschreibung des Körpers, auch in Bezug auf einzelne Bestandteile. Diese Wissenschaft übe nicht nur die *intellektuellen Fähigkeiten* eines großen Volkes, sondern sie gebe den Werkstücken auch genau die Formen, die vorher bestimmt gewesen seien. Die Handwerker würden solche Darstellungsfähigkeiten für ihre Gewerbe benötigen. Die Menschen sollten sich in der Konstruktion von *solchen* Maschinen üben, die Naturkräfte in Anspruch nehmen, damit der Mensch im Wesentlichen nur seine Vernunft einzusetzen brauche. Naturerscheinungen – so Monge – sollten studiert werden, damit sie zugunsten der Gewerbe verwertet werden könnten. Diese Aufgabe werde so interessant sein, daß die Abneigung der Menschen gegenüber den dafür erforderlichen geistigen Anstrengungen zurückgehen werde.[90] Die Philosophie der Ideologen wird nachgerade zum Movens, um eine

---

90 Cf. Klemm, F. (1977), 19. Glas, E. (1986), 256ff.

neue Mathematik zu schaffen, damit die Techniker ihre angemessene Sprache zur Verfügung haben. Aufklärung und moralische Vervollkommnung sind ebenfalls – in Übereinstimmung mit der Lehre der Ideologen – ein Ziel der Mathematik. Auch auf die neue Chemie hat die Philosophie der Ideologen, die zentral auf Sprache abzielt, Einfluß. Nach der Entdeckung des Sauerstoffs interessiert den Chemiker Lavoisier die Darstellung der gesamten Chemie und ihrer Reaktionen, die durch eine geeignete Wahl einer Nomenklatur, auf der Grundlage einer Chemie des Sauerstoffs, auf ihr wissenschaftliches Fundament zurückgeführt werden sollte. Lavoisier setzt an einem ähnlichen Punkt an wie Monge und bezieht sich ausdrücklich auf Condillacs Vorstellung, daß das Denken von der Sprache abhängt. In seinem *Traité Elémentaire de Chimie* (1789) führt Lavoisier seine Überlegungen zur Chemie auf die Rolle der Sprache zurück. Dieser Ansatz – so Lavoisier – habe sich zu einer Nomenklatur eines chemischen Systems ausgewachsen – ohne daß er dies habe verhindern können. Bei Lavoisier fordert die Logik seiner neuen (Erkenntnis-)Theorie eine andere Nomenklatur und andere Namen, als sie bis dahin in der alten von der Stahlseilen Phiogistontheorie herkommenden Chemie üblich waren. Die Vorstellung eines *Elementes* wird direkt mit der einfachen Idee (nach Condillac) gleichgesetzt.[91] Chemische Elemente sind das Äußerste, was die Analyse erreichen kann, wenn sie Substanzen zerlegt. Das nicht weiter Zerlegbare ist das Element.[92] Einfache Substanzen werden durch einfache Worte ausgedrückt.[93] Mit explizitem Bezug auf Condillacs Vorstellung von der Kombinationsmöglichkeit von Worten folgt für Lavoisier, daß die Körper, die aus mehreren einfachen Substanzen zusammengesetzt sind, selbst wieder wie Substanzen angesehen werden. Die Vielzahl der möglichen Kombinationen einzelner Substanzen fordert von uns, Klassen von Substanzen zu bilden. Die Namen der Klassen und der Genera kommen aus der natürlichen Ordnung der Ideen, die jeweils eine gemeinsame Eigenschaft einer großen Zahl von Individuen benennen. Sie sind die Arten, bzw. das, was die Ideen von den besonderen Eigenschaften auf die Individuen zurückverweist.[94] Im

---

91 Lavoisier, A.L. (1789), I, XVII. In der deutschen Übersetzung: I, 18ff. Natürlich geht es Condillac in diesem Zusammenhang nicht um die Differenz induktiver und deduktiver Methode, sondern um die analytische und synthetische Methode. Cf. Strube, I. et al. (1986), 62.

92 Lavoisier, A.L. (1789), I, XVII und 192.

93 »J'ai désigné autant que je l'ai pu les substances simples par des mots simples, et ce sont elles que j'ai été obligé de nommer les premières.« Lavoisier, A.L. (1789), I, XVIII. In der deutschen Übersetzung: I, 18.

94 »A l'égard des corps qui sont formés de la réunion de plusieurs substances simples, nous les avons désignés par des noms composés comme le sont les substances elles-mêmes; mais comme le nombre des combinaisons binaires est déjà trés-considerable nous serions

Anschluß an seine Entdeckung des Sauerstoffs und dem sich darauf stützenden chemischen System folgte für Lavoisier, daß Stoffe, die bislang als eine elementare Substanz verstanden wurden, tatsächlich zusammengesetzt waren. Die Namen, die den Stoffen in der neuen Nomenklatur Lavoisiers gegeben wurden, enthalten eine Information, die so in der alten Theorie nicht gedacht wurde, wie etwa die Unterschiede von Schwefelsäure und schwefliger Säure, von Sulphid (funktionale Gruppe: S), Sulphit (funktionale Gruppe: SO) und Sulphat (funktionale Gruppe: SO_4), die jeweils einen unterschiedlichen Sauerstoffgehalt haben und dies in ihren Namen anzeigen.[95] Der Säuregrad (acidite) einer Substanz – so Lavoisier – ist ein Maß für den Sauerstoffgehalt. Nach dieser Vorstellung Lavoisiers bestehen die Säuren zum Beispiel aus zwei Substanzen, die er wie einfache Substanzen betrachtet. Die eine macht den Säuregrad aus und bestimmt den künstlichen Namen der Klasse oder der Art der Substanz, in der modernen Sprache ist dies die funktionale Gruppe. Die andere Substanz ist spezifisch für jede bestimmte Säure und bestimmt deren spezifischen Kunstnamen.[96] Man kann die Lavoisiersche Chemie nachgerade als eine Wissenschaft beschreiben, die im Sinne der Ideologen in der Ausbildung einer neuen Sprache besteht, deren Elemente (die Wörter oder Termini) für eine Idee von der Materiezusammensetzung, die eine Wahrnehmung repräsentiert, steht. Lavoisiers Chemie ist vor allem eine naturwissenschaftliche Sprache. Unter ausdrücklichem Bezug auf Condillacs *System der Logik* schreibt Lavoisier, daß

---

tombés dans le désordre et dans la confusion, si nous ne nous fussions pas attachés à former des classes. Le nom de classes et de genres est dans l'ordre naturel des idées, celui qui rapelle la propriété commune à un grand nombre d'individus: celui d'espèces au contraire, est celui qui ramène l'idéeaux propriétés particulières a quelques individus.« Lavoisier, A. L. (1789), I, IXf In der deutschen Übersetzung: I, 10f.

95 Cf. Lavoisier, A. L. (1789), I, 180ff und 184. In der deutschen Übersetzung z. B. die Tafeln zwischen den Seiten: I, 396 und 397. Lavoisier, A. L. (1789), I, 203 stellt die alten Namen den neuen gegenüber. Die von Lavoisier aufgeführten Elemente sind: Stickstoff, Wasserstoff, Wärmestoff, Sauerstoff, einfache nicht-metallische Substanzen (Schwefel, Phosphor, Kohlenstoff, Radikale von Salzsäure (Chlor), Flußsäure (Fluor), Borsäure (Bor)), einfache metallische Substanzen (Spießglanz (Antimon), Silber, Arsen, Bismut, Cobalt, Kupfer, Zinn, Eisen, Mangan, Quecksilber, Molybdän, Nickel, Gold, Platin, Blei, Tungsten (Wolfram), Zink) und einfache, salzfähige Substanzen (Kalk (Calcium), Magnesia (Magnesium), Tonerde (Aluminium)). Cf. Strube, I. et al. (1986), 66.

96 »Les acides, par exemple, sont composés de deux substances de l'ordre de celles que nous regardons comme simples, l'une qui constitue l'acidité et qui est commune à tous; c'est de cette substance que doit être emprunté le nom de la classe au genre: l'autre qui est propre à chaque acide, qui les différencie les uns des autres, et c'est de cette substance que doit être emprunté le nom spécifique.« Lavoisier, A. L. (1789), I, XXI.

diese Art zu Denken sich auf eine wohlformulierte Sprache reduziert.[97] Lavoisier fährt dann fort, daß die Unmöglichkeit, die Nomenklatur der Wissenschaft von der Wissenschaft der Nomenklatur zu trennen, daran liegt, daß die physikalischen Wissenschaften notwendig durch drei Dinge geprägt seien: die Fakten, die die Wissenschaften bilden, die Ideen, die sie erinnern und die Worte, die sie erproben und die Ideen entstehen lassen.[98]

Zur gleichen Zeit auftretende Nomenklaturdiskussionen und Kategorisierungen in der Botanik, der Zoologie und der Mineralogie wird man zum Teil der gleichen Motivation zuschreiben können.

Die Diskussion, die auch bei den Ideologen geführt wird, hat also hier zur Folge, daß nicht nur eine bestimmte Darstellungsmethode der Wissenschaften gewählt wird, sondern daß eine Naturwissenschaft entstand, die nicht primär Kausalitäten darlegen und offenlegen, wohl aber eine präzise Sprache schaffen wollte. Dies ist eine Wissenschaft, deren Ziel eine umfassende Nomenklatur ist. Sie erschöpft sich fast in der Darstellung. Neue Impulse für die weitere Forschung zieht sie aus der Darstellung ihrer Gegenstände.

In der Methodologie des Physikers A. M. Ampère[99], der sich einige Zeit im Kreis der Ideologen aufhielt, wird Kantisches Gedankengut und solches der Ideologen vermischt.[100] Ampère entwickelte eine Methodologie für die Physik, die als eine mikroskopisch-chemische Erklärung fungiert. Ampères Ausgangsproblem ist die Frage: Wie können wir mikroskopische Gegenstände wie chemische Elemente, Elektrizität oder Magnetismus erkennen, obwohl die mikroskopische Ebene für unsere Erkenntnis offensichtlich unmittelbar den Sinnen entzogen ist? Ampère entwickelt dabei eine Methodenlehre, die die Beziehungen in der Sprache auf den Gegenstand der Erkenntnis zurückprojiziert und dabei natürlich mit dem Sensualismus konfligiert. Die vom Sensualismus abgelehnten Kausalbeziehungen im

---

97 »Enfin que l'art de raisonner se réduit à une langue bien faite.« Lavoisier, A. L. (1789), I, VI. In der deutschen Übersetzung: I, 4.

98 »Et en effet tandis que je croyois ne ni occuper que de Nomenclature, tandis que je n'avoir pour objet que de perfectionner le langage de la Chimie, mon ouvrage s'est transforme insensiblement entre mes mains, sans qu'il m'ait été possible de m'en défendre, en un traite elementaire de Chimie. L'imposibilité d'isoler la Nomenclature de la science et la science de la Nomenclature, tient à ce que toute science physique est nécessairement formée de trois choses: la série des faits qui constituent la science; les idées qui les rappellent; les mots qui les experiment, le mot doit faire naître l'idée.« Lavoisier, A. L. (1789), I, VI. In der deutschen Übersetzung: I, 4.

99 Ich folge Williams, L. P. (1989), 114-124. Cf. auch Williams, L. R (1970).

100 Ampère, A. M. (1838), Xlff formuliert die Beziehung von Sprache, Idee und Nomenklatur und Klassifikation in direkter Anlehnung an Condillac.

Substrat der Erkenntnis werden nun von Ampère behauptet und sind nachgerade das Ziel seiner Erklärungen. Der Sohn von A. M. Ampère, Jean-Jacques Ampère, der die Schriften seines Vaters posthum edierte, referiert in der Einleitung[101] *Des Moyens de Certitude. Théorie des Rapports*, daß die Substanzen uns auf keine andere Weise bekannt sein können, als durch ihre Beziehungen *(rapports)*, und wir davon nur wissen aufgrund von Beziehungen zwischen den Phänomenen.

»Wir können über die Beziehungen unter den Noumena, Substanzen, in Raum und der tatsächlichen Zeit nichts wissen, es sei denn durch die Beziehungen, die auch zwischen den Phänomenen bestehen.«[102]

Ampère geht in seinen Methodenüberlegungen von der Existenz von Noumena, Gedankendingen, und Phänomena, Erscheinungen, aus. Er überträgt die Beziehungen *(rapports)* zwischen den Noumena auf die der Phänomena. Ampère übernimmt hier die Vorstellung der Ideologen von den Beziehungen der Worte oder Zeichen untereinander und überträgt sie auf die Beziehungen der Erscheinungen. Danach sind die Beziehungen der Noumena untereinander nur gültig, wenn auch die Beziehungen der Phänomena untereinander gelten. Nach diesem erkenntnistheoretischen Ansatz mußte Ampère eine Parallelität zwischen den Rapports der Noumena untereinander und den Rapports der Phänomena untereinander annehmen. Dies ermöglichte ihm dann den Schluß auf die nicht-beobachtbaren Noumena, die hinter den Phänomena liegen, indem er die Beziehung der Phänomena untersuchte und in einer Parallelität die Kausalität in diesen Beziehungen statuierte. In einem Fragment zu einem Brief an Maine de Biran (1766-1824) aus dem Jahre 1815 schreibt A. M. Ampère, daß man fünf Unterscheidungen in unserem Bewußtsein vornehmen müsse: 1. die Phänomene, 2. die Beziehungen *(rapports)* und die Relationen, die zwischen den Phänomenen bestehen, 3. Die Noumena, 4. die Relationen zwischen den Phänomenen, die als Kausalitätsbeziehungen gedacht werden und aktive Kausalitäten seien (daneben gebe es passive Kausalitäten, die als Inhärenz zu bezeichnen seien, die aber für die Wirkungen der äußeren Körper auf unsere Organe verantwortlich seien), 5. die Beziehungen der Noumena untereinander, die von uns unabhängig seien. Die Unterscheidungen, die wir über die Beziehungen unter den Noumena wissen, präexistieren in unserem Bewußtsein. Sie tauchen zuerst in objektiven Urteilen auf und sind sowohl ohne Intuitionen,

---

101 Kapitel IX.

102 Ampère, A. M. (1866), 10: Mon père etablissait que les substances ne peuvent nous être connues que par leus rapports; et nous ne pouvons connaître que ceux qui existent aussi entre les phénomènes. »On ne peut connaître des rapports des noumenes, substances, espace, temps réel entre eux que les rapports qui sont aussi entre les phénomènes.«

als auch ohne Verschiebungen, die innerhalb eines festen Rahmens die Intuitionen bilden, undenkbar. Die objektiven Urteile werden nebeneinandergestellt und so verbunden. Dieses Faktum steht im Bewußtsein für die Undurchdringlichkeit in der Körperwelt und enthält im Bewußtsein jene Beziehung, die die Ausdehnung konstituiert. Diese Unterscheidungen müssen jedem Nebeneinander und jeder Kontinuität von Intuitionen vorausgehen.[103] Ampère unterscheidet dabei zwei Klassen von Ideen, die grundlegenden Ideen (idées primitives) und die vergleichenden Ideen (idées comparatives), die die Beziehungen der grundlegenden Ideen zum Gegenstand haben.[104]

Ampère erklärt hier Phänomena durch die Annahme, daß bestimmte Noumena existieren, und kehrt – wegen der behaupteten Kausalität durchaus erlaubt – anschließend die Frage um: Wenn man die Existenz solcher theoretischer Gegebenheiten annimmt, welche neuen experimentellen Ergebnisse – Phänomena – kann man erwarten? Diese Erwartung wird dann experimentell geprüft. Man kann so lange annehmen, daß die Noumena existieren, wie sie sich mit nachprüfbaren Ergebnissen in den Phänomena manifestieren. Die Wahrscheinlichkeit, daß eine Theorie richtig ist, wächst in dem Maße, wie sie experimentellen Attacken standhält. Ampères Methode muß deshalb als eine von Hypothesen ausgehende Deduktion angesehen werden. Ampères Rückgriff auf Kants kritische Philosophie wird dadurch erleichtert, daß diese ihrerseits auf die Methodik D'Alemberts zurückgeht, der sich Mitte der fünfziger Jahre des 18. Jahrhunderts mit dem Aufklärer Condillac auseinandergesetzt hat.

Ampère wendet diese Methode auf die Analyse der empirischen Gesetze von Joseph Louis Gay-Lussac (1778-1850) an, nach denen die Additivität von Gasvolumina behauptet wird: Ganzzahlige Volumina von Gasen führen bei einer chemischen Reaktion wieder auf ganzzahlige Volumina, etwa: 2l Wasserstoff plus 1l Sauerstoff ergeben genau 2l Wasserdampf. Für die deskriptiv vorgehenden Ideo-

---

103 Ampère, A. M. (1866), 328f. Maine de Biran, mit dem sich Ampère hier auseinandersetzt, versucht, eine philosophische Anthropologie zu formulieren, die sowohl den Rationalismus als auch den Sensualismus (Condillacs) hintergehen will. Der ursprüngliche Akt des Bewußtseins ist ein Willensakt, durch den sich das Ich als handelndes Ich etabliert. Die passive Wahrnehmung wird durch das Handeln dominiert. Dieser Aspekt wird im Deutschen Idealismus von Fichte bis Schopenhauer betont.

104 Ampère, A. M. (1866), 381: De même que nous avons distingué deux classes de sentiments, nous remarquerons également deux classes d'idées: celles qui nous représentent les perceptions que nous recevons directement de nos différents organes, et que je nommerai idées primitives, parce qu'elles sont la source de toutes les autres; et celles des rapports aperçus entre les idées primitives, et même entre des rapports déjà aperçus entre elles; je appellerai idées comparatives.

logen erschöpfte sich mit dem empirischen Konstatieren die Analyse. Ein Grund für die Richtigkeit des Gesetzes konnte man nur im Kontext der Sprachanalyse finden. Mit seiner Unterscheidung von Noumena und Phänomena im Rückgriff auf Kant ist 1814 für Ampère klar, daß die experimentellen Phänomene bedeuten, daß gleiche Volumina verschiedener Gase bei der gleichen Temperatur und dem gleichen Druck auch die gleiche Anzahl von Molekülen enthalten. Moleküle sind dabei die nicht beobachtbaren Noumena und die Grundlage der Phänomena, die Gay-Lussacs Gesetz beschreibt. A. M. Ampère schreibt:

> »Welches auch immer die theoretischen Gründe sein mögen, die dieselbe stützen, so kann man sie doch nur als eine Hypothese betrachten; aber wenn sie beim Vergleich der sich nothwendiger Weise aus ihr ergebenden Schlüsse mit den Erscheinungen und Eigenschaften, die wir beobachten, mit allen von der Erfahrung gewonnenen Ergebnissen übereinstimmt, wenn man aus ihr Schlüsse zieht, die sich durch nachherige Untersuchungen bestätigt finden, so wird sie einen Grad von Wahrscheinlichkeit erlangen, der sich dem nähert, was man in der Physik Gewissheit nennt. Indem ich sie als giltig annehme, wird es genügen, die Gasvolumina eines zusammengesetzten Körpers und seiner Componenten zu kennen, um zu wissen, wie viele Partikeln oder Partikeltheile der beiden Componenten eine Partikel des zusammengesetzten Körpers enthält.«[105]

Durch Annahme von bestimmten Geometrien von Molekülen erreicht Ampère auf dieser Grundlage eine Erklärung von chemischen Affinitäten, d. h. von den Beziehungen der Moleküle untereinander. Die schwierig zu begreifende scheinbare Willkür chemischer Aktivität läßt sich darin auf mathematische Gewißheit zurückführen. Unter der Uminterpretation der Beziehungen der Worte untereinander – wie die Ideologen sie sahen – auf eine Beziehung der Dinge selbst konnte Ampère eine mikroskopische Erklärung der Natur angehen und in einer mathematischen oder chemischen Formelsprache ausdrücken. Die Identität der Worte mit der Wirklichkeit wird bereits bei Condillac gedacht, ohne daß sie kritisch hinterfragt würde.[106] Aber sowohl die mathematische Struktur und Deutung der Theorie als auch die Interpretation der Logik von Beziehungen wurden von Ampère in der Auseinandersetzung mit den Ideologen geschaffen, was freilich nur unter Verzicht auf den Sensualismus Condillacscher Prägung möglich war.

Die Philosophie der Ideologen geht konstitutiv in das Konzept einer biologischen Evolutionstheorie, das Lamarck im Jahr 1809 vorlegt, ein – und ironischerweise

---

105 Ampère, A. M. (1889), 24f.

106 Die von Ampère vorgenommene Verkürzung von Phänomena, Sprache und Wirklichkeit für mikroskopische, d. h. nicht unmittelbar wahrnehmbare Dinge, hat auch in der Kantforschung ihre Diskussion. Cf. Matthieu, V. (1982).

verhinderte gerade dies bei Lamarck eine Evolutionstheorie im Sinne einer natürlichen Zuchtwahl. Man[107] kann sich fragen, warum es ausgerechnet in einer Zeit
revolutionärer Umwälzungen zunächst zu keiner ausgeprägten Evolutionstheorie
kam. Vor dem Hintergrund der Überlegungen zur Philosophie der Ideologen wird
das plausibel. Der Naturbegriff der Ideologen ließ – aus Gründen der Erkenntnistheorie – nur eine *statische* äußere Natur zu, die den festen Rahmen abgab für die
moralische Vervollkommnung des Menschen. So konnte sich zunächst nur eine
Theorie durchsetzen, die individuelle Veränderungen ausschließlich im Rahmen
von Umwelt und Außeneinflüssen erklärte, wie die Theorie Lamarcks. Lamarcks
Theorie der Transformation der Arten, die eine *Natürliche Schöpfungsgeschichte* – so
der Titel eines Buches von Haeckel (1868) – ist, erkennt die Natur nicht als Subjekt,
sondern – im Sinne der Ideologen – als festen Gegenstand unserer Erkenntnis.
Nicht die Natur als ganze tritt als Subjekt auf, sondern einzelne Individuen sind
passiven Veränderungen aufgrund ihrer eigenen Bedürfnisse ausgesetzt. Durch
Umwelteinflüsse werden einzelne Organe bei einzelnen Individuen verändert.
Die Veränderungen werden durch die Bedürfnisse der Individuen stimuliert und
als Veränderungen der Organe, im Sinne von Vervollkommnungen, fixiert. Diese
Veränderungen sind durch Fortpflanzung auf die Nachkommen vererbbar.[108] Die
Entstehung der Arten wird so von Lamarck nachgerade als ein Wachstumsprozeß
an den Individuen ohne jede abrupte Veränderung einer ansonsten konstanten
Natur verstanden.

Alle diese Punkte sind im Rahmen der Philosophie der Ideologen aus deren
Naturbegriff verständlich. Die Natur tritt als bloße Rahmenbedingung für Veränderungen auf, und Kriterien ihrer Bewertung sind Vervollkommnung und Nütz-
lichkeit. Freilich legt Lamarck seine ausgearbeitete Theorie erst nach Napoleons
Usurpation der Macht in Frankreich vor, als die Reaktion auf die Aufklärung
bereits eingesetzt hatte.[109]

Lamarcks *Theorie der Transformation* enthält wesentliche Elemente der durch die
Ideologen modifizierten Vorstellungen der Aufklärung:»Die Möglichkeit organischer
Vervollkommnung oder die organische Degeneration der Rassen bei Pflanzen und
Tieren kann als eines der allgemeinen Gesetze der Natur betrachtet werden.«[110]

Die Veränderungen sind nach Lamarck physikalisch-physiologische Trans-
formationen. Der statische Naturbegriff der Ideologen, nach dem Fortschritt als
Wachstum nach vorgegebenen Naturgesetzen beschrieben wird, liegt dieser Theorie

---

107 Mayr, E. (1984), 258.
108 Lamarck, J. B. de (1990), I, 57.
109 Cf. Lefèvre, W. (1984).
110 Condorcet (1976), 219. Cf. auch Perrier, E. (1896), 83ff.

zugrunde. Die Transformation der Arten ist bei Lamarck nach Condorcets Modell der Entwicklung der Menschheit in der Geschichte angelegt.

> »Das *Physische* und das *Moralische* sind an ihrer Quelle zweifelsohne ein und dasselbe; und gerade durch das Studium der Organisation der verschiedenen bekannten Tierordnungen wird es möglich, diese Wahrheit evident zu machen.«[111]

Lamarcks Vorstellung von der Entwicklung des Lebens rekurriert auf die Auffassung von Sprache bei den Ideologen. Das hat Folgen für Lamarcks Artbegriff. Der Artbegriff wird ausschließlich als sprachliches Etikett benutzt.

Lamarck hat 1809 in seiner *Philosophie Zoologique* die erste geschlossene Theorie der Transformation der Arten vorgelegt, die den Fortschrittsgedanken und den Gedanken der Anpassung in der Evolutionstheorie zusammengeführt hat.[112] Für Lamarck lassen sich alle Erscheinungen des Lebens auf physikalische und chemische Prozesse zurückführen. Dazu nahm er feste und flüssige Bestandteile für den Organismus an. Die flüssigen Bestandteile hat er im Sinne subtiler Flüssigkeiten (*fluides subtiles*) verstanden. Die Vorstellung der subtilen Flüssigkeiten war insbesondere nach Newtons Einführung einer Äthervorstellung[113] in den Wissenschaften nichts Neues. Subtile Flüssigkeiten gab es in der Chemie[114] ebenso wie in der Physiologie, zum Beispiel bei Albrecht von Haller.[115] Dort wird die Nervenleitung mittels der subtilen Flüssigkeit, die in den Nervenkanälen ströme, erklärt. Lamarck teilt diese Auffassung:

> »So vermochte die Natur der unzulänglich gewordenen Reizbarkeit die Muskeltätigkeit und die Einwirkung der Nerven hinzuzufügen. Diese Einwirkung der Nerven aber, die die Muskeltätigkeit hervorruft, vermittelt dies nie durch das Gefühl«[116]. »Es ist in der Tat schon lange anerkannt, daß die Umhüllungsmembranen des Gehirns, der Nerven, der verschiedenartigen Gefäße, der Drüsen, der Eingeweide, der Muskeln und ihrer Fasern und sogar die Körperhaut durchgängig Erzeugnisse des *Zellgewebes* sind.«[117] »Wenn ich also behauptet habe, daß das *Zellgewebe* das Grundmaterial ist, aus dem alle Organe der Organismen nacheinander gebildet worden sind, und daß die *Bewegung der Fluida* in diesem Gewebe das Mittel ist, das die Natur anwendet,

---

111 Lamarck, J. B. de (1990), I, 56. Cf. auch Kant (1781,1787), B 679.

112 Cf. zum folgenden auch Rieppel, O. (1989), 69, 71, 74, 106ff.

113 Cf. Newton, I. (1988a), 248, *31. Frage* und das *Scholium Generale* der *Principia* (1872), 511f.

114 Cf. LeSage, G. L. (1758).

115 Haller, A. von (1922).

116 Lamarck, J. B. de (1990), I, 103.

117 Lamarck, J. B. de (1990), II, 72.

um allmählich diese Organe auf Kosten dieses Gewebes zu bilden und zu entwickeln, so habe ich nicht befürchtet, daß mir Tatsachen entgegengesetzt werden könnten, die das Gegenteil bewiesen.«[118]

Die Klassifikation der Tiere hängt bei Lamarck an der Komplexität und Leistungs-fähigkeit des Nervensystems. Je komplexer das Nervensystem, desto höher die Stellung in der Stufenleiter des Tierreichs.

Lamarck stellt sich die Entwicklung der Arten so vor, daß aus einer ursprüng-lichen Monade im Laufe der Zeit unter Einwirkung der subtilen Flüssigkeit diese Monade sich ihren eigenen Gesetzmäßigkeiten zufolge entwickelt und dabei die ganze Kette der Arten entfaltet. Die subtile Flüssigkeit wirkt dabei als Vermittler zwischen der Umwelt und den Individuen der Arten, die sich entwickeln. Nach der Urzeugung einfacher Lebewesen (Infusorien) – gallertartigen, durchscheinen-den physikalischen Punkten – entsteht Leben. In diese Gallertmasse tritt subtile Flüssigkeit ein, die die primordiale organische Masse zu Zellgewebe umformt, es differenziert und so Organe und Organsysteme produziert.

»Man hat nicht nur nicht beweisen können, daß die einfachst organisierten Tiere, wie z. B. die *Infusorien* und unter diesen hauptsächlich die *Monaden,* oder die einfachsten Pflanzen, … von ähnlichen Individuen abstammen, sondern es gibt überdies Beobachtungen, die zu beweisen scheinen, daß diese äußerst kleinen, durchsichtigen, gallertartigen oder schleimigen, beinahe konsistenzlosen, äußerst schnell verschwindenden Tiere und Pflanzen, die je nach den Veränderungen der Verhältnisse, die sie ins Leben rufen oder zugrunde richten, ebenso leicht zerstört als gebildet werden, keine unzerstörbaren Pfänder ihrer Fortpflanzung hinterlassen können. Es ist im Gegenteil viel wahrscheinlicher, daß ihre Erneuerungen direkte Produkte der Mittel und der Fähigkeiten der Natur sind und daß vielleicht sie allein in diesem Fall sind. Auch werden wir sehen, daß die Natur nur indirekt an der Er-zeugung der übrigen lebenden Organismen teilgenommen hat, indem sie dieselben nacheinander aus den ersten hervorgehen ließ, indem sie nach Verlauf langer Zeiten allmählich Veränderungen und eine wachsende Ausbildung ihrer Organisation bewirkte und indem sie durch die Fortpflanzung die erworbenen Modifikationen und die erlangten Vervollkommnungen immer erhielt.«[119]

Die *fluides subtiles,* die subtilen Flüssigkeiten, erzeugen also die Anpassung an die Umwelt. Die Fluide werden durch die Nahrung aufgenommen und in den Nervenbahnen weitergeleitet. So werden Organe entwickelt oder verkümmert, je nachdem, ob sie viel oder wenig subtile Flüssigkeit abbekommen. Dies führt zu einer Höherentwicklung in der Stufenleiter der Organismen. Höherentwicklung

---

118 Lamarck, J. B. de (1990), II, 72.
119 Lamarck, J. B. de (1990), II, 84f.

heißt, daß der Organisationstyp höherer Komplexität unter dem Einfluß der Umwelt und der subtilen Flüssigkeiten entstanden ist. Das erste Leben wird also mit Notwendigkeit immer weiter zu höherer Ordnung hin entwickelt. Lamarck zeigt, »daß alle Organismen unseres Erdkörpers wahre Naturerzeugnisse sind, die die Natur ununterbrochen seit langer Zeit hervorgebracht hat; daß die Natur in ihrem Gange mit der Schöpfung der einfachsten Organismen begonnen hat und dies noch heute wiederholt und daß sie unmittelbar nur diese, d. h. nur diese ersten Anfänge der Organisation erzeugt, was man mit dem Namen *Urzeugung* bezeichnet; daß die ersten, an passenden Orten und unter günstigen Umständen gebildeten tierischen und pflanzlichen Anlagen, ausgestattet mit dem Keime des beginnenden Lebens und der organischen Bewegung, mit Notwendigkeit allmählich die Organe entwickelt und mit der Zeit dieselben, sowie ihre Teile vervielfältigt haben; daß das von den ersten Wirkungen des Lebens unzertrennliche Wachstumsvermögen in jedem Teil des Organismus die verschiedenen Arten der Vermehrung und der Fortpflanzung der Individuen verursacht hat und daß dadurch die in dem Bau der Organisation und in der Gestalt und Verschiedenheit der Teile erworbenen Fortschritte erhalten wurden; daß mit Hilfe erstens genügender Zeiträume, zweitens notwendig günstiger Umstände, drittens der Veränderungen, die der Zustand aller Punkte der Erdoberfläche ununterbrochen erlitten hat, mit einem Wort, mit Hilfe der Wirkung, welche die neuen Standorte und die neuen Gewohnheiten auf die Veränderung der Organe aller Lebewesen ausüben, alle jetzt existierenden Organismen unmerklich so gebildet worden sind, wie wir sie wahrnehmen; daß endlich, da ja alle Organismen in ihrer Organisation und in ihren Teilen mehr oder weniger große Veränderungen erlitten haben, das, was man bei ihnen *Art* nennt, nach einer ähnlichen Ordnung der Dinge unmerklich und ununterbrochen so gebildet wurde, eine nur relative Konstanz hat und nicht so alt wie die Natur sein kann.«[120] Erworbene Eigenschaften der Arten werden dabei durch Vererbung fixiert und weitergegeben. In fortwährender Urzeugung der Monaden entstehen am Anfang der Stufenleiter jeweils neue Entwicklungsstränge.

Für eine feste Zeit, z. B. unsere Zeit, bedeutet dies, daß die am weitesten fortgeschrittenen Organisationsformen auf Monaden zurückgehen müssen, die sehr früh entstanden sind. Der Mensch als das am höchsten entwickelte Lebewesen geht deshalb auf die frühesten Monaden zurück. Selbst die Embryonalentwicklung eines Individuums durchläuft individuell die Ontogenese aller Wesen und wiederholt in der Eigenentwicklung das, was in der Kette der Arten die Entwicklung einer Entwicklungslinie ist. Lamarcks doppeltes Entwicklungsprinzip von Anpassung

---

120 Lamarck, J. B. de (1990), I, 91f.

und Fortschritt führt dazu, daß sich die Stufenleiter einerseits entwickelt und andererseits zeitlich lokal verzweigt.

»Ich will damit nicht sagen, daß die existierenden Tiere eine einfache, überall gleichmäßig abgestufte Reihe bilden, aber ich behaupte, daß sie eine verzweigte, unregelmäßig angeordnete Reihe bilden, die in ihren einzelnen Teilen keine Diskontinuitäten zeigt oder diese wenigstens nicht immer gehabt hat, wenn es wahr ist, daß sich irgendwo eine solche in Folge von einigen verlorenen Arten vorfindet. Es folgt daraus, daß die *Arten*, die am Ende eines jeden Zweiges der Hauptreihe sich befinden, sich wenigstens auf einer Seite an andere verwandte Arten anschließen und nuancieren«[121] »Nicht nur viele Gattungen, sondern ganze Ordnungen, oft sogar Klassen selbst zeigen uns schon fast vollständig diesen Zustand, den ich andeutete.«[122]

Die Konstanz der Arten ist nur relativ.

»Es zeigt uns, daß unter den lebenden Organismen die Natur, … absolut nur Individuen darbietet, die durch die Fortpflanzung aufeinander nachfolgen und voneinander abstammen; ihre *Arten* aber haben eine nur relative Konstanz und sind nur zeitweise unveränderlich.«[123]

Die Art unterliegt durch Hybridbildung der Veränderung.

»Wenn man unter dem Namen *Art* eine Sammlung ähnlicher Individuen zusammenfaßt, die sich als Gleiche fortpflanzen und die selbst so alt wie die Natur sind, solange die Natur existiert, sich gleichgeblieben sind, so muß man mit Notwendigkeit annehmen, daß die Individuen niemals mit einer anderen *Art* in geschlechtliche Verbindung treten können.«[124]

Kritisch (und gegen Cuvier gerichtet) vermerkt Lamarck:

»Man hat *Art* jede Gruppe von ähnlichen Individuen genannt, die von anderen, ihnen ähnlichen Individuen hervorgebracht wurden. Diese Definition ist genau, denn jeder lebende Organismus gleicht immer beinahe vollständig seinem oder seinen Erzeugern. Man fügt aber zu dieser Definition die Vorstellung, daß die zu einer Art gehörenden Individuen sich in ihrem spezifischen Charakter niemals abändern und daß folglich die Art eine absolute Konstanz in der Natur besitzt.«[125]

---

121 Lamarck, J. B. de (1990), I, 88.

122 Lamarck, J. B. de (1990), I, 88.

123 Lamarck, J. B. de (1990), I, 97.

124 Lamarck, J. B. de (1990), I, 91.

125 Lamarck, J. B. de (1990), I, 85.

Art ist für Lamarck damit eine sprachliche Bezeichnung, die nicht eine absolute Konstanz in der Zeit bezeichnet, sondern für die unterschiedlichen Entwicklungsstränge unterschiedlicher Monaden die Individuen gleicher äußerer Merkmale kennzeichnet. Für eine bestimmte Zeit ist die Art eine Bezeichnung für sich untereinander fortpflanzende Individuen. In der Zeitachse aber kann eine solche Gemeinsamkeit für die Abstammungsfolge eines Entwicklungsstranges nicht mehr aufgezeigt werden. Die Diskontinuität fossiler und gegenwärtiger Arten wird durch die kontinuierliche Transformation in Lamarcks Theorie erklärbar, und die Umwelteinflüsse können – über die subtilen Flüssigkeiten erklärt – zu unterschiedlichen Phänotypen führen. Der für Lamarcks Theorie so zentrale Begriff der Art erweist sich hier als eine bloß sprachliche Bezeichnung, der keine Wesensbezeichnung in der Natur entspricht, bei der mehr gedacht würde als eine bloße Beziehung von äußeren Eigenschaften der Individuen.

Die Annahme der Kontinuität der zeitlichen Entwicklung hat zur Folge, daß eine Fixierung der Natur zwingend wird. Die Natur der Monade und ihres Entwicklungsstranges wird zur unveränderlichen Matrix, vor deren Hintergrund die Änderung zum Fortschritt denkbar ist. In Lamarcks Theorie ist auf diese Weise das erkenntnistheoretische Konzept der *Ideologen* ebenso wirksam (im Artbegriff und dem Fortschrittsgedanken) wie deren statische Naturauffassung. Ist die Vorstellung der Ideologen hier zunächst erkenntnisinhibitorisch, so wandelt sich dies für die Vorstellung der Ideologen nach einem interpretatorischen Eingriff in die Logik des Begriffs *Natur* – wobei der Rekurs auf Natur im Verständnis von Fortschritt eine wissenschaftliche Blüte nicht nur nicht ausschloß, sondern gezielt förderte. Erkenntnisfördernd wirkte sich die Philosophie der Ideologen nämlich nach einer Bedeutungsverschiebung des Begriffs Natur aus: Condorcet schrieb in seinem *Entwurf einer historischen Darstellung der Fortschritte des menschlichen Geistes*, »daß die Natur der Vervollkommnung der menschlichen Fähigkeiten keine Grenzen gesetzt hat; daß die Fortschritte dieser Fähigkeit zur Vervollkommnung, die inskünftig von keiner Macht, die sie aufhalten wollte, mehr abhängig sind, ihre Grenze allein im zeitlichen Bestand des Planeten haben, auf den die Natur uns hat angewiesen sein lassen.«[126] Dabei wird niemals eine Vervollkommnung der Natur selbst für möglich gehalten.

Dieser Aspekt wird später von Charles Darwin (1809-1882) aufgegriffen. Er hat Ende 1838 das Buch *An Essay on the principle of population* von T. R. Malthus gelesen, in dem dieser über das exponentielle Wachstum der Bevölkerung schreibt und – unter der Annahme, daß die Individuen einer Art von gleichem Wesen sind – explizit auf Condorcets Vorstellung, daß der Vervollkommnung der Individuen

---

126 Condorcet (1976), 31.

keine Grenzen gesetzt sind, zurückgriff. Malthus zitiert außerdem in seinem Buch die Vorstellung von der künstlichen Zuchtwahl:

> »Man sagt mir, es sei ein Leitsatz der Viehzüchter, daß jeder Grad eines Zuchtideals zu erreichen ist, und sie gründen diese Regel auf eine andere, nämlich die, daß einige der Nachkommen die erwünschten Eigenschaften der Eltern in größerem Ausmaß besitzen werden.«[127]

Malthus zitiert dies, um es zu widerlegen. Gleichzeitig ist bei Malthus nicht mehr die moralische Vervollkommnung Gegenstand, sondern – im Kontext künstlicher Zuchtwahl – auch von Vervollkommnung der Natur die Rede. Darwin entwickelt anhand der künstlichen Zuchtwahl die Vorstellung einer natürlichen Zuchtwahl: Das, was die Taubenzüchter können, kann die Natur – nun über Artengrenzen hinweg – allemal. Darwin nimmt das Populationsdenken von Malthus auf und behauptet – unter der Annahme der natürlichen Zuchtwahl und der Möglichkeit der Veränderung von Individuen – die Entwicklung der Arten, und das heißt, die Entwicklung der Natur selbst. Wegen der Vorstellung der Ideologen von der prinzipiellen Gleichheit aller Individuen und der Vorstellung, daß nicht die Natur, sondern die moralische Güte des Menschen, die freilich naturgegeben ist, vervollkommnet werden soll, konnte sich zunächst nur eine Form von Evolutionstheorie entwickeln, wie wir sie bei Lamarck vorfanden. Erst als die Vorstellung von der konstanten Natur und ihrer Modifikation im Rahmen moralischen Tuns über Malthus eine Bedeutungsverschiebung bekommen hatte (dahingehend, daß Natur die Bedeutung einer wandelbaren Natur erhielt), konnte Darwin seine Vorstellung von der natürlichen Zuchtwahl aus der Vorstellung der künstlichen Zuchtwahl ableiten. Wir beobachten hier etwas, das häufig Motor von wissenschaftlichen Innovationen ist: Bedeutungsverschiebungen zentraler Begriffe. Dadurch, daß Begriffe nicht mehr im Rahmen ihrer ursprünglichen Erkenntnisprämissen gedacht werden, ermöglichen sie neue Einsichten. Das Movens des Erkennens ist sozusagen der eingegrenzte Denkfehler.

3   Resultate

Diese vier naturwissenschaftlichen Konzepte aus Mathematik, Chemie, Physik und Evolutionstheorie entstehen in der Folge der Französischen Aufklärung im Kontext einer Modifikation der Erkenntnistheorie durch die Ideologen. Moti-

---

127 Malthus, T. R. (1798), 163, zitiert nach Mayr, E. (1984), 395.

viert ist dies durch ein revolutionäres Interesse an einer Vervollkommnung des
Menschen und dem Verständnis, daß Erkenntnis in der Sprache begründet ist. Es
entsteht eine angewandte Mathematik. Die Chemie wird – trotz einer prinzipiellen
Verpflichtung gegenüber der Newtonschen Vorstellung von Induktion – primär
als Sprache interpretiert. Unter Uminterpretation der sensualistischen Prämisse
der Erkenntnistheorie der Ideologen bekommt die Physik (Ampères) eine neue
wissenschaftliche Methodik, die auch nichtwahrnehmbare »Gegenstände« qua
formaler Schlüsse »einsehen« kann, und ungeachtet des erkenntnistheoretisch
begründeten Unterschiedes zwischen der bloß erkennbaren Natur und dem erkennenden Subjekt tritt in der Evolutionstheorie eine neue Auffassung von einer
sich selbst vervollkommnenden Natur auf. Alle diese Konzepte haben gemeinsam,
daß sie das erkenntnistheoretische Konzept der Ideologen im Detail aufgreifen
und gegen einige seiner konstitutiven Prämissen verstoßen, um so entweder
einen neuen Gegenstand für die Naturwissenschaften zu erschließen oder eine
neue wissenschaftliche Methodik zu konstituieren. Die sich aus diesem Verfahren
ergebenden Widersprüche bleiben unausgeräumt. In den neuen Begriffen – wie
den alten – ist die Koexistenz widersprüchlicher Begriffsmomente konstitutiv für
die Wissenschaften.

Neben der Bedeutung, den die Französische Aufklärung für die Methoden-
diskussion der Newtonschen Naturwissenschaft hat, ist ihre Verwendung des
Kraftbegriffs interessant. War bei Locke Kraft noch auf zwei Wegen erfahrbar, über
die Sinne und über den Verstand, was Newtons doppeltem methodischen Prinzip
von Induktion und Deduktion entspricht, so ist bei dem Sensualisten Condillac
Kraft eine leere Idee. Kraft ist hier ein vermittelter abstrakter Begriff, der in der
Sprache angesiedelt ist und als Relation von Zeichen interpretiert wird. Damit hat
Condillac natürlich bei den Naturwissenschaften Verständnisprobleme erzeugt,
falls sie sich im Übrigen auf seine Philosophie beriefen. Verschärft wird dies noch
einmal bei Condorcet durch dessen Begriff einer starren Natur. In der Mathematik Monges wird das Problem nicht relevant, weil Mathematik nur eine Sprache
ist. Auch Lavoisier interpretiert seine Chemie als Sprache, die keine Kausalitäten
als tatsächliche Wechselwirkung in der Natur kennt – zumal Natur als ein nicht
agierendes Objekt verstanden wird. Bei Ampère wird schließlich die Erscheinung
auf der makroskopischen Ebene als Kausalwirkung auf der mikroskopischen Ebene
interpretiert. Ohne mit Condillac und Condorcets Vorstellungen in Konflikt zu
kommen, werden Kausalitäten, d. h. Kräfte, als Interaktionen auf der Phänomene-
bene interpretiert. Während Lamarck Condillacs sprachphilosophischen Ansatz
zur Kritik am Artbegriff nutzt, unterstellt er eine kausale Naturgesetzlichkeit in den
Monaden und greift damit auf Leibniz zurück. Das Wechselspiel zwischen Argu-

menten aus der Leibnizschen Philosophie und der Newtonschen Physik bestimmt schließlich auch die Entwicklung des Kraftbegriffs in der Mechanik.

Die Suche nach Bedeutungsgehalten
Fruchtbare Widersprüche im Kraftbegriff im 18. Jahrhundert

Die Französische Aufklärung, deren philosophischer »Sprecher« Condillac war, entwickelte sich in der Atmosphäre wissenschaftlicher Diskussionen, die geprägt ist von einer Popularisierung der Newtonschen Physik und von einer Mathematisierung der Physik sowie der Diskussion um den zentralen Begriff der Newtonschen Physik, den der Kraft. Der Kraftbegriff steht dabei im philosophischen Kontext für jede Ursache- Wirkungsrelation, also Kausalität. Es ist interessant zu sehen, welchen Änderungen der Kraftbegriff unter dem Wandel naturwissenschaftlicher Theorien unterworfen ist, während er als vermeintlich homogener Begriff in der philosophischen Diskussion sowohl in Frankreich als auch in Deutschland benutzt wird. Wenn man das intellektuelle Leben im 18. Jahrhundert mit einem Wort charakterisieren wollte, könnte man den Begriff Kraft benutzen. Mit dem Erscheinen von Newtons *Principia Mathematica Philosophiae Naturalis* (1687), durch die die Gesetze der Planetenbewegung und die Gesetze der irdischen Mechanik durch eine mathematische Theorie der Kräfte vereinigt und Applikationen dieses Kraftbegriffs in alle Bereiche der Naturbetrachtung eingeführt wurden, trat die Diskussion um die Universalprinzipien der Bewegung und ihrer charakteristischen Größen in ein neues Stadium ein. Newton formulierte in seiner *Optik* (1704) explizit den Plan, die Anwendungen des Begriffs mechanischer Kräfte auf die Optik und die Chemie auszudehnen. Dies wurde, was man heute das Paradigma Newtonscher Physik nennt. Die begrifflichen Entwicklungen dieses Newtonschen Paradigmas gehen allerdings nicht nur auf Newtons eigenes Konzept eines Kraftbegriffs zurück, sondern können und müssen ebenfalls bis zu den Diskussionen des Leibnizschen und Descartesschen Kraftbegriffs zurückverfolgt werden. Newtons Kraftbegriff wurde zu unterschiedlichen Zeiten in unterschiedlichen Kontexten und in unterschiedlichen Teilen Europas aufgenommen.

Die Rezeption Newtons begann in England zu Beginn des 18. Jahrhunderts.[1]
Zur gleichen Zeit wurden in Frankreich[2] populäre Darstellungen der Physik von
Newtons *Principia* eingeführt, und zwar noch bevor das Newtonsche Konzept von
französischen Mathematikern in der Mitte des 18. Jahrhunderts weiterentwickelt
war. In Deutschland wurden die Prinzipien der Newtonschen Mechanik am Ende
des 18. Jahrhunderts in vielen Bereichen der Wissenschaften angewandt, nachdem
Kants kritische Philosophie Newtons Physik philosophisch begründet und so
deren Bedeutung für die Wissenschaften allgemein konstatiert hatte. Die Vielfalt
der Kraftbegriffe und alle ihre Applikationen, die während des 18. Jahrhunderts
entwickelt wurden, können hier nicht erwähnt werden. Ich beschränke mich
auf die Diskussion in der klassischen Mechanik und übergehe die Medizin, die
Biologie[3], die Chemie[4], spezielle Anwendungen auf Flüssigkeiten, auf den Magnetismus und auf die Elektrizität ebenso wie auf Probleme der Ästhetik, der Ethik,
der Psychologie und der Physikotheologie. Mit Rücksicht auf die Mechanik sind
zwei Entwicklungen von besonderem Interesse: die Popularisierung und die mathematische Ausarbeitung der Newtonschen Idee. Im Kontext der Popularisierung
werden die Schwierigkeiten relevant, die qualitativen und die quantitativen Aspekte
der Kraft unter einem einzigen Begriff in Übereinstimmung zu bringen. Ich werde
dieses Problem im Rückgriff auf Konfusionen in der Diskussion um den Begriff der
Zentrifugalkraft erklären. Im Kontext der mathematischen Ausarbeitungen gibt
es eine Tendenz der Verallgemeinerung und Spezialisierung der mathematischen
Konzepte von Kraft und Bewegung. Wir werden sehen, daß präzise mathematische
Spezifizierungen des Kraftbegriffs, der universell anwendbar ist, parallel mit einer
Begrenzung metaphysischer Bedeutung einhergeht.

---

1 Freind und Keill waren die wichtigsten Newtonianer in England zu dieser Zeit. Cf.
   Cassirer, E. (1922, 1974), II, 41 Iff, 42Iff Cf. Rosenberger, F. (1895), 342ff, 359ff. Guerlac,
   H. (1981), 41-74.

2 Zu den ersten Reaktionen auf Newtons Physik in Frankreich siehe Rosenberger, F. (1895),
   354ff.

3 Westfall, R. S. (1977), 82-104.

4 Westfall, R. S. (1977), 65-81.

1 Newtons Planetentheorie

Es war Newtons Programm, den Begriff einer mathematischen Kraft zu entwickeln, der als die letzte Bestimmung des Wesens von Körpern gedacht wird, nachdem von der Bestimmung der Körper alle zufälligen Charakteristika weggenommen sind.[5] Die einzige substantielle Eigenschaft von Körpern sollte also die Kraft sein, die sie ausüben. Newtons mechanische Anwendung seines Kraftbegriffs zielt zunächst auf rotierende Systeme wie das System der Planetenbewegung.[6] Aus dieser paradigmatischen Anwendung Newtons und aus dem Einfluß der mittelalterlichen Impetustheorie auf Newtons Argumentation folgen einige konzeptuelle Schwierigkeiten, die eine wichtige Rolle bei der Entwicklung der Physik im 18. Jahrhundert spielen. Dennoch wurde Newtons Programm akzeptiert und eine Verallgemeinerung seiner Bewegungstheorie entwickelt, die sowohl die Zentralkräfte in rotierenden Systemen als auch eine allgemeine Beziehung zwischen Geschwindigkeit, der zurückgelegten Entfernung und der verstrichenen Zeit berücksichtigt und so die irdische Physik (Fallgesetze) mit der himmlischen (Planetengesetze) verknüpft. In seiner Theorie der Planetenbewegungen bezieht sich Newton auf zwei Prinzipien: das Prinzip der Trägheit und das Prinzip der Zentralkraft, die einen Körper veranlaßt, um ein Zentrum herum zu laufen.[7] Dabei beschreibt Newton in diesem Kontext die Zentralkraft als eine Sequenz infinitesimaler diskreter Kraftstöße[8], die in infinitesimalen Zeitintervallen wirken.[9] Newton fragt, welche Kraft für die gekrümmten Trajektorien der umlaufenden Planeten verantwortlich sei, die den bekannten Gesetzen von Kepler folgen. Als eine hinreichende Erklärung nahm er den Einfluß zweier Faktoren an: Die Zentripetalkraft und das Trägheitsprinzip. Obwohl Newton die Trägheit als eine Art *Kraft* bezeichnet, ist diese *Kraft* von einem fundamental anderen Typ als die Zentripetalkraft. Es ist wichtig zu bemerken, daß Newton seine Argumentation nicht systematisch auf den Begriff der Zentrifugalkraft stützt, die die einzige Kraft in diesem Kontext ist, die zu dieser

---

5   Newton, I. (1988b), 75. In diesem frühen Werk versucht Newton, eine Theorie planetarischer Bewegung auf der Basis einer hydrodynamischen Äthertheorie zu formulieren. Auch in den *Principia* diskutiert er die Planetenbewegung im Kontext von Flüssigkeiten. Cf. Newton, I. (1988a), 6. Böhme, G. (1977), 251.

6   Westfall, R. S. (1972), 184-189.

7   Cf. Jammer, M. (1962), 116ff.

8   Cohen, I. B. (1978), 166.

9   Die Superposition in Newtons Theorie einer zirkularen Bewegung kann nur verstanden werden, wenn man die radiale Komponente als Kraftstoß interpretiert. Die tangentiale Komponente repräsentiert einen Impuls. Nur bei dieser Interpretation liegt eine Superposition gleichartiger physikalischer Vektoren vor.

Zeit empirisch beobachtet wurde, sondern daß er sich auf eine mathematische Konstruktion bezieht, nämlich die Zentripetalkraft, von der er allerdings behauptet, daß sie die Schwerkraft sei.[10] In den *Principia* reflektiert Newton die Notwendigkeit, die beobachtete Zentrifugalkraft zu beschreiben. Diese taucht in einer Reihe von Beweisen, die die mögliche Rolle und die Herkunft der Zentrifugalkraft in Newtons Theorie der Planetenbewegung erklären sollen, auf. In Übereinstimmung mit der modernen Physik versteht Newton unter der Zentrifugalkraft eine Kraft, die der Zentripetalkraft das Gleichgewicht hält.[11] Wenn man Newtons Argumentation rekonstruieren will, ist die einzige vernünftige Interpretation, zu unterstellen, daß Newton annahm, daß Zentrifugalkraft und Zentripetalkraft als Kräfte gleicher Größe unter einem Winkel von 180° wirken.[12]

---

10 Zum Beispiel: Newton, I. *Principia*, Lib. Ill, Prop. IV, T. IV, Scholium und: Lib. Ill, Prop. V, T. V, Scholium.

11 Cohen, I. B. (1978), 48.

12 Newton benutzt den Begriff *Zentrifugalkraft* in den *Principia* in Lib. I, Prop. IV, T. IV, Scholium (eine Idee für die Interpretation dieser Passage findet man in Westfall, R. S. (1977), 145-148.); Lib. Ill, Prop. IV, T. IV, Scholium, Lib. Ill, Prop. XIX, Prob. III. In all diesen Fällen benutzt Newton Zentrifugalkraft als eine Kraft mit einer Komponente, die der Zentripetalkraft entgegengesetzt ist. Der gleiche Begriff 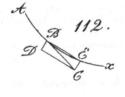 von *vis centrifuga* findet sich bei Descartes, Huygens, Hooke und Leibniz. Eine korrekte Interpretation der Newtonschen Theorie der Gravitation findet sich zum Beispiel in Baumgartner, A. (1829), 193: »§252. Wenn ein Körper durch Centralkräfte, oder durch eine Kraft und einen Widerstand gezwungen wird, sich in einer krummen Bahn zu bewegen, so bekommt er, vermöge seiner Trägheit, ein Bestreben, sich von dieser Bahn zu entfernen, welches man Fliehkraft oder Schwungkraft nennt. Es sey z. B. Ax (Fig. 112) eine krumme Bahn, in der sich ein Körper bewegt, und man nehme der Leichtigkeit wegen an, sie sey kreisförmig. Ist er bis B gelangt, so sucht er vermöge seiner Trägheit nach der Tangente BC fortzugehen. Gesetzt, er thue dieses wirklich, und zwar mit der Geschwindigkeit BC, so kann man sich BC in BD und BE zerlegt denken, wovon erstere in der Richtung des Halbmessers liegt, letztere aber fast mit dem Bogen BE zusammenfällt. Fährt aber der Körper fort, sich im Bogen BE zu bewegen, so muß ein Widerstand oder eine Kraft da seyn, wodurch BD aufgehoben wird. BD ist nun die Fliehkraft. Bei der Bewegung im Kreise ist sie der Centripetalkraft gleich und entgegengesetzt, kann daher auch wie diese ausgedrückt werden.« *Fliehkraft* und *Schwungkraft* stehen für *Zentrifugalkraft*. In den folgenden Fällen diskutiert Newton die Zentrifugalkraft als eine Repulsion in Flüssigkeiten. Newton bezieht sich dabei offenbar auf frühere Überlegungen einer Gravitationstheorie als einer Theorie der Hydrodynamik in einem Cartesischen Kontext. Cf. Newton, I. (1988a): Lib. II, Sec V, Prop. XXIII, T. XVIII. Lib. II, Sec. VII, Prop. XXIII. Lib. II, Sec. VII, Prop. XXXIII, Cor. III. Lib. II, Sec. VII, Prop. XXXIII, Cor. VI. Besondere Fälle in Newtons *Principia* sind: Lib. I, Prop. X, Prob. V, Scholium

Zur Verdeutlichung sei die moderne Standardbeschreibung zentraler Bewegung dargestellt, wie sie grundlegend in der modernen theoretischen Mechanik verstanden wird. Dies wird hilfreich sein, um Klarheit in die Konfusionen um die Kraftbegriffe während der post-Newtonschen Diskussion zu bringen. Für einen umlaufenden Planeten oder einen Körper, der um ein Zentrum läuft, kann man zeigen, daß die Zentripetalkraft eine hinreichende Erklärung für die Bewegung ist. Die Größe der Zentripetalkraft wird von Newtons zweitem Gesetz als eine Funktion der Beschleunigung angegeben,[13] die sich ihrerseits mathematisch aus der Bahn des umlaufenden Körpers ergibt. Diese Zentripetalkraft zieht den Körper auf das Zentrum der Zentralbewegung hin. Außerdem ist die Zentripetalkraft die hinreichende Bedingung, um einen Körper mit einer anfänglich gleichförmigen Bewegung von seinem geraden Weg auf eine Kreisbewegung zu ziehen. Die anfängliche Geschwindigkeit des Körpers ist eine essentielle Bedingung, die seine Umlaufbahn determiniert. Mit Hilfe einer einfachen Integration kann für eine Kreisbewegung gezeigt werden, daß der Geschwindigkeitsvektor und der Vektor der Zentripetalkraft senkrecht aufeinander stehen. Im allgemeinen ist die Geschwindigkeit an jedem Punkt der Umlaufbahn parallel zur Tangente des Kreises. Diese Richtung der Momentangeschwindigkeit darf nicht als die Richtung der Kraft mißverstanden werden, obwohl der Körper einen Impuls in Richtung der Momentangeschwindigkeit besitzt. Die Kraft steht senkrecht zur Geschwindigkeit und antiparallel zum Radius. Zusammenfassend kann man sagen, daß die einzige Kraft, die wirkt, die Zentripetalkraft ist.

Das gilt für jede mathematische Beschreibung, deren Bezugssystem ihr Zentrum in dem Zentrum hat, auf das die Zentripetalkraft wirkt. Transformiert man mathematisch das Bezugssystem in das Bewegungssystem des umlaufenden Körpers, so bekommt man drei mathematische Terme für die Kraft.[14] Der erste dieser Terme ist eine Zentripetalkraft mit Rücksicht auf die neuen Koordinaten, der zweite Term ist die sogenannte Corioliskraft und der dritte ist die Zentrifugalkraft. Die Corioliskraft wurde zuerst 1830 theoretisch beschrieben, und ihre Existenz wurde 1851 durch das Experiment mit dem Foucaultschen Pendel gezeigt. Im 18. Jahrhundert

---

und Lib. I, Prop. XII, Prob. VII. Hier sagt Newton, daß die Zentripetalkraft zu einer Zentrifugalkraft wird, wenn der Weg von einer Parabel zu einer Hyperbel wechselt. Cf. Kutschmann, W. (1983). Cf. Cohen, I. B. (1990), 101-111. Das begriffliche Problem aus der Vermischung von Zentrifugalkraft und Tangentialkomponente der Kraft hat Hegel als einer der Wenigen korrekt erkannt. Cf. dazu Hegel, G. W. F (1986) und meine Einleitung darin. Cf. auch Kapitel VIII, Fußnote 44.

13 $F = ma$.

14 Die neuen Koordinaten seien: der Vektor x; w sei der Vektor der Rotationsgeschwindigkeit: $F_{eff} = F - 2m(w \cdot dx/dt) - m \cdot w \cdot (w \cdot x)$. Cf. Goldstein, H. (1963), 149.

wurde diese kleine Kraft jedoch noch vernachlässigt. Als ein Ergebnis der Transformation in das bewegte Bezugssystem ergibt sich, daß die Zentrifugalkraft und die Tangente senkrecht aufeinander stehen. Dies ist in Übereinstimmung mit der bereits genannten Tatsache, daß Zentrifugalkraft und Zentripetalkraft entgegengesetzte Richtungen haben und von gleicher Größe sind. Solche verschiedenen Bezugssysteme sind nicht äquivalent in dem Sinne, daß in den physikalischen Beschreibungen eine unterschiedliche Anzahl von Kräften auftauchen kann. Es ist aber immer möglich, ein sehr einfaches System zu erzeugen, indem man die Koordinaten so transformiert, daß eine minimale Anzahl unterschiedlicher Kräfte erforderlich sind. In Newtons Planetentheorie bezieht sich das zweite Gesetz auf ein solches einfaches System mit seinem Ursprung im Gravitationszentrum. In diesem System, einem speziellen Fall eines Inertialsystems, taucht die Zentrifugalkraft nicht auf. Mit anderen Worten, die Zentrifugalkraft ist eine Scheinkraft, die nur im System eines rotierenden Beobachters auftaucht. Wann immer Newton die Zentrifugalkraft erwähnt, diskutiert er mit genialer Intuition den Fall aus der Sicht eines rotierenden Beobachters und vermeidet dabei Konfusionen über die unterschiedlichen Kräfte in den unterschiedlichen Systemen. Daher ist jede Interpretation, die die Zentrifugalkraft mit der Tangentialkomponente der zirkularen Bewegung identifiziert, falsch, obwohl dieser Fehler in der Newton-Rezeption des 18. Jahrhunderts durchaus üblich ist.

Wir können nun Newtons *Begriff der Trägheit* erörtern. Dabei müssen wir den Unterschied zwischen zwei Krafttypen in Newtons Theorie herausarbeiten, den der von außen eingedrückten Kraft *(vis impresso)* und den der Materie innewohnenden Kraft *(vis insita).* Trägheit wird von Newton als eine Art Kraft beschrieben, obwohl Newtons erstes Gesetz die Trägheit unabhängig von jeder Kraft charakterisiert:

> »Jeder Körper verharrt in seinem Zustand der Ruhe oder der gleichförmig geradlinigen Bewegung, sofern er nicht durch eingedrückte Kräfte *(vis impressa)* zur Änderung seines Zustandes gezwungen wird.«[15]

Außerdem besagt das zweite Gesetz, was unter einer Kraft zu verstehen ist – dies wird in der modernen Physik nach wie vor vertreten:

> »Die Bewegungsänderung ist der eingedrückten Bewegungskraft proportional und geschieht in der Richtung der geraden Linie, in der jene Kraft eindrückt.«[16]

---

15 Newton, I. (1988b), 53, Erstes Gesetz.
16 Newton, I. (1988b), 53.

Hier scheint Newton mit der modernen Physik insoweit parallel zu argumentieren, als er eine externe Kraft annimmt, die er *eingedrückte Kraft* oder *vis impressa* nennt. Diese Kraft wirkt von außen auf einen Körper, oder sie wirkt zwischen verschiedenen Körpern in dem Moment ihrer Interaktion. Besondere Fälle der *vis impresso* sind die Kräfte bei einer Kollision oder einem Druck und die Zentripetalkraft. In all diesen Fällen verbleibt die eingedrückte Kraft nicht in dem Körper. Ihre Aktion hängt nicht davon ab, ob sie auf einmal oder in diskreten Intervallen eingedrückt wird.[17] Newton setzt die *eingedrückte Kraft* einer *vis insita* entgegen, die in den Definitionen III und IV wie folgt beschrieben werden: Definition III:

>»Die der Materie eingepflanzte Kraft *(vis insita)* ist die Fähigkeit, Widerstand zu leisten, durch die jeder Körper von sich aus in seinem Zustand der Ruhe oder in dem der gleichförmigen gradlinigen Bewegung verharrt.«[18]

Im Kontrast zur *vis insita* definiert Definition IV die *eingedrückte Kraft (vis impressa)* so:

>»Die eingedrückte Kraft ist eine Einwirkung auf einen Körper, die auf eine Veränderung seines Zustands der Ruhe oder der gleichförmig-gradlinigen Bewegung gerichtet ist.«

In einem anderen Kontext schreibt Newton ausdrücklich, daß die *vis insita* und die *vis inertiae*, (die Trägheitskraft), identisch sind.[19] Daher wird die Trägheit von Newton auf zwei Wegen charakterisiert. Entsprechend dem ersten Gesetz ist die Trägheit die Neigung eines Körpers, in seinem Zustand der Ruhe oder der gradlinig-gleichförmigen Bewegung zu verharren. In Übereinstimmung mit Definition III folgt die Trägheit aus einer eingeschriebenen Kraft *(vis insita* oder *vis inertiae).* Diese Trägheit, die *vis inertiae,* kann ein Widerstand gegen eine äußere Kraft sein, oder sie kann eine Bewegungskraft sein, die einen Impetus erfordert.[20] Die *vis insita* eines Körpers wirkt nur während der Anwesenheit einer externen Kraft, die bemüht ist, den Zustand des Körpers zu ändern. Diese inerte Kraft drückt die allgemeine Möglichkeit der Materie aus, Trägheit zu besitzen. Die *vis impresso* hingegen ist die äußere Kraft, die den Körper aus seinem Zustand herauszuführen strebt. Newtons Unterscheidung zwischen *vis insita* und *vis impressa* als zwei unterschiedliche Krafttypen ist in zweierlei Hinsicht wichtig: Die *vis impressa* nimmt den modernen mathematischen Begriff der Kraft voraus. Sie bedeutet Kraftwirkung. Die *vis*

---

17 Newton, I. (1988b), Zweites Gesetz.
18 Newton, I. (1988b), 38.
19 Newton, I. (1988b), Lib. Ill, Reg. III.
20 Newton, I. (1988b), Def. III.

insita bezieht sich nur auf die Trägheit und scheint in gewisser Hinsicht bestimmte
Strukturen der Impetustheorie zu reflektieren,[21] aber diese Kraft kann nicht als eine
physikalische Kraft im modernen Sinn betrachtet werden. Newton denkt über sie
wie über eine Substanz. Es ist das Wirkungsprinzip im Zustand der gleichförmigen
Bewegung.[22] Die Unterscheidung zwischen *vis insita* und *vis impressa* beeinflußt
essentiell die Entwicklung des Kraftbegriffs während des 18. Jahrhunderts. In Übereinstimmung mit Newtons Programm wurde im Newtonianismus die *vis impressa*
als eine gerichtete mathematische und beschleunigende Kraft verstanden, und die
vis insita wurde auf das bloße Prinzip der Materie reduziert, Widerstand zu leisten.

Zur gleichen Zeit entwickelt sich Leibniz' Kraftbegriff, der sehr nah an einem
Begriff einer *allgemeinen vis insita* ist und in einer Differenzierung die Bedeutungen der Definitionen von Arbeit, Leistung und Energie, wie sie im 19. Jahrhundert
herausgearbeitet wurden, erhält.[23] Dennoch ist Leibniz' Versuch, *Kraft* zu definieren,
grundsätzlich verschieden von dem Versuch Newtons.[24] Leibniz denkt die Kraft als
etwas, das die Bewegung unterhält und in dem Körper sitzt. Er fragt, wie eine dem
Körper inhärente Kraft die Möglichkeit erhält, sich extern zu äußern. Folgerichtig
denkt er die Trägheitskraft als den komplementären Begriff zur Bewegung und deshalb als einen natürlichen Widerstand der Körper gegen jede Bewegung. Anders als
Newton[25] identifiziert er keineswegs die Trägheit mit der Tendenz, in dem Zustand
gleichförmiger Bewegung oder jeder anderen Form von- Bewegung zu verbleiben.
Statt dessen denkt Leibniz die Trägheit als das Ergebnis einer *passiven Kraft*, einer
vis passiva. Konsequenterweise nimmt er an, daß jede Bewegung von einer *aktiven
Kraft*, der *vis activa*, abhängt und betrieben wird. Diese Kraft ist ursprünglich, d. h.
seit der Schöpfung der Welt in jede Materie eingedrückt worden. Die *aktive Kraft*
erscheint in zwei unterschiedlichen Formen: die *tote Kraft*, *vis mortua*, und die
lebendige Kraft, *vis viva*. Die *tote Kraft* enthält lediglich die Anregung zur Bewegung
und repräsentiert die unaktivierte Kraft in der Materie.[26] Nachdem diese *tote Kraft*
in die Form der Bewegung übergegangen ist, ist sie lebendige Kraft geworden.[27] Als

---

21 Wolff, M. (1978), 16ff, 320ff. Anders hingegen faßt Wolff die Zentrifugalkraft auf in 321,
    328.

22 Newton scheint die wichtigsten Strukturen von Descartes' Prinzip der Trägheit aus dem
    zweiten Gesetz von R. Descartes (1644) *Principiaphilosophiae*, Teil II, § 39 zu nehmen.

23 Cardwell, D. S. L (1966), 209-224.

24 Kant, I. (1746) diskutiert den Begriff der Kraft in Leibniz' Tradition.

25 Cf. Freudenthal, G. (1982), 46ff, 61ff.

26 Siehe ebenfalls Bernoulli, Joh. (1742), Bd. III, Kapitel V, § 2, 35f.

27 Leibniz, G. W. (1695, 1982), 13. W. J. van's Gravesande (1725) versuchte dies durch Expe-
    rimente zu zeigen. Siehe dazu insbesondere das Vorwort zur 2. Ausgabe von 1725 (wieder

ein Beispiel diskutiert Leibniz die Kraft, die auf einen Stein wirkt, der an einem Seil geschleudert wird: Solange der Stein an dem Seil gehalten wird, haben wir *tote Kräfte*. Beispiel *toter Kräfte* sind die Zentrifugalkraft, die Gravitationskraft, die Zentripetalkraft[28] und die elastische Kraft des Seils. Lebendige Kräfte entstehen, wie Leibniz erwähnt, wenn ein Gewicht, das einige Zeit gefallen ist, den Boden berührt, oder wenn ein Bogen sich nach einer Zeit wiederhergestellt hat, oder allgemein, nachdem eine Reihe von unendlich vielen fortgesetzten Einprägungen der toten Kraft über einige Zeit gewirkt hat.[29] Leibniz fordert eine *Erhaltung der Kraft* und insbesondere der *lebendigen Kraft*, weil Kraft nicht vernichtet werden kann und einmal »lebendig gewordene« Kraft weiter existiert. Daher wird die Fortdauer der gleichförmigen Bewegung, die Newton als Trägheit beschreibt, in Leibniz' Theorie als eine besondere Form der Erhaltung der lebendigen Kraft beschrieben.[30]

2 Popularisierungen in Frankreich und Deutschland

Die Popularisierung von Newtons Theorie der Planetenbewegung beabsichtigte nicht, Newtons Programm einer Mathematisierung zu erfüllen, sondern die Wissenschaft in die Konversation und zur Unterhaltung in den Salons zu integrieren.[31] In dieser populären Rezeption von Newtons Werken geschah die bereits erwähnte Konfusion bezüglich der Richtung und Größe der Zentrifugalkraft. Erwähnt sei hier nur Voltaire,[32] der eine Schlüsselrolle in Frankreich spielte und die Zentralbewegung

---

in der Ausgabe von 1748: XII, XX, XXVf) und Buch II, Kapitel III (in der Ausgabe von 1748: 229ff und 245ff, §§ 858ff). P. van Musschenbroek (1741) zeigt, daß sogar ein Körper, der in Ruhe ist, Körperbewegung auf einen anderen Körper übertragen kann (78, § 196).

28 Hier bezieht sich Leibniz, G. W. von (1695, 1982) auf Newtons *Principia* (1687), woraus man entnehmen kann, daß Leibniz die unterschiedlichen Begriffe von Kraft sehr wohl berücksichtigt hat.

29 Leibniz, G. W. (1695, 1982), 15.

30 Die Diskussion über die Undurchdringlichkeit der Materie soll hier nicht weiter dargelegt werden. Sie findet sich z. B. in Euler, L. (1773ff), I, und in Hamberger, G. E. (1741), §§ 35ff. Hier sagt Hamberger, daß die Undurchdringbarkeit der Materie und ihr Widerstand in der *vis insita* enthalten sind, die die Körper zu einer Bewegung in alle Richtungen fähig macht; § 28 betrifft die *vis inertiae*.

31 Cf. Kleinert, A. (1974).

32 In Frankreich waren wichtig: Algarotti, F. (1745), Fontenelle, B. le Bovier de (1780, 1983), Pluche, N.-A., (1753ff), Regnault, N. (1729-1750), LaCaille, N. De (1757), Clairaut, M. (1749). In Großbritannien gab es insbesondere: Pemberton, H. (1728), der – gut Newtonsch – die Planetenbewegung beschrieb, ohne die Zentrifugalkraft heranzuziehen. (Nahezu

eines Körpers so beschrieb,[33] daß der Körper in jedem Augenblick ins Zentrum zurückfalle, weil seine Bewegung aus zwei Bewegungen zusammengesetzt sei: aus der geradlinigen Geschoßbewegung und aus der ebenfalls geradlinigen Bewegung, die ihm durch die Zentripetalkraft aufgezwungen wurde, eine Kraft, die ihn zum Zentrum bewegen würde. Somit werde gerade dadurch, daß sich der Körper auf Tangenten bewegen müsse, bewiesen, daß es eine Kraft gebe, die ihn von diesen Tangenten wegzöge, sobald er mit der Tangentialbewegung beginne. Man müsse also unbedingt jeden Körper, der sich auf einer Kurve bewege, so betrachten, als würde er von zwei Kräften bewegt, deren eine ihn tangential laufen lasse und die man *Zentrifugalkraft* oder besser *Trägheitskraft* nenne, und die dafür sorge, daß sich ein Körper immer auf einer Gerade bewege, wenn er nicht daran gehindert würde. Die andere Kraft zöge den Körper zum Zentrum hin und man nenne sie *Zentripetalkraft*. Sie sei die wahre Kraft.[34]

Man muß festhalten, daß Voltaire die Zentrifugalkraft zwar mit falscher Bedeutung benutzte, insofern er sie mit der Trägheit identifizierte, er sich aber bewußt war, daß an diesem Punkt eine Reihe von begrifflichen Schwierigkeiten liegen – ganz im Gegenteil zu seinen Nachfolgern: Voltaire ist sich sehr genau der Tatsache bewußt, daß die einzig wahre Kraft die Zentripetalkraft ist.[35] Außerdem bezieht sich Voltaire auf die Zentrifugalkraft im Kontext der Abflachung der Erde

---

wortgleich dazu ist: LaCaille, N. De (1757).) Martin, B. (1778). Zu der wichtigsten Literatur in Deutschland zählt neben der Übersetzung von Martins Werk (Hegel benutzte Martins Buch, cf. Hegel, G. W. F (1986).) Erxleben, J. CH. P. (17874). (Aus Erxlebens Buch bezog Kant viele seiner naturwissenschaftlichen Kenntnisse.) Euler, L. (1773ff), T. 1. Die Bücher von Algarotti, Pluche und Fontenelle wurden italienisch oder französisch geschrieben und dann ins Deutsche übersetzt. Diese Bücher sind nicht sehr genau, was die ,Newtonsche Planetentheorie angeht. Fontenelle und Regnault versuchten, Descartes' Physik zu verteidigen. Bode, J. E., der Übersetzer von Fontenelle (in: Fontenelle, B. le Bovier de (1780, 1983)), schrieb in einer Fußnote in der Ausgabe von 1798, 15, daß es zwei Kräfte gebe, um die Planeten zu bewegen. So auch: Clairaut, 329 und Erxleben, § 659. Erxleben benutzt *Zentrifugalkraft* gelegentlich korrekt: § 659, 56, gelegentlich aber auch nicht: § 660. Laplaces Verwendung ist korrekt (1, 29Iff). Martin vermischt Zentrifugalkraft und *vis inertiae*. Natürlich finden wir bei Euler eine klare und korrekte Darstellung der unterschiedlichen Aspekte der Newtonschen und Leibnizschen Physik (in Bd. I).

33 Siehe auch Borzeszkowski, H.-H. von und Wahsner, R. (1978), 19-57.

34 Voltaire (1745), 31, 222-233. Voltaire (1739).

35 Maupertius korrigierte Voltaires Buch, bevor es veröffentlicht wurde.

korrekt[36] – wie auch Madame du Châtellet,[37] die ihrerseits klugerweise vermied,

---

36 Voltaire (1745), 31,227-231.

37 Châtellet, G. E. laTonnelier de Breteuil, Marquise du (1740): Lib. I, Prop. IV, Th. IV, Scholium:»On pourroit encore démontrer cette proposition de cette maniere. Soit supposé un Polygone d'un nombre de côtés quelconques inscrit dans un cercle. Si le corps, en parcourant les côtés de ce Poligone avec une vitesse donnée, est réfléchi par le cercle à chacun des angles de ce Poligone, la force avec laquelle ce corps frappe le cercle à chaque réfléxion sera comme sa vitesse: donc la somme des forces en un temps donne sera comme cette multipliée par le nombre des réfléxions, c'est-à-dire, (si le Poligone est donné d'espece) comme la ligne parcourue dans ce temps, laquelle doit être augmentée ou diminuée dans la raison qu'elle a elle-même au rayon de ce cercle; c'est-à-dire, comme le quarré de cette ligne divisé par le rayon: ainsi si les côtés du Poligone vient à coïncider enfin avec le cercle, la somme des forces sera alors comme le quarée de l'arc parcouru dans un temps donné divisé par le rayon. C'est là la mesure de la force centrifuge avec laquelle le corps presse le cercle; et cette force est égale et contraire à la force par laquelle ce cercle repousse continuellement le corps vers le centre.« Lib. Ill, Prop. IV, Th. IV, Scholium:
»On peut rendre la démonstration de cette Proposition plus sensible, par le raisonnement suivant. Si plusieurs Lunes faisoient leurs révolutions autour de la terre, ainsi que dans le système de Jupiter ou de Saturne, leurs temps périodiques, par l'induction, suivroient la loi découverte par Kepler, et par consequent leurs forces centripétes (Prop. I de ce Livre) seroient réciproquement comme les quarrés de leurs distances au centre de la terre. Et si celle de ces Lunes qui seroit la plus proche de la terre étoit petite, et qu'elle touchât presque le sommet des plus hautes montagnes: la force centripéte, par laquelle cette Lune seroit retenue dans son orbite, seroit, suivant le calcul précédent, à peu près égale à celle des corps graves placés sur le sommet de ses montagnes. Ensorte que si cette même petite Lune étoit privée de tout le mouvement par lequel elle avance dans son orbe, et qu'elle n'eut plus par conséquent de force centrifuge, elle descendroit vers la terre avec la même vîtesse que les corps graves placés au sommet de ces montagnes tombent vers la terre, et cela à cause de l'égalité que seroit entre la gravité et la force qui agiroit alors sur cette petite Lune. Or si la force par laquelle cette petite Lune descend étoit autre que la gravité, et que cependant elle pesât sur la terre comme les corps graves placés au sommet de ces montagnes, cette petite Lune devroit par ces deux forces réunies descendre deux fois plus vîte. Donc, puisque ces deux forces, c'est-à-dire, celles des corps graves et celles de ces petites Lunes, sont dirigées vers le centre de la terre, et qu'elles sont égales et semblables entr'elles, ces forces sont les mêmes et par conséquent elles doivent avoir (Regles 1 et 2.) une même cause. Donc la force, qui retient la Lune dans son orbite, est celle-là même que nous appellons gravité: puisque sans cela cette petite Lune n'auroit point de gravité au sommet de cette montagne, ou bien elle tomberoit deux fois plus vîte que les graves.« Lib. III, Prop. XIX, Prob. III:»La force centrifuge des corps sous l'équateur, est à la force centrifuge par laquelle les corps tendent à s'éloigner perpendiculairement de la terre à la latitude de Paris qui est de 48^d 50' 10" en raison doublée du rayon au sinus du complement de cette latitude, c'est-à-dire, comme 7,54064 à 3,267. En ajoutant cette force à la force qui fait descendre les graves à la latitude de Paris, la chute des graves produite à cette latitude par la force totale de la gravité sera dans une seconde de 2177,267 lignes ou 15 pieds 1 pouce, 5,267 lignes de Paris. Et la force totale de la gravité dans cette latitude sera

die Zentrifugalkraft im Zusammenhang mit der Plantenbewegung zu erwähnen.[38] Gehlers berühmtes *Wörterbuch der Physik* von 1787 enthält eine instruktive Diskussion darüber, wie sich in seiner Zeit die Konfusionen der unterschiedlichen Kraftbegriffe in der deutschen Literatur niedergeschlagen haben, und zeigt eine erstaunliche Kenntnis der Newtonschen Vorstellungen:

>»Die meisten physikalischen Schriftsteller reden von zwoen Centralkräften, wovon die eine, die Centripetalkraft, den Körper immer nach einerlei Punkte, dem Mittelpunkt der Kräfte, eintreibe, die andere aber, die Centrifugalkraft oder Schwungkraft, ihm beständig davontreibe. ... Etwas anderes ist es mit der sogenannten Centrifugalkraft oder Schwungkraft beschaffen. Man mag den Begriff von der Centralbewegung wie man will zerlegen, so findet man doch nichts darinn, als Geschwindigkeit nach der Tangente MT und Centripetalkraft nach C. Man fragt nun, was die Centrifugalkraft sei. Darauf Winkler:[39] Die Kraft, womit ein Körper nach der Tangente getrieben wird, ist eine vis centrifuga.«[40]

Aber:

>»und wenn man auf die Sätze kommt, welche von der Schwungkraft behauptet werden, so sieht man vollends mit Überzeugung ein, daß sie nicht von der Geschwindigkeit nach der Tangente gelten, daß als unter Schwungkraft etwas ganz anderes verstanden werde ... Newton und Euler reden bey den Centralbewegungen immer nur von einer einzigen Kraft, nemlich der Centripetalkraft.«[41] »Der Körper sucht im folgenden Augenblicke seine vorige Bewegung fortzusetzen. Dies ist Trägheit, und die besten Lehrer[42] wollen es nicht Kraft nennen. Es wird hier in zwei Teile zerlegt. Der eine davon liegt in der geänderten Richtung des gekrümmten Wegs, und trägt bei, die Geschwindigkeit im folgenden Augenblicke zu bestimmen. Der andere steht darauf senkrecht. Warum nennt man diesen anderen Teil Kraft, da man doch dem ganzen, wovon er ein Teil ist, mit dem er also homogen sein muß, diesen Namen abspricht?«[43]

à la force centrifuge des corps sous l'équateur comme 2177,267 à 7,54064 ou comme 289 à 1.«

38 Châtellet, G. E. la Tonnelier de Breteuil, Marquise du (1740), § 357. Die *Institutions* sind noch stark von Leibniz' Vorstellungen geprägt.

39 Winkler, J. H. (1754), 8, § 92.

40 Gehler, J. S. T (1787), l, 487f.

41 Gehler, J. S. T (1787), 1, 487f.

42 Bei Kästner folgt aus Kraft Bewegung und aus Bewegung Kraft. Das ist – so Gehler – »Kraft einmal als Ursache neuer Bewegung, andersmal Folge der Trägheit, einmal Ursache der Änderung und andermal Folge der nicht-Änderung des Zustandes« Gehler, J. S. T (1787), 494.

43 Gehler, J. S. T (1787), 1, 494.

Gehler versteht in diesem Text die Zentrifugalkraft als die radiale Komponente der Trägheit und weist deshalb zurück, die Zentrifugalkraft eine Kraft zu nennen.[44] »Schwungkraft (oder Zentrifugalkraft, W. N.) ist eigentlich ein Teil der Bewegung, welcher der Körper im vorherigen Zeitteil hatte und im folgenden seiner Trägheit wegen fortsetzt.«[45] Dieses Zitat beweist, daß einige – die besten – Wissenschaftler Newton korrekt verstanden haben. Eine andere Autorität, MacLaurin, diskutiert den Größenbetrag der Zentrifugalkraft 1761 und fragt, warum die Planeten ihre Bewegung nicht im Perihel oder Aphel beenden, obwohl die Zentrifugalkraft und die Zentripetalkraft einander in diesen Punkten das Gleichgewicht halten. Er folgert, daß die Zentripetalkraft die Zentrifugalkraft übertrifft und daß deshalb die Zentrifugalkraft einem invers kubischen Entfernungsgesetz folgt.[46]

Eine allgemeine Struktur der Beschreibung zirkularer Bewegung während des 18. Jahrhunderts sei an einem Stein, der an einem Strick geschleudert wird, als einem allgemeinen Modell zirkularer Bewegung demonstriert. Es zeigt sich, daß die fehlerhafte Beschreibung immer dann folgt, wenn der entsprechende Autor sich auf die Bewegung des Steins in dem Augenblick bezieht, in dem der Strick reißt. In diesem Fall wird die Zentrifugalkraft als eine tangentiale Kraft interpretiert. Wenn immer der Autor sich auf eine stabile zirkulare Bewegung bezieht, identifiziert er die Zentrifugalkraft korrekt mit einer Kraft, die radial nach außen gerichtet ist. Die Konfusion zwischen Zentrifugalkraft und Tangentialbewegung ist ein für die Physik des 18. Jahrhunderts spezifischer Fehler, den ich nicht vor 1740 nachweisen konnte und der an einigen Stellen in der Literatur des deutschen Newtonianismus bis zumindest ins 19. Jahrhundert nachgewiesen werden kann.[47]

---

44 Gehler, J. S. T (1787) 1, 494. Siehe außerdem Gehler, J. S. T (1787), 5, 194. In modernen Experimentalphysikbüchern findet man nach wie vor diese Interpretation: Gerthsen, Chr., Kneser, H. O. (1969), 16. Westphal, W. H. (1970), 68, Bergman, S., Schäfer, C. (1970), Bd. 1, 115ff.

45 Gehler, J. S. T (1787), 1, 505.

46 MacLaurin, C. (1748), 310 oder (1761), 387.

47 Als Hegel den Begriff der Zentrifugalkraft diskutierte (Hegel, G. W. F (1970f) diskutierte er nicht die ursprünglichen Probleme der Newtonschen *Principia*, sondern tatsächliche Probleme der physikalischen Beschreibung des Newtonianismus im 18. Jahrhundert. Hegel hat zwar selbst Newtons *Principia* gelesen, aber auch Bücher der Newtonianer des 18. Jahrhunderts und konfrontierte Newtons *Principia* mit diesen unterschiedlichen Erklärungen der zirkularen Bewegung. Cf. Neuser, W. (1987a). In Newtons *Principia* finden wir den gleichen Begriff der Zentrifugalkraft für den Fall zirkularer Bewegung wie wir ihn in der modernen Physik vorfinden. Newton benutzt ihn lediglich in einigen Fällen der Repulsion anders. Die Identifikation der Tangente mit der Zentrifugalkraft ist eine fehlerhafte Beschreibung der Physik des 18. Jahrhunderts. Was nicht heißt, daß wir nicht auch in den neueren Büchern der Astronomie diesen Fehler finden können,

3 Mathematisierung und Generalisierung der Kraft

Die populäre Rezeption der Newtonschen Konzeption der Kraft ist nur *ein* Aspekt des Newtonianismus. Ein anderes grundlegendes Ziel des 18. Jahrhunderts war die Ausarbeitung von Newtons Programm, eine mathematische Prozedur zu entwickeln, um jedes mechanische Problem der Physik auf der Grundlage einer allgemeinen Definition für die Kraft lösen zu können. Zwei grundsätzliche Versuche sollen hier erwähnt werden: D'Alemberts Versuch, dynamische oder kinetische Probleme auf der Grundlage eines statischen Modells zu reformulieren, und der Versuch von Euler und Lagrange, generalisierte Koordinaten einzuführen, um einen Satz allgemeiner Gleichungen zu definieren, die Lösungen in speziellen Anwendungen ermöglichen.[48] Eine wesentliche Annahme in allen diesen Versuchen ist das *Prinzip der kleinsten Wirkung*. Die Wirkung, die bei einer gegebenen infinitesimalen Veränderung geschieht, ist minimal oder muß als minimal betrachtet werden. Das ist Maupertius' Verallgemeinerung von Leibniz' Forderung der Erhaltung der lebendigen Kräfte[49], weil nur unter der Bedingung minimaler Veränderung keine Kraft beim Umsetzen von toter Kraft in lebendige verlorengeht. Die berühmten französischen Mechaniker der Newtonschen Schule kann man nicht verstehen, ohne auf Leibniz' Ideen der lebendigen Kräfte zurückzugehen[50], dessen Begriff sie immer zugrunde legen.

In diesem Zusammenhang kann man die Bedeutung von Generalisierung und damit einhergehenden genialen Vereinfachungen kaum überschätzen. Beides war von grundlegender Bedeutung und führte zu einer Entwicklung der Physik in den folgenden Schritten: Daniel Bernoulli trug einen geometrischen Beweis für das Kräfteparallelogramm bei, das Newton nur empirisch gefunden hatte. Auf diese Weise gab Bernoulli dem Begriff der Kraft den Status eines rein geometrischen

---

so in: Herrmann, J. (1973), 58fi Diesen Hinweis verdanke ich S. Büttner. Hier wird nicht hinreichend zwischen der Zentrifugalkraft und der Normalkraft der Bewegung auf einer elliptischen Bahn unterschieden.

48 Viele mathematische Verfahren waren nicht erfolgreich und wurden deshalb nicht weiter benutzt, wie etwa MacLaurins Methode der Fluxionen. Cf. Greenberg, J.L. (1986), 59-78.

49 Maupertius, P.L.M de (1753), 1, 38-42. Cf. Lagrange, J.L. (1899).

50 Zedler, J.H. (1737), Kapitel *Kraft* zeigt instruktiv, wie Newtonsche und Leibnizsche Physik vermischt werden. Zum Beispiel benutzt Zedler *tote* und *lebendige Kräfte* um alle unterschiedlichen Typen der Kräfte zu beschreiben. Er benutzt dabei aber Newtons *vis inertiae* (1681, 1691ff.) und nicht Leibniz'. Siehe ebenso Hankins, T.L. (1965), wo man eine ausgezeichnete Diskussion der Geschichte des Begriffs *vis viva* findet. Cf. Iltis, C. (1971), 21-35 und Laudan, L.L. (1968), 131-143.

Begriffs.[51] D'Alembert schlichtete die Kontroverse bezüglich Leibniz' und Descartes' Kraftmaß: Er vermittelte zwischen beiden Maßen mit Hilfe mathematischer Beziehungen, ohne sich auf seine wechselseitigen metaphysischen Implikationen zu beziehen. Mit seinem Konzept *virtueller Verrückungen* konnte D'Alembert jede beliebige Kraft allein auf der Grundlage mathematischer Konsistenz beschreiben. Danach werden in einem komplexen System fiktive Einzelkräfte eingeführt, deren Summe die beobachtete Wirkung für das Gesamtsystem ist. Die virtuellen Verrückungen entsprechen den durch die fiktiven Kräfte hervorgerufenen Wirkungen. Euler, der das Prinzip der kleinsten Wirkung verallgemeinerte, und Lagrange, der generalisierte Koordinaten und Kräfte einführte, machten es möglich, jedem physikalischen Parameter den Status mathematischer Koordinaten zuzuschreiben. Ein spätes Ergebnis dieser Generalisierung war der Hamilton-Jacobi-Formalismus, der im 19. Jahrhundert entwickelt wurde und auch noch den Begriff der Kraft selbst verallgemeinerte.[52]

Die Beiträge von D'Alembert und Euler/Lagrange sind Meilensteine in der Entwicklung der modernen Begriffe der Kräfte. D'Alembert legte keine *vis insita* zugrunde, sondern nur externe Kräfte, die die Bedeutung einer Kraft haben, die den Widerstand eines bewegten oder ruhenden Körpers überwindet.[53]

---

51 Mach, E. (1933), 39ff.
52 Cf. Goldstein, H. (1963), Kapitel IX.
53 D'Alembert, J. Le Rond (1743), 14. D'Alembert, J. Le Rond (1759), 221, beschreibt die Trägheitskraft so: so: »Alles was wir in diesem Falle aus dem Prinzipium der unthätigen Kraft (Force d'inertie) lernen, ist, daß der bewegliche Körper nur eine gerade Linie und diese nur einförmig beschreiben kann: allein daraus erkennet man weder seine Geschwindigkeit, noch seine Richtung. Man wird daher genöthiget zu einem zweiten Prinzipium seine Zuflucht zu nehmen, nämlich zu dem, so man die Composition der Bewegungen heißt, und wodurch die einheitliche Bewegung eines Körpers bestimmt wird, welcher sich nach verschiedenen Richtungen auf einmal mit den gegebnen Geschwindigkeiten zu bewegen trachtet.« Gegen die Cartesianer beschreibt D'Alembert, J. Le Rond (1759), 273f, die Planetenbewegung so: »Eben so verhält es sich mit einem andern Einwurf der Cartesianer über den Planetenlauf. Wenn es wahr wäre, sagen sie, daß die Planeten eine Strebkraft (force de tendance) gegen die Sonne hätten, müßten sie sich ihr beständig nähern, und somit um dieses Gestirn Schneckenlinie statt krummer in sich selbst sich verlierender Linien beschreiben. Allein wer sieht nicht, daß die Bewegung der Planeten in ihrer Laufbahn aus zwo andern besteht; aus einer geraden Bewegung, kraft welcher sie beständig nach der Tangente zu entfliehen sich bestreben, und einer Bewegung der Tendenz gegen die Sonne, welche diese gerade Bewegung in eine krumme verändert, und die Planeten in jedem Momente in ihrer Bahn erhält? Nach der ersten Bewegung bestreben sich die Planeten sich von der Sonne zu entfernen; nach der zweiten aber sich ihr zu nähern. Wenn demnach die Kraft der ersten Bewegung, welche sie vom Mittelpunkt entfernt, stärker ist, als die Kraft der zweiten Bewegung mittelst welcher sie sich

»Wenn man von der Kraft eines in Bewegung befindlichen Körpers spricht, so verbindet man entweder keine klare Idee mit der Aussprache dieses Wortes, oder man
kann darunter nur allgemein die Eigenschaft des sich bewegenden Körpers verstehn,
die ihm begegnenden oder widerstehenden Hindernisse zu überwinden.«[54]

D'Alembert charakterisiert alle vorhandenen Kräfte als eingeprägte Kräfte. Deshalb
hat die Trägheit bei D'Alembert nurmehr die tautologische Bedeutung, daß keine
Kraft ansetzt, um den Bewegungszustand eines Körpers zu ändern. Statt dessen
führt D'Alembert eine mathematische Kraft ein, die den jeweiligen Zustand durch
Beschleunigung oder Abbremsung verändert: die *beschleunigende Kraft*.

Wir werden »unter dem Worte *beschleunigende Kraft* nur die Grösse verstehen,
welcher der Zuwachs der Geschwindigkeit proportional ist. So werden wir, anstatt
zu sagen, der Zuwachs der Geschwindigkeit ist in jedem Zeitelement constant, oder
dieser Zuwachs verhält sich wie das Quadrat der Entfernung des Körpers von einem
festen Punkte, uns einfach zur Abkürzung und um uns dem gewöhnlichen Sprach-
gebrauch anzuschließen so ausdrücken: die beschleunigende Kraft ist constant oder
dem Quadrat der Entfernung proportional etc.: und wir werden allgemein unter der
Beziehung zweier Kräfte nie etwas anderes als die Beziehungen ihrer Wirkungen
verstehen, ohne zu untersuchen, ob die Wirkung thatsächlich der Ursache oder einer
Function dieser Ursache proportional ist: Eine völlig unnöthige Untersuchung, da die
Wirkung immer unabhängig von der Ursache entweder durch die Erfahrung oder
durch eine bestimmte Voraussetzung gegeben ist.«[55]

Auf diese Weise wird die Bedeutung der Kraft auf eine mathematische Beziehung
zwischen einem mathematischen Term und einer gegebenen Veränderung des
Bewegungszustandes zurückgeführt. D'Alemberts Mechanik beruht auf drei
Prinzipien: dem Prinzip der Trägheit, der zusammengesetzten Bewegung und des
Gleichgewichtes. Um mathematisch einfache Argumentationen vornehmen zu
können, beschreibt D'Alembert alle mathematischen Probleme auf der Grundlage
des Gleichgewichtes der Kräfte, indem er unter Anwendung der Zusammensetzung von Kräften Kräfte einführt, die einander zu Null addieren. Als Beispiel
betrachtet D'Alembert ein System wechselwirkender Körper. Er beschreibt die

---

diesem nähern, so müssten sie sich ungeachtet ihrer Schwerkraft (gravitation) gegen die
Sonne, von diesem Gestirne entfernen. Der Kalkül allein kann die Fälle bestimmen, in
welchen eine von diesen zwo Kräften die andre bemeistert; und dieser Kalkül zeigt uns
wirklich, daß, wenn ein Planet auf eine gewisse Distanz an die Sonne gekommen ist, er
sich auf ein neues von ihr bis auf einen gewissen Punkt entfernen muß, um sich ihr in
der Folge wieder zu nähern.«

54 D'Alembert, J. Le Rond (1743), 14.
55 D'Alembert, J. Le Rond (1743), 33-34.

wirkenden Kräfte durch Superposition der unterschiedlichen Komponenten. Die beiden grundlegenden Annahmen sind, daß das System im Zustand der Trägheit frei von Kräften sein muß und daß im Zustand einer gegebenen Bewegung die für diese Bewegung verantwortlichen Kräfte aus dem Kräftegleichgewicht der beiden Zustände folgen müssen. Das heißt, daß man das System der Gleichgewichtskräfte im Zustand der Trägheit analysieren muß und die verbleibenden Komponenten berechnen muß, die zu der gegebenen Bewegung führen. Das System der verbleibenden Komponenten hat in der Superposition der Kräfte jene Kraft zum Ergebnis, die dem gegebenen Effekt, der in der Bewegung besteht, zugeschrieben werden muß.[56] Die Anwendung dieses Konzeptes auf die Zentripetal- und Zentrifugalkräfte der Theorie der Planetenbewegung illustriert die Bedeutung eines solchen Gleichgewichtes. Die Zentrifugalkraft wird dabei als eine Wirkung auf den umlaufenden Planeten interpretiert, so daß sie zu jedem Zeitpunkt der Bewegung die Zentripetalkraft ausbalanciert. Für den Planeten bedeutet die Wirkung dieser Gleichgewichtskräfte, daß die Bewegung des Planeten für jeden Zeitpunkt der Bewegung auf seine Trägheitskomponente reduziert wird. In dem bewegten System des Planeten verschwindet die resultierende Kraft.

Zusammenfassend kann man sagen: D'Alembert reduziert das Konzept der Kraft auf den Begriff einer gerichteten, den Bewegungszustand verändernden, beschleunigenden Kraft. Die zusätzlichen Kräfte, die er einführt, sind problemabhängig und haben keine durch die Natur gegebene Bedeutung mehr, sie sind bloße mathematische Konstrukte.[57] Sie sind Konstrukte, die nur eine einzige Bedingung zu erfüllen haben, nämlich, daß »eine deutliche Idee mit dem Wort Kraft verbunden wird«.[58]

Euler und Lagrange gingen einen Schritt weiter in Richtung auf eine Verallgemeinerung. Während D'Alembert Bewegung in Raum- und Zeitkoordinaten beschrieb, finden wir bei Euler vorbereitet und bei Lagrange explizit formuliert die Vorstellung generalisierter Koordinaten, die jede beliebige physikalische Bedeutung haben können und nur als Energiezustände, die als lebendige Kräfte interpretiert werden, in einem beliebigen Parameterraum betrachtet werden können.[59] Euler konnte zunächst zeigen, daß Newtons zweites Gesetz ein universelles Grundgesetz der gesamten Mechanik bildet, er geht dabei über Newtons Vorstellung hinaus.[60] In *De Isoperimetricis* (1744) zeigt Euler, daß für den Fall einer zentralen Kraft das Integral über die Geschwindigkeit multipliziert mit einem infinitesimalen Segment

56 D'Alembert, J. Le Rond (1743), 83.
57 Cf. Kapitel IX in diesem Band.
58 D'Alembert, J. Le Rond (1743), 16.
59 Goldstein, H. (1963), 14.
60 Hankins, T. L. (1967), 43-65.

der Bewegungsbahn entweder ein Minimum oder ein Maximum ist. Lagrange verallgemeinert dieses Ergebnis, indem er zeigt, daß dies die Konsequenz des Satzes
der Erhaltung der lebendigen Kräfte, also des Energieerhaltungssatzes, für jedes
bewegte System ist. Das Integral des Produkts aus Masse, Geschwindigkeit und
zurückgelegter Entfernung über alle Körper des Systems ist immer ein Minimum
oder ein Maximum.[61] Wie D'Alembert interpretiert Lagrange Kraft als eine externe
vis impressa, die einem Widerstand entgegentritt oder selbst Widerstand leistet.
Kraft wird wieder als eine mathematische Konstruktion verstanden, die nun eine
Allgemeinheit erreicht und eine Präzision, gleichzeitig aber auch eine Bedeutungs-
losigkeit erhält. Sie tilgt jede Erinnerung an die Impetustheorie.

Die Traditionslinie von Newton und Leibniz zu D'Alembert, Euler, Lagrange
ist eine Entwicklungslinie, die Newtons Vorhaben einer mathematischen Theorie
der Kraft realisiert. Der Begriff der Kraft wird aber auf Newtons Kraftbegriff einer
vis impressa hin ausgearbeitet und spezifiziert, der vom anschaulichen umgangs-
sprachlichen Kraftbegriff völlig abweicht. Insbesondere scheint die Bedeutung einer
inneren Kraft, wie sie in der Physiologie als Muskelwirkung vorhanden war, nicht
mehr mitgedacht zu werden. Bezogen auf das Prinzip der kleinsten Wirkung und
die lebendigen Kräfte und bezogen auf Newtons Konzept eines mathematischen
Kraftbegriffs wurde allerdings die Metaphysik des Newtonschen mit der des Leibnizschen Konzeptes vermischt, insofern als Newtons mathematische äußere Kraft
mit Leibniz' lebendiger Kraft verknüpft wird. Die bei Leibniz und Newton so unterschiedlich und inkompatibel angesetzten Kraftbegriffe werden zusammengezogen.

Darüber hinaus gibt es eine weitere Differenz, die für die Entwicklung der Physik
im 18. Jahrhundert bedeutsam ist: In Newtons und Leibniz' Konzepten von Kraft
war Bewegung die primäre Qualität und Kraft eine abgeleitete. Aber es gibt auch
noch ein anderes Konzept: R. J. Boscovichs (1711-1787)[62] erklärte Absicht war es, zwischen Newton und Leibniz zu vermitteln. Boscovich denkt die Materie als in einem
infiniten leeren Raum verstreut. Dieser Raum ist unendlich teilbar – im Gegensatz
zur Materie. Körper bestehen aus unteilbaren physikalischen Punkten, die keine
Ausdehnung haben und durch einen leeren Raum getrennt sind. Diese getrennten
Punkte haben Trägheit und sind Quellen von Attraktions- oder Repulsionskräften.
Der qualitative Unterschied dieser Kräfte ist nur eine Funktion der Entfernung
von den Körpern. Punkte, die nur sehr wenig voneinander entfernt sind, wirken
wie Repulsivkräfte aufeinander. Diese Repulsion nimmt mit wachsender Entfer-

---

61 Lagrange, J. L. (1899), 115.
62 Boscovich, R. J. (1758), XII, XIV, XVI, 35. Cf. Adickes, E. (1924) 1, 171. Auch: Holliday,
    L. (1990).

nung bis auf Null ab.[63] Dann wechselt sie zunächst in eine wachsende Attraktion, die wieder abnimmt. Sie schlägt bei wachsender Entfernung erneut in Repulsion um. Ab einer spezifischen Entfernung zwischen zwei physikalischen Punkten verschwindet diese Fluktuation zwischen Attraktion und Repulsion und die Kraft wird zur allgemeinen Gravitation. Die Elemente der Körper sind homogen, und die Unterschiede der Massen folgen bloß aus ihren unterschiedlichen Positionen und Interaktionen. Diese Vorstellung wird von Benjamin Franklin (1706-1790) in seiner Theorie der Elektrizität und der elektrischen Kräfte aufgenommen.[64] Bei Boskovich ist die Kraft die primäre Qualität der Materie. Die Bewegung ist daraus abgeleitet.

Bei der Rekonstruktion der Geschichte des Kraftbegriffs muß man eine Vermischung der Traditionslinie der Popularisierung mit der Traditionslinie der Mathematisierung berücksichtigen. Bei der Popularisierung resultiert aus dieser Vermischung eine fehlerhafte Beschreibung der Theorie der Gravitation. In der Tradition der Mathematisierung finden wir eine Vermischung von Aspekten der Kraftbegriffe von Newton, Leibniz und Boscovich. Dies resultierte zwar nicht aus fehlerhaftem Verständnis hinsichtlich der Begriffsinhalte der Naturwissenschaften, wurde aber ausschließlich dadurch möglich, daß der Kraftbegriff auf einen mathematischen Term reduziert wurde und die metaphysischen Konnotationen des Kraftbegriffs beschränkt wurden.

Zum Abschluß dieses Kapitels sei auf weitere Abstraktionen und Verallgemeinerungen hingewiesen, die während des 19. und 20. Jahrhunderts stattfanden. Leibniz' Begriff der Kraft als einer im bewegten Körper inhärenten Kraft wurde von den französischen Theoretikern der Thermodynamik in die Begriffe der Energie und Entropie[65] transformiert. Die Beziehung zwischen Energie und Materie wird 1848 in einem bemerkenswerten Manuskript von Hermann von Helmholtz (1821-1894) über die *Erhaltung der Kraft* so diskutiert:

»Wenn wir also den Begriff der Materie in der Wirklichkeit anwenden wollen, so dürfen wir dies nur, indem wir durch eine zweite Abstraction demselben wiederum hinzufugen, wovon wir vorher abstrahiren wollten, nämlich das Vermögen Wirkungen auszuüben, d. h. indem wir derselben Kräfte zertheilen. Es ist einleuchtend, daß die Begriffe von Materie und Kraft in der Anwendung auf die Natur nie getrennt werden dürfen. Eine reine Materie wäre für die übrige Natur gleichgültig, weil sie nie eine Veränderung in dieser oder in unseren Sinnesorganen bedingen könnte; eine reine Kraft

---

63 In Grens Journal findet man über die Jahrgänge verstreut eine ausgezeichnete Diskussion dieser Probleme.

64 Cf. Franklin, B. (1758), 70ff.

65 Dem entsprechen philosophische Konzepte, wobei Energie (Spengler, O. (1923)) oder Entropie (Mainländer, P. (1989)) grundlegende Kategorien sind.

wäre etwas, was dasein sollte und doch wieder nicht dasein, weil wir das Daseiende
Materie nennen. Ebenso fehlerhaft ist es, die Materie für etwas Wirkliches, die Kraft
für einen bloßen Begriff erklären zu wollen, dem nichts Wirkliches entspräche; beides
sind vielmehr Abstractionen von dem Wirklichen, in ganz gleicher Art gebildet; wir
können ja die Materie eben nur durch ihre Kräfte, nie an sich selbst wahrnehmen.«[66]

Das freilich ist noch nicht das Ende der Geschichte einer verwirrenden Vielfalt von
Konzeptionen der Kraft. In der modernen Physik wird Kraft auf zwei Wegen genutzt:
Die quantitative mathematische Definition ist in die kovariante Formulierung der
relativistischen Feldtheorien eingegangen und dort durch Energie, Impuls und
Beschleunigung ersetzt worden. Die zweite Bedeutung, die qualitative Bedeutung
der Kraft, geht von der Vorstellung von Wechselwirkungen aus und bezieht sich
auf die vier physikalischen Grundkräfte in der Natur. Insbesondere im englischen
Sprachraum steht *force* hier für die vier grundlegenden Wechselwirkungen in der
Physik.

Wissenschaftliche Begriffe enthalten eine Bedeutung, von der nur ein sehr be-
grenzter Teil explizit in die Definitionen der Begriffe oder deren explizite innere
Logik eingeht, wie dieses Kapitel gezeigt hat. Es gibt immer Konnotationen oder
latente, nicht ausgesprochene, oft nur schwer aussprechbare Bedeutungsgehalte
der Begriffe, die – würden sie ausgesprochen – den Begriff modifizieren und einer
Bedeutungsverschiebung unterziehen würden. Dies hat seinen Grund darin, daß
in einem Begriff gleichzeitig mit seinem expliziten Inhalt die Abgrenzung des
Begriffs gegen nicht in ihm enthaltene Bedeutungen in einer Exklusion angesprochen wird. Die Festlegungen dieser Grenzen des Begriffs sind fließend. Verschiebungen der Grenzen und Änderungen des Aspektes dieser Festlegungen führen
zu Bedeutungsverschiebungen. Diese latenten Bedeutungsgehalte erlauben eine
Interpretationsfreiheit und sind steter Anlaß zu Modifikationen im Grenzbereich
der wissenschaftlichen Theorien; sie lassen insbesondere in den Phasen normaler
Wissenschaft (im Kuhnschen Konzept) unter den nachfolgenden Wissenschaftlerge-
nerationen Theorienerweiterungen und -Veränderungen zu, ohne daß die Theorien
grundlegend betroffen würden. Allerdings lassen sich hier auch Inkonsistenzen in
die Theorien einbauen. Im 18. Jahrhundert ist vor allem der Kraftbegriff Newtons
von Bedeutungsverschiebungen betroffen.

---

66 Helmholtz, H. von (1983), 16.

Metaphysik als Letztbegründung
D'Alemberts Wissenschaftssystem und Newtons Physik

Im Frankreich der Aufklärung des 18. Jahrhunderts sind es zwei Probleme, die die intellektuelle Welt prägen: die moralische Integrität und Freiheit des Menschen einerseits und der gesellschaftliche Fortschritt dank einer elaborierten Natur(wissenschaft) andererseits. Für die Aufklärung ist Naturwissenschaft zunächst mit dem Programm des mechanistischen Konzeptes von Descartes verknüpft, bedeutet dann aber ab den vierziger Jahren des 18. Jahrhunderts endgültig *Newtonsche Naturwissenschaft*. An diesem Wandel ist D'Alembert maßgeblich in zweierlei Hinsicht beteiligt: durch seine Arbeit an der Mathematisierung des Kraftbegriffs und durch seine Metaphysik. Die Konzeption eines Systems von Wissenschaft, wie sie Programm der Aufklärung war, hat konsequenterweise immer auf die Naturwissenschaft und ihre Rolle innerhalb dieses Systems zu reflektieren. Das Wissenschaftssystem konzipiert in seiner Ganzheit die Begründung von Wissenschaft überhaupt, die die entscheidenden Mittel zur Vervollkommnung des Menschen und der menschlichen Gesellschaft liefern soll. In diesem Kontext arbeitet der Enzyklopädist D'Alembert[1] an der erkenntnistheoretischen und metaphysischen Letztbegründung der Newtonschen Physik – in einer Weiterführung des Wissenschaftsverständnisses der Aufklärung. War an der Entwicklung der Naturauffassung der *Ideologen* am Ende des 18. Jahrhunderts interessant, daß eine eher dogmatische Übernahme der Philosophie der Aufklärung zu einer Eröffnung neuer Perspektiven führte, und zwar in dem Moment, in dem sie auf Naturbeobachtungen Anwendung fand, so ist in der Mitte des 18. Jahrhunderts bei D'Alembert interessant, daß er in der Entwicklung seines eigenen Denkens gravierende Modifikationen auch im Ausgang der Aufklärung und unter explizitem Bezug auf die Arbeiten seines Cousins Condillac vollzog. D'Alembert interessiert sich nicht nur – wie Condillac – für ein System des Wissens, sondern mehr noch – auch motiviert durch seine Beteiligung

---

1   Zur Literatur siehe: Köpper, J. (1979), 141, Fußnote 1. Zum Umfeld der Enzyklopädisten siehe auch: Mensching, G., in: D'Alembert, J. Le Rond (1989), 133 – 171.

an der Enzyklopädie Diderots – für die Darstellung des Wissens im Kontext aller Wissenschaften. D'Alembert interessiert sich für ein System der Wissenschaften. Er orientiert sich dabei an einem Gesamtsystem von Wissenschaft, das sich auf das Beispiel einer Mechanik bezieht, die aus einem Prinzip, nämlich der Newtonschen Kraft, entwickelt wird und die aus dem Newtonschen Kraftbegriff und der Methodik der Geometrie die Sicherheit ihrer Aussagen bezieht. Auch wenn D'Alembert über dieses Prinzip hinaus weitere physikalische Prinzipien meint einbeziehen zu müssen, so bleibt das Ziel seines Wissenschaftssystems die Letztbegründung der Newtonschen Kraft. Dabei lassen sich einerseits Veränderungen gegenüber Condillac konstatieren und andererseits Veränderungen der eigenen Vorstellungen D'Alemberts zwischen 1743 und 1751 feststellen.

1743 verweist D'Alembert auf das »zweifelhafte Zeugnis unserer Sinne«.[2] Gleichzeitig verweist er auf die Bedeutung abstrakter Begriffe.[3] Als Condillac noch – wie Locke – an zwei Wurzeln der Erkenntnis glaubte, d. h. an *Sensation* und *Reflexion,* gab es bei D'Alembert schon Anzeichen dafür, daß er nur die sinnliche Erfahrung als Quelle unserer Erkenntnis in Betracht zog[4], auch wenn sich die sinnliche Erfahrung sowohl auf innere als auch auf äußere Objekte beziehen könne.[5] Ideen hingegen haben bei D'Alembert einen abstrakten Charakter. 1759 entsprechen sie *Definitionen.* Von ihnen nimmt unser Wissen seinen Ausgang. Condillac hatte ausdrücklich davor gewarnt, Definitionen an den Beginn der Erkenntnis zu stellen.[6] Für D'Alembert sind die in Ideen konvertierten Sinneseindrücke die Definitionen selbst. D'Alemberts Erfahrungsbegriff ist damit schließlich deutlich von dem Condillacs unterschieden. Während D'Alembert 1743 – wie Condillac – vor der Metaphysik warnte, schrieb er ihr 1759 eine eigene bedeutende Rolle im System der Wissenschaften zu, die sich bereits 1751 andeutete. Die Metaphysik liefert – so bei D'Alembert ab 1759 – diejenigen Begriffe, auf denen die Grundprinzipien der Newtonschen Physik aufbauen. Wir beobachten also bei D'Alembert in seinen Schriften *Traité de dynamique* (1743), *Discours Préliminaire de l'Encyclopedie* (1751) und *Essai sur les Eléments de Philosophie ou sur les principes de conaissances humaines* (1759) einen Wandel in seinem Erfahrungsbegriff, seinem Metaphysik-Begriff und seiner Anforderungen an die Metaphysik.[7] Wir können in D'Alemberts Schriften

---

2   D'Alembert, J. Le Rond (1743), 6.

3   D'Alembert, J. Le Rond (1743), 5.

4   D'Alembert, J. Le Rond (1751), 15.

5   D'Alembert, J. Le Rond (1751), 17.

6   Condillac, E. B. De (1959), 88.

7   Zum folgenden siehe E. Cassirer (1922, 1974), 11, 408ff. Eine dazu kontroverse Position nimmt Grimsley, R. (1963), 254 ein, der vor allem bestreitet, daß es bei D'Alembert eine

zwischen 1743 und 1759 gleichzeitig eine Konstante beobachten: Die Definition und die abstrakten Begriffe behalten durchgehend die Bedeutung von Grundlagen, von denen unser Wissen ausgehen muß. Hingegen wandelt sich die Interpretation dessen, was eine Definition ist, zwischen 1743 und 1759. In zunehmendem Maße werden mit der Zeit bei d'Alembert die Definitionen als die sprachlichen Repräsentanten der in die Ideen konvertierten Sinnesdaten interpretiert. Parallel zu dieser Entwicklung geht eine Aufwertung der Metaphysik. Ist 1743 die Metaphysik noch ausschließlich mit »wenig Klarheit und Präzision«[8] und »dunklen, der Metaphysik angehörenden Begriffen«[9] verbunden, so gehört 1759 die »Erzeugung unserer Ideen in die Metaphysik«.[10] D'Alembert verknüpft also 1759 seine ursprüngliche, an der mathematischen Axiomatik orientierte Methode mit der sensualistischen Erkenntnistheorie Condillacs. Dabei wird die Metaphysik zu der Wissenschaft, die als Mittler zwischen der Logik und den Tatsachenwissenschaften steht. In der Metaphysik findet der Wandel von Sinnesdaten in operable Grundbegriffe, also Ideen oder Definitionen, statt. An diese Interpretation von Grundbegriffen in der Erkenntnistheorie der Aufklärung knüpft Kant in seiner kritischen Philosophie mit seiner *Prinzipienlehre* an. Nicht Lockes doppelte Erkenntniswurzel und nicht Condillacs einfache Wörter, sondern nur D'Alemberts Interpretation der Grundbegriffe als klare, einfache Ideen, die zugleich einfachen Objekten[11] entsprechen, können als Begriffe interpretiert werden, die auf die Anschauung verweisen und zugleich a-priori-Konstruktionen sind. Die Entwicklung des D'Alembertschen Konzeptes (zwischen 1743 und 1759) ist der Gegenstand dieses Abschnittes.

Form nicht-sensualistischer Intuition gibt, und der meint, D'Alembert sei »unwilling to grant that there is some special way of observing universals'.« Aber gerade D'Alemberts Behauptung unterschiedlicher Typen von Ideen widerspricht Grimsleys Behauptung: Cf. D'Alembert, J. Le Rond (1767), 138-147 *(Eclaircissement sur ce qui est dit concernant les idées simples et les definitions).* Die streng positivistische Haltung, die Grimsley bereits D'Alembert unterstellt, findet sich erst bei Comte, A. (1844). Siehe dazu dort S. 25, III, 1., 12. die Bemerkung über die Rolle der Einbildungskraft gegenüber der der Beobachtung. Bei Comte ist die Einbildungskraft gänzlich gegenüber der Beobachtung zurückgedrängt, und Erkenntnis beruht immer auf Beobachtungen.

8   D'Alembert, J. Le Rond (1743), 7.

9   D'Alembert, J. Le Rond (1743), 13.

10 D'Alembert, J. Le Rond (1759), 57.

11 D'Alembert, J. Le Rond (1759), 41.

1   Das System des Wissens

Im *Traité dynamique* von 1743 will D'Alembert eine Darstellung der Mechanik geben, die sicher und evident ist. Sein Ziel ist es, eine Mechanik vorzuführen, die keine experimentelle Wissenschaft ist, da dadurch die Sicherheit einer herleitenden Wissenschaft verloren gehe. Im *Vorwort* zu dem *Traité* erläutert D'Alembert, wie auch in gelegentlichen Bemerkungen im *Traité*, seinen philosophischen Ansatz. Dabei geht es ihm einerseits um die Beziehung von Mathematik (Geometrie und Algebra) und Mechanik und andererseits um eine methodische Beschreibung der Axiomatik seiner Mechanik. Die Mechanik soll auf wenige (drei) Prinzipien gegründet werden[12] und im übrigen eine rein mathematische Disziplin sein, die keinerlei experimentelle Komponente enthalten und weder auf Erfahrungstatsachen noch auf einfachen Hypothesen basieren soll. Mechanik soll als deduktive Wissenschaft dargestellt werden. Das heißt aber, daß sie von einfachen abstrakten Begriffen ausgehen muß, die wegen dieser Eigenschaften klare und präzise Begriffe sind. D'Alembert fragt dabei, wie der betrachtete Gegenstand sich unserem Geiste darstellt, und nicht, wie wir zur Erkenntnis kommen. D'Alembert ist also hier nicht an einer genetischen Theorie der Erkenntnis, sondern an einer Darstellung des Wissens interessiert. Je allgemeiner und abstrakter diese Darstellung ist, um so genauer ist sie und um so freier von Dunkelheit sind die zugrundegelegten Prinzipien.

> »Das Dunkel scheint sich unserer Ideen in dem Maasse zu bemächtigen, als wir diese Begriffe auf specielle Dinge anwenden und die den Sinnen zugänglichen Eigenschaften untersuchen; wünschen wir weiter in die Natur dieser Dinge einzudringen, so finden wir fast immer, dass ihre Existenz, welche sich auf das zweifelhafte Zeugniss unserer Sinne stützt, gerade das ist, was wir am unvollkommensten an denselben kennen.«[13]

D'Alembert meint offensichtlich, daß wir abstrakte Begriffe, die wir auf spezielle Dinge der Erfahrung anzuwenden haben, immer schon im Geist zur Verfügung haben. Dabei dürfen wir nicht an eingeborene Ideen denken, sondern vielmehr werden diese abstrakten Begriffe selbst im Denken gebildet. Es liegt hier eine Reflexion zugrunde. Bei diesem Applikationsvorgang entstehen uns Ideen, die um so dunkler sind, je komplizierter die abstrakten Ausgangsbegriffe sind. Deshalb muß das Ziel sein, »so viel wie nur irgend möglich aus den abstractesten und daher einfachsten Wissenschaften geschöpfte Kenntnisse einzuführen und anzuwenden, (...und W.N.) auch in möglichst abstracter und einfacher Weise den besonderen Gegenstand dieser Wissenschaft zu betrachten; nichts vorauszusetzen, keine

---

12 Gleichgewicht, Trägheit und Superposition der Bewegungen.
13 D'Alembert, J. Le Rond (1743), 5f.

Eigenschaften dieses Gegenstandes zuzulassen, als die, welche die betreffende Wissenschaft selbst für ihn voraussetzt.«[14]

Dabei ergibt sich einerseits eine besondere Klarheit der Begriffe und andererseits eine sehr kleine, eine minimale Anzahl solcher Anfangsbegriffe.

Eine Kontrollinstanz für die Einfachheit der Begriffe ergibt sich aus der Klarheit der Ideen. In diesem Sinne ist Newtons mathematische Definition von *Kraft* einfach, auch wenn sie scheinbar ganz verschiedene Bewegungen beschreibt:

> »Welchen Nachtheil kann es im Grunde haben, wenn das Maass der Kräfte für das Gleichgewicht und für die verzögerte Bewegung verschieden ist, da bei Zugrunde-legung völlig klarer Ideen unter dem Wort *Kraft* nur die in der Überwindung eines Hindernisses oder in dem demselben geleisteten Widerstande bestehende Wirkung verstanden werden soll.«[15] und: »Man hat übrigens, wenn man die Kraft in dieser Weise misst, den Vortheil, für Gleichgewicht und verzögerte Bewegung ein gemeinsames Maass zu haben. Nichtsdestoweniger meine ich, da wir nur dann eine genaue und deutliche Idee mit dem Wort *Kraft* verbinden, wenn wir uns mit diesem Ausdruck auf die Bezeichnung einer Wirkung beschränken, dass man es jedem überlassen sollte, hierüber nach seinem Gutdünken zu entscheiden; und die ganze Frage kann nur in einer sehr unwesentlichen metaphysischen Discussion bestehen, oder in einem Wortstreit, der vollends nicht werth ist, Philosophen zu beschäftigen.«[16]

Auch für das Verständnis von Ursache und Wirkung hat die Forderung nach Klarheit der abstrakten Anfangsbegriffe Folgen: Nur wenn die Wirkung mit der Ursache zugleich auftaucht, haben wir Klarheit über sie, nicht aber, wenn wir von der Wirkung auf die Ursache schließen müssen, wie z. B. beim freien Fall.[17] Im Beispiel des freien Falls muß die Wissenschaft allein von den Wirkungen ausgehen und kann nicht die Ursachen thematisch machen wollen.[18] Die Wirkung ist dann eine Erfahrung, aus der – wenn sie konstatiert ist – allein mittels Geometrie und Rechnung die Erforschung der Eigenschaften der Bewegung folgt.

Aus all diesen Gründen argumentiert D'Alembert im *Traité* ausschließlich mit Hilfe der Geometrie und Algebra und geht von einfachen Begriffen aus wie Bewegung, Raum, Zeit, sowie den von ihm eingeführten von drei Prinzipien, deren Evidenz er im Vorwort erweist. Folgerichtig beginnt D'Alembert seine Darstellung der Mechanik mit den Definitionen für Raum, Zeit und Bewegung, auf die allein er seine Rechnung bezieht und die allein die Bedeutung seiner in der Rechnung

---

14 D'Alembert, J. Le Rond (1743), 6.

15 D'Alembert, J. Le Rond (1743), 15f.

16 D'Alembert, J. Le Rond (1743), 16.

17 D'Alembert, J. Le Rond (1743), 10.

18 D'Alembert, J. Le Rond (1743), 13.

benutzten Begriffe angeben.[19] Im *Traité* beschreibt D'Alembert also, ausgehend
von abstrakten einfachen Begriffen, den Definitionen, wie sich ein Gegenstand
der Mechanik in unserem Geiste darstellt. Bei der Applikation der Begriffe auf
Gegenstände entstehen uns auch durch die Kombination der abstrakten Begriffe
Ideen. Die korrekte Darstellung der Dynamik besteht deshalb bei D'Alembert in
der Verbindung von drei Prinzipien der Mechanik (Gleichgewicht, Trägheit und
Superposition der Bewegung), unter Anwendung der äußerst einfachen und direkten
Methode der mathematischen Verknüpfung der Prinzipien. Einem Wort, das wir
benutzen, muß immer eine völlig klare Idee zugrunde liegen. Diese Applikation ist
der Weg, wie wir Dinge, die den Erfahrungen zugänglich sind, untersuchen können.
Außerdem muß Erfahrung immer dann herangezogen werden, wenn wir – wie im
Fall der Ursachenbestimmung für die mathematischen Kräfte der Gravitation –
nicht auf solche einfachen abstrakten Bestimmungen zurückgehen können, d. h. auf
die Ursachen, sondern aus den Wirkungen schließen müssen. Sind die Wirkungen
durch Erfahrungen erwiesen, so sind sie wie die einfachen und abstrakten Begriffe
zu behandeln. Die Erfahrung selbst ist also keine Quelle der Erkenntnis, sondern
hier vielmehr bloß eine bedauerliche, aber notwendige Hilfskonstruktion der
Erkenntnis. Dieser notwendige Rückgriff auf Begriffe, die nicht unabhängig von
jeder Erfahrung erwiesen werden können, macht die entsprechende Schlußfolge-
rung unsicher. Wir haben also zwei Faktoren der Verunsicherung, die bei einer
axiomatisch vorgehenden Wissenschaft im Sinne D'Alemberts auftreten können:
1. die Komplexität von Begriffen und 2. ein notwendig werdender Rückgriff auf
Erfahrungen. Beides, insbesondere aber der zweite Fall, sollte zumindest innerhalb
des Argumentationsganges einer Wissenschaft möglichst vermieden werden. Wenn
die Komplexität reduziert werden kann, bedeutet dies, daß mit der Vereinfachung
zugleich eine größere Allgemeinheit der Begriffe einsetzt.[20]

Im *Discours préliminaire* (1751) setzt dann eine Uminterpretation des Erfahrungsbegriffs ein. D'Alembert ist jetzt nicht mehr der Geometer, der die Dynamik
auf einfache Prinzipien aufbauend als ganze darstellen will, sondern der Enzyklopädist, der auch die Erfahrungswissenschaften im Kontext der Wissenschaften
sieht. Nun fragt D'Alembert, warum wir die Annahme machen sollten, es gäbe rein
geistige Begriffe, »wenn wir, um sie zu bilden, nur über unsere Sinneswahrnehmungen nachzudenken brauchen.«[21] D'Alembert widerspricht damit direkt seiner
früheren Annahme, die Erkenntnis des Gegenstandes stelle sich in unserem Geist
als abstrakter Begriff dar. Entsprechend werden Axiome und Definitionen nun

---

19 D'Alembert, J. Le Rond (1743), 18.
20 D'Alembert, J. Le Rond (1743), 7.
21 D'Alembert, J. Le Rond (1751), 17.

umgewertet. Axiome und Definitionen werden jetzt als leere Begriffe verstanden. Allerdings verknüpft D'Alembert dies 1751 immer wieder mit einem Rückzieher: Aus pragmatischen Gründen sind Axiome und Definitionen nämlich dennoch sinnvoll, aber sie sind gleichwohl Anlaß übler Fehlurteile.[22] In der Erkenntnistheorie vertritt D'Alembert 1751 – anders als Condillac – nicht den Standpunkt Lockes. D'Alembert geht insoweit über Locke hinaus, als er auf das System der Wissenschaften reflektiert und ausschließlich die Wahrnehmung als Quelle unserer Erkenntnis versteht.

D'Alembert beschreibt den »Stammbaum und die Verkettung unserer Erkenntnisse« so: Aller Inhalt unseres Wissens ist entweder unmittelbar erfaßt oder verstandesmäßig erworben. Der unmittelbar erfaßte Inhalt ist ohne jeden Willen in unseren Willen eingedrungen, d. h. er ist sinnliche Wahrnehmung. Die verstandesmäßigen Inhalte unseres Wissens sind durch Verbindung und Zusammenstellungen der sinnlich aufgenommenen unmittelbaren Eindrücke entstanden. D'Alembert schreibt deshalb den Sinneswahrnehmungen eindeutig zu, daß wir aus ihnen allein alle Vorstellungen haben. Zwei Formen der Sinneswahrnehmung kennt D'Alembert: einmal die unserer eigenen Existenz, also unseres Ich, und zum anderen die der Erkenntnis der äußeren Welt.[23] Die Vermittlung zwischen der äußeren Welt und unserem Ich wird von einer »Art Instinkt bewirkt, der unfehlbarer als selbst die Vernunft ist.«[24] Lust und Leid motivieren uns dabei, unter den Dingen der Außenwelt nach Werkzeugen zu suchen,[25] was auch zur intersubjektiven Vermittlung der Eindrücke zwischen den Menschen führt und uns ganz neue Ideen in der Kommunikation entstehen läßt.[26] In diesem Kontext entstehen uns Begriffe von Recht und Unrecht.[27] Das Studium der äußeren Welt führt durch Einzeluntersuchung und Beobachtung zu weiteren Einsichten.[28] Betrachten wir dann den abstrakten Raum, so erhalten wir die Erkenntnisse der *Arithmetik*, die insbesondere die Kombinationsmöglichkeiten der Erkenntnisse diskutiert. Durch fortschreitende Verallgemeinerung unserer Vorstellungen erweitern wir die Erkenntnis der *Algebra* zur allgemeinen Größenlehre.[29] Für die *Mathematik* gilt:

---

22 D'Alembert, J. Le Rond (1751), 51, 213.
23 D'Alembert, J. Le Rond (1751), 17.
24 D'Alembert, J. Le Rond (1751), 19.
25 D'Alembert, J. Le Rond (1751), 21.
26 D'Alembert, J. Le Rond (1751), 23.
27 D'Alembert, J. Le Rond (1751), 27.
28 D'Alembert, J. Le Rond (1751), 31.
29 D'Alembert, J. Le Rond (1751), 35.

»Diese Wissenschaft stellt den in der Betrachtung der Eigenschaften der Materie möglichen Endpunkt dar, und wir könnten nicht weitergehen, ohne zugleich völlig aus dem Bereich der materiellen Welt herauszutreten. Aber der Geist verfolgt seine Untersuchungen nun einmal in der Weise, daß er nach einer Verallgemeinerung seiner Wahrnehmungen bis zum Punkte ihrer äußersten Zergliederungsmöglichkeit dann auf demselben Wege zurückkehrt, von neuem die gleichen Wahrnehmungen macht und daraus allmählich von Stufe zu Stufe die wirklichen Dinge wieder Gestalt werden läßt, die den unmittelbaren und direkten Gegenstand unserer Sinnesempfindungen bilden. Und eben diese sich unmittelbar auf unsere Bedürfnisse beziehenden Dinge müssen auch das wichtigste Ziel unserer Nachforschungen sein. Die mathematischen Abstraktionen erleichtern uns zwar ihre Kenntnis, sind uns aber nur nützlich, wenn wir nicht bei ihnen stehen bleiben.«[30]

Für die empirischen Disziplinen gilt, wie auch etwa für die *Geometrie*:

»Als einziges Hilfsmittel bei einer so anstrengenden, wenn auch notwendigen und sogar befriedigenden Forschungsarbeit bleibt uns also die weitestgehende Zusammenstellung von Tatsachen, ihre möglichst natürliche Einordnung und die Herausarbeitung einer gewissen Zahl grundlegender Feststellungen, von denen die übrigen lediglich Folgeerscheinungen darstellen. Wagen wir uns aber gelegentlich über dieses Ziel hinaus, dann nur unter Beobachtung jener Bescheidenheit und Vorsicht, die einem so begrenzten Gesichtskreis wie dem unseren zukommt.«[31]

Die Gewißheit der Mathematik sieht D'Alembert im Gegensatz zur Erkenntnis der Physik so:

»Wesen und Umfang der mathematischen Wissenschaften, die die zweite der oben angegebenen Grenzen darstellen, können uns nicht allzu tief beeindrucken. Der Einfachheit ihres Gegenstandes verdanken sie vor allem ihre sicheren Beweise. Da der behandelte Gegenstand nicht in allen Zweigen der Mathematik von gleicher Einfachheit ist, kann man zugegebenermaßen die eigentliche, auf notwendig wahren und durch sich selbst bewiesenen Grundsätzen ruhende mathematische Gewißheit nicht gleichmäßig in demselben Werte allen diesen Gebieten zuerkennen. Einige unter ihnen stützen sich auf physikalische Grundregeln, d.h. auf experimentelle oder einfach hypothetische Erkenntnisse, und verfügen sozusagen lediglich über eine erfahrungsmäßige oder sogar rein mutmaßliche Gewißheit.«[32]

Zentral für die Erkenntnisentstehung ist die *Logik*.

---

30 D'Alembert, J. Le Rond (1751), 37.

31 D'Alembert, J. Le Rond (1751), 41f.

32 D'Alembert, J. Le Rond (1751), 47.

»Durch sie lernen wir die möglichst natürliche Zuordnung der Dinge und deren organische Verknüpfung sowie die Zerlegung derjenigen Ideen, die sich aus zu vielen Einzelvorstellungen zusammensetzen. Wir lernen, alle ihre Erscheinungsformen zu betrachten und sie schließlich den anderen Menschen in möglichst leicht faßlicher Form zugänglich zu machen.«[33]

Logik verbindet also sinngemäß die Ideen miteinander und leitet damit leichter zu anderen oder komplexeren Ideen über. Sinnesempfindungen sind bei allen Menschen gleich. Sie sind eine anthropologische Konstante und deshalb ein sicheres Mittel der Erkenntnis, die ja auch kommunikative Funktionen hat. Ähnlich wie Condillac in seiner *Logik*[34] beschreibt D'Alembert die Entstehung von einfachen Ideen:

»Hätte man (den Betrachter, W. N.) jede dieser sinnlichen Wahrnehmungen in Ruhe länger festhalten lassen, wäre er langsam soweit gekommen wie der andere gleich beim ersten Blick. So wären die verstandesmäßig erworbenen Vorstellungen des einen ebenso wie die unmittelbaren Ideen auch von dem anderen erfaßt worden. Vielleicht kann man daher mit Recht behaupten, daß es kaum eine Wissenschaft oder Kunst gibt, in der man nicht mit aller Strenge und der nötigen Logik auch den Beschränktesten unterrichten könnte; denn in fast allen Zweigen der Kunst und Wissenschaft können die Lehrsätze der Regeln auf einfachste Grundbegriffe zurückgeführt und in lückenloser Anordnung verbunden werden, so daß eine unzerreißbare Kette entsteht. Eine langsame geistige Arbeit macht diese Kette einigermaßen notwendig, und die Überlegenheit der großen Denker beruht darauf, dieses Hilfsmittels weniger zu bedürfen als ihre Mitmenschen oder aber es schneller und fast unbewußt zu konstruieren.«[35] »Die Wissenschaft der Ideenverbindung beschränkt sich jedoch nicht auf eine sinnvolle Gruppierung der Ideen selbst; sie muß sich bemühen, jede Vorstellung so klar wie möglich zu formulieren und infolge dessen die zu diesem Zweck bestimmten Zeichen zu vervollkommnen: und das hat der Mensch im Laufe der Zeit auch getan.«[36]

D'Alembert schreibt also der Wissenschaft der Ideenverbindung, d.h. der Logik, zu, die Ideen in sinnvolle Gruppierungen aufzuführen. Die *Logik* hat die Funktion, Tabellen der Grundbegriffe zu erstellen.

Die Entstehung der Individualsprache beschreibt D'Alembert so:

»Sie begannen daher, die Zeichen in Wörter umzusetzen, weil diese sozusagen die Zeichen verkörpern, die man am leichtesten griffbereit hat. Darüber hinaus hat sich die Reihenfolge der Wortbildung an die Ordnung der geistigen Arbeit angeglichen:

---

33 D'Alembert, J. Le Rond (1751), 55.
34 Condillac, E. B. De (1959), 178.
35 D'Alembert, J. Le Rond (1751), 57.
36 D'Alembert, J. Le Rond (1751), 57.

nach den Einzeldingen erhielten die sinnlich wahrnehmbaren Dinge, die – ohne die
Möglichkeit einer selbstständigen Existenz – in mehreren dieser Einzelgegenstände
gleichartig vorhanden waren, ihre Namen. Dann nahm man allmählich die Bezeichnung von Abstrakta in Angriff, die entweder zur Zusammenfassung von Ideen,
zur Bezeichnung allgemeiner körperlicher Eigenschaften oder zum Ausdruck rein
geistiger Begriffe dienen.«[37]

Die *Grammatik* liefert die Regeln für die Verbindung der Wörter.[38] Neben dieser
Fähigkeit des Menschen, Begriffe aus der Verbindung ursprünglicher Ideen zu bilden,
kann der Mensch mittels Gedächtnis und Einbildungskraft Natur nachahmen. Unter
die Nutzung dieser Fähigkeiten fällt der Bereich der Kunst und der Geschichte.[39]

Interessant sind D'Alemberts Einschätzungen der Definitionen und der Axiome
in diesem Kontext. Axiome sind Erkenntnisse an sich.[40] Dabei wird eine grundlegende Vorstellung durch zwei verschiedene Ausdrücke ersetzt. Diese aber stellen
»ein und dieselbe Begriffsvorstellung« dar und sind deshalb sinnlos. Axiome sind
historisch der Versuch, falsche Anwendungen von Begriffen zu verhindern. Axiome sind leere Begriffe,[41] und ähnliches gilt auch für mathematische Lehrsätze. Sie
zeigen unterschiedliche Ableitungen von dem gleichen geometrischen Sachverhalt.
Sie sind also nur verschiedene Formulierungen, die keinen neuen Inhalt zu dem
ursprünglichen hinzufügen. Nach ein paar Deduktionsschritten ist dann nicht
mehr klar, daß die Ausdrücke in Axiomen, Definitionen oder Lehrsätzen Träger
und Vermittler der gleichen Ideen sind. Aber auch hier nimmt D'Alembert dies –
wie schon 1743 – wieder zurück:

> »Ich habe keineswegs die Absicht, deren Anwendung völlig zu verurteilen: mein Hinweis
> gilt nur ihrem ursprünglichen Zweck, uns die Grundbegriffe durch gewohnheitsmä-
> ßigen Gebrauch näherzubringen und den verschiedenen Anwendungsmöglichkeiten
> besser anzupassen.«[42]

---

37 D'Alembert, J. Le Rond (1751), 59.

38 D'Alembert, J. Le Rond (1751), 61.

39 Cf. Kapitel II. Auch wenn wir hier eine große Parallele zu Condillacs später entstandener
    Logik bemerken können, so besteht eine entscheidende Differenz zu D'Alembert darin,
    daß D'Alembert die Entwicklung der Erkenntnis als eine Eigenart menschlichen Seins
    darstellt – gleichsam als oder aus einer Anthropologie. Condillac hingegen stellt die
    gleichen Sachverhalte als formale logische Konstitution der Erkenntnis dar. Die Reflexion
    auf die Bedingung im menschlichen Sein finden wir dann bei Condillac unter dem Titel
    einer *Physiologie der Erkenntnis*.

40 D'Alembert, J. Le Rond (1751), 49.

41 D'Alembert, J. Le Rond (1751), 51.

42 D'Alembert, J. Le Rond (1751), 51.

Auch von der Bedeutung der Definitionen distanziert sich D'Alembert 1751:

»Man glaube jedoch nicht, daß die Begriffsbestimmung einer Wissenschaft – zumal einer abstrakten Wissenschaft – denjenigen eine Vorstellung von ihr vermitteln könne, die nicht bereits mehr oder weniger mit ihr vertraut sind. Was ist denn überhaupt eine Wissenschaft anderes als ein System von Regeln oder auf einen bestimmten Gegenstand bezogener Tatsachen?«[43]

Die Definition in einer jeden Wissenschaft trägt die unterschiedlichen Bestimmungen des Gegenstandes der Wissenschaft zusammen. Deshalb gehört die Definition im Grunde an das Ende der Wissenschaft. »Sie wäre dann das äußerst zusammengedrängte Ergebnis aller erworbenen Begriffe.«[44] Aber auch hier, wie beim Begriff des Axioms, nimmt D'Alembert dies wieder zurück.

Wir können deshalb für den *Discours préliminaire* 1751 sagen, daß D'Alembert nun gegenüber dem *Traité* (1743) eine Kehrtwende macht und in den Sinneswahrnehmungen die Quelle unserer Erkenntnis sieht. Definitionen, d. h. abstrakte Begriffe, sind nurmehr pragmatisch nützliche Wortkombinationen, deren Verbindungen und Schlußfolgerungen von der *Logik* gestiftet werden. Dies wird in den *Eléments* (1759) noch einmal modifiziert. In vielen Wissenschaften muß man die allgemeinsten Begriffe benutzen können.

»Die Benützung besteht in der Entwicklung der einfachen Ideen, welche in den allgemeinen Begriffen enthalten sind, und dies ist, was wir definieren nennen.«[45]

Jetzt, 1759, werden die elementaren Ideen mit den komplexen allgemeinen Begriffen verknüpft und mit dem Definieren[46] identifiziert.

---

43 D'Alembert, J. Le Rond (1751), 213.

44 D'Alembert, J. Le Rond (1751), 213.

45 D'Alembert, J. Le Rond (1759), 40.

46 Völlig anders sieht D'Alemberts Urteil über die Axiome aus: »Daß uns nämlich diese Arten von Grundsätzen nichts lehren, weil sie wahr sind; und daß ihre begreifliche und auffallende Evidenz sich nur darauf bezieht, die nämliche Idee durch zwei verschiedene Worte auszudrücken; der Geist hat hier keinen Schritt vorwärts zu gehen, sondern nur bloß sich fruchtlos mit sich selbst zu beschäftigen.« »Doch Unfruchtbarkeit, und leere Wahrheit sind noch die kleinsten Fehler der Axiome.« »Die Idee des bloßen Daseins ohne Eigenschaft, ohne ein Attribut ist eine abstrakte Idee, die nur in unserem Verstände existiert, von außen aber kein Objekt hat. Eine der größten Unbequemlichkeiten dieser angeblichen Grundsätze ist die Gefahr Abstraktionen zu realisieren.« Axiome sind also inhaltsleere Begriffe, auch wenn sie auf Definitionen, d. h. Ideen, gründen. D'Alembert teilt also 1759 die Einschätzung der Axiome, die er schon 1751 vertreten hat.

In den *Eléments* (1759) erläutert D'Alembert in der »Generalmethode, die man bei den Anfangsgründen der Philosophie befolgen soll«, daß alle Kenntnisse untereinander Verbindungen haben[47], die dann Gegenstand der wissenschaftlichen Anfangsgründe sind, wenn sie das erste Glied in jedem Teil der Kette der Erkenntnis sind oder sich im Vereinigungspunkt mehrerer Glieder befinden.[48] Erkenntnis wird nur durch das raisonnierende und rechnende Verbindung-Schaffen von elementaren Ideen erzeugt. Im Fall des ersten Gliedes der Kette der Erkenntnis schöpfen die Wahrheiten ihre Beweise aus sich selbst. D'Alembert benennt diese Wissenschaften, die das erste Glied der Kette der Erkenntnis und die Ausgangsbegriffe bilden, wie folgt: In der *Naturlehre* sind die ersten Wahrheiten die, »alltäglichen Phänomene« d. h. die sinnlichen Wahrnehmungen und Beobachtungen. In der *Geometrie* ist es die »Beschaffenheit der Ausdehnung«, in der *Mechanik* die »Undurchdringlichkeit der Körper«, in der *Metaphysik* das »Resultat unserer Sensationen« und in der *Moral* »die ursprünglichen und allen Menschen gemeinsamen Affektionen.«[49] Allen diesen Bestimmungen ist gemeinsam, daß sie erste allgemeine und einfache Prinzipien oder allgemeine ursprüngliche Begriffe, also Ideen, sind. Sie sind dadurch gekennzeichnet, daß – würde man sie fallenlassen – auch die Disziplin ohne Gegenstand wäre. Man muß also, um zur Wahrheit in diesen Wissenschaften zu gelangen, nur die allgemeinsten Begriffe benutzen können und darauf achten, daß die einfachen Ideen von den zusammengesetzten Ideen unterschieden werden. Es kommt darauf an, daß man die in jedem Begriff liegenden einfachen Ideen auseinandersetzen kann.[50] Ausgangspunkt der Wissenschaften sind also die einfachen Ideen, d. h. die Definitionen.

Die einfachen Ideen sind die einzigen Ideen, die es tatsächlich gibt, wenn man unter Ideen die Repräsentanten der sinnlichen Wahrnehmung versteht. Komplexe Ideen sind immer eine Folge geistiger Tätigkeit, und ihre Elemente sind immer voneinander trennbar.[51] Da die Ideen aber die Umsetzung der sinnlichen Wahrnehmungen sind und wir nur durch einfache Operationen begreifen, sind alle Ideen ursprünglich einfach.

»Man muß demnach nicht aus der Natur des Geistes auf die Einfachheit der Ideen schliessen; die Simplicität des Objektes ist es, welche darüber den Ausspruch macht;

---

47 D'Alembert, J. Le Rond (1759), 34.
48 D'Alembert, J. Le Rond (1759), 35f.
49 D'Alembert, J. Le Rond (1759), 38.
50 D'Alembert, J. Le Rond (1759), 40f.
51 D'Alembert, J. Le Rond (1759), 42.

und diese Simplicität wird nicht durch die kleine Anzahl der Theile des Objektes determinirt, sondern durch die Eigenschaften, welche man dabei betrachtet.«[52]

Es gibt zwei Typen von einfachen Ideen: einmal abstrakte Begriffe, wobei die Abstraktion die Operation ist, durch die wir in einem Objekt nur eine einzige Eigenschaft beobachten. Z. B. ist die Idee *Ausdehnung* von diesem Typ. Der zweite Typ sind jene Urbegriffe, die wir durch die Sinne erlangen, wie etwa Wärme, Farbe, etc. D'Alembert schreibt also die beiden unterschiedlichen Qualitäten aus Lockes *Untersuchung* zwei Typen von Ideen zu. Die Ideen sind identisch mit ihren entsprechenden Worten. Eine Definition kann davon nicht gegeben werden; sie sind das Definieren selbst, und alle Begriffe, die mehrere einfache Ideen enthalten, müssen definiert werden. Die einfachen Ideen, die in den Definitionen Vorkommen, müssen nachweisbar die einfachsten sein. Es können aber auch Verschachtelungen auftreten, wenn die komplexeren Ideen, die in Definitionen benutzt werden, in einer vorherigen Definition mit einfachsten Ideen erzeugt wurden. Die Ideen müssen in die gehörige Ordnung gesetzt werden und durch ihre eigenen Worte ausgedrückt werden.[53] Wir kennen weder das *Ding*, noch wissen wir, was das *Ding an sich* ist. Vielmehr ist die Natur der Dinge im Hinblick auf uns nichts anderes als die Entwicklung der einfachen Ideen, die in einem abstrakten Begriff enthalten sind. Deshalb sind Definitionen weniger als Realerklärungen und mehr als Nominalerklärungen[54]: »Sie erklären die Natur des Objektes so, wie wir es begreifen, aber nicht, wie es an sich selbst ist.«[55]

Damit sind die abstrakten Begriffe, mit denen man in die Kette der Erkenntnis einsteigt, als die einfachen Ideen gekennzeichnet, die entweder direkt aus den Sensationen stammen (»zweite Qualität«: z. B. Wärme) oder sich aus den Sensationen qua Abstraktion als die einfachsten Ideen (»erste Qualität«: z. B. Ausdehnung) ergeben. Ihnen entspricht ein Wort, und sie sind die Elemente jeder Definition, ja sie sind das Definieren selbst. Komplexere Ideen sind aus einfachen zusammengesetzt. Die Wahrheiten, die sich an Vereinigungspunkten mehrerer Glieder der Erkenntnis finden, sind natürlich keine einfachen Wahrheiten mehr, sondern komplexe Begriffe. Sie sind »Grundbegriffe von zweitem Rang«, die von mehreren Grundwahrheiten abhängen und die unterschiedlichen Disziplinen zukommen.[56]

Solche Kombinationen von Grundwahrheiten ersten Ranges mit denen zweiten Ranges folgen Regeln. Diese Regeln zu erarbeiten, bedarf es der *Logik*. Die Regeln,

---

52 D'Alembert, J. Le Rond (1759), 41.

53 D'Alembert, J. Le Rond (1759), 44.

54 D'Alembert, J. Le Rond (1759), 44.

55 D'Alembert, J. Le Rond (1759), 45.

56 D'Alembert, J. Le Rond (1759), 47f.

die die Ideen ersten Ranges untereinander verbinden, werden in der *Metaphysik* oder der *Philosophie* erarbeitet.

>>Die ganze Logik läßt sich auf eine ganz einfache Regel reducieren. Wenn man zwei oder mehrere voneinander entfernte Gegenstände miteinander vergleichen will, bedienet man sich mehrerer Mittelobjekte, ein gleiches hat man auch bei Vergleichung zwoer oder mehrerer Ideen zu thun.<<[57]

Entsprechend beschreibt D'Alembert die Regelbildung der Ideen ersten Ranges:

>>Diese augenblickliche Vervielfältigung der Operationen einer so einfachen Substanz, als die Denkende ist, bleibt eines von den Geheimnissen der Metaphysik.<<[58]

Die einzelnen Wissenschaften haben ihrerseits genau zu bestimmen, wie die Wörter, die sie den Definitionen zugrunde legen, zu gebrauchen sind.[59] Dabei hat der Geist als Mittel der Folgerung die Möglichkeit, mehrere Ideen zugleich zu haben und deren Übereinstimmung oder Nichtübereinstimmung zu applizieren.[60] Zu den Aufgaben der *Logik* gehört es außerdem, Demonstrationen, d. h. die Verbindung oder Entgegensetzung zweier Ideen darzulegen und Mutmaßungen und Wahrscheinlichkeiten methodisch anzuleiten.[61] Diese beiden letzten Verfahren gelten insbesondere für die weniger >>aufgeklärten<< Wissenschaften, die empirischen Wissenschaften, die einen vollständigen mathematischen Beweis nicht durchführen können, wie die *Naturlehre* oder die *Arzeneikunst*.[62]

>>Der Grund unserer Kenntnisse sind unsere Ideen; diese haben ihren Grund in den Empfindungen: das lehrte uns die Erfahrung.<<[63]

Die Erzeugung unserer Ideen aber gehört zur *Metaphysik*.[64] In der *Metaphysik* und in der *Logik* werden also die nicht weiter hintergehbaren Grundbegriffe in Tafeln zusammengestellt.[65] Diesen Aspekt vertieft D'Alembert 1767 in seinen *Eclaireiss-*

---

57 D'Alembert, J. Le Rond (1759), 50f.
58 D'Alembert, J. Le Rond (1759), 51.
59 D'Alembert, J. Le Rond (1759), 49.
60 D'Alembert, J. Le Rond (1759), 51.
61 D'Alembert, J. Le Rond (1759), 51f.
62 D'Alembert, J. Le Rond (1759), 53.
63 D'Alembert, J. Le Rond (1759), 57.
64 D'Alembert, J. Le Rond (1759), 57.
65 D'Alembert, J. Le Rond (1767), 143f.

ment zu den *Eléments*, mit denen er die *Eléments* erläutern will. Danach erlauben uns die Tabellen der letzten unhintergehbaren Begriffe, zwischen den Objekten unserer Empfindungen und den Ideen, die sie repräsentieren, zu unterscheiden. Das gilt sowohl für die abstrakten zusammengesetzten Ideen, die die Definitionen darstellen, als auch für die einfachen, abstrakten Ideen, die die Definitionen ermöglichen. Diese Tafeln schließen die Ausdrücke für rein intellektuelle Ideen ebenso ein, wie für solche der Reflexion. Damit bezieht D'Alembert die beiden Ideentypen in die Tafel der grundlegenden Begriffe mit ein: die Ideen der Wahrnehmung, die ein Objekt außerhalb haben, und die der Reflexion, die das Objekt selbst sind (*idée intellectuelle*). Genau dann, wenn die *Metaphysik* sich auf die Aufgabe beschränkt, diese Tafeln zu erstellen, genau dann wird sie die Verachtung, die ihr sonst entgegenschlägt, nicht mehr zu spüren bekommen.

»Das Wahre der Metaphysik gleichet dem Wahren in den Materien des Geschmakkes; es ist ein Wahres, wovon alle Seelen den Keim in sich enthalten, auf welchen die wenigsten aufmerksam sind, den sie aber erkennen, sobald er ihnen gezeigt wird.«[66]

Es ist eine anthropologische Konstante, daß der Mensch die Konversion der Erfahrung in einfache Begriffe oder Ideen, die die *Metaphysik* zu bewerkstelligen hat, plausibel findet.

»Die schlichten metaphysischen Ideen sind gemeine Wahrheiten, die jeder fassen kann.«[67] »Einer der ersten Schritte, welchen die *Metaphysik* machen soll, ist offenbar die Untersuchung der Geistesoperation, die darin besteht, daß wir von unseren Sensationen zu äußeren Gegenständen übergehen. Wie schwinget sich unsere Seele aus sich selbst hinaus um sich zu versichern, daß ausser ihr noch etwas existire, das sie nicht selbst ist.«[68]

Dabei hat die *Metaphysik* die folgenden Fragen zu klären:

»Wie schließen wir von unseren Sensationen auf die Existenz dieser Gegenstände? Ist dieser Schluß demonstrativ? Wie gelangen wir endlich durch eben diese Sensation zur Bildung einer Idee von Körpern, und Ausdehnung?«[69]

D'Alembert bezieht sich dabei auf Condillacs Darstellung der Entstehung der Erkenntnis im *Traité des sensations* (1754), worin Condillac beschreibt, wie eine

---

66 D'Alembert, J. Le Rond (1759), 58.
67 D'Alembert, J. Le Rond (1759), 59.
68 D'Alembert, J. Le Rond (1759), 59.
69 D'Alembert, J. Le Rond (1759), 60.

Marmorstatue schrittweise zum Leben erweckt wird, indem sie sinnlich wahrzunehmen lernt. Die erste Frage nach der Existenz äußerer Körper beantwortet D'Alembert mit unserer Fähigkeit zu fühlen. Die zweite Frage, ob der Schluß demonstrativ sei, bejaht D'Alembert:

> »Nehmen wir nun auf einen Augenblick die Existenz der Körper an, so können die Sensationen, die sie uns verursachen, nicht lebhafter, beständiger, und einförmiger sein als die sind, welche wir itzt von ihnen haben; wir müssen demnach vermuthen, daß Körper existiren.«[70]

Die Ausdehnung ist selbst eine zusammengesetzte Idee, und wir können sie deshalb nicht unmittelbar zeigen.

In diesem Zusammenhang wird sehr deutlich, daß D'Alembert seine Wissenschaftsmethode als eine Anthropologie formuliert. In der *Sprachenlehre* und der *Grammatik* werden die Regeln, die die *Logik* bereits für die Verbindung der Ideen gezeigt hat, auch für die Sprachen formuliert. Auf diese Weise ist die Sprache, wie die Logik, für die Korrektheit von Schlußfolgerungen und d. h. für die Korrektheit zusammengesetzter Ideen verantwortlich. In der Mathematik werden nun die Folgerungen vorgenommen, so daß sie Schritt für Schritt gezeigt werden können, ohne daß alltägliche Phänomene eingehen. In der *Mathematik* sind die Worte selbst bloße intellektuelle Begriffe, deshalb ist die Erkenntnis in der *Mathematik* sicher. *Algebra* und *Geometrie* unterscheiden sich deshalb darin, daß die Gegenstände der Geometrie in der Wirklichkeit auf dem Papier dargestellt werden und deshalb eine Differenz zwischen den Ideen und ihrer Darstellung besteht. Kant wird dies eine *Konstruktion ins Besondere* nennen und – wie D'Alembert – darin eine Differenz zwischen *Algebra* und *Geometrie* sehen, wobei *Algebra* auf allgemeine simple und präzise Begriffe reduziert ist und keiner *Darstellung*, wie der korrekten Zeichnung, bedarf.[71] D'Alembert schreibt:

> »Allein die Prinzipien der Algeber beruhen auf bloß intellektuellen Notionen, auf Ideen, die wir uns selbst durch die Abstraktion machen, indem wir ursprüngliche Ideen simplifiziren, und generalisiren; diese Prinzipien enthalten dann eigentlich nur das, was wir hineingelegt haben, und was in unseren Perzeptionen das einfachste ist.«[72]

Ganz anders steht es mit der *Geometrie*:

---

70 D'Alembert, J. Le Rond (1759), 68.
71 D'Alembert, J. Le Rond (1759), 199.
72 D'Alembert, J. Le Rond (1759), 175.

»Es sind demnach die Wahrheiten, welche die Geometrie von der Ausdehnung demonstriert, nur hypothetische Wahrheiten.« »Sie sind die intellektuellen Grenzen
physischer Wahrheiten, das Ziel, welchem sich diese so nähern können, als man will,
ohne jedoch jemals gänzlich dahin zu kommen.«[73]

Die Naturwissenschaften haben die Funktion, die alltäglichen Phänomene auf
Grundideen zurückzuführen, um dann der *Mathematik* zu ermöglichen, diese Ideen
zu kombinieren. Je weniger Prinzipien als einfache Ideen sich in einer Wissenschaft
finden, um so sicherer ist sie. Aus diesem Grund ist die *Mechanik* weitaus sicherer
als etwa die *Hydrodynamik*. D'Alembert hatte die *Mechanik* im *Traité* aus drei
Prinzipien hergeleitet, während die Hydrodynamik zahlreicher ad-hoc-Annahmen
bedarf. Es ist also die vornehmste Aufgabe der Naturwissenschaftler, die Reduktion der Ideen auf einfachste Ideen vorzunehmen – durch Abstraktion. Unter dem
Titel einer *Generalphysik* beschreibt D'Alembert die Methode der empirischen
Wissenschaften überhaupt. Dabei unterscheidet er *Beobachtung* und *Erfahrung*.

> »Die Beobachtung, die nicht so gesucht, und fein ist, schränkt sich auf Fackten ein, die
> vor unsern Augen Vorgehen, sie bemüht sich die Erscheinungen aller Art, welche die
> Natur uns darbietet, genau anzuschauen und zu detailliren. Die Erfahrung trachtet
> tiefer in die Natur einzudringen; ihr das zu rauben, was sie versteckt; gewissermaßen
> durch verschiedene Kombinationen neue Erscheinungen zu erschaffen, um sie zu
> studieren; sie giebt sich endlich nicht zufrieden, die Natur nur anzuhören, sondern
> sie drängt und zwingt sie. Man könnte die Beobachtung die Physick der Fackten, oder
> besser die gemeine und begreifliche … nennen, und für die Erfahrung den Namen
> der geheimen (occulte) Physick aufbehalten.«[74]

Der Naturwissenschaftler, der eine mathematisch fundierte Naturwissenschaft be-
treibt, bedarf nicht der Erfahrung, sondern zunächst einmal der Beobachtung. Die
Rechenmethode und das Räsonnement ersetzen sozusagen das, was die Erfahrung
als Beobachtungsergebnis erreicht. Nicht durch das Definieren, sondern durch das
Verbindung-Schaffen der Ideen wird Erkenntnis erzeugt.

> »Allein ein ächter Physicker bedarf, die Gesetze der Mechanik und Statick zu beweisen,
> ebensowenig den Beistand der Erfahrung, als ein Meßkünstler zur Auflösung eines
> schweren Problems das Richtmaas oder den Kompaß nöthig hat. Der einzige Nutzen
> der Erfahrung, welchen ein Physicker aus den Beobachtungen der Gesetze (… W. N.)
> schöpfen kann, ist die aufmerksame Prüfung des Unterschiedes zwischen dem Resul-
> tat, so aus der Theorie, und dem Resultat, welches aus der Erfahrung sich ergibt.«[75]

---

73 D'Alembert, J. Le Rond (1759), 179.
74 D'Alembert, J. Le Rond (1759), 294f.
75 D'Alembert, J. Le Rond (1759), 309.

Je weniger Voraussetzungen eine Wissenschaft in ihre Rechnungen aufzunehmen
hat – im Sinne der Aufnahme von Grundprinzipien —, um so sicherer ist sie.

»Sind die Beobachtungen, oder Erfahrungen, welche die Grundlage des Kalküls
ausmachen, nur in kleiner Anzahl vorhanden, sind sie einfach und lichtvoll, dann
weis der Meßkünstler den größten Vortheil daraus zu ziehen und daraus physische
Kenntnisse abzuleiten, welche den Geist befriedigen.«[76]

Beobachtung und Mathematik versuchen in Wechselbeziehung das Wissen zu erweitern. Dazu bedarf es insbesondere der genaueren Angabe, wann Beobachtungen
nötig sind: nämlich dann, wenn die zugrundeliegenden Begriffe offensichtlich nicht
genau genug und elementar genug sind. Der Mathematiker kann seine Deduktionen
zu einer größeren Gewißheit führen, indem er neue, auch weniger vollkommene
Beobachtungen aufnimmt. Aber: »Wenn die Erfahrung schweigt, spricht man nur
verwirrt.«[77] Verzichten wird der Physiker immer dann auf Aussagen, wenn er keine
hinlängliche Gewißheit durch Beobachtung und Erfahrung erreicht:

»Diese Methode ist es hauptsächlich, die er in Rücksicht der Phaenomene befolgen
soll, über deren Ursache uns das Raisonnement keine Aufklärung geben kann, deren
Verkettung wir nicht einsehen, oder deren Verbindung wir nur sehr unvollkommen,
sehr selten, und nachdem wir sie in vielerlei Gestalten gesehen haben, kennen lernen.«[78]

Der Physiker muß dabei versuchen, die beobachteten Fakten »in die best mögliche
Ordnung zu setzen, sie auseinander nach Möglichkeit zu erklären; ihre gegensei-
tige Abhängigkeit aufzusuchen, den Hauptstamm, indem sie sich alle vereinigen,
ausfindig zu machen, sogar andere verborgene Fackta und solche, die sich seinen
Untersuchungen zu entziehen schienen, durch ihren Beistand zu entdecken, kurz
daraus einen Körper zu bilden, welcher die wenigsten Mängel hat.«[79] Ziel ist es dabei,
keineswegs für jedes beliebige Faktum eine Ursache anzugeben, sondern vielmehr
auf sicheren und gewissen Grundsätzen zu Urteilen zu kommen. Mutmaßung und
Analogie sind dabei gleichwohl Instrumente für Forschungsstrategien.

76 D'Alembert, J. Le Rond (1759), 315f.
77 D'Alembert, J. Le Rond (1759), 316.
78 D'Alembert, J. Le Rond (1759), 316f.
79 D'Alembert, J. Le Rond (1759), 317.

2 Das System der Wissenschaften

Im *Traité* (1743) geht es D'Alembert nicht um die Darstellung des gesamten Systems der Wissenschaften[80], sondern nur um den Ausschnitt, der mit der *Mechanik* befaßt ist. *Mechanik* wird als eine rein mathematische Wissenschaft betrachtet, und ihr gehen deshalb *Algebra* und *Geometrie* voraus. Vorausgehen bedeutet, daß ihre abstrakten Begriffe, die Definitionen, ein höheres Maß an Allgemeinheit und Abstraktheit besitzen als die nachfolgenden Wissenschaften. Dies hat zum Effekt, daß die *Algebra* auf die *Geometrie* und diese auf die *Mechanik* angewandt werden können, wenn die Disziplinen auf einen jeweils evidenten Beweisgrund zurückgeführt werden sollen. Im *Discours* (1751) wird ein kompliziertes Modell der Beziehungen der Wissenschaften vorgestellt, das durch die Techniken vorgegeben wird, die die *Logik* für die jeweils entsprechenden Tätigkeiten des Geistes erarbeitet hat.

Die *Logik* wird als die Kunst bezeichnet, die eine »systematische Ordnung der Wege zum Wissen und zum gegenseitigen Gedankenaustausch« darstellt.[81] Sie unterteilt sich nach drei Grundfähigkeiten des Menschen: dem *Urteilsvermögen* als Kunst des richtigen Denkens, dem *Erinnerungsvermögen* als Kunst des Behaltens oder des Gedächtnisses und der Beredsamkeit als Kunst des Mitteilens. Diesen drei Fähigkeiten des menschlichen Geistes entsprechen die *Philosophie* (mit: Allgemeiner Metaphysik, Theologie, Geisteswissenschaft und Naturwissenschaft), die *Geschichte* (mit: Heiliger Geschichte, Kirchengeschichte, Profangeschichte und Naturgeschichte) und die *Kunst* oder *Nachahmung* (mit: Dichtkunst, Musik, Malerei, Bildhauerei, Architektur, Schneidekunst). Interessant ist dabei, wie Logik, Metaphysik, Mathematik und Physik zueinander stehen: Die Naturwissenschaft unterteilt sich in Metaphysik der Körper, Mathematik, allgemeine Physik und spezielle Physik, unter der D'Alembert die Lebenswissenschaften versteht. Die Mathematik enthält die physikalischen Wissenschaften, das heißt jene Wissenschaften, deren Begründung durch das Newtonsche Kraftkonzept zur Zeit D'Alemberts in Angriff genommen wurde und von denen Kant meinte, daß sie mathematisch begründbar seien. Der

---

80 Die Rolle der *Geometrie* und der *Algebra* für die Erkenntnis wird ähnlich wie bei D'Alembert bereits 1702 von Fontenelle (1989) eingeschätzt. 282f. Völlig divergent zu D'Alembert hingegen ist Fontenelles Beurteilung des *Systems der Wissenschaften*. Fontenelle betont, daß Beobachtungen und umfangreiche Datensammlungen angelegt werden müssen, sieht aber 1702 keine Möglichkeit, ein System des Wissens zu formulieren. Er hofft, daß die Französische Akademie zu angemessener Zeit das Wissen als einen geschlossenen Körper darzustellen vermag. 287. Erst Mitte des 18. Jahrhunderts wird Fontenelles Diktum in die Tat umgesetzt. Es entstehen mit der *Enzyklopädie* Bestrebungen, denen auch D'Alembert verpflichtet ist, die darauf abzielen, ein Wissenschaftssystem zu etablieren.

81 D'Alembert, J. Le Rond (1751), 55.

Naturwissenschaft stehen – neben der Theologie – die allgemeine Metaphysik (Ontologie) und die Geisteswissenschaft zur Seite. Die Geisteswissenschaft enthält Logik, Seelenlehre und Morallehre. Daraus ergibt sich, daß die Mathematik als die begründende Disziplin für die physikalischen Disziplinen auftritt. Im übrigen aber lassen sich keine direkten Begründungsstrukturen der genannten Disziplinen zueinander finden, sondern lediglich koordinierende Abhängigkeiten.

In den *Eléments* (1759) organisiert D'Alembert das System der Wissenschaften völlig neu und stellt es in drei großen Gruppen dar, wobei die historischen Wissenschaften und die Kunst nur am Rande Erwähnung finden.[82] Diese drei großen Gruppen sind einerseits die grundlegenden Disziplinen *Logik* und *Metaphysik,* zweitens die *Moral* und drittens die *besonderen Wissenschaften,* d. h. Sprachlehre, Mathematik (Algebra, Geometrie), Mechanik, Astronomie, Optik, Hydrostatik/ Hydrodynamik und Generalphysik. Unter *Generalphysik* versteht D'Alembert die Ausdehnung der Prinzipien der Hydrodynamik auf die gesamte Physik. Die *Generalphysik* ist also die Erfahrungs- oder Beobachtungswissenschaft im allgemeinen.[83] Diese Disziplinen hängen nun alle linear voneinander ab. Sie sind zunächst allgemein die Begründungswissenschaften für unsere Erkenntnis. Als Wissenschaften haben sie die äußere Welt zu ihrem Gegenstand, sofern diese äußere Welt unsere Mitmenschen betrifft, und sofern die äußere Welt als Verallgemeinerung unserer Idee von Raum und Ausdehnung auftritt. Für Mathematik und Physik liegt hier das uns bekannte Begründungsverhältnis vor: Von der Mathematik über die Mechanik wird zur allgemeinsten Darstellung der Erkenntnis der Ausdehnung, d. h. einer allgemeinen Physik, fortgefahren. Vergleicht man die *Eléments* mit dem *Discours,* der das *Vorwort zur Enzyklopädie* ist, so überwiegt in den *Eléments* die Betonung der systematischen Zusammenhänge der Wissenschaften – im Gegensatz zur eher deskriptiven Darstellung aller Wissenschaften im Discours.

3   Metaphysik als Letztbegründung einer Erfahrungswissenschaft

Parallel zur immer stärker hervortretenden Rolle der Erfahrung in den Wissenschaften, die D'Alembert mit der Zeit zunehmend als konstitutiv für die Erkenntnis ansieht, wird auch der Metaphysik eine bedeutendere Rolle zugeschrieben. Im *Traité* (1743) taucht im *Vorwort* Metaphysik an drei Stellen auf: einerseits im Kontext mit

---

82 D'Alembert, J. Le Rond (1759), 163.
83 D'Alembert, J. Le Rond (1759), 295.

der Frage, ob das Descartessche oder das Leibnizsche Erhaltungsgesetz (die später Impuls- und Energieerhaltungssatz genannt werden) richtig sei, und bei der Frage, ob Raum und Materie untrennbar seien, und drittens im Kontext der Frage nach der Ursache der mathematischen Kraft der Gravitation. Im letzten Fall argumentiert D'Alembert: Die Wirkung läßt sich empirisch als das Planetengesetz Newtons erweisen.[84] Die Ursache jedoch läßt sich nicht erweisen. Deshalb muß man – so D'Alembert – darauf verzichten, sie thematisch zu machen, weshalb er »die den Körper bei seiner Bewegung inhärierenden Kräfte« völlig verbannt habe, »dunkle, der Metaphysik angehörige Begriffe, welche nur imstande sind, Finsternis in eine an sich klare Wissenschaft zu verbreiten.«[85] Metaphysik ist also gleichbedeutend mit grundloser Annahme von Gründen.

Ebenso vermißt D'Alembert im Fall der Raum-Materie-Diskussion bei den Cartesianern die Klarheit und Präzision der Begriffe, weshalb diese Begriffe für D'Alembert metaphysische Prinzipien sind.[86] Metaphysik ist hier gleichbedeutend mit »keine klaren Ideen haben«. Bei der Entscheidung, ob Descartes' oder Leibniz' Erhaltungssatz korrekt sei, vermißt D'Alembert wieder die Klarheit und Deutlichkeit der Ideen.[87] Klarheit und Deutlichkeit der Ideen bedeutet hier wieder, daß mit der Übertragung der applizierten Begriffe auf den Gegenstand, also mit dem benutzten Wort, keine eindeutige Vorstellung verknüpft werden kann. Da die Differenz im Streit um die beiden Erhaltungssätze in die Metaphysik fällt, ist der Streit gegenstandslos und beide Gesetze gelten für die von ihnen jeweils unterschiedlich angesetzten Gegenstandsbereiche.

1751 liest sich dies im *Discours* anders:

> »Was die Metaphysik anbelangt, so scheint Newton auch sie nicht gänzlich vernachlässigt zu haben. Er war ein zu großer Philosoph, um nicht zu fühlen, daß sie die Grundlage unserer Kenntnisse darstellt und daß nur in ihr alle klaren und genauen Begriffe zu finden sind.«[88]

Was Newton für die Physik sei, sei Locke für die Metaphysik. Nach gründlicher Selbsterforschung habe Locke die Seele mit ihren Ideen und Affekten dargestellt:

---

84 1/r2.

85 D'Alembert, J. Le Rond (1743), 13.

86 D'Alembert, J. Le Rond (1743), 7.

87 D'Alembert, J. Le Rond (1743), 16.

88 D'Alembert, J. Le Rond (1751), 155.

»Kurz, er führte die Metaphysik auf ihre wirkliche Seinsbestimmung zurück, auf die
Experimentalphysik der Seele, die sich von der Physik der Körper nicht nur durch ihren
Gegenstand, sondern auch durch ihre Betrachtungsweise grundlegend unterscheidet.«

Und:

»Die verstandesmäßig begriffene Metaphysik kann wie die Experimentalphysik nur
in sorgfältiger Sammlung aller dieser Tatsachen, in ihrer Zusammenfassung in ein
Ganzes, in ihrer gegenseitigen Bedingtheit und in der Unterstreichung derjenigen
bestehen, die als grundlegend vorangestellt werden müssen. Kurz, die Grundlehren
der Metaphysik sind ebenso einfach wie die Axiome und für Philosophen und Volk
die gleichen.«[89]

Metaphysik ist also nun eine veritable Disziplin geworden, der wir echte Erkenntnisse verdanken. Parallel zur Aufwertung des Begriffs von den abstrakten Ideen
und der Abwertung des Begriffs der Definition zwischen 1743 und 1751 geht also
bei D'Alembert eine Aufwertung der Metaphysik einher. Neben dieser allgemeinen
Metaphysik, der Ontologie, gibt es – nach D'Alembert – die besondere Metaphysik.
Die *Metaphysik* ist eine Wissenschaft, die parallel zur *Physik* die *Seelenlehre* oder
Metaphysik im besonderen Sinne ist:

»Die verstandesmäßige Spekulation gehört zur allgemeinen Physik und ist eigentlich
nur eine auf feste Körper bezogene Metaphysik; die Meßbarkeit wiederum gehört in
das Gebiet der Mathematik, deren Zweige sich fast bis ins Unendliche ausbreiten.«[90]

Die allgemeine Metaphysik ist 1751 sogar ein letzter Erfahrungsgrund; denn: wenn
wir uns über die Dichtigkeit der Materie täuschen würden, so gelte doch, daß
der Irrtum »metaphysischen Charakter (trüge), daß unsere Existenz und unsere
Selbsterhaltung nichts von ihm zu fürchten hätten und wir beständig und ohne es
zu wollen einfach durch die gewohnte Art, die Dinge zu sehen, in diesen Irrtum
zurückfallen würden.«[91]

Da D'Alembert gelegentlich aus dem *Vorwort* des *Traité* Textpassagen nahezu
wörtlich in den Discours übernimmt[92], ist interessant, wie er nun im gleichen
Kontext Metaphysik interpretiert: D'Alembert schreibt jetzt, 1751:

---

89 D'Alembert, J. Le Rond (1751), 157.

90 D'Alembert, J. Le Rond (1751), 99.

91 D'Alembert, J. Le Rond (1751), 31.

92 Cf. z. B. D'Alembert, J. Le Rond (1751), 49 und D'Alembert, J. Le Rond (1743), 5.

»Die Verbindung der Idee von Dichtigkeit und räumlicher Ausdehnung scheint uns vor ein weiteres Geheimnis zu stellen; das Wesen der Bewegung ist für die Philosophen ein Rätsel; das metaphysische Prinzip der Stoßgesetze ist ihnen gleichfalls vollständig verborgen; kurz, im gleichen Maße mit der Vertiefung ihrer Idee von der Materie und den Eigenschaften, durch die sich diese verkörpert, wird diese Vorstellung trüber und scheint ihnen schließlich ganz zu entgleiten.«[93]

Die Konnotation von Metaphysik wird zwar hier 1751 gegenüber 1743 erhalten, ist aber jetzt als belanglos interpretiert und keineswegs mehr eine emphatische Ablehnung der Metaphysik. Im Rahmen der *Eléments* (1759) wird die Ablehnung der Metaphysik aufgegeben. Metaphysik wird nun – völlig umgedeutet – zum Verbindungsglied zwischen den sinnlichen Wahrnehmungen und den logischen Operationen zwischen den Ideen.

»Die Erzeugung unserer Ideen gehört zur Metaphysik«[94] »Wirklich ist auch der End-zweck der Metaphysik die Untersuchung unserer Ideenerzeugung, und der Beweis, daß sie nämlich alle aus unsern sinnlichen Empfindungen entspringen.«[95]

Dies ist D'Alemberts Zusammenfassung für die Aufgaben der Metaphysik.

Insgesamt können wir feststellen, daß D'Alembert nach einem zunächst rein axiomatischen Konzept einer Wissenschaft der Wissenschaft im *Traité* (1743) Defi-nitionen vorangestellt hat und Erfahrungen nur als minderqualitatives Hilfsmittel einer reinen Erkenntnis eingeschätzt hat. Parallel dazu bedeutete Metaphysik Ver-derben der Erkenntnis. Im *Discours* (1751) hat D'Alembert dann diesem Konzept ein sensualistisches Konzept, das eine Modifikation von Lockes Sensualismus ist, zur Seite gestellt, bei dem die sinnliche Erfahrung einzige Quelle der Erkenntnis ist. Definitionen und allgemeine abstrakte Begriffe gelten ihm nun als schädlich für die Erkenntnis. In der Metaphysik hingegen finden wir jetzt alle klaren und genauen Begriffe. Schließlich führt D'Alembert 1759 in den *Eléments* beide Vorstellungen zusammen; Nun sind es die abstrakten Begriffe, die Definitionen, die einfachen Ideen, die ihrerseits Konversionen der sinnlichen Wahrnehmungen darstellen. Dabei wird in den Ideen die Einfachheit der Natur der Objekte so dargestellt, wie wir sie begreifen – und nicht, wie sie an sich selbst sind. Solche Ideen werden im Rahmen der *Metaphysik* zu den Grundbegriffen konvertiert, deren Regeln in der *Logik* festgelegt sind. In der *Metaphysik* und der *Logik* werden so die möglichen Beziehungen abstrakter einfacher Begriffe und abstrakter komplexer Begriffe dar-

---

93   D'Alembert, J. Le Rond (1751), 49. Cf. D'Alembert, J. Le Rond (1743), 7.
94   D'Alembert, J. Le Rond (1759), 57.
95   D'Alembert, J. Le Rond (1759), 164.

gestellt und die Tafel der letzten abstrakten Begriffe bereitgestellt, von denen die
Mathematik ausgeht, wenn sie auf dem Wege des reinen Kalküls die Kenntnisse
über die Dinge erweitert.[96] Mit den Ideen verbinden wir klare und präzise Vorstellungen, die sich auf physikalische Phänomene beziehen. Metaphysik und Logik
stellen gleichsam die allgemeine und alle Wissenschaftsdisziplinen übergreifende
Prinzipienlehre oder Grundlagenlehre dar. Jede naturwissenschaftliche Erkenntnis
bedarf in diesem Wissenschaftskonzept lediglich der Angabe, welche Vorstellungstatsachen mit welchen Ideen verknüpft sind. Das ganze Konzept D'Alemberts stützt
sich auf eine Anthropologie und ist auch als Darstellung der Wissenschaften und
des Wissens immer an den Fähigkeiten des Menschen orientiert. D'Alemberts
Wissenschaftstheorie ist also eine spezielle Anthropologie der Wissenschaften. Entscheidend für die weitere Entwicklung der Philosophie (insbesondere im deutschen
klassischen Idealismus) ist D'Alemberts persönliche Entwicklung insofern, als er
in seiner Entwicklung zu einer Engführung von abstraktem logischen Begriff und
sinnlicher Wahrnehmung kommt. Ideen und Definitionen werden bei D'Alembert
also gleichbedeutend. Auf diese Weise gibt es bei D'Alembert das Problem einer
materialen Implikation, mit dem Logiken sonst zu kämpfen haben, nicht. Vielmehr
ist die sinnliche Wahrnehmung und die geistige Verarbeitung von sinnlich Wahr-
genommenem immer schon identisch. Auf diese Weise erhalten bei D'Alembert
die empirischen Naturwissenschaften eine metaphysische Letztbegründung, die
auf einer Identifizierung von »Gegenstand« und von »Idee von dem Gegenstand«
beruht. Anschauung und Begriff sind bei D'Alembert eins, weil in dem Begriff der
Definition die Vermittlung mit einer Vorstellung gesetzt wird. Allerdings wird bei
D'Alembert nicht entschieden, worin die Sicherheit der Erkenntnis liegt, ob in der
Wahrnehmung oder in der Reflexion.

    Unter Beibehaltung seines ursprünglichen erkenntnistheoretischen Konzeptes
modifiziert D'Alembert im Laufe seines Lebens die Bedeutung von Idee beziehungsweise Definition und Metaphysik. Äußerer Anlaß dafür ist der Wechsel seiner
Betrachtungsweise: Ursprünglich war er an Problemen der theoretischen Mechanik
interessiert und legte deshalb die Geometrie als methodisches Vorbild zugrunde.
Später interessierte ihn eine Methodik aller Wissenschaften. D'Alembert verallgemeinerte deshalb seine ursprüngliche Erkenntnistheorie, um sie den enzyklopädischen Bedürfnissen anzupassen. Diese Modifikationen haben seine ursprüngliche
Erkenntnistheorie nicht tangiert, sondern waren eine mögliche Alternative, die
bereits von Anfang an in der Methodik D'Alemberts mit angelegt war.

---

96 D'Alembert nimmt die Diskussion aus der Tradition der Ramisten auf. Cf. Ramus, P.
    (1543); auch auszugsweise in; Otto, S. (1984), 182ff. Cf. Schmidt-Biggemann, W. (1983),
    31ff.

Der Erwerb von Erkenntnissen wird im 18. Jahrhundert in den Naturwissenschaften grundsätzlich auf zwei Weisen verstanden:

Nach der ersten Vorstellung wird per Induktion aus *einer* Erfahrung ein Gesetz über die Natur gefolgert. Anschließend wird dieses Gesetz verallgemeinert und generalisiert, und durch Applikation auf unterschiedliche Phänomene wird versucht, eine Vereinheitlichung der Naturgesetze zu erreichen. Die gesamte Natur gilt dann als verstanden. Dieses Verfahren, das an Newton anschließt, verpflichtet sich vollständig einem analytischen Schlußverfahren.

Das zweite Verfahren, das den Wissenserwerb in der Aufklärung (Condillac) beschreibt, analysiert die Natur und separiert dabei einzelne Eigenschaften der Natur. Anschließend werden in einem synthetischen Vorgehen die disparaten Aspekte der Natur, die in der Analyse erarbeitet wurden, wieder zu einem Gesamtbild der Natur zusammengezogen und als Einheit dargestellt.

D'Alembert zielt darauf, beide Interpretationen zusammenzufassen. Dies geschieht, indem die Bedeutungen von *Idee* und *Definition* zusammengezogen werden. In dem Begriff der Definition wird das analytisch-induktive Verfahren Newtons aufgenommen, das in der Verallgemeinerung der ursprünglich per Induktion gefundenen Gesetzmäßigkeit die Einheit der Natur auf die Einfachheit der Grundbegriffe zurückführt. Gleichzeitig wird durch Interpretation dieser einfachen Definition als einer durch Begriffe gegebenen Idee die synthetische Einheit der Natur in der Einheit der Ideen angenommen.

Erkenntnis unter der Einheit der Vernunft V
Kants transzendentalphilosophische Begründung der Newtonschen Physik

An den ungelösten methodischen Problemen der Newtonschen Physik, die sich ergeben, wenn man den erkenntnistheoretischen Status von Kausalitäten in der Natur bestimmen will, hat Immanuel Kant (1724-1804) angeknüpft und eine Lösung gefunden, die einerseits zum Erfolg des deutschen Idealismus führte und andererseits der mathematischen Naturwissenschaft, die sich auf Erfahrung stützt, zum Durchbruch verhalf.[1] Der historische Erfolg der Kantschen *Kritik der reinen Vernunft* wie auch der mathematischen Naturwissenschaften liegt in der Entdeckung und Formulierung einer transzendentalphilosophischen Erkenntnislehre für die mathematischen Naturwissenschaften.[2]

1 Naturerkenntnis und die Formen des Erkenntnisvermögens

Kant führte Erfahrung darauf zurück, daß dem, was wir wahrnehmen, im Denken jene Gestalt gegeben wird, die aus einem bloßen sinnlichen Eindruck überhaupt erst Erfahrung macht und sie etabliert. Die Formen, die diese Gestalten darstellen, sind verantwortlich dafür, daß die Mannigfaltigkeit der wahrgenommenen Dinge unter jene Einheit gestellt wird, die ihrerseits erst ermöglicht, diese Mannigfaltigkeit in der Erfahrung als eine Struktur zu erkennen, die sich in der Welt wiederholt. Diese Formen, die jeder Erfahrung systematisch – nicht zeitlich – vorausgehen, sind von der Erfahrung unabhängig (rein); sie sind notwendig. Diese reinen Formen

---

1 Eine umfassende Analyse findet sich bei Stegmüller, W. (1967) und Stegmüller, W. (1968). Cf. auch Volkmann-Schluck, K.H. (1995) und Brittan, G.G. (1978).
2 Zu Kants Bedeutung für die nachfolgenden Naturphilosophien siehe Williams, P.E. (1973).

sind a priori gegeben. Sie sind transzendent, d. h. jenseits der Erfahrungswelt. In Kants Erkenntnistheorie werden Erfahrung und Denken so aufeinander bezogen gedacht, daß im Denken die Formen unabhängig von der Erfahrung existieren, nach denen das Mannigfaltige in der Erfahrung als eine Einheit gedacht werden kann. Kants Ziel besteht darin, diese Formen zu untersuchen und als unabhängig von der Erfahrung zu erweisen. Die *transzendentale Methode* Kants besteht dabei darin, nach einer hierarchischen Abfolge jeweils Formen aufzusuchen, die zunehmend von der Erfahrung abstrahieren. Erkenntnistheoretisch bedeutet dies, daß die jeweiligen Formen höherer Abstraktionsstufen immer weniger konstitutiv für den empirischen Gegenstand sind.

Die Formen, unter denen Kant Einheiten von Mannigfaltigkeiten versteht, gehören zu drei unterschiedlichen Bereichen des Erkenntnisvermögens, die ihrerseits wieder aufeinander aufbauen: Anschauung, Verstand und Vernunft.

Die Formen der reinen Anschauung sind diejenigen Gestalten, die die ideellen Ordnungen in Raum und Zeit angeben. Sie geben die Formen des Nebeneinanders und der (zeitlichen) Sukzession der Dinge an. Die Formen der reinen Anschauung sind Raum und Zeit – sie werden bei Kant in der *transzendentalen Ästhetik* untersucht.

Die Formen, die die Einheit der Formen der Anschauung darstellen, sind Begriffe. Sie basieren auf den Kategorien. Kategorien sind grundlegende Verstandesbegriffe, und das heißt Regeln, unter denen Vorstellungen zu einer Einheit zusammengefaßt werden. Die philosophische Disziplin, die die Kategorien zum Gegenstand hat und die Verstandesregeln analysiert, ist bei Kant die *transzendentale Analytik*. Sie gilt für alle Formen, die Begriffen und deren Beziehungen zukommen. Die Kategorien oder Verstandesbegriffe sind notwendig, um die Erfahrungen in die Einheit des Denkens zu ordnen. Sie sind die Formen, die das Urteilen ermöglichen und die synthetische Einheit liefern. Die vollständige Kategorientafel umfaßt vier Grundkategorien (Quantität, Qualität, Relation und Modalität) und erschöpft damit die Möglichkeit von Urteilen vollständig. Die Erfahrung steht unter einer einheitlichen Ordnung, der »synthetischen Einheit der Apperzeption«. Die Begriffe bedürfen der Beziehung zu den Formen der Anschauung, weil sie nur so die Ordnung in der Vorstellung liefern, und umgekehrt benötigt die Anschauung Begriffe, um einen Gegenstand zu haben. Begriffe ohne Anschauung sind blind und Anschauung ohne Begriffe ist leer. Urteile sind äußere Beziehungen von Begriffen unter einer Bedeutung.

Schließlich betrachtet Kant in der *transzendentalen Dialektik* die Formen dieser Formen – die Ideen. Die Einheit, unter der Begriffe zu Urteilen und Urteile zu Schlüssen zusammengefaßt werden, ist die Idee. Das Denkvermögen, das die Ideen formuliert, ist die Vernunft. In der *transzendentalen Dialektik* werden die Grenzen und der Schein des empirischen Gebrauchs der Kategorien thematisch. Hier werden die Formen des Urteils betrachtet. Die *transzendentale Dialektik* untersucht das Schließen als Form des Erkenntnisvermögens. Dabei wird das Schließen aufgrund von Kategorien in den Ideen als Schein eines Überganges von Bedingtem in Unbedingtes offenbar, weil der Gegenstand der Erkenntnis durch Bestimmungen des Verstandes nur durch unendlich viele Bestimmungen vorgenommen werden könnte. In den Ideen wird aber der Gegenstand als ein Ganzes durch eine Setzung vollständig »bestimmt«.

Erkenntnis liegt nach dieser Vorstellung Kants darin, daß Kategorien auf unterschiedliche Weise kombiniert werden. Sie liegt in der Vereinheitlichung von Mannigfaltigem und geschieht a priori. Dabei werden nun nicht nur bekannte Strukturen analytisch abgeleitet, sondern es wird Neues synthetisiert. Diese *Synthesis a priori* schafft neue Formen im Erkenntnisvermögen, die neue Erfahrungen ermöglichen. Dieses synthetische Zusammendenken, das vor jeder Erfahrung liegt, erlaubt die Erkenntnis der Natur, denn seine Formen gehören dem reinen Denken an; in ihnen liegt die Möglichkeit der Deduzierbarkeit naturwissenschaftlicher Gesetze. In dieser Interpretation wird insbesondere der Kraftbegriff der Newtonschen Physik zu einem metaphysischen Begriff, der Ausgangspunkt für weitere Deduktion oder mathematische Behandlungen sein kann, insofern er eine Form repräsentiert, die jeder möglichen Erfahrung vorausgeht. Erfahrung und Begriff oder Idee sind hier bei Kant auf eine wohldefinierte Weise aufeinander bezogen. Diese Begriffe sind von dem Material, das in der Erfahrung gegeben ist, unabhängig, und ihre Gestalt ist nur durch ihre – a priori gegebene – Funktion im Erkenntnisprozeß gegeben.

Reine Anschauung, Verstand und Vernunft liefern die Formen, die jeder Erfahrung systematisch vorausgehen, die Erfahrung ermöglichen und die an sich notwendig sind. Auf diese Weise ist Kants Idealismus davon geprägt, daß zwar nur in der »Erfahrung Wahrheit« ist[3], aber der Erfahrung Formen des Erkennens in systematischer Hinsicht vorausgehen müssen, die nicht durch Erfahrung geschöpft oder bestätigt werden. Sie sind unabhängig von der Erfahrung, Kant sagt »transzendental«.

> »Das Wort transzendental ... bedeutet nicht etwas, das über alle Erfahrung hinausgeht, sondern, was vor ihr (a priori) zwar vorhergeht, aber doch zu nichts Mehre- rem bestimmt ist, als lediglich Erfahrungserkenntnis möglich zu machen. Wenn ... Begriffe die Erfahrung überschreiten, dann heißet ihr Gebrauch transzendent, welcher von dem immanenten, d. i. auf Erfahrung eingeschränkten Gebrauch unterschieden wird.«[4]

---

3   Kant, I.(1783), A 204.
4   Kant, I. (1783), A 204. Cf. dazu die Darstellung bei Zedier, J. H. (1737), 1066, Artikel Natur=Geschichte, wo die logischen Gesetze und die Umstände des Experiments als Bedeutungen zweier Begriffe von der Natur aufgefaßt werden.

Wissenschaftliche Erkenntnis hat bei Kant zwei Komponenten: einerseits die Erfahrung und andererseits die transzendentalen Formen, die die Gestalten liefern,
die den Erfahrungen Form geben. Hier knüpft Kant an Humes Empirismus an:
David Hume (1711-1776) hatte die Frage aufgeworfen, in welchem Sinne wir von
einem empirischen Begriff, etwa einer Kraft, oder allgemeiner von einer Ursache-
Wirkungs-Relation, die ja durch Kräfte gegeben wird, sagen können, sie habe ihren
Ursprung in der Erfahrung:

> »Aber die Macht oder Kraft, die den ganzen Mechanismus bewegt, ist uns gänzlich
> verborgen und offenbart sich niemals in irgendeiner der sinnfälligen Körpereigen-
> schaften. ... Deshalb ist es unmöglich, daß der Begriff der Kraft aus der Beobachtung
> von Körpern in Einzelfällen ihrer Verhaltensweise stammen kann, weil die Körper
> niemals eine Kraft offenbaren, die das Urbild dieses Begriffes sein könnte. Da uns
> demnach die Außendinge, wie sie den Sinnen erscheinen, durch ihre Verhaltensweise
> in den einzelnen Fällen keine Vorstellung der Kraft oder des notwendigen Zusam-
> menhanges liefern, wollen wir sehen, ob diese Vorstellung nicht durch Reflexion
> auf die Tätigkeiten unseres eigenen Geistes gewonnen werden und einem inneren
> Eindruck nachgebildet sein könne.«[5]

Kant verallgemeinert diese Überlegungen und schreibt:

> »Ich ... fand bald, daß der Begriff der Verknüpfung von Ursache und Wirkung bei
> weitem nicht der einzige sei, durch den der Verstand a priori sich Verknüpfungen
> der Dinge denke, vielmehr, daß Metaphysik ganz und gar daraus bestehe. Ich suchte
> mich ihrer Zahl zu versichern, und, da dieses mir nach Wunsch, nämlich aus einem
> einzigen Prinzip, gelungen war, so ging ich an die Deduktion dieser Begriffe, von
> denen ich nunmehr versichert war, daß sie nicht, wie Hume besorgt hatte, von der
> Erfahrung abgeleitet, sondern aus dem reinen Verstände entsprungen sein.«[6]

Während Hume einen gewohnheitsmäßigen Gebrauch der Begriffe (wie etwa *Kraft*)
für deren Konstanz jenseits der Erfahrung geltend macht, sind sie für Kant a priori
gewußt. Sie sind Begriffe mit einer wohldefinierten Logik – und in dieser Hinsicht
knüpft Kant an D'Alemberts Forderung nach einem System der Wissenschaften
und Kategorientafeln an.

---

5   Hume, D. (1748), 85ff.
6   Kant, I.(1783), A 13f.

2 Das System der Wissenschaften: Logik und Erfahrung

Kants Idee des *transzendentalen Idealismus* besteht darin, daß im Ausgang von Erfahrung schrittweise jeweils die Formen aufgesucht werden, die jeder Erfahrung vorausgehen. Solche Formen sind zunächst reine Anschauung, dann reine Begriffe oder Urteile und schließlich Ideen als Einheiten unter den Formen des Schließens.[7] Die letzten beiden Bereiche faßt Kant als *transzendentale Logik* zusammen. Sie beschreiben (neben der reinen Anschauung) das reine Denken. Dieses Verfahren, schrittweise materiale Bezüge von dem betrachteten Gegenstand so abzuziehen, daß Empirisches reduziert wird und nur die Logik des formalen Gebrauchs überbleibt, nennt Kant die *transzendentale Methode*. Jede Erkenntnis, und das heißt jede Wissenschaft, basiert also auf Erfahrung, die aber ihrerseits auf wohldefinierten Formen des Erkennens beruht. Daraus ergibt sich für Kant eine Architektur für ein System der Naturwissenschaften, die auf Funktionen im Erkenntnisvermögen zurückgeführt werden kann.

Die internen logischen Beziehungen der naturwissenschaftlichen Teildisziplinen sind eine Folge der philosophischen Begründung der Naturwissenschaften durch Kant: *Reine Mathematik* behandelt die Sätze von reiner Geometrie und Arithmetik. Sie konstruiert in die Anschauung. D. h. reine Mathematik erarbeitet in synthetischer Erkenntnis a priori die Lehrsätze und Axiome, die nichts anderes voraussetzen, als die reinen Formen der Anschauung, Raum und Zeit – ohne jeden Rekurs auf Erfahrung. Reine Mathematik ist synthetische Erkenntnis a priori.[8]

Reine Naturwissenschaft hingegen basiert auf den Formen des Verstandes. Sie kommt zu Aussagen, indem sie in synthetischer Erkenntnis a priori Gesetze formuliert, die nur die transzendenten Formen von Begriffen, die Kategorien, zugrundelegt – ohne irgendwelche Anleihen in der Erfahrung machen zu müssen. Reine Naturwissenschaft deduziert Begriffe.[9]

Wenn reine Naturwissenschaft nicht bloß blind bleiben soll, sondern auf die reine Anschauung Bezug nehmen will, so muß sie sich der Mathematik bedienen. Diese Kombination aus reiner Mathematik und reiner Naturwissenschaft ist *eigentliche Naturwissenschaft* – so schreibt jedenfalls Kant in den *Metaphysischen Anfangsgründen der Naturwissenschaft*.[10] Ein Beispiel dafür ist die Newtonsche Physik, da

---

7 Kant, I. (1781, 1787), B 730. Cf. auch Hamann, J. G. (1988), 201ff.

8 Kant, I. (1781, 1787), § 3. Cf. Mudroch, V. (1987), 56ff. Martin, G. (1972). Marcucci, S. (1991).

9 Kant, I. (1781, 1787), B 198. Hierzu müssen *Kants Metaphysische Anfangsgründe der Naturwissenschaft* gezählt werden.

10 Zum Begriff der Materie bei Kant siehe Carrier, M. (1990).

sie die Gesetze, die die Natur sind, unter Zuhilfenahme der Mathematik darstellt. Diese »eigentliche« Physik basiert auf a priori-Annahmen und stellt die Möglichkeit von Erfahrungen dar. Erst die Anwendung der physikalischen Gesetze auf mechanische Probleme bedeutet, Erfahrung aufgrund synthetischer a priori-Gesetze zu gewinnen.[11] Das Newtonsche Gesetz der wechselseitigen Massenanziehung scheint notwendig in der Natur der Dinge selbst zu liegen und wird daher auch als a priori erkennbar vorgetragen, so daß kein anderes Gesetz der Attraktion zu einem Weltsystem als »schicklich« gedacht werden kann.[12]

Empirische Naturwissenschaft ist dann solche, die – wie die Newtonsche Physik – eine eigentliche Naturwissenschaft ist und in der Anschauung durch Erfahrung auf unterschiedlichste Gebiete der Natur appliziert wird.[13] Kant knüpft mit dieser Vorstellung davon, was naturwissenschaftliche Erkenntnis ist, an die Französischen Aufklärung an, wobei sich aber die Frageperspektive wandelt. Während bei D'Alembert die Erklärung für naturwissenschaftliche Erkenntnis in einer Anthropologie angelegt war und Condillac eine (analytische) Logik zugrunde gelegt hatte, stützt sich Kant auf eine Erkenntnistheorie.[14] Kants erkenntnistheoretische Interpretation mathematischer Naturwissenschaften – wie der Newtonschen Physik – schreibt der reinen Mathematik und der reinen Naturwissenschaft die Möglichkeit zu, unabhängig von jeder Erfahrung durch synthetische Verfahren zu a priori-Aussagen zu kommen, die jede weitere Erfahrung erst möglich machen; bei diesen Aussagen handelt es sich um Prinzipien, die Erfahrung strukturieren und gestalten. Reine Mathematik konstruiert in die Anschauung, d. h. strukturiert Erfahrung in Raum und Zeit.[15] Reine Naturwissenschaft hingegen deduziert Begriffe, d. h. sie bildet die formalen logischen Strukturen, die jeweils Erfahrung strukturiert, indem sie ganz allgemein die Existenz von Naturgesetzen zugrunde legt. Da jede Naturwissenschaft die Darstellung ihres Gegenstandes in der Anschauung ist und ihr Gegenstand Gesetzmäßigkeiten der Verknüpfung der Erscheinungen beinhaltet, muß jede eigentliche Naturwissenschaft – in einem strengen Sinne – einerseits mathematisch sein und andererseits auch auf die Grundbegriffe und Verknüpfungen zurückgehen, die eine reine Naturwissenschaft vorgibt. Wirkliche Naturwissenschaft ist deshalb immer mathematische Naturwissenschaft.

Kants Interpretation der mathematischen Naturwissenschaft unterscheidet zwei methodische Hinsichten: Zum einen sind die formalen Bedingungen jeder

---

11   Stegmüller, W. (1968).

12   Kant, I. (1783), A 115. Toth, I. (1972), XX/46.

13   Kant, I. (1786), Vorwort.

14   Groh, R., Groh, D. (1991), 27.

15   Kant, I.(1786), A 13f, A 28.

Erfahrung maßgeblich – sie liegen in allen a priori-Konstruktionen und sind nicht bloß analytisch, sondern synthetisch. Sie liegen in den Konstruktionen der reinen Mathematik und der reinen Naturwissenschaft.[16] Zum anderen sind diese formalen Bedingungen nur die Prinzipien, die jeder Erfahrung vorausgehen müssen, die aber die Erfahrung nicht ersetzen. Erfahrungen sind also nicht überflüssig, weil sie durch a priori-Deduktion hergeleitet werden könnten, sondern Erfahrungen müssen gemacht werden. Sie sind der Anteil an den Wahrnehmungen, der seinerseits bereits nach den Gesetzen des Verstandes strukturiert ist. Die Newtonschen Gesetze aber sind keine Erfahrung, sondern sie sind allgemeine Gesetze, die a priori herleitbar sind. Nur in ihren Anwendungen kommen Erfahrungstatsachen ins Spiel.[17]

Kant hat diese Idee einer philosophischen Begründung der Naturwissenschaften in unterschiedlichen Schritten und Werken dargestellt.

Zunächst formuliert Kant die Erkenntnistheorie in der *Kritik der reinen Vernunft* auf einem analytischen Weg. Dabei entwickelt er seine transzendentale Methode. Er verfolgt, wie empirische Erkenntnis von der Wahrnehmung bis zur Gestaltung von Ideen fortschreitet, und folgt häufig dem äußeren Argumentationsverlauf von Condillacs *Logik* (1780) oder D'Alemberts *Essay sur les Eléments* (1759). Allerdings interessiert sich Kant nicht für die empirische Erkenntnis, sondern für das Erkenntnisvermögen, d. h. die transzendenten Begriffe, die jeweils das Erkenntnisvermögen beschreiben. Er abstrahiert schrittweise von der empirischen Vorstellung zur reinen Vorstellung und von dort Schritt für Schritt vom materialen Gehalt empirischen Erkennens auf die Form der Erkenntnis. Dieses Verfahren ist die transzendentale Erörterung des Gegenstandes.

In den *Prolegomena zu einer jeden künftigen Metaphysik, die als Wissenschaft wird auftreten können* (1783) beschreibt Kant dies auf einem synthetischen Weg, damit die Wissenschaft »alle ihre Artikulationen, als den Gliederbau eines ganz besonderen Erkenntnisvermögens, in seiner natürlichen Verbindung vor Augen stelle.«[18] Nachdem er die »metaphysische Erkenntnisart« erklärt hat, stellt Kant

---

16 Kant, I. (1786), A VIII. Schirn, M. (1991). Gloy, K. (1976).

17 Im *Opus Postumum* (Kant, I. (1936), 163ff.) stellt Kant Überlegungen dazu an, wie dieser Übergang von der a-priori-Naturwissenschaft der *Metaphysischen Anfangsgründe der Naturwissenschaft* zur empirischen Naturwissenschaft zu bewerkstelligen sei und fordert alle »a priori denkbaren Begriffe von bewegenden Kräften der Materie, die nicht von der Erfahrung entlehnt werden dürfen,« aufzustellen. An dieser Stelle soll der gesamten Naturwissenschaft endlich die Form eines Systems gegeben werden. Kant erkennt hier für seine frühe Konzeption für den Übergang von den Begriffen nach den *Metaphysischen Anfangsgründen der Naturwissenschaft* zu den empirischen Naturwissenschaften einen systematischen Mangel. Cf. Adickes, E. (1924, 1925), 2, 174ff.

18 Kant, I. (1783), A 22.

dar, wie reine Mathematik – sowie reine Naturwissenschaft und Metaphysik
überhaupt – möglich sind. Hier klärt Kant, inwiefern synthetische Erkenntnis a
priori möglich ist.

»Alle Vernunfterkenntnis ist nun entweder die aus Begriffen oder aus der Konstruktion
der Begriffe; die erstere heißt philosophisch, die zweite mathematisch.«[19] »Die philosophische Erkenntnis ist die Vernunfterkenntnis aus Begriffen, die mathematische
aus der Konstruktion der Begriffe. Einen Begriff aber konstruieren, heißt: die ihm
korrespondierende Anschauung a priori darstellen. Zur Konstruktion eines Begriffs
wird also eine nicht empirische Anschauung erfordert, die folglich, als Anschauung,
ein einzelnes Objekt ist, aber nichts destoweniger, als die Konstruktion eines Begriffes
(einer allgemeinen Vorstellung), Allgemeingültigkeit für alle mögliche Anschau-
ungen, die unter denselben Begriff gehören, in der Vorstellung ausdrücken muß.
So konstruiere ich einen Triangel, indem ich den diesem Begriffe entsprechenden
Gegenstand, entweder durch bloße Einbildung, in der reinen, oder nach derselben
auch auf dem Papier, in der empirischen Anschauung, beidemal aber völlig a priori,
ohne das Muster dazu aus irgend einer Erfahrung geborgt zu haben, darstelle.«[20]

In einer dritten Schrift, *Metaphysische Anfangsgründe der Naturwissenschaft* (1786),
erläutert Kant dann die Grundbegriffe einer reinen Naturwissenschaft, indem er
auf der Basis seiner »vollständigen« Kategorientafeln (Quantität, Qualität, Relation,
Modalität) die Vollständigkeit der Grundbegriffe der Naturwissenschaften zeigt.
Daraus folgen die Grundbegriffe für vier Bereiche der Naturwissenschaft (Phoro-
nomie – Quantität, Dynamik – Qualität, Mechanik – Relation, Phänomenologie
– Modalität). Hier erarbeitet Kant die Grundbegriffe a priori, die jeder Physik
vorausgehen. Damit sind die metaphysischen Annahmen einer jeden Naturwissenschaft spezifiziert.[21]

Begriffe, die zu Grundbegriffen der Naturwissenschaften werden und die Kant
in seiner kritischen Philosophie hinsichtlich ihrer logischen Funktion betrachtet,
haben als ihre logische Funktion die Aufgabe, die Einheit divergenter Beobachtungen zu erfassen und als notwendig darzustellen. Die Untersuchung dieser logischen
Funktionen des Erkenntnisvermögens geschieht in der *Transzendentalphilosophie*
Kants. Dort wird für die unterschiedlichen Funktionen des Erkenntnisvermögens,
das durch Anschauung, Verstand und Vernunft gegeben ist, aufgezeigt, in welcher
Weise sich Apriorität und Synthesis in der Erkenntnis für die Grundbegriffe des
Denkens begründen lassen. Am unproblematischsten scheinen hier die Formen

19 Kant, I.(1781,1787), B 865.
20 Kant, I.(1781, 1787), B 741.
21 Cf. Kant, I. (1786), A 25ff Cf. Weizsäcker, C. F. von (1971), 410ff. Plaas, P. (1964). Sonne-
    mann, U. (1975), 667. Carrier, M. (1990).

der reinen Anschauung zu sein. Die Formen des reinen Denkens sind das zentrale Thema der transzendentalen Logik, die der zweite Hauptteil der *Kritik der reinen Vernunft* ist.

Kants Argumentation für die philosophische Begründung der Naturwissenschaften hat ihre Basis in der Argumentation der *transzendentalen Logik*. Kants *Transzendentalphilosophie* sucht die Begriffe im Erkenntnisvermögen auf, indem sie den »reinen Gebrauch«[22] der Begriffe analysiert. Dies ist nämlich die logische Funktion der Begriffe. Sie besteht in deren Formbestimmtheit. So werden die Begriffe nach nur einem Prinzip geordnet, nämlich der formalen Funktion der Begriffe in der Verstandestätigkeit, die den logischen Zusammenhang der Begriffe garantiert. Die Form bestimmter Begriffe beruht auf Funktionen, die Begriffe allgemein in der Erkenntnis haben. Diese Funktion beschreibt Kant als die »Einheit der Handlung, verschiedene Vorstellungen unter einer gemeinschaftlichen zu ordnen.«[23] Begriffe sind das Ordnungsprinzip für verschiedene Vorstellungen. Die mentale Fähigkeit, diese Ordnung zu stiften, nennt Kant die »Spontaneität des Denkens«.[24]

Die Verknüpfung der Begriffe geschieht durch Urteile. Urteile sind ihrer Form nach weitere »Funktionen der Einheit unter unsern Vorstellungen«.[25] Sie ordnen jeweils unmittelbare Vorstellungen »höheren Vorstellungen« unter, die so mögliche Erkenntnis zusammenziehen. Der Verstand ist das Vermögen zu urteilen. So werden im Urteil Begriffe, als mögliche Prädikate der Urteile, in einer Einheit gedacht. Die Begriffe beziehen sich auf Gegenstände, die freilich unbestimmt sind, weil Begriffe nur logische Funktionen erfüllen und nicht der Erfahrung angehören und auch nicht in Raum und Zeit »konstruiert« werden. Die Funktionen des Verstandes sind vollständig auffindbar, indem man die Funktion, die die formale Einheit im Urteil bildet, bestimmt.[26]

Das Bilden solcher Einheiten ist eine Leistung des Denkens, die durch »Spontaneität des Denkens« zustande kommt. Hier werden mannigfaltige Bestimmungen zu einer Einheit zusammengenommen. Es wird eine Synthesis gebildet. Jede Synthesis (auch die Synthesis a priori) im Kontext der Kantschen *Kritik der reinen Vernunft* bedeutet immer, daß durch eine Leistung des Erkenntnisvermögens auf einer »höheren Ebene« Mannigfaltigkeiten – unter gemeinsamen Funktionen des Denkens – zu einer »höheren« Funktion zusammengefaßt werden. Die einheitbildende Funktion, die den verschiedenen Vorstellungen im Urteil Einheit verleiht, ist

---

22 Kant, I. (1781, 1787), B 90.

23 Kant, I. (1781, 1787), B 93.

24 Kant, I. (1781, 1787), B 93.

25 Kant, I. (1781, 1787), B 94.

26 Kant, I.(1781, 1787), B 94.

deshalb einheitstiffend für die Vorstellungen in der Anschauung.[27] Die Bedeutung der transzendentalen Methode liegt daher darin, nur auf diese logischen Funktionen zu reflektieren, die zur Vollständigkeit fortschreiten muß, indem sie das Denken im Verstand thematisch macht. Die Formen des Denkens im Verstand beschreiben das Denken des Denkens. Auf der Ebene des Denkens des Denkens ist die Synthesis – d. h. das Zusammendenken von Formen des Denkens, wie Begriffe, in einer höheren Form – rein, weil das reine Denken der Form nach unabhängig von jeder Erfahrung a priori gegeben ist.[28]

»Allein, diese Synthesis auf Begriffe zu bringen, das ist eine Funktion, die dem Verstände zukommt, und wodurch er uns allererst die Erkenntnis in eigentlicher Bedeutung verschaffet. Die reine Synthesis, allgemein vorgestellt, gibt nun den reinen Verstandesbegriff.«[29]

Die Einheit der Vorstellung in der Anschauung ist der reine Verstandesbegriff, oder: die Kategorie. Die Kategorien sind gleichsam diejenigen Grundbegriffe, die einen Typus von Vereinheitlichung in Begriffen darstellen, der nicht weiter aus anderen Typen von Vereinheitlichung zusammengesetzt werden kann. Alle möglichen Kategorien vollständig zu bestimmen würde bedeuten, die Vollständigkeit aller Formen des Urteilens über Dinge angeben zu können und damit auch den vollständigen Umfang einer möglichen Wissenschaft erschöpfend anzugeben. Kant intendiert dies und findet insgesamt vier Grundbegriffe oder Kategorien.[30] Diese vier Kategorien sind aus dem einheitlichen Prinzip abgeleitet, nämlich aus dem »Vermögen zu urteilen«, und sie können deshalb auf ihre Vollständigkeit hin untersucht werden, was in der *transzendentalen Deduktion der Kategorien* geschieht. Sie ist eine zentrale Aufgabe der kritischen Philosophie. Sie zielt auf den a priori zu leistenden Nachweis einer Vollständigkeit der Kategorien. Die vier Kategorien Quantität, Qualität, Relation und Modalität sind nach Kant vollständig. Darüber hinaus lassen sich keine Formen des Urteilens denken, die nicht auf diese vier Kategorien zurückgeführt werden könnten.[31]
       Zur Anwendung der Kategorien auf Erscheinungen bedarf es einer vermittelnden Vorstellung. Dies geschieht im *transzendentalen Schema*, worin Regeln für die Anwendung der jeweiligen Kategorien angegeben werden. Aus der transzendentalen

27 Kant, I. (1781, 1787), B 104f.
28 Kant, I. (1781, 1787), B 102.
29 Kant, I. (1781, 1787), B 103f.
30 Kant, I. (1781, 1787), B 106.
31 Kant, I. (1781, 1787), B l0lf. Hier setzt Kant natürlich D'Alemberts Wissenschaftskonzept um. Cf. Kapitel VI.

Deduktion der Kategorien folgt, daß »die einzige Art, wie uns Gegenstände gegeben werden, die Modifikation unserer Sinnlichkeit sei; endlich, daß reine Begriffe a priori, außer der Funktion des Verstandes in der Kategorie, noch formale Bedingungen der Sinnlichkeit ... a priori enthalten müssen, welche die allgemeine Bedingung enthalten, unter der die Kategorie allein auf irgend einen Gegenstand angewandt werden kann. Wir wollen diese formale und reine Bedingung der Sinnlichkeit, auf welche der Verstandesbegriff in seinem Gebrauch restringiert ist, das Schema dieses Verstandesbegriffs, und das Verfahren des Verstandes mit diesen Schematen den Schematismus des reinen Verstandes nennen.«[32] Das Schema ist zwar nur ein Produkt der Einbildungskraft, aber als einheitstiftendes in der Bestimmung der Sinnlichkeit hat es die transzendentale Funktion einer Synthesis.

Mit diesen Verstandesbegriffen wird Realität erfaßt: »Realität ist im reinen Verstandesbegriff das, was einer Empfindung überhaupt korrespondiert.«[33] Realität ist aber im Kantschen Sinn kein Wesen der Dinge, sondern was unter einer reinen Form des Verstandes betrachtet, zugleich emotionale Empfindungen hervorruft. Es ist die angewandte logische Form in dem Sinnlichen. Die menschliche Erkenntnis betrifft nämlich nur die Erscheinungen im Bereich des Phänomenalen. Eine Erkenntnis der Dinge an sich, das Wesen des Seienden, d. h. den Bereich des Nouminalen, kann der Mensch nicht unmittelbar erkennen.[34]

»Die Möglichkeit der Erfahrung ist also das, was allen unsern Erkenntnissen a priori objektive Realität gibt. Nun beruht Erfahrung auf der synthetischen Einheit der Erscheinungen, d. i. auf einer Synthesis nach Begriffen vom Gegenstände der Erscheinungen überhaupt, ohne welche sie nicht einmal Erkenntnis, sondern eine Rhapsodie von Wahrnehmungen sein würde, die sich in keinen Kontext nach Regeln eines durchgängig verknüpften (möglichen) Bewußtseins, mithin auch nicht zur transzendentalen und notwendigen Einheit der Apperzeption, zusammen schicken würden. Die Erfahrung hat also Prinzipien ihrer Form a priori zum Grunde liegen, nämlich allgemeine Regeln der Einheit in der Synthesis der Erscheinungen, deren objektive Realität, als notwendige Bedingungen, jederzeit in der Erfahrung, ja so gar ihrer Möglichkeit gewiesen werden kann.«[35]

So sind die Kategorien oder Verstandesbegriffe die einheitsstiftende und grundlegende Form einer jeden in Begriffen gefaßten Vorstellung. Diese Form, die die Einheitshandlung ist, ist unabhängig von der Erfahrung. Ihr geht freilich eine reine Anschauung voraus, die selbst wieder unter einer Form steht, die eine weitere

---

32 Kant, I. (1781, 1787), B 178f.
33 Kant, I. (1781, 1787), B 182.
34 Cf. Höffe, O. (1981), 21f. Kant, I. (1781, 1787), B 279ff.
35 Kant.I. (1781, 1787), B 195f.

Einheit stiftet. Diese Einheit der Anschauung ist in der transzendentalen Apperzeption gegeben, die ihrerseits durch das Bewußtsein der Synthesis gegeben ist. Das Bewußtsein dieser Synthesis ist das »Ich«.

»Also nur dadurch, daß ich ein Mannigfaltiges gegebener Vorstellungen *in einem Bewußtsein* verbinden kann, ist es möglich, daß ich mir die *Identität des Bewußtseins in diesen Vorstellungen* selbst vorstelle, d. i. die *analytische* Einheit der Apperzeption ist nur unter der Voraussetzung irgend einer *synthetischen* möglich. Der Gedanke: diese in der Anschauung gegebene Vorstellungen gehören mir insgesamt zu, heißt demnach so viel, als ich vereinige sie in einem Selbstbewußtsein, oder kann sie wenigstens darin vereinigen, und ob er gleich selbst noch nicht das Bewußtsein der *Synthesis* der Vorstellungen ist, so setzt er doch die Möglichkeit der letzteren voraus.«[36]

Die Einheit, die in der Einheit von Begriffen zum Ausdruck kommt, liegt in der Form jeder Apperzeption schlechthin, die formal faßt, daß im Bewußtsein die Synthesis jeder Wahrnehmung stattfindet. In dieser Synthesis einen einheitlichen Gegenstand zu begreifen, bedeutet, ein Objekt anzunehmen, dem das Bewußtsein als Subjekt entgegensteht.

»*Verstand* ist, allgemein zu reden, das Vermögen der Erkenntnisse. Diese bestehen in der bestimmten Beziehung gegebener Vorstellungen auf ein Objekt. *Objekt* aber ist das, in dessen Begriff das Mannigfaltige einer gegebenen Anschauung *vereinigt* ist. Nun erfodert aber alle Vereinigung der Vorstellungen Einheit des Bewußtseins in der Synthesis derselben. Folglich ist die Einheit des Bewußtsein dasjenige, was allein die Beziehung der Vorstellungen auf einen Gegenstand, mithin ihre objektive Gültigkeit... ausmacht.«[37]

Ein Objekt denken, bedeutet, daß das Bewußtsein eine Einheit außerhalb des Subjektes gesetzt hat.

»Die synthetische Einheit des Bewußtseins ist also eine objektive Bedingung aller Erkenntnis, nicht deren ich bloß selbst bedarf, um ein Objekt zu erkennen, sondern unter der jede Anschauung stehen muß, um für mich *Objekt zu werden*, weil auf andere Art, und ohne diese Synthesis, das Mannigfaltige sich nicht in einem Bewußtsein vereinigen würde.«[38]

---

36 Kant, I. (1781, 1787), B 134.

37 Kant, I. (1781, 1787), B 137.

38 Kant, I. (1781, 1787), B 137f. Schelling knüpft daran in seiner frühen Naturphilosophie (1796-1799) an.

Die Synthesis ist bei Kant Voraussetzung für jede Form von Analyse – ähnlich wie wir es bereits bei Condillacs *Logik* sahen. Das Objekt selbst kann nur analysiert werden, wenn es bereits zuvor als ein einheitliches Objekt erkannt worden ist. Die synthetische Einheit des Bewußtseins, die für jede Anschauung selbst notwendig ist, ist so eine objektive Bedingung jeder Erkenntnis von Objekten. Diese Einheit aber wird jeweils durch ein Urteil konstatiert. Deshalb steht auch das Mannigfaltige einer gegebenen Anschauung notwendig unter den Formen des Urteilens und mithin auch unter Kategorien.[39]

»Dies Prinzip steht a priori fest, und kann das *transzendentale Prinzip der Einheit* alles Mannigfaltigen unserer Vorstellungen (mithin auch in der Anschauung) heißen. ... Es kann aber nur die *produktive Synthesis der Einbildungskraft* a priori statt finden; denn die *reproduktive* beruht auf Bedingungen der Erfahrung.«[40]

Die Formen des Erkenntnisvermögens, die die Objektbildung möglich machen, beruhen auf einer produktiven Einbildungskraft.

»Also ist das Principium der notwendigen Einheit der reinen (produktiven) Synthesis der Einbildungskraft vor der Apperzeption der Grund der Möglichkeit aller Erkenntnis, besonders der Erfahrung. ... *Die Einheit der Apperzeption in Beziehung auf die Synthesis der Einbildungskraft* ist der *Verstand*.«[41]

Der Verstand ist das die Einheit der Erfahrung stiftende Denkvermögen, das die Summe der Verstandesbegriffe umfaßt. Diese Einheit ist als Form objektiv, weil sie nicht von dem Subjekt abhängt, sondern transzendental ist und notwendig jeder Erfahrung vorausgehen muß.

Die Einheit von Begriffen und Urteilen werden von den Kategorien gestiftet. Aber auch die Kategorien müssen, da sie in Urteilen aufeinander beziehbar sind, in einer Einheit erfaßt werden. Diese formale, logische Einheit sind die Ideen. Die Ideen etablieren in ihrem gesamten Bestand ihrerseits wieder eine Einheit, die der Vernunft.

Die Einheit der Vernunft wird über die Einheit der Idee einer Vernunft gegeben. Vernunft bedeutet die Einheit aller Ideen. Umgekehrt fungiert die Einheit der Vernunft als transzendentales Maß für die Bedeutung von Verstandesbegriffen für bestimmte Erkenntnis. Dies ist Gegenstand in der *transzendentalen Dialektik*. Sie hat die Funktion, die Grenzen der Verstandesbegriffe zu betrachten, indem sie den

---

39 Kant, I. (1781, 1787), B 142f.
40 Kant, I.(1781, 1787), Al 16ff.
41 Kant, I. (1781, 1787), A 116ff.

empirischen Gebrauch oder die Anwendung der Verstandesbegriffe kontrolliert. Sie ist die Logik des Scheins, die nicht den Inhalt der Erkenntnis, sondern nur die formalen Bedingungen der Übereinstimmung und Konsistenz von Formen innerhalb des Verstandes beschreibt. Sie ist die »Kritik des dialektischen Scheins«, d. h. der scheinbaren Verträglichkeit aller Verstandesbestimmungen.

Folgt man Kants transzendentaler Methode, so hat der Verstand in den Kategorien, d. h. in den reinen Verstandesbegriffen, immer noch einen Inhalt präsent, sofern die Bedeutung der Kategorien Gegenstand ist und der empirische Gebrauch der Kategorien durch den Verstand kontrolliert wird.[42]

> »Der Verstand begrenzt demnach die Sinnlichkeit, ohne darum sein eigenes Feld zu erweitern, und, indem er jene warnet, daß sie sich nicht anmaße, auf Dinge an sich selbst zu gehen, sondern lediglich auf Erscheinungen, so denkt er sich einen Gegenstand an sich selbst, aber nur als transzendentales Objekt, das die Ursache der Erscheinung (mithin selbst nicht Erscheinung) ist, und weder als Größe, noch als Realität, noch als Substanz etc. gedacht werden kann (weil diese Begriffe immer sinnliche Formen erfordern, in denen sie einen Gegenstand bestimmen); wovon also völlig unbekannt ist, ob es in uns, oder auch außer uns anzutreffen sei, ob es mit der Sinnlichkeit zugleich aufgehoben werden, oder, wenn wir jene wegnehmen, noch übrig bleiben würde. Die Kritik dieses Verstandes erlaubt es also nicht, sich ein neues Feld von Gegenständen, außer denen, die ihm als Erscheinungen Vorkommen können, zu schaffen, und in intelligibele Welten, sogar nicht einmal in ihren Begriffen, auszuschweifen.«[43]

Die Formen, die im Verstand unterschiedliche Einheiten formulieren, sind ihrer Formhaftigkeit wegen transzendentale Objekte, ohne Aussage über das Wesen der Dinge an ihnen selbst. Das muß in einer kritischen Funktion des Erkenntnisvermögens konstatiert werden.

Diese »Kritik des reinen Verstandes« leistet die Vernunft. Weil der Verstand nur in einer unendlichen Kette von Bestimmungen den Gegenstand mit seinen endlichen Bestimmungen festlegen kann, unterliegt er aus systematischen Gründen der Anforderung, einen unbegrenzten unendlichen Gegenstand mit endlichen Bestimmungen festlegen zu müssen. Dies aber führt systematisch zu Widersprüchen, die zu konstatieren und kritisch zu hinterfragen nach der *transzendentalen Dialektik* die Aufgabe der Vernunft ist.

Worüber wir mit der Vorstellung einer Kritik des reinen Verstandes bereits nachdenken, ist eine »bloße logische Form ohne Inhalt«.[44] Damit ist der Gegenstand der Überlegungen ein bloß Transzendentes, eine reine Form, deren einziger

---

42 Kant, I. (1781, 1787), B 352.
43 Kant, I. (1781, 1787), B 344f.
44 Kant, I.(1781,1787), B 346.

Inhalt sie selbst, zumindest aber kein Gegenstand ist. Diese Form zu bedenken, ist die Funktion der Vernunft. Die Aufgabe der Vernunft ist also das »Vermögen der Prinzipien«, das der Verstand darstellt und denen die Kategorien unterworfen sind, zu untersuchen.

Diese Prinzipien, die die Einheit von Begriffen garantieren, sind die Ideen.[45] Die Ideen sind diejenigen Formen, die die Einheit von Urteilen gewährleisten. Mithin sind sie das, was erlaubt, Schlüsse zu ziehen, weil Urteile in Schlüssen verknüpft werden und so einer höheren Ordnung unterstellt werden.

Da Vernunftbegriffe nichts als die Form der Einheit von Urteilen sind, ohne einen (fremden) Inhalt zu haben, sind sie das Unbedingte, dasjenige, was nicht weiter zurückgeführt werden kann. Sie betreffen so zwar etwas, »worauf die Vernunft in ihren Schlüssen aus der Erfahrung führt, und wonach sie den Grad ihres empirischen Gebrauchs schätzet und abmisset«[46], aber sie gehören selbst niemals der empirischen Synthesis an. Statt dessen sind sie bloße Form.

> »In jedem Vernunftschlusse denke ich zuerst eine Regel (maior) durch den Verstand. Zweitens subsumiere ich ein Erkenntnis unter die Bedingung der Regel (minor) ver- mittelst der Urteilskraft. Endlich bestimme ich mein Erkenntnis durch das Prädikat der Regel (conclusio), mithin a priori durch die Vernunft. Das Verhältnis also, welches der Obersatz, als die Regel, zwischen einer Erkenntnis und ihrer Bedingung vorstellt, macht die verschiedenen Arten der Vernunftschlüsse aus.«[47]

Da Vernunftschlüsse das formale und logische Verfahren sind, das die Ideen aus- macht, beziehen sie sich nicht auf Anschauung, sondern auf Begriffe und Urteile. Vernunftschlüsse sind selbst »Urteile«, in denen die Vernunft die allgemeinsten Bedingungen ihrer Urteile festhält.[48] Die Einheit, die sich in den Vernunftschlüs- sen äußert, sind die Ideen. Solche Ideen, die das einheitstiftende Moment der Vernunft sind, haben gerade den erkenntnistheoretischen Status, den Hume der Kraft zuschrieb. Ideen sind etwas, mit dem »zwar kein einzelnes Geschöpf, unter den einzelnen Bedingungen seines Daseins«, in dem Sinne übereinstimmt, daß es »mit der Idee des Vollkommensten seiner Art kongruiere«, aber Ideen sind im höchsten Verstände »unveränderlich, durchgängig bestimmt, und die ursprüngli-

---

45   Kant, I.(1781, 1787), B 356.
46   Kant, I. (1781, 1787), B 367.
47   Kant, I. (1781, 1787), B 360f. An diesen Abschnitt aus der *Kritik der reinen Vernunft* knüpft Hegel in seinen Methodenüberlegungen zur Dialektik an. Cf. Kapitel VIII.
48   Kant, I. (1781, 1787), B 364f.

chen Ursachen der Dinge« und nur das »Ganze ihrer Verbindung im Weltall einzig und allein (ist) völlig adäquat«.[49]

Das bedeutet einerseits, daß die Vorstellung von Dingen von den Ideen her genommen werden; andererseits aber werden die Regeln aus der Erfahrung abstrahiert, so daß die Erfahrung Grundlage von Wahrheit ist. Die Ideen sind die Maximen, nach denen wir erkennen. Die Erfahrung liefert den Stoff. Erfahrung und Idee aber sind im Fall der Natur in Übereinstimmung:

> »Keine Kraft der Natur kann aber von selbst von ihren eigenen Gesetzen abweichen. Daher würden weder der Verstand für sich allein ... noch die Sinne für sich, irren.«[50]

Gegenstand der Vernunft ist also der Verstand, und die Vernunft zeigt, daß die transzendentalen Ideen nicht konstitutiv für die Erkenntnis anwendbar sind, sondern nur regulativ, wobei die Ideen durch Verstandesbegriffe (Kategorien), die nie außerhalb der Grenzen möglicher Erfahrung liegen, die »größte Einheit« bei »größter Ausbreitung« ermöglichen.[51] Die Ideen der reinen Vernunft erlauben keine Deduktion, wie die Kategorien, aber insgesamt lassen sich drei »oberste« Ideen angeben, die Ideale, unter denen alle anderen möglich sind. Diese Ideale zu beschreiben, ist die »Vollendung des kritischen Geschäfts der reinen Vernunft«.[52] Diese drei transzendentalen Ideale sind die psychologische, die kosmologische und die theologische Idee, deren Gegenstandsbereiche die Psyche, die Welt (oder Natur) und Gott sind. Uns interessiert das kosmologische Ideal. Es gibt die Bedingungen der inneren sowohl als der äußeren Naturerscheinungen an. Diese Idee ist (wie die anderen) ein heuristischer und kein ostentativer Begriff, der seinen Gegenstand positiv vorführt.[53] Die Untersuchung dieser Idee ist nicht zu vollenden. Man muß sie so betrachten, als wäre sie unendlich – ohne ein erstes und letztes Glied. Freilich gibt Kant dennoch die »bloß intelligiblen Gründe« dieser Idee an.[54] Sie liegt in einem höchsten Geist, der die Welt geschöpft hat. Die Naturgesetze der Vernunft sind Nachbildungen dieser intelligiblen Gründe. Wichtig ist, daß das kritische Geschäft der Vernunft darin besteht, zwar das regulative Prinzip zur Erkenntnis einer Welt zu geben, aber in allem den »Schein transzendentaler Urteile« aufzudecken, der darin besteht, »daß in unserer Vernunft (subjektiv als ein menschliches Erkenntnis-

---

49 Kant, I. (1781, 1787), B 374ff.
50 Kant, I. (1781, 1787), B 350.
51 Kant, I. (1781, 1787), B 672.
52 Kant, I. (1781, 1787), B 698.
53 Kant, I. (1781, 1787), B 699.
54 Kant, I. (1781, 1787), B 700.

vermögen betrachtet) Grundregeln und Maximen ihres Gebrauchs liegen, welche gänzlich das Ansehen objektiver Grundsätze haben, und wodurch es geschieht, daß die subjektive Notwendigkeit einer gewissen Verknüpfung unserer Begriffe, zu Gunsten des Verstandes, für eine objektive Notwendigkeit, der Bestimmung der Dinge an sich selbst, gehalten wird.«[55] Der Verstand tut gleichsam so, als sei die Idee von der Natur ein Objekt. Die transzendentalen Ideen sind aber vielmehr ein Beleg für die Unabschließbarkeit menschlicher Erkenntnis. Sie belegen die Endlichkeit des Wissens.[56] Gleichwohl aber nimmt Kant an, daß die Ideen und vor allem die Ideale die Annahme einer abgeschlossenen Einheit sein können. Sie sind diese Einheit qua Setzung. Sie sind Vorstellungen von der Vorstellung von einer Vollständigkeit und Ganzheit des Denkens.[57]

Inwiefern ein Streben der Begriffe nach Einheit objektiv notwendig ist, erläutert Kant am Kraftbegriff.[58] Ausgehend von vielen Kräften im menschlichen Gemüt strebt das »logische Vernunftprinzip« danach, eine »Einheit soweit als möglich« zustande zu bringen und das Identische in der Vielzahl der Erscheinungen an den Kräften zu bestimmen. Dies führt zur Annahme einer Grundkraft.[59] Dies ist eine hypothetische Vernunfteinheit, die zugunsten der Vernunft zur Errichtung gewisser Prinzipien und mancherlei Regel für die Erfahrung angenommen wird.[60]

> »Es zeigt sich aber, wenn man auf den transzendentalen Gebrauch des Verstandes Acht hat, daß diese Idee, einer Grundkraft überhaupt, nicht bloß als Problem zum hypothetischen Gebrauche bestimmt sei, sondern objektive Realität vorgebe, dadurch die systematische Einheit der mancherlei Kräfte einer Substanz postuliert und ein apodiktisches Vernunftprinzip errichtet wird. ... In der Tat ist auch nicht abzusehen, wie ein logisches Prinzip der Vernunfteinheit der Regeln stattfinden könne, wenn nicht ein transzendentales vorausgesetzt würde, durch welches eine solche systematische Einheit, als den Objekten selbst anhängend, a priori als notwendig angenommen wird.«[61]

Kant hat dies an dem Begriff der *Kraft* mit dem Ziel dargestellt, zu illustrieren, daß sich ein transzendentaler Grundsatz der Vernunft ergibt, nach dem die Beschaf-

---

55 Kant, I. (1781, 1787), B 353.

56 Cf. Höffe, 0.(1981), 23.

57 Faber, M. et al. (1992), 238f interpretieren dies als eine Offenheit Kants und betonen Kants Bedeutung für eine *theory of ignorance*.

58 Cf. Matsuyama, J. (1987). Matsuyama, J. (1988 a). Matsuyama, J. (1988 b).

59 Kant, I. (1781, 1787), B 677.

60 Kant, I. (1781, 1787), B 678.

61 Kant, I. (1781, 1787), B 677ff.

fenheit der Gegenstände und die Natur des Verstandes an sich beide zugleich zur gleichen systematischen Einheit bestimmt sind. Die systematische Einheit wird so als objektiv notwendig[62] aufgezeigt. Die Kraft ist die Kausalität der Substanz und die Vielfältigkeit der Materie insinuiert zunächst eine Vielzahl von Kräften, die durch Komparation auf eine Grundkraft zurückgeführt werden. Dabei werden die Grundkräfte aus Gemeinsamkeiten herausgearbeitet.

»Die Idee einer Grundkraft, von welcher aber die Logik gar nicht ausmittelt, ob es dergleichen gebe, ist wenigstens das Problem einer systematischen Vorstellung der Mannigfaltigkeit von Kräften. Das logische Vernunftprinzip erfordert, diese Einheit soweit als möglich zu Stande zu bringen, und je mehr die Erscheinungen der einen und anderen Kraft unter sich identisch gefunden werden, desto wahrscheinlicher wird es, daß nichts, als verschiedene Äußerungen einer und derselben Kraft sein, welche (komparativ) ihre Grundkraft heißen kann.«[63]

Die sich so ergebende Einheit ist kein besonderes Naturgesetz, sondern wird zum »inneren Gesetz der Natur« selbst.[64] Darin zeigt sich eine systematische Übereinstimmung von Gegenstand der Natur und Natur des Verstandes. Das Gesetz der Vernunft, diese Einheit zu suchen »ist notwendig, weil wir ohne dasselbe gar keine Vernunft, ohne diese aber keinen zusammenhängenden Verstandesgebrauch, und in dessen Ermangelung kein zureichendes Merkmal empirischer Wahrheit haben würden, und wir also in Ansehung des letzteren die systematische Einheit der Natur durchaus als objektivgültig und notwendig voraussetzen müssen.«[65] Der so entstandene Kraftbegriff bei Kant ist also die Folge einer Reihe von Abstraktionen auf eine ideale Grundkraft, die für die Einheit der Natur steht und alle Bereiche der Kraftwirkung als kausaler Beziehungen abdeckt. Dies ist in der Summe der Gesetze die Natur.

Ähnlich argumentiert Kant für die Beziehungen von Art, Gattung und Geschlecht.[66] Diese Begriffe haben insofern eine exponierte Bedeutung, als ihre inhaltliche Bedeutung zugleich den logischen und formalen Status der Begriffe im Schluß bezeichnen.

»Dadurch wird gesagt: daß die Natur der Dinge selbst zur Vernunfteinheit Stoff darbiete, und die anscheinende unendliche Verschiedenheit dürfe uns nicht abhalten, hinter

---

62 Kant, I. (1781, 1787), B 676.

63 Kant, I. (1781, 1787), B 677.

64 Kant, I. (1781, 1787), B 678.

65 Kant, I. (1781, 1787), B 679.

66 Kant, I. (1781, 1787), B 679f.

ihr Einheit der Grundeigenschaften zu vermuten, von welchen die Mannigfaltigkeit nur durch mehrere Bestimmung abgeleitet werden kann.«[67]

Für Kant wird deshalb jede Form von Einheit, die im Verlauf der Kritik der Erkenntnisvermögen auftaucht, nur hinsichtlich ihres formalen logischen Status bestimmt; umgekehrt ist die Form der Einheit insofern jedoch identisch mit den Objekten, als die Objekte ja immer schon synthetisch durch die Bestimmungen festgelegt sind, die sie als Einheit beschreiben. Die Erkenntnistheorie Kants kennt also drei Stufen des Erkenntnisvermögens: reine Anschauung, Verstand und Vernunft. Die reinen Formen der reinen Anschauung sind dabei Raum und Zeit. Verstand und Vernunft konstruiert Kant nach einem parallelen Muster: In beiden werden mittels einer transzendentalen Deduktion Grundbegriffe etabliert, die als Ausgangspunkt für weitere Kombinationen ihrer Bedeutungen auftreten: Im Verstand sind es die Kategorien, in der Vernunft die Ideale. Die daraus sich ergebenden Kombinationen haben die Funktion von Bildungsregeln: Im Verstand sind es die Begriffe, in der Vernunft die Ideen. In beiden Bereichen lassen sich Begriffe bzw. Ideen verknüpfen: im Verstand zu Urteilen, in der Vernunft zu Schlüssen. Beide stellen aber unterschiedliche Stufen in der Hierarchie der Erkenntnisvermögen dar, nach Maßgabe ihrer Unabhängigkeit von der Erfahrung. Nach der reinen Anschauung folgt der reine Verstand, der die Einheit in der Anschauung konstruiert, und danach folgt die Vernunft, die das regulative Prinzip für die Einheit der unendlichen iterativen Bestimmungen des Verstandes ist.

3   Die Natur

Kants *Transzendentalphilosophie* hat mit diesem differenzierten Konzept einer Erkenntnistheorie die logischen Formen, die jeder Erfahrung, insbesondere auch der der Natur vorausgehen, als transzendentale Bedingung jenseits der Erfahrung interpretiert: Naturwissenschaft bekommt einen systematischen Ort in der Erkenntnis, indem die von ihr aufgestellten Gesetze als diejenigen reinen Formen interpretiert werden, die die Erfahrung der Natur erst möglich machen. Die Möglichkeit der Erfahrung – so Kant – ist zugleich ein allgemeines Gesetz der Natur.[68] *Allgemeine Naturgesetze* werden a priori erkannt, weil die oberste Gesetzgebung der Natur in unserem Verstand liegt. Die allgemeinen Gesetze der Natur sind das,

---

67 Kant, I. (1781, 1787), B 680. Waidhas, D. (1985).
68 Kant, I.(1783), A 111.

was wir a priori wissen. Unsere Gesetze der Natur sind gleichsam die Natur. Die
Übereinstimmung des Prinzips möglicher Erfahrung mit dem Gesetz der Möglichkeit der Natur folgt deshalb, weil die Natur aus den Gesetzen der Möglichkeit von
Erfahrung überhaupt abgeleitet wird. Dabei gibt es empirische Gesetze der Natur,
die besondere Wahrnehmung voraussetzen und von den allgemeinen Naturgesetzen
zu unterscheiden sind. Die allgemeinen Naturgesetze sind jene Formen, die in der
Erkenntnis a priori liegen und jeder möglichen Erfahrung vorausgehen. Für sie gilt:

>Der Verstand schöpft seine Gesetze (a priori) nicht aus der Natur, sondern schreibt
sie dieser vor.«[69]

Natur ist die Summe der Naturgesetze. Natur wird in dieser Aussage in formaler
Hinsicht bestimmt. Natur ist das, was a priori für unser Erkenntnisvermögen
ist. Natur in formaler Hinsicht zu bestimmen, bedeutet bei Kant, daß von jeder
Erfahrung abstrahiert wird und Natur nur in einer reinen Form betrachtet wird.
Aber auch in materialer Hinsicht kann die Natur bestimmt werden. Dann ist sie
»vermittelst der Beschaffenheit unserer Sinnlichkeit« bestimmt.[70] Natur ist deshalb
nicht der Inbegriff von außer uns existierenden und nicht von uns gemachten Dingen, sondern Natur läßt sich nur so bestimmen, wie wir Natur erkennen.[71] Natur
ist die Summe der formalen Gesetze, die wir ihr vorschreiben.

Kant nimmt damit eine Auffassung von Natur auf, die im französischen Newtonianismus üblich war und die im Kontext des nach-Cartesischen Rationalismus
steht. Sie besagt, daß Naturgesetze ideale mechanische Gesetze sind, die in der
Wirklichkeit so nicht Vorkommen, aber die allgemeinste Fassung jeder Erfahrung
mit der Natur darstellen. Die Anpassung an das tatsächliche Geschehen und die
spezielle Erfahrung geschieht – nach Annahme der Newtonianer – so, daß durch
Anfangsbedingungen und Randbedingungen oder ad-hoc-Annahmen die Gesetze
eingeschränkt bzw. näher bestimmt werden.[72] Die ideale Natur jedenfalls wird durch
die Gesetze gegeben, die wir aus den äußeren Erscheinungen idealiter abstrahieren.
Auch die Natureinheit selbst wird von Kant so interpretiert, daß sie von den »ersten
Quellen unseres Denkens an sich« gegeben sind. Die Natureinheit ist a priori.[73]

---

69 Kant, I. (1783), A 113.
70 Kant, I. (1783), A 110.
71 Wolters, G. (1989), 211.
72 Eine gänzlich andere Vorstellung vertrat dagegen Leibniz in seiner Monadologie.
     Danach beschreiben die Gesetze der Natur die tatsächlichen Prozesse und sind als
     Entwicklungsgesetze in jeder Monade bereits enthalten.
73 Kant, I.(1781, 1787), A 114.

Als Einheit wird die Natur verstanden, mittelst der Idee, daß die mannigfaltigen Bestimmungen, die der Verstand für die Naturgegenstände sammelt, nur einen einheitlichen Gegenstand beschreibt, die Natur.

Sofern die transzendentale Idee der Natur aber die Einheit der Bedingungen der Erscheinungen ist, ist sie die regulative Idee der spekulativen Vernunft, d. h. Natur gibt an, nach welchen Regeln die Verstandesbegriffe in der Erfahrung Bedeutung finden. Dies ist ein Ideal der reinen Vernunft, das als regulatives Prinzip erscheint. Danach ist die Natur, die sich auf alle sinnlichen Gegenstände bezieht, das einzige gegebene Objekt, das eines regulativen Prinzips bedarf. Für die körperliche Natur brauchen wir keine die Erfahrung übersteigende Vorstellung, wenn wir die Kategorien auf sie anwenden wollen, um sie gemäß ihrer inneren Möglichkeiten zu denken. Das Ideal einer Natur brauchen wir erst, wenn wir über die Anwendung des Schemas hinaus die Einheit der Natur in der Vernunft betrachten. Für die reine Vernunft ist körperliche Natur nur die »Natur überhaupt«[74], und die »Vollständigkeit der Bedingungen« sind in der Natur »nach einem Prinzip« gegeben.[75] Die Vielzahl der Bestimmungen der Natur durch den Verstand wird in der Idee zusammengefaßt.

»Die absolute Totalität der Reihen dieser Bedingungen, in der Ableitung ihrer Glieder, ist eine Idee, die zwar im empirischen Gebrauche der Vernunft niemals völlig zu Stande kommen kann, aber doch zur Regel dient, ... als ob die Reihe an sich unendlich wäre, d. i. in indefinitum.«[76]

Damit beschreibt Kant die Natur als das kosmologische Ideal, eine der drei höchsten Ideen der Vernunft.

Diese Idee von einem Welt- oder Naturbegriff ist als regulatives Prinzip der Vernunft bemüht, die unendliche Reihe der Bedingungen der Natur in einer »höchsten systematischen Einheit« enden zu lassen. Dazu wird eine »Idee der zweckmäßigen Kausalität der obersten Weltursache« angenommen, eine »höchste Intelligenz«, die »nach der weisesten Absicht« die »Ursache von allem« sei.[77] Diese Idee einer ersten Ursache kann nur fehlerfrei genutzt werden, wenn sie im Argumentationsgang nur als regulatives Prinzip auftaucht und die Idee darauf beschränkt wird. In seiner Antinomienlehre versucht Kant zu zeigen, daß die Idee von der Natur, also die transzendentale Idee der Einheit der Reihe der Bedingungen der Erscheinungen (Welt) kein Objekt – im Sinne eines erfahrbaren Gegenstandes – ist, weil das zu

---

74 Kant, I. (1781, 1787), B 712f.
75 Kant, I. (1781, 1787), B 713.
76 Kant, I. (1781, 1787), B 713. Zum hypothetischen Gebrauch der Vernunft siehe Kant, I. (1781, 1787), B 675.
77 Kant, I. (1781, 1787), B 716.

Widersprüchen führen würde, die auf der Differenz zwischen Unbedingtem in der Idee und Bedingtem in den Kategorien beruhen. Alle Aussagen, die in der Idee zusammengefaßt sind, sind unbedingt. Als unbedingte können die sie betreffenden Antinomien deshalb nicht aufgelöst werden, denn dazu müßte in der Auflösung hinter das Unbedingte und Erste zurückgegangen werden, was nicht geht. Kant zeigt dies auch ex negativo an den Fehlern, die im Umgang mit der Idee von der Natur gemacht werden: Die Idee der Einheit der Natur wird z. B. falsch genutzt, wenn die Physikotheologen einen Teilbereich der Natur heranziehen, um daraus teleologische Schlüsse zu ziehen, die doch nur das Ganze voraussetzen. Zur Vermeidung dieses Fehlers darf man eben keine Einzelbereiche unter dem Gesichtspunkt des Zwecks betrachten, sondern muß diese systematische Einheit der Natur ganz allgemein denken und die Zweckmäßigkeit »nach allgemeinen Gesetzen der Natur zum Grunde« legen.[78]

Die Idee der Einheit der Natur hat also prinzipiell nur eine regulative Funktion:

> »Die Idee der systematischen Einheit sollte nur dazu dienen, um als regulatives Prinzip sie in der Verbindung der Dinge nach allgemeinen Naturgesetzen zu suchen, und, so weit sich etwas davon auf dem empirischen Wege antreffen läßt, um so viel auch zu glauben, daß man sich der Vollständigkeit ihres Gebrauchs genähert habe, ob man sie freilich niemals erreichen wird.«[79]

Sie ist die Aufforderung, um die »Verbindung der Dinge« zu erkennen, indem allgemeine Naturgesetze aufgesucht werden. Zugleich soll sie glauben machen, daß »man sich der Vollständigkeit ihres Gebrauchs genähert habe.«[80] Dabei muß man wissen, daß man dies nie erreicht. Kant fragt:

> »Denn, wenn man nicht die höchste Zweckmäßigkeit in der Natur a priori, d. i. als zum Wesen derselben gehörig, voraussetzen kann, wie will man denn angewiesen sein, sie zu suchen und auf der Stufenleiter derselben sich der höchsten Vollkommenheit eines Urhebers, als einer schlechterdings notwendigen, mithin a priori erkennbaren Vollkommenheit, zu nähern?«[81]

Die Vollständigkeit und die Wahrheitskonvergenz sind also bei Kant die Folge einer Annahme eines letzten Grundes, als der die Natur aufgefaßt wird. Nur so

---

78 Kant, I.(1781, 1787), B 719.

79 Kant, I.(1781,1787), B 720.

80 Kant, I. (1781, 1787), B 720.

81 Kant, I. (1781, 1787), B 721. Diese Position finden wir ähnlich bei Nikolaus von Autrecourt, der bereits im 14. Jahrhundert eine Erkenntnistheorie formulierte, die einem Empirismus verpflichtet war. Cf. Hübener, W. (1983), 104ff.

ist die Natureinheit nicht bloß empirisch erkennbar, sondern vielmehr a priori vorauszusetzen, wenn sie auch unbestimmt ist. Die Natureinheit folgt dennoch »aus dem Wesen der Dinge«[82], weil sie die Gesetze enthält, die das Wesen der Dinge ausmachen. Die Einheit der Natur ist keine konstitutive Bedingung für die bestimmte Erkenntnis einzelner Fakten, sondern sie beschreibt ein Streben für den Erkenntniswillen. Die Naturforschung – so Kant – wird an der Kette der Naturursachen nach allgemeinen Naturgesetzen geleitet, immer unter der Vorgabe des Ideals mit der Idee eines Urhebers und der Vorgabe der Zweckmäßigkeit, die in den Wesen der Naturdinge gesucht wird und von der Idee des letzten Grundes rührt. Die vollständige zweckmäßige Einheit ist die Vollkommenheit der Natur. Diese finden wir in den Wesen der Dinge, »welche den ganzen Gegenstand der Erfahrung, d. i. aller unserer objektivgültigen Erkenntnis, ausmachen, mithin in allgemeinen und notwendigen Naturgesetzen.«[83] Die Natur selbst muß also nach diesem erkenntnistheoretischen Konzept Kants als eine »vollständige zweckmäßige Einheit« in »Vollkommenheit« betrachtet werden. Nur so ist die Natur als Summe der Gesetze jene Einheit, die in der Idee der Vernunft liegt.

Die zweckmäßige Natur ergibt sich bei Kant im Rahmen der Argumentation der *Kritik der reinen Vernunft* im Kontext der Idee eines Weltenschöpfers. Natur ist immer mechanistisch, und im Kontext der *Grundlegung zur Metaphysik der Sitten* wird – in der Argumentationslinie der *Kritik der reinen Vernunft* – das Teleologische nach der Vorstellung von der Natur gedacht:

> »Ein Reich der Zwecke ist also nur möglich nach der Analogie mit einem Reiche der Natur, jenes aber nur nach Maximen, d. i. sich selbst auferlegten Regeln, diese nur nach Gesetzen äußerlich genötigter wirkender Ursachen. Dem unerachtet gibt man doch auch dem Naturganzen, ob es schon als Maschine angesehen wird, dennoch, so fern es auf vernünftige Wesen, als seine Zwecke, Beziehung hat, aus diesem Grunde den Namen eines Reichs der Natur.«[84]

> »Allein, obgleich das vernünftige Wesen darauf nicht rechnen kann, daß, wenn es auch gleich diese Maxime selbst pünktlich befolgte, darum jedes andere eben derselben treu sein würde, imgleichen, daß das Reich der Natur und die zweckmäßige Annordnung desselben, mit ihm, als einem schicklichen Gliede, zu einem durch ihn selbst möglichen Reiche der Zwecke zusammenstimmen«[85]. »Ein jedes Ding der

82   Kant, I. (1781, 1787), B 721.
83   Kant, I. (1781, 1787), B 722.
84   Kant, I. (1785, 1786), B 84.
85   Kant, I. (1785, 1786), B 84.

Natur wirkt nach Gesetzen. Nur ein vernünftiges Wesen hat das Vermögen, nach der
Vorstellung der Gesetze, d. i. nach Prinzipien, zu handeln«[86].

Auch in Kants Vorstellung einer *teleologischen Urteilskraft* wird der Natur eine
»technische Zweckmäßigkeit« zugeschrieben[87], die die Funktion hat, als Urteilskraft nachzuempfinden, was zuvor in der Vorstellung der Teleologie im Begriff
des Weltenschöpfers (nach der Argumentation der *Kritik der reinen Vernunft)* lag.

> »Aber auch ohne sich zu erkühnen, ein anderes verständiges Wesen über sie, als
> Werkmeister, setzen zu wollen, weil dieses vermessen sein würde: sondern es soll
> dadurch nur eine Art der Kausalität der Natur, nach einer Analogie mit der unsri- gen
> im technischen Gebrauche der Vernunft, bezeichnet werden, um die Regel, wornach
> gewissen Produkten der Natur nachgeforscht werden muß, vor Augen zu haben.«[88]

Dadurch wird kein besonderer Grund der Kausalität eingeführt, »sondern auch
nur zum Gebrauche der Vernunft eine andere Art der Nachforschung, als die
nach mechanischen Gesetzen ist«, hinzugefugt, »um die Unzulänglichkeit der
letzteren, selbst zur empirischen Aufsuchung aller besonderen Gesetze der Natur,
zu ergänzen.«[89]

Das teleologische Prinzip ist also eine Heuristik, die sich auf die besonderen
Gesetze und nicht auf allgemeine Gesetze der Natur bezieht. Die Natur selbst wird
nicht durch teleologische Bedingungen erfaßt.

Die innere Zweckmäßigkeit ist »kein inneres Prinzip der Naturwissenschaften«[90]
und es gibt keinen »Anspruch darauf, teleologische Erklärungsgründe in der Physik zu sein«[91]. Deshalb ist die Teleologie ein Prinzip der *Theologie* und nicht der
theoretischen Naturwissenschaften.

> »Dieses geschieht, um das Studium der Natur nach ihrem Mechanism an demjenigen
> fest zu halten, was wir unserer Beobachtung oder den Experimenten so unterwerfen
> können, daß wir es gleich der Natur, wenigstens der Ähnlichkeit der Gesetze nach,
> selbst hervorbringen könnten; denn nur so viel sieht man vollständig ein, als man nach
> Begriffen selbst machen und zu Stande bringen kann. Organisation aber, als innerer
> Zweck der Natur, übersteigt unendlich alles Vermögen einer ähnlichen Darstellung
> durch Kunst: und was äußere für zweckmäßig gehaltene Natureinrichtungen betrifft

86 Kant, I.(1785, 1786), B 36.
87 Kant, I. (1790, 1793, 1799), B 306.
88 Kant, I. (1790, 1793, 1799), B 309.
89 Kant, I. (1790, 1793, 1799), B 308.
90 Kant, I. (1790, 1793, 1799), B 307.
91 Kant, I. (1790, 1793, 1799), B 306.

(z. B. Winde, Regen u. d. gl.), so betrachtet die Physik wohl den Mechanism derselben; aber ihre Beziehung auf Zwecke, so fern diese eine zur Ursache notwendig gehörige Bedingung sein soll, kann sie gar nicht darstellen, weil diese Notwendigkeit der Verknüpfung gänzlich die Verbindung unserer Begriffe, und nicht die Beschaffenheit der Dinge, angeht.«[92]

Natur ist a priori die vollständige und vollkommene Einheit, die als regulative Idee jeder Erfahrung vorausgehen muß. Erfahrung fordert also einheitstiftende Funktionen von Anschauung, Verstand und Vernunft, zu deren höchsten Ideen die Idee von der Einheit der Natur gehört. Sie ist die einheitstiftende Funktion, deren jede Erfahrung bedarf, insbesondere die in den Naturwissenschaften formulierte.

Naturwissenschaft im strengen Sinne kann sich bei Kant nur auf die Natur beziehen, die sich mathematisch darstellen läßt und die Begriffe in die Anschauung konstruiert. Deshalb sind die Bereiche der Chemie und Biologie nicht im Sinne einer reinen Naturwissenschaft darstellbar, obwohl gerade in ihnen *Zweckmäßigkeit* ein Grundbegriff zu sein scheint. Die Vorstellung der Zweckmäßigkeit ist aber in der Natur nur als Regulativum zugelassen. Die Naturgesetze, die der Verstand formuliert, sind lineare Kausalgesetze.[93]

Kants Konzept seines transzendentalen Idealismus beruht darauf, daß es mit Notwendigkeit existierende Formen des Erkenntnisvermögens gibt, die jeder möglichen Erfahrung vorausgehen. Welche Erfahrung auch immer denkbar sein wird, sie ist nur in der Gestalt möglich, die durch reine Anschauung und *transzendentale Logik* gegeben ist. *Transzendentale Ästhetik* und *transzendentale Logik* beschreiben, wie mögliche Erfahrung aussieht.

Dabei ist das Ziel der transzendentalen Methode, jeweils eine übergeordnetere und formalere Einheit für logische Strukturen zu finden. Die höchste Einheit wird daher zum Problem. Sie muß alles umfassen. Sie liegt in der Einheit der Vernunft. Aus der Einheit der Vernunft folgt die Grundlegung der Erkenntnis durch die Idee. »Die Vernunfteinheit ist die Einheit des Systems.«

Sie stiftet die methodischen Regeln der Verstandesbegriffe:

»Das Principium einer solchen systematischen Einheit ist auch objektiv, aber auf unbestimmte Art, ... nicht als konstitutives Prinzip, um etwas in Ansehung seines direkten Gegenstandes zu bestimmen, sondern um, als bloß regulativer Grundsatz und Maxime, den empirischen Gebrauch der Vernunft durch Eröffnung neuer Wege,

---

92 Kant, I. (1790, 1793, 1799), B 309. Im Sinne dieser Interpretation siehe auch: Rang, B. (1993).

93 Wolters, G. (1989), 217f verweist in diesem Zusammenhang auf die »zweckmäßige Natur«, die in der Biologie wissenschaftlicher Gegenstand ist. Ihr fehlen die kausalen Begründungszusammenhänge. Cf. zu diesem Problem: Giovanni, G. di (1979).

die der Verstand nicht kennt, ins Unendliche (Unbestimmte) zu befördern und zu
befestigen, ohne dabei jemals den Gesetzen des empirischen Gebrauchs im mindesten
zuwider zu sein.«[94]

Aus der Einheit der Vernunft folgt unser Schluß auf die Einheit der Natur[95] – und
mehr noch die konkrete Gestalt ihres Objektes.[96] Kants kritische Philosophie erlaubt
so eine metaphysische Begründung einer mathematisch empirischen Naturwissenschaft. Sie verteilt die Aufgaben im Erkenntnisprozeß so, daß einerseits allein
Erfahrung sicherstellt, ob etwas existiert. Andererseits werden in der Vernunft die
Formen der Erkenntnis vorgefunden, die als Ideen die formalen Voraussetzungen
angeben, unter denen Erfahrung möglich wird. Sie bilden das Prinzip der Einheit
der Natur.

Jeder der drei transzendentalen Stufen der Erkenntnis, Anschauung, Verstand
und Vernunft, entspricht ein anderer Grad an Idealität, d. h. Abstraktion von der
Realität. Damit geht ein Wandel der Funktionen im Erkenntnisprozeß einher: Die
Ideen sind nur ideal. In ihnen wird eine Einheit als Maxime gesetzt; sie kommen
nur als der Ort einer Kritik des Scheins wahrer Erkenntnis in Betracht, weil sie ja
nur bloße Formen der Erkenntnis sind. Wenngleich die Wissenschaften der Ideen
bedürfen, ist ihr Untersuchungsgegenstand – als reine Wissenschaft – doch nur
der Verstand. Reine Naturwissenschaft bedient sich der Verstandesbegriffe und
deduziert mit ihnen die Formen, rein und notwendig, die möglicher Erfahrung
vorausgehen. Reine Mathematik hingegen konstruiert in die reinen Formen der
Anschauung, was für mögliche Erfahrung an Formen des Sinnlichen möglich
sein kann. Der mögliche Bezug von Formen der Anschauung auf die Anschauung
geschieht dabei durch eine Konstruktion in die Anschauung; die Beziehung von
Kategorien auf empirische Begriffe geschieht durch das jeweilige Schema.

In der empirischen Anwendung reiner Naturwissenschaft und reiner Mathe-
matik erhalten wir dann eine empirische Naturwissenschaft, die uns die Welt der
Wahrnehmung erkennbar macht. Kants *transzendentaler Idealismus* ist also eine
Lehre des Erkenntnisvermögens, das Erkenntnis auf Erfahrung zurückführt, aber

---

94 Kant, I. (1781, 1787), B 708.

95 Kant, I. (1781, 1787), B 721f.

96 Der hier vorgestellte Begriff von Natur aus Kants *Kritik der reinen Vernunft* wird unter
     dem Eindruck von Sömmerings anthropologischen Untersuchungen und Blumenbachs
     Theorie des Bildungstriebs in der *Kritik der Urteilskraft* modifiziert, wie bereits in der
     Kritik der praktischen Vernunft Rousseaus Naturbegriff von Kant aufgegriffen wird,
     wo Natur die Folie für freies Verhalten in der Bürgerlichen Gesellschaft ist. Allerdings
     bleibt der Newtonsche Naturbegriff im Kontext der Kantschen Philosophie derjenige,
     der historisch wirksam bleibt. Cf. Gulyga, A. (1985), 142ff.

das subjektive Vermögen des Erkennens untersucht und dessen Anteil am Erkennen herausarbeitet:

»Der Grundsatz, der meinen Idealism durchgängig regiert und bestimmt, ist dagegen: ›Alles Erkenntnis von Dingen, aus bloßem reinen Verstände, oder reiner Vernunft, ist nichts als lauter Schein, und nur in der Erfahrung ist Wahrheit‹.«[97]

Kant hat auf diese Weise erklärt, wie eine mathematische Naturwissenschaft möglich sein kann und wie zugleich Erfahrungswissenschaft möglich ist. Mit dieser Erklärung hat Kant jene Metaphysik geliefert, die die Erfolge der mathematischen Naturwissenschaft am Ende des 18. Jahrhunderts und im 19. Jahrhundert entscheidend gefördert hat, und gleichzeitig hat er das Grundmodell für eine empirische mathematische Naturwissenschaft geliefert. In den transzendentalen Prinzipien liegen die metaphysischen Annahmen, die die modernen mathematischen Naturwissenschaften erkenntnistheoretisch begründen und die für unseren Umgang mit der Natur das Interpretament geben.

Der Kantsche Naturbegriff muß von Kants Vernunftbegriff her verstanden werden. Gemäß der transzendentalen Methode können wir jenseits aller Erfahrung Strukturen festmachen, deren logischer Rechtsgrund nicht in der Erfahrung, sondern allein in ihrer Verwendung liegt. Sie haben ihre Legitimität nicht dadurch, daß sie erfahren wurden, sondern dadurch, daß ihr Gebrauch für das Erkennen und Denken unentbehrlich ist. Die Formen der reinen Anschauung, Raum und Zeit, liefern die a priori-Strukturen der Anschauung, die Begriffe und Urteile des Verstandes, die unendlichen Bestimmungen analytischen Verstehens. Und die Schlüsse und Ideen der Vernunft bestimmen die Grenzen des analytischen Verstehens. In dieser Sequenz führt die transzendentale Methode jeweils zu einer spezifischen Einheit höherer Ordnung bis zur Vernunft. Solche grundlegenden Einheiten stellen für den Verstand die vier Kategorien dar und für die Vernunft die drei transzendentalen Ideale, das sind die psychologische, die kosmologische und die theologische Idee mit den Gegenstandsbereichen der Seele, der Welt bzw. der Natur und Gottes. Dabei gibt die kosmologische Idee gleichsam die Bedingungen an, unter denen der Verstand gemäß analytischer Verfahren nach Gesetzmäßigkeiten in der Natur suchen muß, kann und darf.

Die kosmologische Idee formuliert, welche impliziten Annahmen in Urteilen über Naturgegenstände das Urteil ermöglichen, und beschreibt damit zugleich, welche argumentative Reichweite solche Urteile allenfalls qua a priori-Deduktion haben können. Aussagen, die unter dem Titel der kosmologischen Idee stehen,

---

97 Kant, I.(1783), A 205.

haben deshalb keine konstitutive Bedeutung für die Realität, sondern nur die
Bedeutung eines regulativen Prinzips. Auf diese Weise sind die Regeln, die unter
der kosmologischen Idee gefaßt sind, bloß konstitutive Bedingungen für unseren
Begriff von der Natur, aber nicht für sich niemals »geradezu auf einen Gegenstand,
sondern lediglich auf den Verstand.«[98]

Da wir im Fall der Natur fair die Anwendung der Kategorien (im Gegensatz
etwa zur Psyche) keiner Ideen bedürfen, weil das Naturwissen an der »Kette der
Erfahrungen« fortschreitet, und deshalb die einzelnen Bestimmungen der Natur
nicht nach einer Idee zu denken sind, so sind im Fall der kosmologischen Idee nicht
etwa einzelne Phaenomene aus dem Bereich der Natur Gegenstand, sondern nur
die Gesamtheit der Natur ist Gegenstand. Es bleibt nur »die Natur überhaupt, und
die Vollständigkeit der Bestimmungen« in der Natur »nach einem Prinzip«[99] als
Inhalt des Regulativums, das die Idee ist, übrig. Die kosmologische Idee hat nur die
Natur als ganze in ihrer Totalität als ein regulatives Prinzip zu erweisen. Es wird
nicht die einzelne kategoriale Zuweisung, sondern die Bedeutung von »Natur als
ganzer« zum regulativen Prinzip der kosmologischen Idee.

> »Die absolute Totalität der Reihen dieser Bedingungen, in der Ableitung ihrer Glie-
> der, ist eine Idee, die zwar im empirischen Gebrauche der Vernunft niemals völlig
> zu Stande kommen kann, aber doch zur Regel dient, wie wir in Ansehung derselben
> verfahren sollen, nämlich in der Erklärung gegebener Erscheinungen ... so, als ob
> die Reihe an sich unendlich wäre, d. i. in infinitum.«[100]

Da die Natur als Totalität der Gehalt des regulativen Prinzips ist, können auf diese
Weise keine Reihen von Bestimmungen als wirklich gesetzt werden, also gegen-
standskonstitutiv sein, sondern die unendliche Reihe kann nur das unerreichbare
Ziel sein, auf das hin jede Erkenntnis von Natur ausgerichtet sein muß.[101]

4   Resultate

Aus diesem Kantschen Ansatz folgt neben der Annahme der Einheit der Natur die
Annahme der vollständigen und vollkommenen Natur, der Vollständigkeit reiner
Naturwissenschaft, der Naturgesetze als Kausalgesetze und die Annahme, daß die

---

98 Kant, I. (1781, 1787), B 671.
99 Kant, I.(1781, 1787), B 713.
100 Kant, I.(1781, 1787), B 713.
101 Kant, I. (1781, 1787), B 713.

Natur (als Ideal) einen letzten Grund in ihrer Einheit habe.[102] Kants Konzept funktioniert nur, wenn man die Einheit der Vernunft und damit die Einheit der Natur annimmt; Kants Philosophie ist nur dann konsistent, wenn die Kategorientafeln vollständig sind bzw. wenn ihre Vollständigkeit transzendental deduzierbar ist und damit – im Rahmen reiner Naturwissenschaft – die Natur vollständig erkennbar ist. Natur muß in der Kantschen Philosophie als die Summe aller Gesetze angesehen werden, die ihrerseits eindeutig und mechanisch sein müssen. Die Wissenschaft von der Natur kann in ihrem möglichen vollen Umfang dargestellt werden. Auch die Annahme einer Einheit der Natur erscheint problematisch. Die Einheit der Vernunft und die Ideen als einheitsstiftende Formen begründen – so Kant – gemäß dem kosmologischen Ideal die Annahme der Einheit der Natur.

>Denn das regulative Gesetz der systematischen Einheit will, daß wir die Natur so studieren sollen, als ob allenthalben ins Unendliche systematische Einheit, bei der größtmöglichen Mannigfaltigkeit, angetroffen würde. Denn, wiewohl wir nur wenig von dieser Weltvollkommenheit ausspähen, oder erreichen werden, so gehört es doch zur Gesetzgebung unserer Vernunft, sie allerwärts zu suchen und zu vermuten, und es muß uns jederzeit vorteilhaft sein, niemals aber kann es nachteilig werden, nach diesem Prinzip die Naturbetrachtungen anzustellen.«[103]

Dabei bedeutet das Fortschreiten des Erkennens, daß sich eine Konvergenz auf die Wahrheit hin ergibt und eine spätere Erkenntnis niemals frühere (a priori-) Erkenntnisse der Naturgesetze umstoßen können.[104] Kants Konzept hat für den Naturbegriff also Implikate, die zwar konsequent die Vorstellungen der Aufklärung umsetzen, die aber heute problematisch erscheinen müssen.

Historisch läßt sich das Problem der genannten Annahmen Kants am Kraftbegriff illustrieren, da Kants Konzept eine erkenntnistheoretische Begründung der mechanistischen Physik liefern will. Als grundlegendes Gesetz der Newtonschen Physik gilt die Grundgleichung $F=ma$, in der die Bewegung einer Masse aufgrund der Einwirkungen einer äußeren Kraft beschrieben wird. In ihm – so meinten die Newtonianer des 18. Jahrhunderts – sind (vermutlich) alle Kraftwirkungen, denen die Natur gehorcht, begriffen. Sie beschreiben alle Naturphänomene. Bis hin zu Heinrich Hertz[105] Ende des 19. Jahrhunderts markierte dies das Forschungsprogramm aller Wissenschaften, die ihr Methodenideal in der Physik sahen. Es kommt dabei

---

102 Cf. Riedel, M. (1988), 59ff.
103 Kant, I. (1781, 1787), B 728.
104 Das schließt natürlich die empirischen Irrtümer, die im Fortschreiten empirischer Wissenschaft korrigiert werden können, nicht aus.
105 Cf. H. Hertz (1894), *Einleitung*.

allenfalls darauf an, die Parameter angemessen zu interpretieren. Dieses ideale Gesetz ist eine Abstraktion aus der Erfahrung und hat den Status eines rationalen Gesetzes, das in dieser Form niemals unmittelbar in der Natur realisiert ist. Dazu bedarf es weiterer Spezifikationen und Anpassungen mittels Anfangs- bzw. Randbedingungen. In ihm – als dem Grundgesetz der mathematischen Naturwissenschaften – kommt die Einheit der Natur zum Ausdruck. Außerdem ist das Gesetz als Definitionsgleichung für die »Kraft« nutzbar – wie es D'Alembert tat.[106] In dieser Bedeutung ist es Ausdruck für lineare Kausalität in der Natur, die selbstverständlich – wenn auch empirisch unüberprüfbar – für das ganze Universum gilt.[107] Das Newtonsche Kraftgesetz enthält also die gleichen Bestimmungen bzgl. ihres logischen Status sowohl im Newtonianismus der klassischen Physik, wie in Kants *Kritik der reinen Vernunft*.

Diese Einschätzung eines Naturgesetzes gilt nicht mehr für die Entwicklungen in der Physik im 20. Jahrhundert, für die *Quantenmechanik* und erst Recht für die *Thermodynamik irreversibler Prozesse*. In der *Relativitätstheorie* ist die Bedeutung der Universalität geändert. Die universelle Gültigkeit der Naturgesetze kann nur über ein eigenes Naturgesetz formuliert werden, nämlich die Forminvarianz der Gesetze. Die Invarianz muß den logischen Status eines Naturgesetzes haben, weil es keine instantan überblickbaren Raum gibt. Die Quantenmechanik ändert die Gesetze der Logik, die ihr zugrunde liegt. Insbesondere gilt der Satz vom ausgeschlossenen Dritten nicht uneingeschränkt.[108] Naturgesetze bedeuten deshalb nicht mehr zwingend, daß aus ihnen sicher entscheidbar ein Ereignis vorhergesagt werden kann. Schließlich zeigt die Thermodynamik irreversibler Prozesse, daß die Annahme der Lokalität und damit der Kausalität für die Gültigkeit des Naturgesetzes zu falschen Vorhersagen führt; vielmehr muß man das Ganze zugleich und instantan unter allen seinen Modifikationen kennen. Die Selbstorganisationstheorien sind ein Versuch, dies theoretisch zu erfassen.[109]

---

106 Cf. Kapitel IV.

107 Auch in der klassischen Physik gibt es natürlich nichtlineare Differentialgleichungen, z. B. bei gekoppelten Pendeln. Diese lassen sich aber immer entkoppeln. Man erkennt für die »Schwingungsbewegung für beide Pendel in Abhängigkeit von der Zeit ..., daß jede dieser beiden Schwingungen eine Schwebungskurve darstellt. Das bedeutet aber, daß das ganze System zwei verschiedene Eigenschwingungen haben muß, die durch Überlagerung zu der beobachteten Schwebung führen.« Bergmann, S., Schäfer, C. (1970), 198. In meinem Kontext reichen nichtlineare Beziehungen vom Typus der Lorentzgleichungen, die prototypisch für nichtlineare Gleichungen der Selbstorganisationstheorien stehen mögen. Kratky, K. W. (1990), 10.

108 Cf. P. Mittelstaedt (1972).

109 Cf. I. Prigogine (1979).

Wir können also keineswegs annehmen, daß die Bedingungen, die Kant für die regulative Verwendung der kosmologischen Idee annahm, in angemessener Weise für die physikalischen Theorien des 20. Jahrhunderts alle zugleich angenommen werden dürfen. Man kann aber auch gegenwärtig nicht davon ausgehen, daß eine definitive physikalische Theorie, die als Modelltheorie für die Naturwissenschaft gelten kann, existiert. Es könnte sogar sinnvoll sein, davon auszugehen, daß eine solche Theorie prinzipiell niemals existieren kann – dann nämlich, wenn man annehmen muß, daß begriffliche Inkonsistenzen konstitutiv für die Entwicklung wissenschaftlicher, rationaler Theorien sind und zugleich garantieren, daß eine Theorie über sich selbst hinausweist, also entwicklungsfähig ist.

Jedenfalls haben wir in den letzten 2000 Jahren niemals in unserem Kulturbereich eine solche Theorie gehabt. Auch war es bislang nie so, daß wir unser Wissen unbegrenzt im Fortschritt vollkommener gemacht hätten. Unberechtigt scheint ebenfalls die Annahme zu sein, daß das Fortschreiten des Erkennens zu einer Konvergenz an die Wahrheit führt und eine spätere Erkenntnis niemals frühere (a priori-)Erkenntnisse der Naturgesetze umstoßen könne. Entscheidend für unseren Umgang mit der Natur (und das heißt auch unseren Begriff von der Natur) scheint zu sein, daß wir die Frage beantworten, welche Rolle unser jeweiliges Nichtwissen der Natur systematisch für das Verständnis der Natur spielt. Kann das, was wir nicht wissen, unser Wissen strukturell beeinflussen oder gar zunichte machen? Es scheint, als hätten wir zur Zeit keine den Naturwissenschaften angemessene systematische Metaphysik.

Die Unerkennbarkeit von Teilbereichen der Natur kann Kant aus systeminternen Gründen nicht annehmen. Aus diesen Grundannahmen für eine Naturwissenschaft folgen nicht nur die wesentlichen Erfolge mathematischer Naturwissenschaften, sondern auch die wesentlichen Probleme unserer modernen Naturwissenschaften. Insbesondere verhindert die Annahme der vollständigen Erkennbarkeit der Natur, daß wir angemessen mit dem Stoff unseres Wissens, eben der Natur, umgehen.[110] Wie muß unser Nichtwissen erkenntnistheoretisch eingestuft werden? Kann das, was wir nicht wissen unser Wissen beeinflussen und zunichte machen? [111]

Für die Naturwissenschaften ist Kants kritische Methode dagegen bis ins 20. Jahrhundert der beherrschende Ansatz geblieben. Auch für nicht-mathematische Naturwissenschaft wurde Kants Philosophie umgesetzt. So hat im 19. Jahrhundert

---

110 Cf. das Schlußkapitel. Cf. Schippers, H. (1978), 240 – 242.

111 Man kann fragen, ob Kant Raum und Zeit als Formen der reinen Anschauung unabhängig von der Erfahrung gedacht hätte, wenn er Einsteins Relativitätstheorie gekannt hätte. Wie steht es mit Selbstorganisationsprozessen, die nach den Naturgesetzen gerade nicht vorhersagbar sind?

der Pflanzenphysiologe Schleiden die Kantsche Philosophie herangezogen, um die empirischen Befunde der Biologie systematisch ordnen zu können – wobei Schleiden – auch im Rückgriff auf Fries' Philosophie – Kants Idee der regulativen Funktion der Vernunft aufgreift.[112]

---

112 Die Quantenmechanik ist ein Versuch, das mechanistische Konzept noch über seinen Kollaps hinaus aufrechtzuerhalten. Dabei wird sogar die Logik geändert und eine Quantenlogik eingeführt, die ihre Rechtfertigung in der empirisch gut bestätigten Quantenmechanik haben soll. Cf. Mittelstaedt, P. (1972), 166, 205, 207. Kants Konzept muß dazu also gerade umgekehrt werden.

Traditionslinien

Letztbegründung in der Naturphilosophie von Newton bis Hegel

In seiner ersten publizierten naturphilosophischen Schrift, der *Philosophischen Erörterung über die Planetenbahnen*, beginnt Hegel 1801 seine Newton-Kritik mit den Worten:

> »Wer sich mit diesem Teil der Physik beschäftigt, erkennt leicht, daß es sich dabei eher um eine Mechanik des Himmels als um eine Physik handelt und daß die Gesetze, die die Astronomie aufzeigt, ihren Ursprung eher aus einer anderen Wissenschaft, (nämlich) der Mathematik, ableiteten, als daß sie wirklich aus der Natur hergenommen oder von der Vernunft aufgestellt wären.«[1]

Hegel hat damit ein Problem aufgenommen, das im 18. Jahrhundert unter dem Titel *Letztbegründung für die mathematischen Kräfte der Newtonschen Theorie diskutiert wurde.*[2]

Was war der Ausgangspunkt dieser Diskussion?

Newton hatte Ende des 17. Jahrhunderts mit Mitgliedern der Royal Society (Hooke, Halley, Wren) die Frage diskutiert, mit welcher mathematischen Formel man den Planetenumlauf um die Sonne beschreiben könne. Newton löste das Problem, mußte aber dazu mathematische Kräfte einführen, deren physikalische Erklärung ausstand und deren Wirkung ominöserweise über einige 10000 Meilen reichen mußte, obwohl kein Medium bekannt war, das die Wirkung vermitteln konnte.

---

1 Hegel, G. W. F (1986), 83.

2 Ich will in diesem Kapitel die Kontinuität von Newton bis Hegel betonen. Zahlreiche Abweichungen von dieser geraden Linie werden nicht diskutiert, wie etwa Hegels Kritik an Newton, Hegels Kritik am Newtonianismus, Hegels Differenz zu Schelling, Schellings weitere Entwicklung seiner Naturphilosophie im Rahmen seiner späteren Philosophie nach 1809, Kants Beziehung zu Leibniz, Kants Differenz zu D'Alemberts Positivismus, u. v. m.

Hegel sieht völlig richtig, daß die Ursache für die Kräfte in Newtons Theorie in der Mathematik begründet sind. Statt *physikalische Ursachen* für die Kräfte anzugeben, lege Newton eine *Mechanik* des Himmels vor. Mit dieser Kritik verknüpft Hegel seine Forderung, die Kräfte aus der Natur zu schließen oder wenigstens durch die Vernunft aufzustellen. Hegels Kritik an Newton und der systematische Einstieg in das Programm seiner spekulativ-dialektischen Naturphilosophie fallen bereits 1801 in seiner Habilitationsschrift zusammen.

1   Das Problem der Letztbegründung in der mathematischnaturwissenschaftlichen Theorie Newtons

Mit seiner Kritik an Newton nimmt Hegel ein Problem auf, das Newton selbst gesehen hatte: Newtons Intention in seinen *Principia Mathematica Philosophiae Naturalis* ist explizit, nur die *mathematische* Lösung für das physikalische Problem vorzuführen, wie die Kepler-Bahnen zu verstehen seien. Seine Lösung möchte Newton explizit *nicht* als Erklärung der physikalischen Ursache der Kräfte verstanden wissen. Als eine physikalische Ursache hätte man damals z. B. einen Stoß, jedenfalls aber eine unmittelbare Berührung der Körper akzeptiert, etwa Seile, wie sie Euler explizit diskutiert.[3] Die Lösung der physikalischen Ursache der Kräfte sollte nach Newtons Willen später geschehen. Ich möchte zeigen, daß die Naturphilosophie Hegels in dieser Diskussion um die Letztbegründung im 18. Jahrhundert ihre Wurzeln hat.

Newton bekennt sich zunächst in der ersten Auflage der *Principia* 1687 offen zu dem Problem der Letztbegründung:

> »Die Benennung: Anziehung, Stoss oder Hinneigung gegen den Mittelpunkt nehme ich ohne Unterschied und unter einander vermischt an, indem ich diese Kräfte nicht im physischen, sondern nur im mathematischen Sinne betrachte. Der Leser möge daher aus Bemerkungen dieser Art nicht schliessen, daß ich die Art und Weise der Wirkung oder die physische Ursache« erkläre.[4]

Und:

> »Ich habe noch nicht dahin gelangen können, aus den Erscheinungen den Grund dieser Eigenschaften der Schwere abzuleiten, und Hypothesen erdenke ich nicht. Alles

---

3   Euler, L. (1773ff). L 187.
4   Newton, I. (1872), 25.

nämlich, was nicht aus den Erscheinungen folgt, ist eine Hypothese; und Hypothesen, seien sie nun metaphysische oder physische, mechanische oder diejenigen der verborgenen Eigenschaften, dürfen nicht in die Experimentalphysik aufgenommen werden. In dieser leitet man die Sätze aus den Erscheinungen ab und verallgemeinert sie durch Induction. Auf diese Weise haben wir die Undurchdringlichkeit, die Beweglichkeit, den Stoss der Körper, die Gesetze der Bewegung und der Schwere kennen gelernt. Es genügt, dass die Schwere existire, dass sie nach den von uns dargelegten Gesetzen wirke, und dass sie alle Bewegungen der Himmelskörper und des Meeres zu erklären im Stande sei.«[5]

Newtons Vorstellung von der Schwere scheint danach keine Hypothese zu sein, obwohl nicht klar ist, woher die Kräfte kommen. Für ihn ist etwa Descartes' mechanisches Weltbild hypothetisch, weil mit Hilfe des Stoßbegriffs Folgerungen gezogen werden, die mit der Empirie nicht in Übereinstimmung gebracht werden können. Hypothesen scheinen aus Newtons Sicht unüberprüfbare Fiktionen zu sein. Wir werden sehen, daß die Unklarheit darüber, was genau den Hypothesencharakter von Hypothesen ausmacht, eine der methodischen Fragen ist, die im 18. Jahrhundert fortwirken.

In der zweiten Auflage der *Principia* (1713) folgt dann doch ein Versuch Newtons, die Letztbegründung seiner mathematischen Kräfte in der Form eines geistigen Äthers nachzuliefern: Newton schreibt, daß hier der Ort wäre, etwas über die geistige Substanz hinzuzufügen, die alle festen Körper durchdringt und in den Körpern enthalten ist. Durch die Kraft und Tätigkeit dieser geistigen Substanz zögen sich die Teilchen der Körper wechselseitig in den kleinsten Entfernungen an und würden aneinander haften, wenn sie sich berührten. Durch sie würden die elektrischen Körper in den größten Entfernungen wirken, und durch dieses geistige Wesen würde das Licht ausströmen, würde zurückgeworfen, gebeugt, gebrochen und die Körper würden erwärmt. Die Ätherteilchen erregen nach dieser Erklärung Newtons außerdem die Gefühle und bewegen die Glieder der Tiere nach Belieben. Ihre Vibration pflanzt sich von den äußeren Organen der Sinne durch die festen Fäden der Nerven bis zum Gehirn und von da wieder zu den Muskeln fort.[6]

In allen Bereichen der Natur, von der Planetenbewegung bis zur Nervenreizung, sind die ätherischen Teilchen Ursache von Bewegungen, wie Newton schon 1706, in der lateinischen Ausgabe der *Optik*, erläuterte. Dieses Ätherproblem hat die Diskussion naturwissenschaftlicher Forscher durch das gesamte 18. und auch große Teile des 19. Jahrhunderts hindurch beschäftigt, nicht zuletzt, weil Leibniz die ätherischen Teilchen und ihre Kraftwirkung für okkulte Eigenschaften hielt. Ich

---

5   Newton, 1.(1872), 511.
6   Newton, I. (1872), 511 f.

zitiere Leibniz aus seinem Briefwechsel mit Clark (dem Übersetzer von Newtons *Optik* ins Lateinische) aus dem Jahre 1715:

>»Ich hatte den Einwurff gemacht, daß eine Anziehungskrafft ... eine Würkung in
>der Ferne ohne einiges dazukommendes Mittel seyn würde. Man antwortete allhier,
>daß eine Anziehungs-Krafft ohne Mitwürckung eines Mittels eine sich Selbsten
>wiedersprechende Sache wäre. ... Dieses Mittel der Communication ist, seinem
>Vorgeben nach, unsichtbar, der Berührung und Empfindung unfähig, und nicht
>mechanisch. Man könnte mit gleichem Recht hinzusetzen, daß es ein unerklärliches,
>unverständliches, ohne Beweiß angenommenes, unbegründetes und mit keinem
>Exempel zu bestärckendes Mittel sey. Wann dieses Mittel, welches eine wahrhaffte
>Anziehungskrafft zu wege bringet, beständig ist, und zu gleicher Zeit durch die
>Kräffte der Geschöpffe nicht kan erkläret werden, mithin aber doch ein wahrhaftes
>Mittel ist; so ist es ein stetswährendes Wunderwerck. ... Dieses ist ein in dem blossen
>Gehirne entsprossener Gedancke, eine verborgene Eigenschafft der Scholastiker.«[7]

Stets wirkende Wunderwerke aber erlauben keinerlei vernünftiges Verständnis der Welt. Vielmehr – so Leibniz – müßten die Naturgesetze ein für alle Mal bei der Schöpfung in die Natur gelegt worden sein.

2   Die Äthertheorien von Euler, Buffon und LeSage

Dennoch war der Äther damit nicht als wissenschaftliches Erklärungsmodell abgetan, sondern eine Reihe von Theorien waren zunächst sehr erfolgreich und wurden keineswegs nur von Physikern genutzt, die ohne Bedeutung geblieben wären. Die Äthertheorie konnte insbesondere wegen der breiten Einsatzmöglichkeiten des Äthers die Einheit der Natur garantieren. So hat etwa Leonard Euler (1701-1783) anhand der Äthervorstellung eine Kontinuumsmechanik entwickelt, deren Mathematik noch heute für die Physik der Fluide bedeutsam ist.

Euler hat in den Jahren nach 1760 in *Briefen an eine deutsche Prinzessin* sein naturwissenschaftliches Weltbild mitgeteilt. Er unterscheidet darin *Impulsionaires* und *Attraktionisten* als diejenigen, die einen wirklichen Stoß realer Materie für die Ursache der Anziehung halten oder an eine wirkliche Anziehung über eine Fernwirkung glauben. Die Impulstheorie sieht er mit Newtons Widerlegung der Descartesschen Theorie erledigt. Die Attraktionisten, vorwiegend Engländer, gestehen zu, »daß es weder Seile noch andere zum Ziehen dienende Maschinen gebe,

---

7   Leibniz, G. W. (1720), 159ff.

durch welche die Erde die Körper an sich ziehe«[8] – womit auch die Fernwirktheorie der Attraktionisten fällt. Wie nun sehen die Ursachen für die Attraktionskräfte bei Euler aus? Körper definieren sich durch Undurchdringlichkeit, Ausdehnung und Trägheit. Will man die Natur der Kräfte erkennen, so muß man zunächst untersuchen, was Körper und Materie sind. Die in bezug auf den Äther wichtigste Eigenschaft der Körper ist deren wechselseitige Undurchdringlichkeit. Dies gilt für alles Materielle. Ein Körper behält immer seinen Bewegungszustand bei, wenn er nicht von außen eine Kraft erfährt. Die Ursache der Bewegungsveränderung liegt außerhalb des bewegten Körpers. Die Undurchdringlichkeit der Körper hat zur Folge, daß er einer einwirkenden Kraft ausweicht. Trägheit ist nichts anderes als der Widerstand, den ein Körper aufbringt, wenn sein Zustand geändert werden soll.[9] Eine Bewegungsänderung der Planeten, d. h. eine Abweichung von der geraden Bahn, bedarf deshalb einer Ursache:

>»Es scheint …, daß eben darum der Schöpfer den ganzen Himmelsraum mit einer feinen Materie erfüllt habe, um diesen Kräften ihren Ursprung zu geben.«[10]

Genaueres kann Euler zumindest der Prinzessin nicht sagen.[11] In seinen Briefen an Mme. du Châtellet (die Newtons *Principia* ins Französische übersetzt hat) hingegen wird deutlich, daß der Äther als ein Kontinuum gedacht wird, in dem Drücke und Bewegungen wahrnehmbare Fernwirkungen hervorrufen.[12] Vibrationen und Schwingungen dieser subtilen Materie sind die Ursache jeder Elastizität schlechthin, bis zum Licht, der Elektrizität und dem Magneten. Das Verständnis sowohl der Körper als auch des Äthers begründet also nach Euler überhaupt jede Form von Veränderung in der Natur.

Im Rahmen seiner Äthertheorie schließt Euler aus den Körpereigenschaften auf Materieeigenschaften, und d. h. auf Undurchdringlichkeit, Ausdehnung und Trägheit. Sein Rekurs auf die ätherischen Teilchen, die geistige Teilchen sind und zugleich materielle Wirkungsweisen haben, führt zu den Raumeigenschaften. Hypothesen sind bei Euler – in einem positiven Sinne – die Voraussetzungen, von denen aus man die Kräfte erklären kann.

Auch der Comte de G. L. L Buffon (1707-1788) bemüht sich um eine solche Erklärung. Er hat auf der Grundlage der Äthertheorie und des Induktionsver-

---

8 Euler, L. (1773ff), 1, 187.
9 Euler, L. (1773ff), 1,250.
10 Euler, L. (1773ff), 1, 266.
11 Euler, L. (1773ff), 2, 3.
12 Euler, L. (1745), 278. Cf. Heilbron, J. (1983), XXVII.

fahrens Newtons die Entwicklung der gesamten Natur inklusive der Sphäre des Lebendigen beschrieben. In der *Allgemeinen Naturgeschichte* versucht Buffon, die Entstehung der Planeten vom Zeitpunkt der Loslösung von Materieklumpen von der Sonne bis zur Jetztzeit als eine Entwicklung zu beschreiben. Sein Ziel ist es, durch Rückführung der Phänomene auf mathematische Gebilde eine sichere Erkenntnis zu geben. Bei der Planetentheorie ist eine Mathematisierung leicht möglich, weil die Planetenabstände im Vergleich zu den Planeten sehr groß sind, so daß Störungen der Planeteneigenschaffen auf die Eigenschaft des Systems, bestimmte Planetenentfernungen zu haben, sehr klein sind. Hingegen muß man im Fall der Erklärung der Geschichte der Erde eine permanente Überlagerung von Eigenschaften annehmen, so daß hier die Mathematik nicht die Naturgesetze liefert, sondern nur Wahrscheinlichkeiten für die Naturgesetze. Das Verfahren ist dann so, daß man durch zahlreiche Beobachtungen zu Begriffen kommt, die die Naturgesetzlichkeit beschreiben. Mathematik und Physik unterscheiden sich insofern, als in der Mathematik die Wahrheit aus Erklärungen besteht, »die aus einfachen, aber abstrakten Sätzen bestehen«.[13] Alle dergleichen mathematische Wahrheiten sind aus solchen Sätzen entstanden.

»Die ganze Summe dieser zusammenhängenden Begriffe ist eigentlich die mathematische Wissenschaft.«[14]

Es kommt nur heraus, was wir hineingebracht haben.[15]

»Aus diesem Grunde haben mathematische Sätze den Vorzug, zwar jeder Zeit genau und richtig, oder demonstrativisch, aber zugleich abstrakt, geistig und willkürlich zu sein.«[16] »Bei physikalischen Wahrheiten fällt das Willkürliche weg«.[17]

In der Mathematik setzt man willkürlich voraus; in der Physik nimmt man wirkliche Sachen an und versucht, sie festzustellen.[18] Die Physik hat also so vorzugehen, daß sie immer wieder Beobachtungen macht und auf abstraktere Begriffe zurückführt. Analog verfährt Buffon, aber das Ergebnis seiner Arbeit ist eingeschränkt auf wahrscheinliche Aussagen über die Natur. Dies gilt für die gesamte Sphäre des Lebendigen, inklusive der Geologie.

---

13 Buffon, G. L. L (1771ff) 1, 88.

14 Buffon, G. L. L (1771ff) 1, 88.

15 Buffon, G. L. L (1771ff) 1,88.

16 Buffon, G. L. L (1771ff) 1,89.

17 Buffon, G. L. L (1771ff) 1,89.

18 Buffon, G. L. L (1771ff) 1, 89.

Ein weiteres Äthermodell, das für die Naturphilosophie des klassischen Idealismus wichtig war, stammt von dem Genfer Privatier George-Louis LeSage (1724-1803).[19] Auf ihn bezieht sich Schelling in der Zeit nach 1797 mit wechselnder Wertung. Insbesondere interessieren Schelling die metaphysischen Folgerungen aus LeSages Modell.

Unter Annahme mehrerer Arten unendlich vieler, kleiner und schneller Teilchen führt LeSage physikalische Phänomene auf Stoßphänomene dieser Teilchen zurück. Er stellte sich vor, daß der gesamte Raum mit unendlich vielen, unendlich kleinen und unendlich schnellen Teilchen verschiedener Art durchsetzt sei. Diese Teilchen sollten in der Regel durch die Poren der Materie hindurchdringen, gelegentlich aber auch Materieteilchen eines Körpers treffen und ihnen so einen Stoß versetzen. Diese Teilchen sind nach LeSage die Ursache der Gravitation.[20] Da die Teilchen geradlinig in alle Richtungen fliegen und somit von allen Seiten auf einen einzelnen Körper im Raum treffen, halten sie diesen Körper durch ihre Stöße im Gleichgewicht. Wenn nun ein zweiter Körper in die Nähe kommt, schirmen sich beide wechselseitig gegen den Teilchenstrom ab und werden zueinander hingestoßen.

Natürlich besteht der einzige Hinweis auf diese Teilchen darin, daß sie als Hypothese zur Erklärung vieler Materieeigenschaften dienen können – Gravitation, Kohäsion, Elastizität, Elektrizität, Magnetismus, Chemismus etc. Aber diese Hypothese basiert auf einem methodischen Ansatz. LeSage versucht, Hypothesen empirisch so genau wie möglich zu machen.

Nach LeSages Methodologie muß man einen Wirkung-Ursachen-Komplex möglichst genau zerlegen, um einer Wirkung genau eine Ursache zuschreiben zu können. Hypothesen, die zu weit greifen, werden auf diese Weise ausgeschlossen. Hypothesen im Sinne LeSages sind also Kausalerklärungen, die als einzige Erklärungsmöglichkeit übrigbleiben, wenn man experimentelle Bedingungen rational überprüft. Diese letzte verbleibende Hypothese muß selbst dem Experiment unterworfen werden, wenn auch nicht gefordert wird, daß sie experimentell darstellbar sein muß. Sie muß bloß ganz klar vor den Augen des Geistes sein. Die Voraussetzungen der Theorie sind also nicht empirisch verifizierbar, wohl aber die unmittelbaren Folgen dieser Voraussetzungen. Das ist LeSages Formulierung der Induktion. *Hypothesen* sind bei LeSage *Voraussetzungen* einer Theorie und nicht fiktive Thesen, die noch auf Gültigkeit überprüft werden müssen.

Schelling ist an dieser Einschätzung von Hypothesen interessiert. Er schätzt daran, daß der Einstieg in die Theorie nicht experimentell geprüft werden muß,

---

19 Der Mathematik- und Physiklehrer Hegels und Schellings im Tübinger Stift, C. F. von Pfleiderer, war ein LeSage Schüler und stand im Briefverkehr mit LeSage.
20 Prevost, P. (1788), 29.

wenngleich Schelling allerdings nicht an Induktion denkt – wie LeSage –, sondern an eine intellektuelle Anschauung, die eine Anschauung der Konstruktion des physikalischen Vorganges ist. Schelling lehnt aber die Hypermechanik LeSages ab, weil sie auf einen infiniten Regreß führt und nicht einzusehen ist, was die kleinsten Teilchen stößt.

Die Äthertheorien bildeten *eine* Strategie, die Letztbegründung von Newtons Theorie zu liefern. Eine *andere* Strategie, Newtons Letztbegründungsproblematik aufzugreifen, findet sich bei D'Alembert (1717-1783), der eine metaphysische Grundlegung mathematischer Begriffe für hinreichend hielt und deshalb auf den Äther verzichten konnte. Unter dieser anderen Strategie läßt sich eine Traditionslinie von D'Alembert über Kant bis zu Schelling und Hegel ausführen, bei der D'Alemberts Metaphysik in den Vordergrund tritt, die im folgenden Abschnitt nochmals zusammengefaßt wird, vor den Abschnitten über Kant, Schelling und Hegel.

3 Metaphysik als Letztbegründung bei D'Alembert

Für den klassischen Idealismus ist D'Alemberts Ansatz einer Letztbegründung wohl der bedeutendste geworden, weil Kant und Hegel sich darauf beziehen.

D'Alembert interessiert die Äthervorstellung nicht; seine naturwissenschaftliche Argumentationsstrategie zielt vielmehr darauf ab, das dynamisch-physikalische Konzept Newtons auf die bereits erarbeiteten Begriffe der Statik zurückzuführen. Sein Interesse ist deshalb vielmehr, Newtons induktive Methode zu rechtfertigen, ohne weitere physikalische Begriffe oder Wirkungsmechanismen einführen zu müssen.[21] D'Alembert interessiert der erkenntnistheoretische Status, den Newtons Theorie der Attraktionskräfte erreicht hat. D'Alemberts Überlegungen führen zu einer Uminterpretation des Erfahrungsbegriffs, des Begriffs der Metaphysik und der Anforderungen an die Metaphysik.[22]

D'Alembert thematisiert das Verhältnis von Axiomen, Definitionen und Vorstellungsinhalten im Erkenntnisprozeß und fragt nach der Grundlage für unsere Erkenntnis. Weder die Axiome, die nur identische, d.h. leere Sätze sind[23], noch die Definitionen, die keine neue Erkenntnis durch eigene schöpferische Kraft erzeugen, sind die Grundlage unserer Erkenntnis. Axiome gründen aber auf De-

---

21 D'Alembert, J. le Rond (1743), 18 (Vorrede). Cf. Neuser, W. (1986), 368ff.

22 Ich beziehe mich auch auf D'Alembert, J. le Rond (1743) Vorrede, D'Alembert, J. le Rond (1751), D'Alembert, J. le Rond (1759) und D'Alembert, J. le Rond (1767).

23 D'Alembert, J. le Rond (1759), 36.

finitionen. Definitionen ihrerseits suchen Vorstellungsinhalte auf und stellen sie fest.[24] Vorstellungsinhalte beruhen auf einem anthropologischen Faktum, nach dem sie gleichartig in allen Subjekten Vorkommen.[25] Deshalb sind die echten Anfangsgründe der Erkenntnis die Summe aller bestimmten psychischen Tatbestände[26], die nicht weiter abgeleitet werden können, außer daß sie unmittelbar in unserer äußeren oder inneren Erfahrung Vorkommen.[27] Während bei Newton das Besondere durch das Mittel der Definition dem Allgemeinen untergeordnet werden soll, ist die Definition, die scheinbar ein Allgemeines[28] ist, nach D'Alembert nur eine Einzeltatsache[29] bestimmter Art, weil sie bloß auf Vorstellungsinhalte verweist.[30]

Damit geht der Anspruch der logischen Definition, die wirkliche Natur der Sache zu beschreiben,[31] nicht auf, wie D'Alembert festhält:

»Denn wirklich kennen wir nicht nur die Natur jedes (Einzel-)Wesens insbesondere nicht; sondern wissen auch nicht einmal deutlich, was die Natur eines Wesens an sich selbst sei. Jedoch die Natur der Wesen, im Verhältnis zu uns betrachtet, ist nichts anderes als die Entwicklung der einfachen Ideen (Vorstellungen), die in einer Notion (Begriff) enthalten sind, und die wir uns von diesem Wesen machen.«[32]

Unsere wissenschaftliche Erklärung erklärt die Natur des Gegenstandes nach D'Alembert so, wie wir sie begreifen, und damit nicht, wie sie an sich ist.[33] Wenn wir die Bedeutung eines Begriffs darstellen wollen, so müssen wir uns vergegenwärtigen, aus welcher einfachen Vorstellung er entstanden ist[34], und es macht keinen Sinn, einzelne Merkmale aufzuzählen und durchzugehen.[35] Daraus folgt als Aufgabe für die Logik, die zusammengesetzten Ideen in ihre elementaren Bestandteile zu zerlegen.[36]

---

24 D'Alembert, J. le Rond (1759), 59, 61, 75.

25 D'Alembert, J. le Rond (1759), 59, 61, 75.

26 D'Alembert, J. le Rond (1759), 41. D'Alembert, J. le Rond (1751), 81.

27 D'Alembert, J. le Rond (1759), 166 und D'Alembert, J. le Rond (1989), 14.

28 D'Alembert, J. le Rond (1759), 41. D'Alembert, J. le Rond (1751), 78.

29 D'Alembert, J. le Rond (1759), 41.

30 D'Alembert, J. le Rond (1759); § 4.

31 D'Alembert, J. le Rond (1759), 41. D'Alembert, J. le Rond (1751), 99.

32 D'Alembert, J. le Rond (1759), 44 – Die Einfügungen in Klammern sind von mir.
    D'Alembert, J. le Rond (1751), 33.

33 D'Alembert, J. le Rond (1759), 45.

34 D'Alembert, J. le Rond (1759), 43.

35 D'Alembert, J. le Rond (1989), 13.

36 D'Alembert, J. le Rond (1759), 48.

Der Philosophie bleibt nichts anderes zu tun[37], als eine genau gegliederte Tafel aufzustellen, die die letzten unerweislichen Begriffe enthält.[38] Aus dieser Tafel ergeben sich dann die möglichen Verknüpfungen und Zusammensetzungen dieser letzten Begriffe.[39] Sie sind die einfachsten Vorstellungen, die erlauben, die Natur des Gegenstandes zu erklären. Freilich nicht eines Gegenstandes, wie er an sich selbst ist, sondern so, wie er im Kontext mit anderen verwendet werden kann.[40]

Die letzten unzweifelhaften Vorstellungen, die Ausgangspunkt für die Definitionen im Sinne D'Alemberts sind, finden wir für die Physik in den alltäglichen Phänomenen der Beobachtung.[41]

Nun ist es natürlich nicht so, daß wir im Sinne eines naiven Erfahrungsbegriffs mit der Beobachtung nur ein zufälliges Wahrnehmen eines gegebenen Objektes hätten, sondern Beobachtung ist durch eigene, vom Geist selbst gestellte Fragen geprägt. Diese Fragen[42] werden für die Physik durch die Mathematik gegeben. In der Mathematik wurzeln der Wert und die Kraft des naturwissenschaftlichen Experimentes.[43]

Die Gewißheit der Algebra[44] liegt in den reinen intellektuellen Begriffen, die wir selbst gebildet haben.[45] Die Prinzipien der Algebra sind unsere Schöpfung und das Ergebnis eines reinen Denkverfahrens.[46] Damit schaffen wir neue Inhalte, die über

---

37 D'Alembert, J. le Rond (1759), 48. D'Alembert vertieft in seinen *Eclaircissement* zu den *Elémens* 1767 diesen Aspekt. Cf. D'Alembert, J. le Rond (1767), 143f. D'Alembert schreibt: »Par le secours de cette table, et d'aprés les principes que nous venons d'établir, on distinguerait facilement dans les objets de nos sensations et dans les idées qui se rapportent à ces objets, les idées abstraites *composées* qui ont besoin d'être définies, les idées abstraites *simples* qui ne peuvent ni ne doivent l'être, et enfin les idées abstraites *simples*, qui, sans pouvoir ni devoir être définies, ont besoin qu'on en développe la formation. On suivrait à peu près le même plan dans la table qui renfermerait les expressions des idées purement intellectuelles et réfléchies; avec cette différence que la table dont il s'agit n'aurait pas besoin d'être formée sur deux colonnes comme celle des idées sensibles; l'objet d'une idée intellectuelle, étant rarement différent de cette idée même.« Cf. auch D'Alembert, J. le Rond (1751), 41f.

38 D'Alembert, J. le Rond (1759), 45.

39 D'Alembert, J. le Rond (1759), 45.

40 D'Alembert, J. le Rond (1759), 45, 165.

41 D'Alembert, J. le Rond (1759), 294.

42 D'Alembert, J. le Rond (1759), 204.

43 D'Alembert, J. le Rond (1759), 311.

44 D'Alembert, J. le Rond (1759), 175. D'Alembert, J. le Rond (1751), 42.

45 D'Alembert, J. le Rond (1759), 175.

46 D'Alembert, J. le Rond (1759), 175.

die Wahrnehmungsdaten hinausgehen.[47] Zwar gehen wir von sinnlichen Eindrük-
ken aus[48], aber sie liefern nicht den einzigen Gehalt der Ideen. Die Ideen, d. h. die
von uns gebildeten abstrakten Begriffe, greifen über den dunklen und ungewissen
psychologischen Inhalt hinaus.[49] Die geometrischen Prinzipien sind nicht die einzelnen Vorstellungsbilder, sondern vielmehr die intellektuellen Grenzen[50], »die wir
einer in sich selbst unabgeschlossenen und unendlichen Reihe solcher Bilder kraft
einer Setzung des Begriffs hinzufügen.«[51]

Der Geometer, der mit dem Dreieck arbeitet, sieht nicht die konkrete, gemalte
Figur, sondern die Abgrenzung in der Wirklichkeit durch die Idee des Dreiecks.[52]
Unsere Reduktion auf abstrakte Begriffe ist eine Grenzbildung, die eine Einschränkung der Natur der Sache ist.[53] Die Erkenntnis wird um so sicherer sein, je weniger
nahe sie an der sinnlichen Wahrnehmung ist und je abstrakter die Grundlagen der
betreffenden Wissenschaften sind.[54] Metaphysik spielt hier keine Rolle. So zeigt
sich etwa bei dem Streit um das Kraftmaß zwischen Leibniz und Descartes, daß
beide metaphysisch Unbedeutendes leisten, aber ihre beiden Erhaltungsgesetze
haben objektive Bedeutung als abgekürzte Bezeichnungen für bestimmte Erfahrungstatsachen und gelten deshalb beide: Impuls- und Energieerhaltungssatz.[55]
Hält D'Alembert zunächst – also in den *Anfangsgründen der Philosophie* – jede
Metaphysik aus den Erfahrungswissenschaften heraus, so schreibt er später in den
Erläuterungen zu den Anfangsgründen der Philosophie'.

»Die Metaphysik ist je nach dem Gesichtspunkt, unter dem man sie betrachtet, die
befriedigendste oder auch die nichtigste aller menschlichen Erkenntnisse: die befriedigendste, solange sie keine Gegenstände in Erwägung zieht, die ihren Horizont
übersteigen, solange sie die Gegenstände mit Schärfe und Genauigkeit analysiert und
sich in dieser Analyse nicht über das erhebt, was sie an eben diesen Gegenständen klar

---

47 D'Alembert, J. le Rond (1759), 57 und D'Alembert, J. le Rond (1989), 87.
48 D'Alembert, J. le Rond (1989), 47. D'Alembert, J. le Rond (1751), 18.
49 D'Alembert, J. le Rond (1989), 150f.
50 D'Alembert, J. le Rond (1759), 53, 179.
51 Cassirer, E. (1974), II, 408ff, hier: 412. Siehe auch: Neuser, W. (1986), 38ff, 368ff und Hegel,
    G. W. F (1986), 29ff. Diese Darstellung formuliert im wesentlichen D'Alemberts Vorstel-
    lung in den Anfangsgründen 1759. D'Alembert, J. le Rond (1759), 315 und D'Alembert,
    J. le Rond (1751), 49.
52 D'Alembert, J. le Rond (1759), 179.
53 D'Alembert, J. le Rond (1759), 179.
54 Cassirer, E. (1974), II, 408ff, hier: 412. D'Alembert, J. le Rond (1759), 315 und D'Alembert,
    J. le Rond (1751), 49.
55 D'Alembert, J. le Rond (1743), 7f, 13f, 16-19 (Vorrede).

erkennt; die nichtigste (aller Erkenntnis ist die Metaphysik, W. N.) schließlich, wenn sie sich, zugleich vermessen und dunkel, in ein Gebiet versteigt, das ihren Blicken entzogen ist, wenn sie über die Attribute Gottes, über die Natur der Seele, über die Freiheit und andere Themen dieser Art streitet, in denen die gesamte philosophische Vergangenheit sich verloren hat und in denen auch die moderne Philosophie nicht hoffen darf, glücklicher zu sein.«

Und später:

»Was gefordert wird, ist nicht jene trübe in Träumereien versunkene Metaphysik, sondern eine, die mehr für uns geschaffen ist und die sich näher und unmittelbarer an der Erde hält: eine Metaphysik, deren Anwendungen sich in die Naturwissenschaften und vor allem in die Geometrie und in die verschiedenen Zweige der Mathematik hinein erstrecken. Genau genommen gibt es keine Wissenschaft, die nicht ihre Metaphysik hätte, wenn man darunter die allgemeinen Prinzipien versteht, auf denen die bestimmte Lehre aufbaut und die gleichsam der Keim aller Wahrheiten von Einzeltatsachen sind, in die die Wahrheit eingeschlossen und in denen sie auch dargestellt ist.«[56]

D'Alemberts Letztbegründung der Newtonschen Physik sieht also so aus, daß von einer Mathematik aus sichere Schlüsse gezogen werden. Die Mathematik geht auf Axiome und Definitionen zurück, die ihrerseits abstrakte Begriffe verknüpfen, die für Vorstellungstatsachen stehen. Die Logik bzw. Philosophie gibt eine Tafel der letzten abstrakten Begriffe und deren mögliche Verknüpfungen und Zusammensetzungen.

Vor allem die Angabe der möglichen Verknüpfungen hat zur Folge, daß bis in die Mathematik hinein die allgemeinen (metaphysischen) Prinzipien bestimmt werden, auf denen sich die bestimmte Lehre aufbaut. Metaphysik übergreift als diese Prinzipienlehre die rationalen Disziplinen der Wissenschaften. Eine Letztbegründung im Sinne einer Klärung der physikalischen Ursachen der Gravitation, der Schwere oder der Attraktionskräfte im Sinne Newtons, ist nach D'Alembert nicht mehr nötig. Das heißt, insbesondere die Annahme eines Äthers ist für die Begründung der mathematischen Theorie keine notwendige Annahme. Es kommt bei D'Alembert nur noch darauf an, genau anzugeben, mit welcher Vorstellungstatsache die mathematischen Gebilde – wie etwa auch Kraft – verknüpft sind. Die Prinzipienlehre gibt die Regeln der Wissenschaften an.

---

56 D'Alembert, J. le Rond (1767), § XV.

4 Kants *Metaphysische Anfangsgründe der Naturwissenschaft*

Kants Ansatz seiner *Metaphysischen Anfangsgründe der Naturwissenschaft* integriert sich in mehreren Hinsichten in das Konzept D'Alemberts. Auch Kant läßt die Naturwissenschaft Newtons aus systematischen Gründen unkritisiert. Kant will ebenfalls nur eine Grundlegung für die bereits bestehende mathematische Theorie Newtons geben.

Dazu unterscheidet Kant eigentliche Naturwissenschaft von denjenigen Formen von Naturwissenschaften, die deskriptiv Fakten zusammentragen (historische Naturlehre) oder die nach Erfahrungsgesetzen ihr Wissen organisieren (uneigentliche Naturwissenschaft). Wie jede Wissenschaft ist auch die eigentliche Naturwissenschaft deshalb Wissenschaft, weil sie ein »nach Prinzipien geordnetes Ganzes der Erkenntnis« ist. Darüber hinaus aber sind ihre Prinzipien rational und a priori, d. h. ihre Prinzipien stützen sich auf eine apodiktische Gewißheit und sind zustande gekommen, ohne auf Erfahrungstatsachen gegründet zu sein. Nun kann reine Vernunfterkenntnis, d. h. Erkenntnis, die aus bloßen Begriffen erkennt, nur Metaphysik sein, d. h. Prinzipien a priori untersuchen. Das Gegenstück dazu ist die Mathematik, die Erkenntnis durch Konstruktion der Begriffe ist und deren Darstellung des Gegenstandes in einer Anschauung a priori gründet. Eigentliche Naturwissenschaft muß zwar einerseits Metaphysik der Natur voraussetzen, aber die Möglichkeit bestimmter Naturdinge setzt voraus, daß die dem Begriff korrespondierende Anschauung a priori gegeben sei. So kann man durchaus auch ohne Mathematik reine Naturlehre betreiben, aber eine Naturlehre bestimmter Naturdinge bedarf der Konstruktion in die Anschauung a priori.

Wir finden hier D'Alemberts Metaphysik als die Prinzipienlehre wieder. Kants Konstruktion in eine Anschauung a priori ist der Versuch, die Mathematik selbst als eine kontrollierte Form zu begreifen, die Vorstellungstatsachen mit Notwendigkeit in die Theorie einzubeziehen erlaubt.

Damit nach Kants *Metaphysischen Anfangsgründen der Naturwissenschaft* die Anwendung der Mathematik auf die Körperlehre möglich wird, müssen die Prinzipien der Konstruktion der Begriffe vorausgeschickt werden. Diese Prinzipien gehören zur Materie, d. h. es muß »eine vollständige Zergliederung des Begriffs von einer Materie überhaupt zum Grunde gelegt werden«.[57] Das ist das Geschäft der reinen Philosophie.

Die wahre Metaphysik ist aus dem allgemeinen Wesen des Denkungsvermögens selbst genommen. Sie enthält – so Kant – die »reinen Handlungen des Denkens,

---

57 Kant, I. (1785, 1786), A XII.

mithin Begriffe und Grundsätze a priori, welche das Mannigfaltige empirischer
Vorstellungen allererst in die gesetzmäßige Verbindung bringt«,[58] wodurch das
Mannigfaltige empirische Vorstellung, d. h. Erfahrung werden kann.

Ich sehe darin D'Alemberts Begründung der Vorstellungstatsachen durch Ideen
aufgearbeitet. Kants Metaphysik der Naturwissenschaften liefert die von D'Alembert
geforderten Tafeln der Grundbegriffe und deren Beziehungen untereinander. Kants
Schema eines vollständigen metaphysischen Systems ist seine Kategorientafel,
unter deren vier Kategorien (Größe, Qualität, Relation und Modalität) er in den
Metaphysischen Anfangsgründen der Naturwissenschaft die Mechanik faßt; entsprechend wird in den vier Hauptstücken der *Metaphysischen Anfangsgründe der
Naturwissenschaft* die Natur untersucht. Kant folgt in diesen vier Hauptstücken
sehr nahe der Argumentation Eulers in dessen *Briefen an eine deutsche Prinzessin,*
d. h. bei der Ableitung der Materie als Raumerfüllung, der Undurchdringlichkeit,
den Körpereigenschaften, der Trägheit, der Rückstoßkraft und der Gravitation.
Wo Euler mit genauen Angaben zum Äther abbricht, tut es auch Kant. Wie bei
Euler dient bei Kant der Äther der Erörterung der Raumeigenschaften. Allerdings
ordnet Kant den Äther dem »schwer aufschließbaren Naturgeschehen«[59] zu, Euler
der Metaphysik.

Kant übernimmt Buffons Vorstellung, daß in der Chemie und in den Biowissenschaften ausschließlich wahrscheinliche Aussagen über Gesetzmäßigkeiten
der Natur möglich sind und deshalb keinerlei eigentliche Naturwissenschaft der
Chemie bzw. Biologie möglich sein wird.

Kant schließt in gewisser Weise Newton und D'Alembert zusammen, indem er
Newtons Wunsch nach Letztbegründung erfüllt und die von D'Alembert geforderten
Untersuchungen einer Tafel letzter abstraktester Begriffe und deren Beziehungen
vornimmt und die Metaphysik formuliert, die die Prinzipien der mathematischen
Naturwissenschaften angibt.

5   Naturwissen bei Schelling – die Systemkonzeption
als Letztbegründung

Nach Meinung Schellings hatte Kant zu viele Probleme ungelöst hinterlassen, etwa
die Frage nach der Einheit der Natur. Und zwar sieht Schelling hier Defizite sowohl
hinsichtlich der Unterscheidung von transzendentaler Welt und Erscheinungswelt

---

58 Kant, I. (1785, 1786), A XIII.
59 Kant, I. (1785, 1786), A 157.

als auch hinsichtlich der Unterscheidung zwischen Biologie und Mechanik bezüglich ihres wissenschaftlichen Charakters. Außerdem sei bei Kant problematisch, daß Materie, Raumerfüllung und Kräfte vorausgesetzt werden. Auf diese Weise könne Kant die Natur nicht voraussetzungslos aus sich verstehen, sondern er habe einen nicht-dynamischen Typus von Wissenschaft formuliert.

Schelling ist seinerseits daran interessiert, ein dynamisches Konzept von Natur, und d. h. eine Naturphilosophie zu formulieren, die selbstbegründend ist. Zunächst ist die Naturphilosophie ein System von Wissen, das mit Notwendigkeit die Entwicklung der Natur nach eigenen Gesetzmäßigkeiten angibt, indem alles Ideelle unter das Reelle subsumiert wird. Anders als Kant tritt Schelling der Natur nicht als einem fertigen Objekt entgegen, denn: Wie sollen wir der Natur als ganzer habhaft werden?

Statt dessen überlegt Schelling, wie die Prinzipien, nach denen die Natur geordnet sein soll, sich aus sich selbst als die Prinzipien der Natur ergeben.

> »Da die letzten Ursachen der Naturerscheinungen nicht mehr erscheinen, so muß man entweder darauf Verzicht tun, sie je einzusehen, oder man muß sie schlechthin in die Natur setzen, in die Natur hineinlegen. Nun hat aber, was wir in die Natur hineinlegen, keinen anderen als den Wert einer Voraussetzung (Hypothese), und die darauf gegründete Wissenschaft muß ebenso hypothetisch sein, wie das Prinzip selbst. Dies wäre nur in Einem Fall zu vermeiden, wenn nämlich jene Voraussetzung selbst unwillkürlich und ebenso notwendig wäre als die Natur selbst.«[60]

Die Hypothese, als Voraussetzung gedacht, ist nur dann akzeptabel, wenn sie notwendig ist, vergleichbar der letzten Hypothese LeSages, auf die die Experimente und die Theorie aufbauen. Die absolute Voraussetzung der Natur muß ihre Notwendigkeit in sich tragen.

> »Durch diese Ableitung aller Naturerscheinungen eben aus einer absoluten Voraussetzung verwandelt sich unser Wissen in eine Konstruktion der Natur selbst, d. h. in eine Wissenschaft der Natur a priori.«[61]

> »Zu Sätzen a priori werden diese Sätze nur dadurch, daß man sich ihrer als notwendiger bewußt wird.«[62]

Der Unterschied zwischen a priori und a posteriori haftet nicht an den entsprechenden Sätzen, sondern ist nur ein Unterschied bezüglich unseres Wissens, so daß

---

60 Schelling, F. W. J (1988), 25.
61 Schelling, F. W. J (1988), 26.
62 Schelling, F. W. J (1988), 27.

jeder Satz, der für mich historisch, also ein Erfahrungssatz ist, sofort zu einem Satz
a priori wird, sobald ich unmittelbar oder mittelbar die Einsicht in seine innere
Notwendigkeit erlange.[63]

Aus diesem Grunde muß bei Schelling die Naturphilosophie ein System des
Wissens von der Natur formulieren, bei dem die Natur sich als ein sich aus sich
selbst entwickelndes Prinzip ergibt.

»Denn wenn in jedem organischen Ganzen sich alles wechselseitig trägt und unterstützt, so mußte diese Organisation als Ganzes ihren Teilen präexistieren, nicht das
Ganze konnte aus den Teilen, sondern die Teile mußten aus dem Ganzen entspringen.
Nicht also wir kennen die Natur, sondern die Natur ist a priori, d.h. alles Einzelne
in ihr ist zum voraus bestimmt durch das Ganze, oder durch die Idee einer Natur
überhaupt. Aber ist die Natur a priori, so muß es auch möglich sein, sie als etwas,
das a priori ist, zu erkennen.«[64]

Spekulative Physik nach der Vorstellung Schellings formuliert deshalb auf der
Grundlage einer a priori-Deduktion, die die Entwicklung der Natur aus sich selbst
beschreibt, die Natur selbst. Das Grundmodell, das sich in der Natur selbst modifiziert, ergibt sich aus der Vorstellung unterschiedlich stark aneinander gebundener
Pole. Diese unterschiedliche Bindung differenziert Schelling unter dem Titel Potenz.
Diese Naturerkenntnis muß mit experimentellen Methoden der Naturwissenschaften belegt werden können. Allerdings heißt das nicht, daß Naturphilosophie an
fehlenden Zwischengliedern scheitert; sie kann qua Einsicht in die Entwicklung
der Natur darüber hinweggehen, muß aber die Empiriker darauf aufmerksam
machen. An dieser Stelle sind nach Schelling vornehmlich Erkenntnisfortschritte
in den Naturwissenschaften zu machen.

Schelling knüpft mit dieser Vorstellung in der *Einleitung zu seinem Entwurf
eines Systems der Naturphilosophie* (1799) explizit und zum ersten Mal positiv an
LeSage an, indem er dessen Vorstellung von den Hypothesen übernimmt, die als
Voraussetzungen gedacht werden und die jeder experimentellen Physik voraus-
zugehen haben. Allerdings interpretiert Schelling dies nicht mechanistisch – wie
LeSage –, sondern im Sinne Kants als metaphysische Voraussetzung.

Schellings Vorstellung von der Letztbegründung der Naturwissenschaft besteht
also darin, daß ein ganzes System des Naturwissens entfaltet wird, wobei alle
Bereiche der Natur gemäß den Gesetzen beschrieben werden, die die Natur selbst
hervorbringt.

---

63 Schelling, F. W. J (1988), 27.
64 Schelling, F. W. J (1988), 27f.

Das System der Naturphilosophie macht nichts anderes, als die Entwicklung für ein einheitliches Prinzip für die gesamte Natur zu beschreiben, so daß unser Naturwissen Selbstreproduktion der Natur ist, wobei das Grundgesetz der Natur nach Schelling mit einem Modell von Polaritäts- und Potenzgesetzen zu beschreiben ist. Diese Gesetze sind zwar der Materie inhärent, aber nicht an einen alles durchflutenden Äther gebunden. Folgerichtig setzt Schelling die Existenz eines Äthers auch nicht als metaphysisch begründet voraus.

6   Begriffslogik als Letztbegründung bei Hegel

Hegel folgt zunächst in der Jenaer Zeit dem Schellingschen Ansatz, Naturwissen als Rekonstruktion der Selbstreproduktion der Natur zu beschreiben. So konnte Schelling der Aussage Hegels zustimmen, daß Gründe deshalb Gründe sind, weil sie Ursachen der Natur sind und deshalb Naturgesetze sind.[65] Auch teilte Schelling Hegels Meinung, daß die Gesetze aus der Natur hergenommen werden müßten.[66] Auch hätte sehr gut Schelling statt Hegel der Autor der berühmten Sätze aus dem Schlußabschnitt der Hegelschen Habilitationsschrift sein können, wonach die Verhältnisse der Planetenabstände zwar nur zur Erfahrung zu gehören scheinen, aber kein Maß und keine Zahl der Natur sein können, die der Vernunft fremd wären:

»Die Erfahrung und Erkenntnis der Naturgesetze stützen sich ja auf nichts anderes als darauf, daß wir glauben, die Natur sei aus der Vernunft gebildet, und darauf, daß wir von der Identität aller Naturgesetze überzeugt sind.«[67]

So hat Hegel in seiner Habilitationsschrift im wesentlichen Schellings naturphilosophisches Konzept vertreten, und zwar so sehr, daß Schelling 1802 in seiner Schrift *Fernere Darstellungen aus dem System der Philosophie* Hegels Vorstellung schlicht übernehmen konnte.

Das änderte sich um 1804/05. Hegel fand später in Schellings Naturphilosophie zuviel Formalismus und zu wenig Begriffe.[68] Der Versuch, die eigene Produktivität der Natur anhand eines sich selbst in der Natur entwickelnden Prinzips zu beschreiben, erscheint Hegel zu sehr nach Analogiebildungen vorzugehen.

---

65 Hegel, G. W. F (1986), 85.
66 Hegel, G. W. F (1986), 85.
67 Hegel, G. W. F (1986), 137.
68 Hegel, G. W. F (1970f), 20, 451f.

Der Hegel des Systems (nach 1807/08) beschreibt keine Realgenese der Natur in seiner Naturphilosophie, sondern er versucht eine Begriffskonstitution[69] und knüpft damit direkt an D'Alemberts Vorstellung an, und zwar unter Übernahme von Schellings Kritik an Kant und der Diskussion des Problems eines ersten Grundsatzes. Sind für Schelling Polaritäten in unterschiedlich festen Bindungen der Pole aneinander, d. h. in unterschiedlicher Potenz, Naturgesetze, so sind für Hegel die Beziehungen Unterschiedener und der Grad der Reflektiertheit der Unterschiedenen in dieser Beziehung Grundstrukturen von Begriffen schlechthin. Die Begriffsmomente, ihre Beziehungen aufeinander und der Reflexionsgrad geben die innere Logizität eines Begriffs an. Gleichwohl ist dies nicht subjektivistisch zu wenden, sondern die Vernunft garantiert, daß Begriffe und das damit Begriffene übereinstimmen. Dem Hegelschen System geht deshalb eine *Wissenschaft der Logik* voraus, die nichts anderes beschreibt als alle möglichen Formen von Beziehungen von Begriffsmomenten. Auf diese Weise beschreibt sie den Begriff selbst und expliziert die innere Logizität des Begriffs *Begriff,* und zwar mittels einer Selbstbestimmung der Reflexionsformen Unterschiedener im Begriff. Die Naturphilosophie hat nun zwei Argumentationsaspekte. Zum einem expliziert sie a priori die möglichen logischen Gestalten für eine Natur, d. h. die Logik unter der Bedingung des Außersichseins, zum anderen identifiziert sie diese logischen Gestalten mit den empirischen Befunden der Naturwissenschaften.[70]

Damit kann die Naturphilosophie die Begriffe der Naturwissenschaften konstituieren und, sofern die Naturwissenschaften Folgerungen aus ihren Begriffen und Gesetzen ziehen, durch Explikation der inneren Logik naturwissenschaftlicher Begriffe die Schlüssigkeit der naturwissenschaftlichen Begriffe aufzeigen. So vermag Hegels Naturphilosophie mittels der spekulativ-dialektischen Methode die Naturwissenschaften zu kritisieren. Gleichwohl arbeitet die Naturwissenschaft der Naturphilosophie entgegen, und die Naturphilosophie nimmt das Allgemeine, d. h. die Naturgesetzlichkeit, dort auf, bis wohin die Naturwissenschaften es gebracht hat.

Dabei wird das Verständnis der Gesetze – so wie wir es bei Newton sehen, nämlich als eine Subsumtion eines Besonderen unter ein Allgemeines –, als eine Subsumtion von Einzelnem unter das Allgemeine reformuliert – so wie wir es bei D'Alembert im Kontext seiner Überlegungen zur Definition und den Vorstellungsinhalten sahen.

Auch dies ist ein Versuch, die Letztbegründung der Naturwissenschaften vorzunehmen. Dabei spielt der Äther als geistiges Medium nur am Rande die Rolle einer Entität, die Schnittstelle zwischen Geist und Körper sein mag.[71] Kraft als die

---

69 Hegel, G. W. F (1970f), 11, 523; 8, 60.
70 Cf. Kapitel VIII.
71 Hegel, G. W. F (1970f,6, 174.

Einheit von Ursache und Wirkung wird zu einem der zahlreichen Begriffe, deren sich Naturwissenschaften bedienen.[72]

Die Letztbegründung liegt hier darin, daß die Stimmigkeit zwischen Begriffen der empirischen Forschung und der inneren Logik dieser Begriffe methodisch kontrolliert werden kann.

Die Einheit der Natur besteht in der Einheit der Vernunft und d. h. der Einheit des absoluten Wissens.

7   Schluß

Während Kant eine transzendentale Begründung für die bereits bestehende Naturwissenschaft liefern wollte und dabei unsere subjektiven Möglichkeiten für die Erkenntnis einer objektiven Natur angeben wollte, haben Hegel und Schelling auf unterschiedliche Weise eine Naturphilosophie als Selbstentwicklung der Natur formuliert.

Nach Schelling kommt es darauf an, in unserem System des Wissens von der Natur diejenigen Prinzipien anzusehen und anzugeben, deren Selbstentwicklung die Natur – und d. h. auch unseres Wissens von der Natur selbst – ausmacht. Naturphilosophie ist in einem modifizierten Sinne von LeSages Hypothesen eine Entwicklung von Prinzipien, die vor jeder Erfahrung liegen. Folgerungen sind aber experimentell verifizierbar und die Prinzipien selbst sind aus den Naturwissenschaften extrahiert. Die theoretische Leistung von Schellings Naturphilosophie besteht darin, den Selbstentwicklungsmechanismus des Prinzips anzugeben, das die Naturentwicklung selbst ausmacht. Dabei wird unser eigenes Bewußtsein von der Natur als höchste Stufe der Naturentwicklung betrachtet.

Hegel thematisiert auf einer weiteren Stufe, auf welche Weise das Bewußtsein diese objektive Entwicklung eines objektiven Prozesses beweisen kann. Hegel formuliert explizit die Selbstentfaltung des Begriffs von Naturgegenständen, d. h. des geronnenen Begreifens von der Natur in jeder Form von Naturverständnis. Hegel gibt die vernünftigen Strukturen von Natur durch Explikation der inneren Logik von Naturbegriffen an.

---

72 Während Hegel in Jena noch den Äther als ersten naturphilosophischen Begriff und als die Übergangskategorie zwischen Geist und Natur in Anspruch nimmt, tritt der Äther später bei Hegel nur noch als potentiell vernünftiger Begriff im Rahmen der *Logik* auf (Hegel, G. W. F (1970f) 6, 174). Schon 1807 übernimmt Hegel in der *Phänomenologie des Geistes* den Begriff *Kraft* in diesem Sinne aus dem Kontext der Leibnizschen Philosophie.

Ich habe damit drei unterschiedliche philosophische Antworten auf Newtons Letztbegründungsproblematik vorgestellt.

Der Anfang von Hegels Dialektik kann weder in historischer, noch in systematischer Hinsicht begriffen werden, wenn man Hegels Anbindung an die Tradition exakter Naturwissenschaft völlig außer acht läßt. Umgekehrt kann man wohl sagen, daß die Naturphilosophien des klassischen Idealismus eine Linie in der Entwicklung unseres Wissens von der Natur seit Newton darstellen.[73]

---

73 Eine Traditionslinie, über die man zu einem ähnlichen Ergebnis kommt, ist natürlich die englische Newton-Rezeption über Locke und Hume.

Spekulative dynamische Physik
Schellings Metaphysik der Natur vor dem Hintergrund der Chemie LeSages

Newton hat in seinen *Principia* und in seiner *Optik* einen letzten Grund für Kräfte in einer Korpuskel-Theorie gesucht. Dieser Lösungsstrategie folgt George Louis LeSage (1724-1803) und versucht mit größerer Konsequenz als Newton, im Rahmen einer Hydrodynamik des Äthers die gesamte Physik neu zu formulieren. Da der Äther nicht empirisch nachweisbar ist, muß er als eine Hypothese vorausgesetzt werden. Dies aber – so wendet Schelling ein – führt zu einem infiniten Regreß, weil natürlich die Kraftwirkung des Äthers selbst wieder einer Begründung bedarf. Dieses Problem läßt sich nur lösen, wenn man den methodischen Charakter von Hypothesen klärt und die Letztbegründung nicht in materiellen Ätherteilchen sucht, sondern in einem metaphysischen Prinzip. Auf diesem Wege versucht Schelling um 1799 eine Lösung der Letztbegründungsproblematik der Kräfte.

In seiner *Einleitung zu seinem Entwurf eines Systems der Naturphilosophie* (1799) schreibt Schelling:

> »Unsere Wissenschaft ist dem Bisherigen zufolge ganz und durchein realistisch, sie ist also nichts anderes als Physik, sie ist nur spekulative Physik; der Tendenz nach ganz dasselbe, was die Systeme der alten Physiker und was in neuern Zeiten das System des Wiederherstellers der Epikurischen Philosophie, LeSage's mechanische Physik ist, durch welche nach langem wissenschaftlichem Schlaf der spekulative Geist in der Physik zuerst wieder geweckt worden ist.«[1]

Auch wenn Schelling keine mechanistische Letztbegründung anstrebt, so ist Schellings Programm seiner Naturphilosophie doch mit dem der spekulativen Physik LeSages verknüpft. Insbesondere besteht eine enge Beziehung zwischen Schellings Ansatz, Natur und Wissen als Einheit zu sehen, und LeSages Hypothesenbildung anhand von empirisch beobachteten chemischen Affinitäten.

---

1 Schelling, F. W. J (1988), 22, § 3. Zur Beziehung Schelling – LeSage siehe auch: Heckmann, R. et al. (1985), 100ff und Moiso, F. (1985), 77ff.

LeSage war Privatgelehrter in Genf und unterhielt dort ein privates Institut. Zu seinen Schülern gehörten H. Fr. Jacobi und Daniel Bernoulli. LeSage unterhielt einen Briefwechsel mit den bedeutendsten Gelehrten Europas, darunter auch der Tübinger Lehrer Schellings, C. F. von Pfleiderer (1736-1821).[2]

LeSage wollte mit Hilfe einer Äther- oder Fluidtheorie die physikalischen Ursachen mechanischer Kräfte angeben. Den Äther oder die Teilchen eines subtilen Fluidums verstand LeSage methodisch als eine Hypothese. Er war der Meinung, daß der Naturwissenschaftler hinter die beobachteten Phänomene zurückzufragen und einen Erklärungsgrund hypothetisch anzunehmen habe, um dann allein mit den Mitteln dieses Erklärungsgrundes durch Ableitung alle Phänomene zu erklären. Die Hypothesen sind dann korrekt, wenn die Phänomene schlüssig ableitbar sind.[3] An diesem Punkt trifft Schellings philosophische Intention mit LeSages' zusammen, allerdings akzeptiert Schelling nur einen transzendentalphilosophischen Erklärungsgrund in seiner Naturphilosophie:

> »Wenn also Atomistik die Behauptung ist, welche etwas Einfaches als ideellen Erklärungsgrund der Qualität behauptet, so ist unsere Philosophie Atomistik. Aber da sie das Einfache in etwas setzt, das nur produktiv ist, ohne Produkt zu sein, so ist sie dynamische Atomistik.«[4]

Über die Entwicklung der Hydrodynamik und Wärmetheorie hat LeSage in der Geschichte der Physik fortgewirkt[5] und über seine Interpretation der Affinitäten auch Einfluß auf die Chemie gehabt.

---

2   Im Besitz der UB Tübingen. Zur Beziehung LeSage und Pfleiderer siehe auch Ziche, P. (1994), Einleitung.

3   Prevost, P. (An XIII), Bd. 2, S. 258ff. Natürlich bezieht sich LeSage damit auf Newtons Vorstellung von Hypothesen. Cf. Kapitel I.

4   Schelling, F. W. J (1988), 44.

5   Cf. Maxwell, J. C. (1878), 272ff, 345, 347. Siehe auch: Brush, S. G. (1976), 131.

LeSage hat selbst nur wenig publiziert.[6] Das meiste seiner Forschung wurde von seinem Schüler Pierre Prevost vorgestellt.[7] Die Texte von Prevost liegen zum Teil in deutscher Übersetzung aus dem 18. und 19. Jahrhundert vor.

Die wichtigste Schrift, die unter dem Namen LeSages publiziert wurde, ist seine Preisschrift *Essai de Chymie méchanique. Couronné en 1758 par l'Académie de Rouen quant à la 2de partie de cette question: Déterminer les affinités qui se trouvent entre les principaux mixtes, ainsi que l'a commencé Mr. Géoffroy; et trouver un systéme physico-méchanique de ces affinités.* Es ist zugleich die einzige Schrift, in der LeSage sein Konzept einer physikalisch-atomistischen Erklärung der Natur ausführlich darlegt. In seinem *Essai de Chymie méchanique* stellt LeSage seine atomistische Physik vor, die er *spekulative* Physik[8] nennt. In diesem Buch aus dem Jahre 1758 hat LeSages eine »physikalische Begründung« der Chemie versucht, die nur vor ihrem historischen Hintergrund verständlich wird (I). Eine detaillierte Skizze von LeSages Chemie (II) soll die Voraussetzungen schaffen, um Schellings Position zu LeSage beurteilen zu können (III).

1   Zur Geschichte der Affinität

Was versteht LeSage unter einer *physikalischen Begründung*, und was heißt für ihn *Chemie*?

Der vollständige Titel des LeSageschen Buches lautet – ins Deutsche übertragen – *Versuch einer mechanischen Chemie, preisgekrönt 1758 durch die Akademie in Rouen, den Teil dieser Fragestellung betreffend: nämlich die Bestimmung der Affinitäten, die sich unter den vermischten Prinzipien finden, wie sie Mr. Géoffroy begonnen hat, und Erfindung eines physiko-mechanischen Systems dieser Affinitäten.*

---

6   LeSage, G. L. (1782), 404-427. Auf das Exemplar der Bibliothéque Nationale, Paris (Signatur: R 3210) hat mich freundlicherweise M. Durner, München, hingewiesen. Dies ist ein Privatdruck, mit umfangreichen handschriftlichen Notizen, u. a. einer Zusammenfassung der Schrift auf den Deckblättern, die von der Hand eines Schreibers stammt, der auch Teile der Korrespondenz LeSages geschrieben hat, wie aus einem Handschriftenvergleich mit der Korrespondenz Pfleiderer-LeSage (im Besitz der UB Tübingen) deutlich wird. Es scheint aber nicht die Hand LeSages zu sein, sondern vielleicht die eines Sekretärs. Unveröffentlichte und auszugsweise Übersetzungen der ersten 18 Paragraphen dieser Schrift von E. Gruber liegen mir vor.

7   Z. B. Prevost, P. (1788). Prevost, P. (An XIII).

8   Vermutlich ist dies die Quelle, aus der Schelling den Begriff einer *spekulativen* Physik entnimmt, allenfalls noch Kants *Metaphysische Anfangsgründe.* Wenig plausibel scheint mir Hegel als Quelle. Cf. Düsing, K. (1969), 95-128.

An zwei Stellen finden wir hier einen Hinweis auf den Typus von Chemie, an den LeSage denkt: mit der Bezeichnung Affinitäten und dem Verweis auf Géoffroy. 1718 – also 40 Jahre vor LeSages Essay – hatte Etiénne Francois Géoffroy der Ältere (1672-1731) in einem Aufsatz *Table des différents Rapports observés en Chemie entre différentes substances*[9] behauptet, chemische Substanzen könnten anhand der bekannten Verwandtschaftsbeziehungen in Reihen geordnet werden, die die möglichen chemischen Reaktionen organischer und nicht-organischer Substanzen erklärbar machen könnten. Dazu mußten die Substanzen in einer Verwandtschaftsreihe geordnet werden, Géoffroy sprach von *rapport* und – synonym – von *affinité*. Beide Termini werden mit *Verwandtschaft* oder *Wahlverwandtschaft* übersetzt und spielen bei LeSage eine zentrale Rolle.[8][9][10] LeSage versteht unter Chemie alles, was sich auf diese chemischen Verwandtschaften zurückführen läßt.

Géoffroys Gesetz war relativ kurz und sehr einfach:

»Man bemerkt in der Chemie verschiedene Verwandtschaften (*rapports*) unter den Körpern, welche machen, daß sich gewisse Substanzen mit diesem Körper lieber verbinden als mit jenem. Diese Verwandtschaft hat ihre Verhältnisse und ihre Gesetze: Sind zwey Substanzen mit einander gemischt, und es kommt eine dritte hinzu, welche mit dem einen, oder dem andern Bestandtheile nähere Verwandtschaft hat; so, verbindet sie sich mit ihm, und stößt den andern Bestandtheil aus. Hat sie aber mit keinem von diesen beyden Körpern nähere Verwandtschaft, als die Theile unter sich; so verbindet sie sich auch mit keinem, sondern bleibt unvermischt.«[11]

Das Géoffroy'sche Gesetz ist also ein ad-hoc-Gesetz, das die prinzipiell möglichen Reaktionen von mindestens drei Reaktionspartnern festlegt. Zu einem vernünftigen Gebrauch bedarf es als Ergänzung einer Tafel, in der die Ordnung der wechselseitigen Verwandtschaftsbeziehungen der chemischen Substanzen für jede einzelne bekannte Substanz angegeben wird.

Bedenkt man, daß um 1720 noch kein Molekülbegriff in unserem Sinne vorhanden war[12], sondern größere Moleküle, die mit unterschiedlichen Substanzen unterschiedliche Endprodukte ergeben, als Mischungen verstanden wurden, dann

---

9   Géoffroy, E. F. (1719), 202-212.

10   Auch Goethes *Wahlverwandtschaften* lassen sich von der Anlage der Handlung her als eine Abfolge interpretieren, die chemischen Reaktionen (Wasser, Oel, Quecksilber, Blei) nachempfunden ist. Die Paare (Ottilie, Eduard, Charlotte, der Hauptmann) folgen bei ihren persönlichen Bindungen dem Reaktionsmuster von Affinitäten. Cf. J. Adler (1987).

11   Ich zitiere nach der deutschen Übersetzung: Crells *Neues Archiv*, Bd. 1, 197-203.

12   Erst mit Lavoisiers Chemie um 1800 konnte man im modernen Sinne an die Konstruktion von Molekülen denken. Davor wurden – aristotelisch – zwischen homogenen und inhomogenen Substanzen (Mischungen) unterschieden.

deutet sich an, daß eine möglichst vollständige Tafel von Verwandtschaften auch eine sehr weitreichende Vorhersage chemischer Reaktionen versprach. Géoffroy schloß eine exemplarische Erläuterung über die Benutzung einer solchen Tafel in seinem Papier an. Da er selbst nur 16 Reihen angeben konnte, forderte er eine Vervollständigung seiner Tafel, was T. O. Bergmann 1775 und 1783 in einer verbesserten Version in *De attractionibus electivis* tat.

Zuvor hatte Pierre Joseph Macquer 1749, also 9 Jahre vor LeSages *Essai de Chymie méchanique*, der Theorie Géoffroy erst zur rechten Wirkung verholfen, nachdem Géoffroy Gesetz über 30 Jahre nahezu unbeachtet geblieben war, indem er in seinen *Elémens de chymie-théorétique* dem Géoffroy'schen Gesetz den Stellenwert eines grundlegenden Gesetzes der Chemie gegeben hatte.[13]

Noch am Ende des 18. Jahrhunderts ließ die neue antiphlogistische Chemie von Lavoisier und Berthollet den Verwandtschaftsbegriff gelten, wenn auch nicht unverändert: E. G. Fischer faßt (1801) in seiner Übersetzung von Berthollets *Récherches* dessen Position so zusammen:

»Der Antiphlogistiker geht bei allen chemischen Erklärungen noch von den nämlichen Begriffen und Grundsätzen der Verwandtschaftslehre aus, nach welchen man seit länger als einem Jahrhundert alle chemischen Erscheinungen zu erklären versucht hatte. Noch jetzt gilt es bei allen Chemikern als Grundsatz, daß sich zwei verwandte Stoffe A und B nur in bestimmten quantitativen Verhältnissen verbinden, und daß die Verbindung derselben AB, nur dann durch einen dritten Stoff getrennt werden könne, wenn dieser gegen den einen jener Bestandtheile, z. B. gegen A eine stärkere Verwandtschaft als B habe.«[14]

Statt der mechanistischen Erklärung der Verwandtschaft gibt Berthollet ein neues Naturgesetz an:

»Wenn auf einen Stoff A, zu gleicher Zeit zwei andere Stoffe, B und C, wirken, welche Verwandtschaftskräfte gegen A haben, so wählt A nicht einen von beiden, wie die bisherige Theorie will, sondern theilt sich in jedem Fall zwischen beiden. Aber das Verhältniß, in welchem sich A theilt, ist von so vielerley Umständen abhängig, daß es, wenigstens bei dem gegenwärtigen Zustand der Theorie, so gut als unmöglich ist, dasselbe in jedem Fall durch bestimmte Zahlen apriori zu bestimmen.«[15]

Die sieben Faktoren, die die Verwandtschaft in Berthollets Theorie ergänzen, sind[16]:

---

13 Cf. Durner, M. (1985).

14 Cf. Fischer, E. G. (1801), 503-525, hier: 504f. Ich folge hier Adler, J. (1987), 46ff

15 Cf. Fischer, E. G. (1801), 503-525, hier: 509f.

16 Cf. Fischer, E. G. (1801), 503-525, hier: 511f. Cf. Adler, J. (1987), 46ff.

1. Die Quantität, in der die Stoffe B und C reagieren.
2. Die Unauflöslichkeit der Stoffe A, B, C oder deren Verbindungen AB oder AC.
3. Die Kohäsionskräfte und die Neigung zum Kristallisieren der Stoffe ihrer Verbindungen.
4. Die »Elasticität«, mit der einer der reagierenden Stoffe in den gasförmigen Zustand übergeht.
5. Die Wärme, die weder die »Verwandtschaftskräfte« ändert, noch auf die Kohäsionskräfte oder auf die Elastizität der wirkenden Stoffe Einfluß nimmt. (Dies ist ein wichtiger Punkt, denn die Unterschiede, die man den Verwandtschaftskräften »auf trockenem und nassem Wege« zuvor zugeschrieben hatte, werden nun auf die Wärme zurückgeführt.)
6. Die »Efflorescenz«, die einige Salze haben, beeinflußt die Verwandtschaft.
7. Auch die Lösungsmittel, die fast bei jeder chemischen Reaktion einwirken, sind ein Einflußfaktor für das Verwandtschaftsverhältnis der Stoffe.

Verwandtschaft in der Berthlletschen Chemie orientiert und spezifiziert also die Kräfte, ohne auf den Begriff *Verwandtschaft* zu verzichten. Zur *Verwandtschaft* kommt die Polarität von Kräften hinzu. Wir werden sehen, daß Berthollet damit alle Bedingungen zusammenfaßt, die LeSage bereits fast 50 Jahre vor Berthollet in sein Kalkül der Verwandtschaft einbezieht.

Schon für Newton, auf dessen Programm sich LeSage bezieht, war *Verwandtschaft* eine sehr wichtige Entdeckung; sowohl in den *Principia* ab der 2. Auflage (1713), als auch in der *Optik* (1706 bzw. 1718) spielt die *Verwandtschaft* eine zentrale Rolle.

Nachdem Leibniz Newton vorgeworfen hatte, seine postulierten mathematischen Kräfte zur Erklärung der Gravitation seien okkulte Kräfte, erklärte Newton, Ätherteilchen könnten mögliche physikalische Ursache der Kräfte sein.[17] Darauf setzte in der Folge eine rege Diskussion und auch Theorienproduktion ein, mit dem Ziel, eine Letztbegründung der Newtonschen Kräfte zu erreichen.[18] Außerdem wurde im Zuge einer Vereinheitlichung der Naturtheorien versucht, alle Naturkräfte als *Anziehung, Attraktion, Sympathie,* oder in der Chemie: als *Verwandtschaft* zu formulieren. Kohäsion, Elastizität, chemische Bindungen, ja sogar Lichtreflexion und Lichtbrechung sollten auf den gleichen Typus von Kraftwirkung zurückgeführt werden wie die Anziehung der Planeten durch die Sonne. Das wurde vielfach so interpretiert, als müßten die Kraftwirkungen alle dem l/r^2-Gesetz folgen. Eine Reihe empirischer Untersuchungen zeigte, daß diese angenommene Raumabhängigkeit wohl nicht für die Elastizität angenommen werden durfte und auch nicht für die

---

17 Cf. Kapitel VI in diesem Buch.
18 Cf. Neuser, W. (1990a).

Chemie ohne weiteres zwingend war.[19] Newton selbst war nicht so weit gegangen anzunehmen, daß die l/r^2-Abhängigkeit derart allgemein gelten müsse. In den *Mathematischen Prinzipien der Naturlehre* schreibt Newton:

> »Wir ... stellen ... unsere Betrachtungen als mathematische Principien der Naturlehre auf. Alle Schwierigkeit der Physik besteht nämlich dem Anschein nach darin, aus den Erscheinungen der Bewegung die Kräfte der Natur zu erforschen und hierauf durch diese Kräfte die übrigen Erscheinungen zu erklären.«[20]

Sympathie und *Verwandtschaft* sind durch die ganze Geschichte der weißen Magie und ihrer experimentellen Vorläufer zentrale Vorstellungen.[21] Für Newton, der sich selbst mit Alchimie beschäftigte, war die Frage nach der Bedeutung von *chemischer Verwandtschaß* eine lebenslange Aufgabe.[22] In der *Einleitung* zu den *Principia* von 1687 nutzte Newton Verwandtschaft als Beispiel für die Anziehung.

Dort schreibt er, er wünsche, daß wir »die übrigen Erscheinungen der Natur auf dieselbe Weise aus mathematischen Principien (ableiten könnten, W. N.). Viele Beweggründe bringen mich zu der Vermuthung, dass diese Erscheinungen alle von gewissen Kräften abhängen können. Durch diese werden die Theilchen der Körper nämlich, aus noch nicht bekannten Ursachen, entweder gegen einander getrieben und hängen alsdann als reguläre Körper zusammen, oder sie weichen von einander zurück und fliehen sich gegenseitig. Bis jetzt haben die Physiker es vergebens versucht, die Natur durch diese unbekannten Kräfte zu erklären; ich hoffe jedoch, dass die hier aufgestellten Principien entweder über diese, oder irgend eine richtigere Verfahrensweise Licht verbreiten werden.«[23]

In dem *generellen Scholium* und der *Einleitung* zu den *Principia* wird von Newton Verwandtschaft ganz allgemein als das die Natur zusammenhaltende Band betrachtet. Insbesondere gilt sie für *chemische Anziehung*. Mit der Problemexposition in der *Optik* (1718), wie denn Verwandtschaft wirke, gab Newton dem Interesse an der Verwandtschaft eine Richtung: Die *Optik* schließt mit einer Reihe von ungelösten Fragen zu exemplarischen Problemen, deren 31. Query der englischen Ausgabe von 1718 zu den wissenschaftshistorisch wirksamsten gehört; hier wird die Anziehung zwischen den kleinsten Teilchen der Materie diskutiert.

---

19 Siehe dazu Muhrhardt, D. (1797).
20 Newton, I. (1872), 2.
21 Cf. Müller-Jahncke, W.-D. (1979), 24-51.
22 Cf. Dobbs, B.-J. T. (1982), 511-528.
23 Newton, I. (1872), 2.

»Besitzen nicht die kleinen Partikeln der Körper gewisse Kräfte Powers, Virtues or
Forces, durch welche sie in die Ferne hin (..., W. N.) auf einander (einwirken, W. N.),
wodurch sie einen grossen Theil der Naturerscheinungen hervorbringen?«[24]

Newton exponiert sein Thema:

»Die Theile aller homogenen harten Körper, die sich vollkommen berühren, hängen
mit stärkster Kraft an einander. Um zu erklären, wie dies möglich ist, haben Einige mit
Häkchen versehene Atome erfunden, womit sie aus dem, was sie erst beweisen wollen,
einen Schluss ziehen; Andere sagen, die Körper seien durch die Ruhe fest verbunden,
d. h. durch eine verborgene Eigenschaft, oder eigentlich durch gar nichts, wieder
Andere, sie hängen zusammen durch zusammenwirkende Bewegungen, d. h. durch
relative Ruhe. Ich ziehe es vor, aus ihrer Cohäsion zu schliessen, dass die Theilchen
einander mit einer gewissen Kraft anziehen, welche bei unmittelbarer Berührung
ausserordentlich stark ist, bei geringen Abständen die erwähnten chemischen Vorgänge
verursacht, deren Wirkung sich aber nicht weit von den Theilchen fort erstreckt.«[25]

Die Beschaffenheit der Materie schließt Newton nach einer Analogie, die zugleich
seine Atomlehre erläutert:

»So ist sich die Natur immer gleich und einfach in ihren Mitteln, indem sie alle die
grossen Bewegungen der himmlischen Körper durch die zwischen ihnen herrschen-
de Gravitation, ebenso wie fast alle die kleinen Bewegungen der Partikeln, durch
gewisse andere, zwischen diesen Theilchen wirkende, anziehende und abstossende
Kräfte hervorruft.«[26]

Unter inhaltlichem Bezug auf seine *Principia* stellt Newton in der 31. Frage seinen
Nachfolgern eine Aufgabe:

»Erst müssen wir aus den Naturerscheinungen lernen, welche Körper einander anziehen, und welches die Gesetze und die Eigenthümlichkeiten dieser Anziehung sind,
ehe wir nach der Ursache fragen, durch welche die Anziehung bewirkt wird.«[27] »Es
giebt also Kräfte (Agents) in der Natur, welche den Körpertheilchen durch kräftige
Anziehung Zusammenhang verleihen, und es ist die Aufgabe der experimentellen
Naturforschung, diese aufzufinden.«[28]

---

24 Newton, I. (1898), 248.
25 Newton, I.(1898), 258.
26 Newton, I. (1898), 263f.
27 Newton, I.(1898), 249.
28 Newton, I. (1898), 261.

Für LeSages Konzept einer Chemie haben wir mit Newtons Ansatz auch den zweiten Aspekt seiner Betrachtung vorliegen:

Das, was er unter *physikalischer Erklärung* seiner Chemie versteht: nämlich die Herleitung aller nötigen Gesetze einer Chemie, die auf Wahlverwandtschaften beruht, aus einer einzigen Naturgesetzlichkeit: der der Attraktion. Um aber dem Einwand von Leibniz zu entgehen, bei den Kräften der Schwere der Körper, die zu wechselseitiger Anziehung der Körper führt, handele es sich um okkulte Kräfte, mußten Newtons Nachfolger eine Ursache der Anziehung – oder hier der Verwandtschaft – angeben. LeSage geht mit Newton den Weg über einen Äther, der aus feinsten Teilchen besteht. Diese Teilchen agieren ausschließlich über Stoß, der auch nach der mittelalterlichen Tradition des Aristotelismus keine okkulte Ursache darstellte und den schon Descartes zur physikalischen Ursache seines Weltmodells gemacht hatte. In diesem Zusammenhang spricht LeSage gelegentlich von der *Hypothese* des Descartes, nämlich: daß der Stoß die ausgezeichnete physische Ursache sei, der *Analogie* Newtons, nach der alle physischen Erscheinungen auf Anziehung beruhe, und der *Anschauung* Demokrits, daß die Welt aus Atomen bestehe.

Auf diese Weise versuchte LeSage mit wenigen Mitteln, seine physikalische Begründung einer Chemie zu geben. Er brauchte dazu neben den Stoßgesetzen Descartes' nur noch kleinste atomare Teilchen unterschiedlichen Typs, die bewegt sind, deren spezielle Geometrie – die Geometrie des Raumes – und er brauchte die makroskopischen Körper.

Mit diesen sehr einfachen Voraussetzungen baute LeSage ein physiko-mechanisches System[29]29 auf, mit dem er Newtons Gesetze aus Keplers Gesetzen ebenso ableiten konnte[30]30, wie er im Fall der Chemie die Gesetze der Verwandtschaft chemischer Substanzen begründen konnte.

Alle diese Elemente konnte LeSage aus den zitierten Textstellen bei Newton und Géoffroy als anerkannte physikalische Begriffe entnehmen; selbst die Forderung, die Geometrie der Ätherteilchen zu berücksichtigen, findet sich bei Géoffroy.

Géoffroy schließt seine *Table des différents Rapports observés en Chemie entre différentes substances* mit der folgenden Einschränkung:

---

29 Zur Attraktionstheorie siehe auch: F. Rosenberger (1895), 349ff. (Keill) und 361ff. (Freind).

30 LeSage, G. L. (1782), 404-427. Abb. 1 zeigt LeSages Modell für die Gravitation. Oben findet keine Anziehung statt, weil der Äther von allen Seiten einwirkt. Der Körper ist in Ruhe. Unten jedoch verhindert der Ätherschatten (weiß), daß die Körper von allen Seiten dem Ätherdruck ausgesetzt sind. Die Körper werden angezogen.

»Man muß hierbey noch bemerken, daß bey verschiedenen Ursachen die Scheidung nicht so vollkommen und genau von statten geht. Viele unvermeidliche Ursachen tragen hierzu bey; als die Zähigkeit der Flüßigkeit, die Bewegung derselben, die Figur der fällenden oder gefällten Theile und andre dergleichen Ursachen, welche ein schleuniges Niederfallen und eine völlige Trennung verhindern; dieses ist doch aber von so weniger Bedeutung, daß man darum das Gesetz nicht für weniger allgemein halten darf.«[31]

2   LeSages Essai de Chymie

Der Aufbau von LeSages *Essai de Chymie* folgt dem metaphysischen Konzept von D'Alembert, das D'Alembert zunächst in metatheoretischen Erläuterungen einer methodisch sauberen und sicheren wissenschaftlichen Argumentation dargelegt hatte. Nach dieser Methodologie werden auf psychologischem Weg Wahrnehmungsinhalte in Erfahrungstatsachen oder Phänomene umgewandelt und als Begriffe interpretiert, die dann ihrerseits Grundelemente für die folgende theoretische Argumentation sein sollen. LeSages Phänomen-Begriff ist nachgerade eine Übersetzung des D'Alembertschen Konzeptes. Nach D'Alembert schließt sich daran die Arbeit der Philosophie an. Sie liefert eine Tafel solcher – nun logischer – Begriffe und deren logische Verknüpfungsmöglichkeiten; die Mathematik fügt den eigentlichen Deduktionsapparat an, und die Physik folgert mit diesen Mitteln auf sichere Weise ihre (experimentellen) Ergebnisse. LeSage folgt bei seiner Argumentation implizit diesem Procedere D'Alemberts[32], und die Annahme eines Rückgriffs auf D'Alemberts Methodologie ist mindestens eine sehr gute Heuristik zum Verständnis von LeSages *Chymie*.[33] Da in LeSages *Chymie* nahezu jeder verbindende Text fehlt,

---

31 *Crells Neues Archiv,* Bd. 1, 197-203.

32 Cf. Cassirer, E. (1974), II, 412.

33 Diese These einer Anknüpfung LeSages an D'Alembert ist nicht ohne rezeptionshistorisches Problem: Der *Essay sur les éléments* D'Alemberts erschien erstmals 1759, ein Jahr nach LeSages *Essai de Chymie*. Angedeutet hatte D'Alembert sein Verfahren zwar schon in der 2. Auflage des *Traité de dynamique* 1743 und auch metatheoretisch im *Discours préliminaire* 1751. Für meine Interpretation muß ich also annehmen, daß LeSage die Methodologie D'Alemberts bereits aus dessen *Discours* extrahiert hat. Auch steht LeSage im Briefwechsel mit D'Alembert. Prevost verweist – allerdings in einem anderen Zusammenhang – auf die Logik von Calandrini. Prevost, P. (1805), 32. Auch Prevosts *Essais de Philosophie,* in denen er un *Analyse des facultés de l'ésprit humain* und *une Logique* darstellt, gibt Berechtigung zu der Annahme, daß LeSage einer Methodologie folgt, die zumindest in Grundzügen mit der D'Alembertschen übereinstimmt. Ein vergleichbares methodisches Vorgehen finden wir in Condilliacs *Traité des systèmes* 1749 und in dem

ist ein Verständnis der Schrift nur möglich, wenn man bestimmte Annahmen über die wissenschaftliche Methodik von LeSages Physik macht. So beginnt LeSage mit der Übersetzung von Wahrnehmungen in Begriffe und nennt dies »die Phänomene darstellen«. Anschließend folgt eine Darstellung der Beziehungen der Phänomene untereinander und zuletzt eine physikalische Erklärung aufgrund einer Theorie subtiler Fluide.

Der Essay ist in einem sehr hohen Maße axiomatisiert und klar gegliedert: in zwei Hauptabschnitte, wovon der erste LeSages allgemeine Äthertheorie der Gravitation vorträgt und der zweite die physiko-mechanische Begründung der Chemie beschreibt. Dabei sind beide Abschnitte wieder so unterteilt, daß zunächst die für die Theorie notwendigen Ausgangsbegriffe geklärt werden, um dann einerseits die theoretischen Voraussetzungen zu erarbeiten und andererseits die theoretischen Folgerungen daraus anzugeben. Nur im Kontext des 3. Abschnitts im chemischen Teil werden Beobachtungen aus Newtons Optik zitiert, um gleichsam die Zielrichtung der theoretischen Argumentation damit vorzugeben. LeSage ist nicht unmittelbar an Experimenten oder Beobachtungen interessiert, sondern nur an ihrer theoretischen Erklärung. (Wenn er in der dem Essay vorausgeschickten handschriftlichen Zusammenfassung beispielsweise von Newtons Phänomen spricht, meint er nicht die Beobachtung, daß Steine fallen, sondern den bereits abgeleiteten Begriff *Attraktion*.) Die einzelnen Abschnitte sind in Paragraphen eingeteilt, und diese geben – wenn nötig – vorab jeweils den logischen Status des Paragraphen an, wie *Préparation, Assértion, Rémarque, Définition, Lemma, Theoréme, Corollaire, Démonstration* oder *Nota.*

In der folgenden detaillierteren Darstellung der LeSageschen Begründung der Verwandtschaft in der Chemie folge ich dem strengen axiomatischen Aufbau des LeSageschen Essay. Im ersten Kapitel gibt LeSage allgemeine Überlegungen zu seiner spekulativen Physik, die auf einer korpuskularen Hypothese beruhen. Im zweiten Teil des Essay folgt die eigentliche Chemie, in den Kapiteln 3, 4 und 5. Dabei unterscheidet LeSage die allgemeine Gravitation, das erste Phänomen, von der Chemie, dem zweiten Phänomen.

Das dritte Kapitel mit dem Titel: *Das zweite Phänomen und seine Konsequenzen (Sécond Phénoméne et ses Conséquences)* soll – unterstellt man D'Alemberts Methode – die Übersetzung von Wahrnehmungsinhalten in Begriffe, die Darlegung der empirisch beobachteten Phänomene im eingeschränkten D'Alembertschen Sinne leisten. LeSage bezeichnet den folgenden Satz explizit als die Darstellung des

---

Essai sur l'origine des connaissances humaines 1746. Cf. auch Condillacs (1959) *Logik* von 1780, 110. Cf. Kapitel II in diesem Buch. Cf. auch Grimsley, R. (1963), 47, 58.

Phänomens: *Die Substanzen gleicher Natur nähern sich und ziehen sich wechselseitig mit einer größeren Kraft an als Substanzen unterschiedlicher Natur.* Problematisch oder unerklärt ist daran die Bedeutung dessen, was *gleiche* bzw. *ungleiche Natur von Substanzen* heißt und was *stärker anziehen* bedeutet. Beides erklärt LeSage in den folgenden Paragraphen. Er erläutert die Gleichheit oder Ungleichheit von Substanzen an Beispielen: Zwei Tropfen Wasser sind sich wechselseitig gleich, wie auch zwei Tropfen Öl oder Glas (das eine Flüssigkeit ist, in der die Teilchen schwer verschiebbar sind) und alkalische Flüssigkeiten einander gleich sind; Schellack und Wolle sind ebenfalls gleich, weil beide animalischer Natur sind; Schellack und Baumwolle sind aber nicht gleich, weil Baumwolle ja pflanzlich ist; ungleich sind auch zwei unterschiedliche neutrale Salze, weil sie getrennt auskristallisieren; die Bestandteile der Milch und des Blutes trennen sich, weil deren spezifischen Gewichte und Dichten unterschiedlich sind. Sind die spezifischen Gewichte aber gleich, so sind die Substanzen dann härter, wenn sie homogener sind. Generell sollte wasserhaltige Materie sich leichter mit wasserhaltiger verbinden und ölige leichter mit öliger. Öl und Wasser sind beide für LeSage exponiert. LeSage nimmt sie als Modellsubstanzen für die Chemie und bezieht sich ausschließlich darauf.[34]

Das Brodeln von Alkali und Säure ist dann eher als eine Affinität homogener oder sympathetischer Körper zu verstehen denn als Kampf heterogener und antipathetischer Körper. Saure Substanzen sollten eine größere Affinität zum Phlogiston haben als alkalische. Die *Gleichheit der Substanzen* heißt also nicht unbedingt, daß es sich um identische Substanzen handelt, wohl aber, daß der Grad an Homogenität sehr hoch ist. Gleichheit läßt sich nachgerade als eine graduelle Abstufung an Homogenität beschreiben.

In den nächsten beiden Paragraphen (§§ 2, 3) erläutert LeSage die Bedeutung der Wendung *stärker anziehen.*

LeSage thematisiert dabei die Reaktion homogener Substanzen, und zwar unter zwei Aspekten: sofern ihre Teilchen von gleicher Größenordnung bzw. von unterschiedlicher Größe sind. Gewöhnlich, sagt er, beschreibe man etwa beim Gären die *wechselseitige Durchdringung* der Reagenzien nach der Heftigkeit ihrer Reaktion. Diese Reaktionen sind sehr sensibel für die wechselseitige Teilchenanziehung. Zu unterscheiden ist aber die *wechselseitige Anziehung* der Teilchen von der *Durch-*

---

34 Cf. Mayer, A. (1966), 180ff. In der naturphilosophischen Diskussion im 14. Jahrhundert spielt sowohl die (aristotelische) Definition von homogenen und inhomogenen Substanzen im Zusammenhang mit der Frage nach den Minima der Materie als auch der Frage nach der Kontinuität oder Diskontinuität der Materie eine Rolle, insbesondere auch die Beispiele Oel und Wasser. Siehe auch: Dijksterhuis, E. J. (1983), 25. Und: Wollgast, S. (1988), 440-443. Und: Carrier, M. (1986), 327-389.

dringung der Teilchen. Bei gleich großen Teilchen können die Teilchen der einen Substanz nicht in die Zwischenräume der anderen Teilchen kommen. Bei deutlich unterschiedlicher Größe der Teilchen können die einen in die Zwischenräume der anderen eindringen und sich frei bewegen.[35] Was unter *stärker anziehen* verstanden werden soll, muß also in Termini der wechselseitigen Durchdringbarkeit oder der Ungleichheit der Durchdringung beschrieben werden, weil die Ungleichheit unterschiedlicher und gemischter Körper untereinander durch die Inhomogenität ihrer Partikel gesetzt wird.

Im folgenden Paragraphen 4 gibt LeSage den Gegenstandsbereich seiner Theorie an: Von Heraklit über Hippokrates werden Affinitäten demnach falsch beschrieben, aber die modernen Chemiker haben mit der Vorstellung der Affinitäten in wenigen Gesetzen die gesamte Chemie zusammengefaßt, deren Erklärung mit LeSages mechanischem System, nach seiner eigenen Einschätzung, möglich ist.

LeSage schließt den ersten Teil des Essay mit einem Theorem und einer Folgerung (Kapitel 3, § 6) und gibt – immer noch im Kapitel über die Phänomene – damit an, was er herleiten will: Wenn Körper in einer Flüssigkeit schwimmen und sie sich nur durch ihre Dichte von der Flüssigkeit unterscheiden, dann ziehen sich diese Körper mit einer Kraft an, die dem Quadrat der Differenz der Dichten, dem Dichteüberschuß, proportional ist.

Die Vorstellung, daß neben der Anziehung noch die Durchdringung der Substanzen eine Rolle spielt, hat LeSage durch Einführung der Dichte aufgenommen, die Durchdringung bzw. die Größe der Zwischenräume ist ein Maß für die Dichte.

LeSage folgert aus all dem, daß dann, wenn die Anziehung zweier Körper gleich der zweier gleicher Volumina der Flüssigkeit ist, die Anziehung in der Flüssigkeit zweier solcher Körper doppelt so groß ist wie die Anziehung der Körper allein. LeSage bezieht damit das Faktum mit ein, daß die Flüssigkeit, in der die Reaktionen stattfinden, selbst die Attraktion unterstützt, und knüpft damit zugleich an seinem Ausgangssatz an, daß gleiche Substanzen sich stärker anziehen als ungleiche. Damit hat LeSage Berthollets Erweiterung des Verwandtschaftsbegriffs vorweggenommen: Die Konstellationen und Figurationen der Reaktionspartner und des Reaktionsmilieus sind konstitutiv für die Wahlverwandtschaften.

Mit Abschluß des ersten Hauptteils (Kapitel 3) hat LeSage die Übersetzung von Vorstellungen und Wahrnehmungen in Begriffe vorgenommen, die er nun im vierten Kapitel mit dem Titel: *Die Mechanismen des zweiten Phänomens (Récherche du méchanisme du second phénoméne)* für seine mechanistische Erklärung der

---

35 *Durchdringen* ist hier im Sinne von *Permeabilität zu* verstehen, und nicht im Sinne von Kants Durchdringen von Materie wie in den *Metaphysischen Anfangsgründen*, wonach sich Materie tatsächlich wechselseitig durchsetzt.

Affinitäten heranzieht. Alles Entscheidende für die weitere Theorie ist bereits in diese Voraussetzungen eingearbeitet: Die unmittelbare Wahrnehmung ist nun mit seinem Modell vom atomaren und ätherischen Aufbau der Welt ununterscheidbar vermischt. Die weitere Deduktion bedarf zusätzlich nur noch spezieller Geometrien von Teilchen und spezieller Bewegungsannahmen für die Teilchen.

LeSage unterstellt bei der folgenden theoretischen Herleitung (Kapitel 4) immer sein allgemeines mechanistisches Konzept, wie er es im ersten Hauptteil seiner Schrift vorgetragen hat. Danach muß man sich Anziehung so vorstellen, daß in einem Raum unendlich schnelle, viele, und kleine (Äther-)Teilchen fliegen. Entsprechend seiner Vorstellung, daß die Teilchen hypothetischer Art zu sein haben, nennt LeSage sie *ultramondäne Teilchen*. Solange die Teilchen einen makroskopischen Körper von allen Seiten gleichmäßig treffen, ist der Körper in Ruhe. Erst wenn er in den Ätherschatten eines anderen Körpers tritt, entsteht ein Ungleichgewicht, das zur Anziehung beider Körper führt, weil auf den Schattenseiten weniger Teilchen aufprallen und dadurch beide Körper durch den Druck der auf den Außenseiten aufprallenden Teilchen zueinander hin getrieben werden. Im Fall der Chemie muß man zusätzlich Poren in den Körpern in Betracht ziehen.[36]

Die theoretische Argumentation in Kapitel 4 (also im zweiten Hauptteil der Chemie) teilt LeSage in zwei diskrete Probleme: Erstens zeigt er, daß die stärkere Attraktion bei homogenen Substanzen auf die Durchdringung der Substanzen

---

36 Abb. 2 zeigt LeSages Modell der Affinitäten in der Chemie. Oben werden homogene Substanzen angenommen, bei denen die Teilchen durch die Substanz durchgehen, ohne behindert zu werden, weil die Poren gleichartig sind. Unten werden inhomogene Substanzen angenommen, bei denen die Poren unterschiedlich sind, so daß durchgehende Ätherteilchen an einem Körper anstoßen und so zu einer Abstoßung führen.

Auch wenn die Porenwege durch die Substanzen den Durchgang der Ätherteilchen durch die Substanzen behindern, werden Abstoßungen beobachtet – so LeSage.

Zu den Poren (rechts) gehören jeweils passend gestaltete Ätherteilchen (links), damit ein Teilchendurchgang möglich ist. Nur in den beiden letzten Fällen ist dies gegeben.

von ultra mondänen Teilchen zurückgeht[37], und zwar mit folgendem Argument: Ultramondäne Teilchen, die durch die Poren eines Körpers hindurchgehen, gehen leichter durch die Poren eines anderen Körpers hindurch, wenn diese Poren von der gleichen Art sind. So begründet LeSage, daß gleichartige Körper sich stärker anziehen als ungleichartige.

Zweitens zeigt LeSage, wodurch die Verlangsamung bei inhomogenen Körpern bewirkt wird: nämlich durch spezielle geometrische Konstellationen in der Umgebung der Substanzen, der Poren der Substanzen, der Bewegungsrichtung und der Gestalt der ultramondänen Teilchen. Er schließt dabei per Analogie und stellt sich Häuserfassaden auf gegenüberliegenden Straßenseiten vor, die unterschiedliche Fenster und Fensterhöhen haben, und betrachtet dann, inwiefern sich die Fensterhöhlungen verdecken. Je homogener die Fenster sind, desto weniger verdecken sie sich.

In einem zusammenfassenden Theorem[38] kommt LeSage für die wieder herangezogenen Beispiele von Wasser und Öltröpfchen zu konkreten Zahlenverhältnissen, von denen nicht klar ist, woher er sie hat. Die anschließende Demonstration unterscheidet vier Fälle: Wasser zieht Wasser an, Öl zieht Wasser an, Öl zieht Öl an, Wasser zieht Öl an. LeSages Intention scheint zu sein, damit exemplarisch die Anziehungsverhältnisse anhand von Dichteverhältnissen – wenigstens der Größenordnung nach – darlegen zu können.

Die eigentliche Überleitung seines physico-mechanischen Systems zur Verwandtschaft nimmt LeSage in einem folgenden *Theorem des Zusammentreffens*[39] vor:

Die Frage nach der Verwandtschaft oder Anziehung der Körper, schreibt er, reduziere sich auf die Frage, wie undurchlässig Wasser beziehungsweise Öle für den kompletten Teilchenstrom der ultramondänen Teilchen sei. Wenn die Körper oder Substanzen selbst gemischt, also inhomogen wären, dann wäre klar, daß die ultramondänen Teilchen im Vergleich zu entsprechenden homogenen Substanzen behindert würden. Die chemischen Verwandtschaften der einzelnen, in der Regel gemischten Substanzen ergeben sich also aus der Ungleichheit der Durchlässigkeit. Die Dichte ist ein Maß für die Ungleichheit, weil die Zwischenräume natürlich die Dichte unterschiedlich beeinflussen.

Zum letzten Kapitel *Pensees pour Perfectionner la Table de affinités* schreibt LeSage in der handschriftlichen Vorbemerkung, daß er zur Tafel Géoffroy nichts hinzugefugt habe. Tatsächlich empfiehlt er aber, zusätzlich Platin und – sehr wichtig – das Elementarfeuer oder das Licht noch als Stoffe in die Tafel aulzunehmen. Dabei bezieht er sich auf Newtons *Optik*, in der die Selbstentzündung von Schwefel

---

37 Bis §7.
38 §25.
39 §§ 30, S.47.

beschrieben und in den Zusammenhang einer Korrelation von Lichtbrechung und
der Dichte der brechenden Substanz – hier dem polymorphen Schwefel – gestellt
wird. Dies scheint mir der eigentliche Zielpunkt der LeSageschen Argumentation
zu sein: Die von Newton angegebene Korrelation von Lichtbrechung und Dichte
der brechenden Substanz vermag jenes Zwischenstück zu liefern, wie es Newton für
eine allgemeingültige Äthertheorie in den anfangs angesprochenen Zitaten aus der
Optik forderte, um die Lichtphänomene in die Gravitationstheorie einzubinden.[40]
Dichte wird auf diese Weise zu dem physikalischen Begriff, der das theoretische
Verbindungsglied zwischen der Gravitationstheorie und der Lichttheorie wird.

Um das empirische Material angemessen aufbereitet zu erhalten und um es in
LeSages theoretischer Begründung interpretieren zu können, bedarf es der Beobachtung spezieller Korrelationen, die LeSage in diesem Abschnitt in Form zweier
einleitender Tafeln für die Verwandtschaftsverhältnisse fordert: eine Tafel, die die
relativen Stärken der Kräfte der beobachteten Affinitäten angibt, und zwar so genau,
wie das nur eben experimentell möglich sei, und eine Tafel, die die Substanzdichten
bezogen auf eine bestimmte Einheit angibt.

Die Äthertheorie LeSages für die Gravitation unterscheidet sich von der der
Chemie dadurch, daß die betreffenden Ätherteilchen in der Gravitationstheorie
untereinander alle von gleicher Größenordnung sind und nicht nur eine einzige Ursache für die Anziehung herangezogen wird, sondern deren vier in Frage kommen[41]:

1. Man nehme zwei Flüssigkeiten an, deren Grundmassen ähnlich und gleich,
   aber von verschiedener Dichte sind. Wenn man diese beiden Flüssigkeiten
   vermischt, so werden die homogenen sich eher vereinigen; und wenn die homogenen vereinigt sind, so werden die Grundmassen sich schwerer trennen,
   als in jeder anderen Lage.
2. Da die große Dichte eines Körpers seine geringe Größe ersetzt, so folgt daraus,
   daß eine sehr kleine Grundmasse eine andere kleine Grundmasse, welche sie
   berührt, stärker anziehen kann als der ganze Erdball.
3. Die Gestalt der Grundmassen hat Einfluß auf ihre Art, sich zu verbinden. Bei
   sonst gleichen Umständen vereinigen sich die Grundmassen mit der größtmöglichen Fläche. Von diesem Lehrsatz leitet LeSage die Regelmäßigkeit der
   Kristallisationen ab. Diese Ursache strebt danach, ähnliche oder unähnliche
   Grundmassen miteinander zu verbinden, die eine gewisse Übereinstimmung
   der besonderen Gestalt haben.

---

40 Dichte wird im Kontext der Gravitationstheorie seit Boscovich interpretiert und taucht
    hier im Kontext einer Lichttheorie auf.
41 Zitiert nach: Prevost, P (1788), 46-47.

4. Wenn die Teilchen eines Fluidums kleiner sind als die Zwischenräume eines anderen Fluidums, so werden sich diese Flüssigkeiten bei der Berührung wechselseitig bis zur Sättigung durchdringen, d. h. bis alle Zwischenräume erfüllt sind oder bis nichts mehr zu erfüllen übrig ist.[42]

Mit seiner spekulativen Physik hat LeSage empirische Beobachtungen in einen Begründungszusammenhang gestellt, in dem sich Newtons Gravitationstheorie und das Verwandtschaftskonzept der Chemie gemeinsam auf der Basis ultramondäner Teilchen darstellen ließ. Damit ist eine Einheit metaphysischer und physikalischer Naturerklärung erreicht, an die Schelling anknüpft – auch wenn er von Anfang an den induktiven Schluß auf ultramondäne Teilchen kritisiert. Für LeSage war dieser Schluß die einzige Möglichkeit, um hypothetische Teilchen – die Ätherteilchen – als Erklärung dafür annehmen zu können, wie eine Kraftwirkung unter makroskopischen Teilchen zustande kommt. Allerdings führt diese Annahme zu einem infiniten Regreß – wie Schelling zeigt. Welche Teilchen beschleunigen die ultramondänen Teilchen? Allerdings hält es Schelling gleichwohl für möglich, auf das (metaphysische) Wesen der Dinge zu schließen: Die Welt der Erscheinungen kann nur als Ausdruck ihres metaphysischen Wesens gelten, und mithin kann und muß von den Erscheinungen auf ihren Grund zurückgefragt werden. In diesem methodischen Sinne spielt LeSage eine wichtige Rolle für Schelling.[43]

3 Schellings naturphilosophische Methode

Schelling zitiert LeSage in den *Ideen* (1797)[44], dem *Ersten Entwurf eines Systems der Naturphilosophie* (1799)[45], in der *Einleitung zu seinem Entwurf eines Systems der Naturphilosophie* (1799)[46] und in den *Miscellen* der *Zeitschrift für spekulative*

---

42 Interessant sind Parallelen zwischen LeSages hypothetischem Modell und der Logizität einiger moderner physikalischer Modelle: Die Feynman-Graphen stellen eine vergleichbare Heuristik für die Wechselwirkungen von Elementarteilchen dar. Auch Hertz, H. (1894) in: Philosophische Gesellschaft (1899), 148ff., legt ein solches Prinzip zugrunde. Einstein nutzt für das *Einstein-Podolski-Rosen-Paradoxon* mit der Annahme verborgener Parameter seinerseits Hertz' Modell.

43 Hegel, G. W. F (1970f, erwähnt Verwandtschaft der Sache nach in 3, 218; 5, 420ff., 414; 9, 163-171, 323ff.

44 Schelling, F. W. J (1797), 114, 176ff, 227.

45 Schelling, F. W. J (1799), 3, 18, 32f, 98.

46 Siehe Schelling, F. W. J (1988), 22, 33-

Physik (1800)[47]. Die Koreferate in den *Ideen* und der *Einleitung zu seinem Entwurf eines Systems der Naturphilosophie* heben auf ganz ähnliche Weise auf LeSages Erfahrungsbegriff und den Hypothesencharakter[48] von Voraussetzungen einer Theorie ab. Allerdings ist die Bewertung unterschiedlich.[49] Steht Schelling in den *Ideen* (1797) LeSage ausschließlich kritisch gegenüber, so findet er die Hypothesen-Argumentation in der *Einleitung* zu seinem *Entwurf eines Systems der Naturphilosophie* (1799) insofern positiv, als eine Wendung dieser Hypothesen in eine naturphilosophisch-metaphysische Begründung im Naturwissen es Schelling möglich macht, unser Naturwissen im Sinne einer transzendentalen Begründung a priori zu begründen. Außerdem interessiert sich Schelling in den *Ideen* für die Inhalte von LeSages Theorie, in der *Einleitung* und den *Miscellen* hingegen für die Methode LeSages. In den *Ideen* geht es um eine Begründung der Chemie, in der *Einleitung* um die Frage, welcher Art denn Hypothesen sein müssen, wenn sie in einer Theorie Anwendung finden sollen.

Zwischen den *Ideen* und der *Einleitung* zu seinem *Entwurf eines Systems der Naturphilosophie* muß also bei Schelling eine neue Bewertung der Argumentationsstrategie von LeSage zur Vorstellung einer spekulativen Physik stattgefunden haben. In diese Zeit fällt eine Revision der Schellingschen Metaphysik.[50] Tatsächlich hat Schelling seine metaphysische Theorie zwischen 1797 und 1799 dahingehend geändert, daß er statt einer transzendentalphilosophischen Begründung

---

47 Schelling, F. W. J (1800), 122-131.

48 Siehe dazu: Lauth, R. (1984), 74-93.

49 Mayer, R. W. (1985), 131.

50 Für Schelling mag der Anlaß, gerade LeSage so exponiert mit seiner Revision der Naturphilosophie zu verknüpfen, mit dem Jenaer Diskussionskontext zu tun haben. Ritter, J. W. (1984), mit dem Schelling in Jena diskutierte, hat in seinem *Nachlaß aus den Fragmenten eines jungen Physikers* etwa für den gleichen Zeitraum, in dem Schellings Einleitung entstand, eine Lektüre von LeSage ausgewiesen. Auch wenn nicht sicher nachzuweisen ist, daß Schelling den *Essai* LeSages gelesen hat, sondern durchaus möglich ist, daß er Prevosts Koreferat in dessen *Vom Ursprung der magnetischen Kräfte* gelesen haben könnte, so steht die Bedeutung von LeSages spekulativer Physik für Schellings naturphilosophische Konstruktion außer Zweifel. Schelling zitiert die Schrift Prevosts unzweifelhaft in den *Ideen* (1797), 177-188. Dies entspricht Prevost (1788), § 42. Cf. auch Schellings *Weltseele* (1798), 163 und 174. Es ist auch möglich, daß Schelling LeSages *Lucréce Newtonien* gelesen hat. Sicher hat er LeSage schon in Tübingen kennengelernt. Schellings Tübinger Lehrer Pfleiderer korrespondierte mit LeSage, und Themen aus LeSages Umfeld tauchen immer wieder in den Examensthesen (UB Tübingen: Signatur Ka I 600 – 1962: Thesium inauguralium pars mathematico-physica) von Pfleiderer auf, mit denen sich die Examenskandidaten in der Prüfung auseinanderzusetzen hatten. Cf. Durner, M. (1991), 71-103. Cf. auch: Lauth, R. (1984), 74-93.

nunmehr eine naturphilosophische geben will. Mit der Umwertung von LeSages Physik durch Schelling geht einher, daß für Schelling Natur nicht mehr ein durch Selbstanschauung des Geistes organisiertes Ganzes ist, sondern ein an sich selbst selbstorganisiertes Ganzes. Daß die Natur selbstorganisiert ist, läßt sich – nach Schelling – nur erkennen, indem von der Existenz der Naturphänomene auf das Wesen der Natur zurückgeschlossen wird – vergleichbar mit LeSages Methode der korpuskularen Letztbegründung.[51] Der Mangel der LeSageschen Methode ist nach Schellings Einschätzung, daß dabei zur Letztbegründung in infiniter Folge immer kleinere Teilchen benötigt werden, während eine Letztbegründung die prinzipiellen Voraussetzungen reflektieren sollte, die einen sich in seiner Existenz selbststabilisierenden Objektbereich, die Natur, begreifbar macht.

In seinem transzendentalphilosophischen Konzept der Naturphilosophie vor 1799 geht Schelling davon aus, daß das erste Prinzip der Philosophie ein absolutes sein muß, das als ein Selbsttätiges gedacht wird. Ein solches selbsttätiges Absolutes ist der Geist, der sich selbst anschaut. In fortwährender Selbstanschauung erkennt der Geist sich selbst als sein Anderes. Er etabliert auf diese Weise in der Anschauung Objekte, die in der Empfindung eine »ursprüngliche Qualität« bilden und in der »Sukzession der Vorstellungen« die Gesamtheit der Objekte in ihrer Beziehung zum Gegenstand haben. Raum-Zeit-Beziehungen werden auf dieser Ebene der Entwicklung der Selbstanschauung des Geistes also vom Geist thematisch gemacht. Unterschiedliche Bewegungen von Objekten in Beziehung aufeinander erscheinen dem Geist als Raum-Zeit-Strukturen im Geist. Solche Bewegungen sind *Statik*, *Mechanik* und *Chemie*. Sie decken damit die Bereiche der anorganischen Materie ab. In einem weiteren Argumentationsschritt zeigt Schelling die eigentliche Selbstanschauung des Geistes: Indem der Geist in seiner Selbstanschauung erkennt, daß seine Objekte nur er selbst sind, kommt es zur eigentlichen Selbstanschauung: die Objekte der Anschauung sind zugleich das Subjekt. Dies aber meint den Bereich der Wissenschaft vom Lebenden.[52]

Will der Naturphilosoph chemische Prozeße begreifen, so muß er nach diesem Schellingschen Konzept erklären, wie sich bestimmte Bewegungen – oder besser: Veränderungen – von Objekten als Qualitäten in unseren Empfindungen bilden, die Schelling mit Blick auf LeSages mechanische Chemie *chemische Bewegungen* nennt. Es sind Qualitäten, die wir als chemische Prozesse empfinden. Diese Qualitäten müssen *ursprünglich* sein, damit sie als grundlegende Naturprozesse

51 Cf. Neuser, W. (o.J.). LeSages Methode ist außerdem kompatibel mit Fichtes Verfahren einer Reduktion (auf das absolute Ich) und dem anschließenden Deduktionsverfahren: cf. Neuser, W. (1993 c).

52 Cf. Neuser, W. (o.J.).

a priori zur Begründung chemischer Erscheinungen dienen können und nicht als Wechselwirkung innerhalb der Naturobjekte erscheinen. Die Empfindungen werden zugleich als Gegenstände des Denkens auf den Begriff gebracht, um logische Erklärungsfunktion übernehmen zu können, verlieren dabei aber zugleich ihre unmittelbare reale Qualität.

»Alles, was zur Qualität der Körper gehört, ist bloß in unserer Empfindung vorhanden, und was empfunden wird, läßt sich niemals objektiv (durch Begriffe,) sondern nur durch Berufung auf das allgemeine Gefühl verständlich machen.«[53] »Es scheint also nöthig, den Ursprung unserer Begriffe von Qualität überhaupt genauer zu untersuchen.«[54] »Was in unsern Vorstellungen von äußern Dingen nothwendig ist, ist bloß ihre Materialität überhaupt. Diese beruht nun auf dem Konflikt anziehender und zurückstoßender Kräfte, und darum gehört zur Möglichkeit eines Gegenstandes überhaupt nichts weiter, als ein Zusammentreffen dynamischer Kräfte, die sich wechselseitig beschränken, und so durch die Wechselwirkung ein Endliches, überhaupt – ein vor jetzt völlig unbestimmtes Objekt möglich machen. Allein damit haben wir auch nichts weiter, als den bloßen Begriff von einem materiellen Objekt überhaupt, und selbst die Kräfte, deren Produkt es ist, sind jetzt noch etwas bloß Gedachtes. Der Verstand entwirft sich also selbstthätig ein allgemeines Schema – gleichsam den Umriß eines Gegenstandes überhaupt, und dieses Schema in seiner Allgemeinheit ist es, was in allen unsern Vorstellungen als nothwendig gedacht wird, und im Gegensatz gegen welches erst das, was nicht zur Möglichkeit des Gegenstandes überhaupt gehört, als zufällig erscheint.«[55] »Dieser Umriß von einem Gegenstände überhaupt giebt nun nichts weiter, als den Begriff von einer Quantität überhaupt, d.h. von einem Etwas innerhalb unbestimmter Gränzen.«[56] »Diese Eigenthümlichkeit unseres Vorstellungsvermögens liegt so tief in der Natur unseres Geistes, das wir sie unwillkührlich und nach beinahe einer allgemeinen Übereinkunft auf die Natur selbst, (jenes idealische Wesen, in welchem wir Vorstellen und Hervorbringen, Begriff und That als identisch denken) übertragen. Da wir die Natur als zweckmäßige Schöpferin denken, so stellen wir uns auch vor, als ob sie die ganze Mannigfaltigkeit von Gattungen ... hervorgebracht habe.«[57] »Unser Bewußtseyn ist so lange bloß formal. Aber das Objekt soll real und unser Bewußtseyn soll material ... werden. Dies ist nun nicht anders möglich, als dadurch, daß die Vorstellung die Allgemeinheit verlasse, in der sie sich bisher gehalten hatte. Erst, indem der Geist von jenem Medium abweicht, in welchem nur die formale Vorstellung von einem Etwas überhaupt möglich war, bekommt das Objekt, und mit ihm das Bewußtseyn Realität. Realität aber wird nur gefühlt, ist nur in der Empfindung vorhanden. Was aber empfunden wird, heißt Qualität. Also bekommt das Objekt erst, indem es von der Allgemeinheit des Begriffs abweicht, Qualität, es hört

---

53 Schelling, F. W. J (1797), 181.
54 Schelling, F. W. J (1797), 182.
55 Schelling, F. W. J (1797), 182f.
56 Schelling, F. W. J (1797), 183.
57 Schelling, F. W. J (1797), 183f.

auf bloße Quantität zu seyn.«[58] »Aber das Empfundne selbst in Begriffe verwandeln,
heißt ihm seine Realität rauben. Denn nur im Moment seiner Wirkung auf mich,
hat es Realität. Erheb' ich es zum Begriff, so wird es Gedankenwerk, sobald ich ihm
selbst Nothwendigkeit gebe, nehme ich ihm auch alles, was es zu einem Gegenstand
der Empfindung machte.«[59] »Kraft ist wohl da, aber bloß in unserm Begriffe; Kraft
überhaupt, nicht bestimmte Kraft. Kraft ist allein das, was uns afficirt. Was uns afficirt,
heißen wir real, und was real ist, ist nur in der Empfindung: Kraft ist also dasjenige,
was allein unserm Begriffe von Qualität entspricht.[60] Jede Qualität aber, insofern
sie uns afficiren soll, muß einen Grad haben, und zwar einen bestimmten.«[61] »Alle
Qualität der Materie beruht einzig und allein auf der Intensität ihrer Grundkräfte,
und, da die Chemie eigentlich nur mit den Qualitäten der Materie sich beschäftigt,
so ist dadurch zugleich der ... Begriff der Chemie, (als einer Wissenschaft, welche
lehrt, wie ein freyes Spiel dynamischer Kräfte möglich seye,) erläutert und bestätigt.«[62]

An dieser transzendentalphilosophischen Erklärung der Chemie mißt Schelling
LeSages Theorie:

»Indeß kann Herr LeSage mit allen diesen Voraussetzungen, die chemischen Verwandtschaften doch nur sehr einseitig erklären.«[63] »Das ganze System also steht und
fällt mit den atomistischen Voraussetzungen, die vielleicht in einzelnen Theilen der
Naturlehre, nicht ohne Vortheil hypothetisch angewandt, von der Philosophie der
Natur aber, die auf sichern Grundsätzen beruhen soll, nimmermehr zugelassen
werden können.«[64] »Es scheint ein Vortheil der mechanischen Chemie zu seyn, daß
sie mit leichter Mühe die größte specifische Verschiedenheit der Materie begreiflich
zu machen weiß. Indeß, wenn man die Sache näher betrachtet: so ist ein Princip, das
am Ende alles auf verschiedne Dichtigkeit zurückzuführen genöthigt ist, in der That
ein sehr dürftiges Princip, so lange man Materie als ursprünglich gleichartig und alle
einzelne Körper als bloße Aggregate der Atomen betrachten muß. Dagegen läßt die
dynamische Chemie gar keine ursprüngliche Materie, d. h. eine solche zu, aus welcher
erst alle übrige durch Zusammensetzung entstanden wären.«[65]

LeSages mechanische Chemie scheidet also für Schelling als naturphilosophische
Erklärung aus, weil sie nicht in der Lage ist, eine ursprüngliche Materie anzugeben,

---

58 Schelling, F. W. J (1797), 184.
59 Schelling, F. W. J (1797), 185f.
60 Diese Vorstellung von Kraft hat auch Newton herangezogen, um sich von Descartes'
    Ansatz abzusetzen. Cf. Newton, I. (1988a). Anm. von W. N.
61 Schelling, F. W. J (1797), 186.
62 Schelling, F. W. J (1797), 187.
63 Schelling, F. W. J (1797), 179.
64 Schelling, F. W. J (1797), 180f.
65 Schelling, F. W. J (1797), 188.

die den ursprünglichen Empfindungen entspricht. Für Schelling liegt eine solche Ursprünglichkeit nur dann vor, wenn wir einen dynamischen Prozeß benennen können, in dem sich zwei einander entgegengesetzte Kräfte in einem Gleichgewicht halten. Das aber leistet LeSages Theorie nicht.

Diese bislang betrachteten Arbeiten Schellings folgen einer Naturphilosophie, die transzendentalphilosophisch argumentiert. Gegen Ende 1798 und zu Beginn 1799 ändert Schelling seine naturphilosophische Erklärung. Damit geht auch eine veränderte Einschätzung der LeSageschen Theorie einher. Mit seiner Schrift *Erster Entwurf eines Systems der Naturphilosophie* (1799) liegt uns erstmals Schellings verändertes Konzept der Naturphilosophie vor. Nun wird Natur nicht mehr verstanden, indem wir sie aus einer Selbstanschauung des Geistes herleiten, der als selbsttätiges Absolutes gedacht wird. Vielmehr wird Natur selbst unmittelbar gedacht. Natur ist nun ein selbstorganisiertes Ganzes, das in einer unbegrenzten Produktivität besteht. Diese unbegrenzte Produktivität ist für uns unmittelbar nicht erkennbar, es sei denn, sie wird »gehemmt« und ihre Produktivität gerinnt zu einem statischen Produkt, einem Naturobjekt.[66] Die naturphilosophische Argumentation muß nun von den empirischen Fakten ausgehen: Da wir nur das Produkt, d. h. die Objekte der Natur kennen können und nicht unmittelbar die Produktivität, so müssen wir aus dem Produkt auf die selbsttätige und immerwährend produktive Natur zurückschließen. Sie ist das Wesen der Dinge. Die Aufgabe der Naturphilosophie ist es also nun, die Summe der Naturobjekte so zu interpretieren, daß sie die Natur als Produktivität erklärbar macht. Von den Erscheinungen schließen wir auf die Produktivität der Natur zurück. Der Naturphilosoph (in diesem zweiten Schellingschen Konzept nach 1799) nutzt also gleichsam ein Verfahren, wie es LeSage benutzt, aber er führt nicht willkürlich Hypothesen mit anschaulichen Objekten und Aktionen ein, sondern er formuliert Hypothesen, die metaphysische Implikate darlegen, die wir mit unserem Verständnis von Naturobjekten verbinden.[67] Schelling schließt also jetzt nach 1799 bewußt an LeSages Verfahren an:

> »Le Sages Principien sind das offenbarste Bekenntnis, dass wir über die letzten Ursachen der Natur nichts wissen, und ein Versuch im Grossen, dieses Nichtwissens unerachtet ein System der Natur auszudenken, das – man annehmen kann, wenn man will. Die spekulative Tendenz ehre ich, und gebrauche sein Beispiel für mich, der ich diese Tendenz zu etwas Bessrem anwenden will, nämlich zu Principien, welche, meines Erachtens, evident und gewiss sind.«[68]

---

66 Schelling, F. W. J (1799), 18.
67 Cf. Schelling, F. W. J (1797), 176 und dazu im Vergleich: Schelling, F. W. J (1799), 25, 28.
68 Schelling, F. W. J (1800), 123.

Der Schluß von den Erfahrungstatsachen zurück auf die Theorie ist die Aufgabe der Naturphilosophie.

»Alle diejenigen Theorien sind der Erfahrung zuwider, welche von der Erfahrung abstrahirt sind, welche die Ursachen, aus denen sie erklären, nicht an sich, nicht unabhängig von den Erfahrungen kennen, welche erkläret werden sollen. Denn, wo diess der Fall ist, geschieht nichts, als dass man erst in die Principien alles hinein legt, was hinreichend ist, die ... Erfahrungen zu erklären – man erdichtet also die Ursachen, und richtet sie gerade so ein, wie man sie nachher braucht.«[69]

»Wahre Theorien können nur solche seyn oder werden, welche *absolut* a priori errichtet werden: denn wenn die Principien in sich selbst gewiss sind, und zu ihrer Bestätigung der Erfahrung überall nicht bedürfen, so sind sie auch völlig *allgemein*, und weil doch die Natur der Vernunft nie widersprechen kann, zureichend für alle mögliche Erscheinungen, sie mögen bekannt seyn oder nicht – jetzt oder künftig dargestellt werden. In solchen Theorien finden eigentlich gar keine *Erklärungen* statt.«[70]

»Die Natur ist für sich selbst a priori; also muss wohl die Theorie, welche zur Construction nicht mehr vor aus setzt als die Natur selbst vorausgesetzt hat, nämlich der letztem innres Wesen und Character – (Identität aus Duplicität) – nichts anders als wieder die *Natur*, wie sie für sich selbst ist, zum Resultat oder Product geben.«[71]

Die Parallelität zwischen LeSages und seiner eigenen Theorie beschreibt Schelling so:

»Unsere Wissenschaft ist dem Bisherigen zufolge ganz und durchein realistisch, sie ist also nichts anderes als Physik, sie ist nur spekulative Physik; der Tendenz nach ganz dasselbe, was die Systeme der alten Physiker und was in neuern Zeiten das System des Wiederherstellers der Epikurischen Philosophie, Le Sage's mechanische Physik ist, durch welche nach langem wissenschaftlichem Schlaf der spekulative Geist in der Physik zuerst wieder geweckt worden ist.«[72]

Allerdings verweist Schelling nun darauf, daß die mechanische Chemie, bzw. Physik LeSages das Problem des infiniten Regresses hat:

»Denn da das erste Problem dieser Wissenschaft, die absolute Ursache der Bewegung (ohne welche die Natur nichts in sich Ganzes und Beschlossenes ist) zu erforschen, mechanisch schlechterdings nicht aufzulösen ist, weil mechanisch ins Unendliche fort Bewegung nur aus Bewegung entspringt, so bleibt für die wirkliche Errichtung einer spekulativen Physik nur Ein Weg offen, der dynamische, mit der Voraussetzung,

69 Schelling, F. W. J (1800), 125.
70 Schelling, F. W. J (1800), 126.
71 Schelling, F. W. J (1800), 127f.
72 Schelling, F. W. J (1988), 22.

daß Bewegung nicht nur aus Bewegung, sondern selbst aus der Ruhe entspringe, daß also auch in der Ruhe der Natur Bewegung sei, und daß alle mechanische Bewegung die bloß sekundäre und abgeleitete der einzig primitiven und ursprünglichen sei[73], die schon aus den ersten Faktoren der Konstruktion einer Natur überhaupt (den Grundkräften) hervorquillt.«[74]

Das Zusammentreten von Gegensätzen in einer dynamischen Beziehung ist also Schellings Lösung für die ursprüngliche Konstruktion der Natur. Die grundlegenden Hypothesen der Schellingschen Naturphilosophie sind damit einerseits die Produktivität der Natur, zweitens das Gehemmtsein der Natur in Objekten und drittens die ursprüngliche Entgegensetzung in der Natur, die zur Hemmung der Natur führt.

Schellings Naturphilosophie unterscheidet sich nun ab 1799 von der LeSageschen Physik oder Chemie dadurch, daß Schellings spekulative Physik Hypothesen vom Standpunkt der Reflexion aus bildet, LeSage aber vom Standpunkt der Anschauung.[75] Schelling versteht seine Naturphilosophie ebenfalls als eine empirische Physik, die sich allerdings auf metaphysische Grundsätze stützt. Aus diesen Vorüberlegungen Schellings ergeben sich eine Reihe von Bedingungen, die seine spekulative Physik erfüllen muß: Die Natur muß in ihrer Produktivität so konstruiert werden[76], daß sich ihre selbststabilisierende Organisation aus der Konstruktion ergibt.[77] Diese Produktivität der Natur muß aus einer Erklärung der Objekte der Anschauung konstruiert werden, wobei diese Objekte ihrerseits als lokal zum Stillstand gekommene Produktivität aufgefaßt werden müssen, als ein Gehemmtsein der Naturproduktivität.[78] Dieses Gehemmmt- sein gehört zur Natur und ist unsere Erklärung ihres Objektseins. Die Natur ist danach nicht mehr »reine Identität«, sondern der Gegensatz von dynamischer Produktivität und statisch gewordenem Naturobjekt: Der Gegensatz von reinem Subjekt und einem Objekt, das sie selbst ist.

»Diese Duplizität läßt sich also nicht weiter physikalisch ableiten, denn als Bedingung aller Natur überhaupt ist sie Prinzip aller physikalischen Erklärung, und alle physikalische Erklärung kann nur darauf gehen, alle Gegensätze, die in der Natur

---

73 Schelling bezieht sich auf Leibniz, G. W. von (1695, 1982).

74 Schelling, F. W. J (1988), 23.

75 Schelling, F. W J. (1988), 37.

76 Schelling, F. W. J (1988), 26f.

77 Schelling, F. W. J (1988), 36f.

78 Schelling, F. W. J. (1988), 37.

erscheinen, auf jenen ursprünglichen Gegensatz im Innern der Natur, der selbst nicht mehr erscheint, zurückzuführen.«[79]

In jener ursprünglichen Duplizität der Natur liegt das methodische Grundprinzip der Schellingschen Naturphilosophie: Die Beziehung entgegengesetzter Aktivitäten etabliert das letzte Prinzip der Natur.

»Ist die Natur ursprünglich Duplizität, so müssen schon in der ursprünglichen Produktivität der Natur entgegengesetzte Tendenzen liegen.«[80]

Diese entgegengesetzten Tendenzen schaffen dort das Produkt, wo sie in der Natur zusammenkommen und ein Gleichgewicht bilden. Die Natur ist unendliche Tätigkeit, deren Fixierung das Naturobjekt ist.

»Ist das Bestehen des Produkts ein beständiges Reproduziertwerden, so ist auch alles Beharren nur in der Natur als Objekt, in der Natur als Subjekt ist nur unendliche Tätigkeit.«[81] »Wir erblicken in dem, was man Natur nennt (d. h. in dieser Sammlung einzelner Objekte) nicht das Urprodukt selbst, sondern seine Evolution. ... Aber durch jenes Produkt evolviert sich eine ursprüngliche Unendlichkeit, diese Unendlichkeit kann nie abnehmen.«[82] »In der reinen Produktivität der Natur ist schlechterdings nichts Unterscheidbares jenseits der Entzweiung; nur die in sich selbst entzweite Produktivität gibt das Produkt.«[83] »Durch die unvermeidliche Trennung der Produktivität in entgegengesetzte Richtungen auf jeder einzelnen Entwicklungsstufe wird das Produkt selbst in einzelne Produkte getrennt, durch welche aber eben deswegen nur verschiedene Entwicklungsstufen bezeichnet sind.«[84] »Es sind einzelne (individuelle) Produkte in die Natur gebracht; aber in diesen Produkten soll sich immer noch die Produktivität, als Produktivität, unterscheiden lassen. Die Produktivität soll noch nicht absolut übergegangen sein ins Produkt. Das Bestehen des Produkts soll eine beständige Selbstreproduktion sein. Es entsteht die Aufgabe, wodurch jenes absolute Übergehen – Erschöpfen der Produktivität im Produkt – verhindert, oder wodurch sein Bestehen eine beständige Selbstreproduktion werde.«[85]

Schellings Methode in seinem naturphilosophischen Konzept ab 1799 orientiert sich vom Ansatz her also insofern an LeSages Theorie (etwa in LeSages Chemie),

---

79 Schelling, F. W. J (1988), 38.
80 Schelling, F. W. J (1988), 38.
81 Schelling, F. W. J (1988), 39.
82 Schelling, F. W. J (1988), 40f.
83 Schelling, F. W. J (1988), 48.
84 Schelling, F. W. J (1988), 53.
85 Schelling, F. W. J (1988), 55.

als zunächst die Phänomene dargestellt werden müssen, dann die Beziehung der Phänomene untereinander zu klären ist und schließlich eine Hypothese aufgestellt werden muß, die die theoretische Erklärung des gesamten Zusammenhangs aller Phänomene gibt.[86]

Die Darstellung konkreter chemischer Prozesse wird in Schellings naturphilosophisch argumentierendem Naturphilosophie-Konzept nach 1799 aus einem dynamischen Gegensatz zweier Systeme begriffen, von denen eines das System von LeSage ist.[87] Chemische Prozesse sind danach Bestimmungen, die sich auf die innere Organisiertheit der Objekte beziehen. Schelling nennt dies die *Intussusception.* »Intussusception ist nur im chemischen Prozeß.«[88] Nicht ein einzelnes Element, wie etwa der Sauerstoff in der Lavoisierschen Chemie, kann daher »letztes Princip« der Chemie sein, sondern die *Affinität* als allgemeines Prinzip der Organisiertheit der Materie.[89] Auch aus diesem Grund liegt in LeSages System ein »großer Gedanke«.[90] Schellings Naturphilosophie ab 1799 ist also eine reflektierende Rekonstruktion dessen, was die Natur in ihrer Produktivität als ganze ausmacht, indem von den Naturobjekten auf die Natur oder das Wesen der Dinge zurückgeschlossen wird. Für Schelling gibt es eine unmittelbare Identität zwischen dem Naturobjekt und seinem metaphysischen Begreifen durch den Naturphilosophen. Eine Trennung zwischen den Naturobjekten und einer etwaigen Logizität, der sie folgen mögen, ist in diesem Konzept Schellings sinnlos, weil nur das gefühlte Naturprodukt real ist. Die naturphilosophische Konstruktion der Natur ist nur möglich, wenn die einzelnen konkreten Naturgegenstände insgesamt in der Konstruktion erklärt werden und dabei die Selbstorganisiertheit des Konstruierten zeigt.

Schellings Konzept einer Naturphilosophie geht bis 1799, also bis zum *Ersten Entwurf eines Systems der Naturphilosophie* (1799), davon aus, daß der Geist Wissen etabliert, indem er in seiner Selbstanschauung gerade jene Strukturen bildet, die wir in den Begriffen der Mechanik – Raum, Zeit und Bewegung – so wie in den Begriffen des Lebens denken. Dieses Konzept ändert Schelling 1799 insofern, als er nicht in der Selbstanschauung des Geistes, sondern nun in der Produktivität der Natur jene Strukturen etabliert sieht, die Mechanik und Organik ausmachen. Schelling ist nun der Meinung, daß wir Natur nur erkennen, wenn wir sie im Denken nachschaffen. »Wir wissen nur das selbst Hervorgebrachte.«[91] Das heißt, unsere

---

86 Schelling, F. W. J (1988), 25, 28.
87 Schelling, F. W. J (1799), 98.
88 Schelling, F. W. J (1799), 128.
89 Schelling, F. W. J (1799), 129.
90 Schelling, F. W. J (1799), 98.
91 Schelling, F. W. J (1988), 25.

Konstruktion der Natur muß in der Konstruktion nachvollziehen, was die Natur tut, wenn sie ist. Schelling hat dabei die Vorstellung, daß Natur als ein Selbsttätiges zu betrachten sei, das in permanenter Produktivität sich selbst hervorbringt. Natur ist Produktivität. Die Naturobjekte sind dann als Gerinnungsprodukte der Produktivität zu begreifen. Äußere Natur und Natur als Wesen fallen hier zusammen. Schelling versteht Naturerscheinungen – strukturell ähnlich wie LeSage – als etwas, das sich als Hemmung der Produktivität der Natur ergibt. (LeSage betrachtet Naturerscheinungen als die Auswirkungen eines in permanentem Fluß befindlichen Fluidums, dessen Bahnen nur an bestimmten Massen gestört werden und dadurch zu einer Naturwirkung führen; zum Beispiel werden die Gravitationsfluida an den Planeten gestört und dadurch wird die Gravitation hervorgerufen.) Im Gegensatz zu LeSages empirischer Physik vertritt Schelling eine dynamische spekulative Physik, die die Natur als eine dynamische Wechselbeziehung von Grundkräften der Natur auffaßt, auf die – analog zu LeSage – von den Phänomenen durch Konstruktion zurückverwiesen wird. Freilich wird bei Schelling, anders als bei LeSage, die grundlegende Dynamik nicht auf eine Beziehung materieller Körper, der fluiden Teilchen, bezogen, sondern auf ein metaphysisches Prinzip, nämlich das Prinzip der Natur, Wesen zu sein, und das heißt, permanent zu produzieren. Bei Schelling verweist das Phänomen, also das Produkt der Natur oder das Naturobjekt (Schelling verwendet beides synonym), auf eine es selbst konstituierende Produktivität zurück. Danach schließen wir aus der Existenz von Phänomenen auf ihren Grund, der die Selbsttätigkeit der Natur ist, zurück. In diesem Verfahren der (metaphysischen) a priori- Konstruktion der Naturerscheinungen durch Beschreibung der die Naturerscheinungen etablierenden Produktivität macht Schelling methodische Anleihen bei LeSage, die er freilich philosophisch in eine *metaphysische* Letztbegründung der Naturerscheinungen umwendet. Die Selbsttätigkeit der Natur bezeichnet bei Schelling also so etwas wie die Logizität der Natur. Sie ist das Ergebnis einer spekulativen a priori-Konstruktion, die zum Ziel hat, zu erklären, worin das Wesen der Erscheinungen der Natur besteht. Freilich muß für eine solche Dynamik jedes einzelne Phänomen separat gezeigt werden, und das heißt, es gibt eine untrennbare Einheit von Logizität und ihrer Materie. Die Naturproduktivität, die wir im Denken nachschaffen, ist immer auch an ihren besonderen Gegenstand gebunden. Wenn wir also Einsicht in die innere Notwendigkeit der Natur erlangen wollen, müssen wir die Erfahrungssätze auf eine a priori-Konstruktion beziehen.[92] Das entspricht dem Vorgehen von LeSage, der von den Phänomenen ausging und durch eine wissenschaftliche Hypothese eine Erklärung des Phänomens versuchte, indem er das Phänomen auf hypothetische Fluida und ihre Bewegungen zurückführte.

---

92 Schelling, F. W. J (1988), 27.

Schellings Naturphilosophie nach 1799 hat also im Ausgang von LeSages Methode eine spekulative Erklärung der Natur gesucht, indem Schelling die Phänomene auf eine ihr vorausgehende Selbsttätigkeit der Natur bezog und auf diese Weise die Selbstorganisation der Natur beschrieben hat. Selbstorganisation der Natur ist bei Schelling die Beschreibung einer Selbsterhaltung der permanenten, die Naturphänomene etablierenden Aktivität. Dies ist eine Metaphysik der Natur, die die Natur in ihrer Tätigkeit, sich selbst zu organisieren, beobachten will und den Grund der Phänomene auf ihren metaphysischen Ursprung zurückzuführen beabsichtigt.

Hegel hat an diesem Punkt angesetzt, aber in seinem philosophischen System den metaphysischen Ursprung der Naturobjekte vom jeweiligen materialen Gehalt gelöst, um die Logizität der Produktivität zu zeigen – nicht nur für die Naturerscheinungen, sondern für jeden Begriff schlechthin.[93] Während Schelling also Erkenntnis an die materiale Bedingung der Existenz der Welt knüpft, liegt sie für Hegel primär in der logischen Struktur des Begriffs. Hegels Naturphilosophie geht eine Logik voraus, die zunächst nicht an das Naturphänomen gebunden ist und die Logizität von Begriffen thematisch macht. Erst in einem zweiten Schritt formuliert Hegel dann, wie die Logizität von Begriffen von Naturgegenständen zu verstehen sei.

---

93 Sehr instruktiv wird Hegels Anknüpfen an Schellings Naturphilosophie deutlich, wenn man Troxlers Nachschrift der ersten Vorlesung Hegels 1802 in Jena ansieht. Unter dem Titel *Logik* verhandelt Hegel zunächst Identität und Nichtidentität. Begriffe, die er beide aus Schellings früher Naturphilosophie entnimmt und dann auch im Kontext der Befunde der Naturwissenschaften diskutiert. Düsing, K. (1988), 63ff. Cf. Neuser, W. (1993b).

Die Logik des Begriffs
Hegels Naturphilosophie als eine Metaphysik der Natur

Hegels Konzept einer Naturphilosophie knüpft einerseits an die Frage nach dem logischen Rechtsgrund, den empirische Begriffe der Naturwissenschaften haben, an, und andererseits an die Newtonsche Erwartung einer Letztbegründung der Physik. An Schellings früher Naturphilosophie knüpft Hegel ebenfalls an: Schelling geht davon aus, daß wir Natur nur so verstehen können, daß sie sich selbst stabilisiert und sich nicht selbst vernichtet. Insofern müssen wir eine stabile Selbstorganisation der Natur annehmen. Außerdem können wir die Natur selbst nicht erkennen, sondern nur ihre Erscheinungen. Von diesen Erscheinungen müssen wir auf die wesentliche Natur zurückfragen und ihr Gesetze unterstellen, die die Natur als ganze selbst stabilisiert und organisiert. Die Konstruktion der Natur ist bei Schelling also immer materialiter an die Erscheinungen gebunden. Hegel hingegen sieht in diesem Zurückfragen und den Antworten auf diese Fragen immer nur *die* Gesetze auftauchen, die das Wesen der Natur ausmachen, also den Logos. Jener Logos kann als die logische Struktur der Welt unabhängig von seinem materialen Erscheinen formuliert werden und zwar in einer *Logik*. *Logik* in diesem Kontext meint nicht nur die analytische, formale Logik oder die mathematische Logik, sondern unseren Glauben an den Logos der Welt, an das »Band, das die Welt zusammenhält«. Zu unterschiedlichen Zeiten gelten unterschiedliche Beweisverfahren als glaubwürdig und sicher. Diese Beweisverfahren machen den Kern der Logik der jeweiligen Zeit und des jeweiligen Konzeptes aus. *Logik* ist dann nur in Ausnahmefällen die Lehre von den Beweisverfahren, in der Regel meint *Logik* darüber hinaus die Summe unserer Annahmen über die Grundbeziehungen, die die Welt als ganze ausmachen. Sie ist damit die Grundlage, die unsere Aussagen über die Welt wahr und gewiß macht. Zu Hegels Zeit war – nach Kant – insbesondere die Möglichkeit einer transzendentalen Form der Argumentation und der Begriffe in Frage gestellt. Sie gab ein Maß für die Logizität der Argumentation. Hegels *Logik* beschreibt diesen Logos an und für sich, die *Naturphilosophie* Hegels sein Erscheinen in der Natur. Die Logik erfüllt bei Hegel die Funktion einer Letztbegründung der Wissenschaften.

Hegel schreibt:

»Indem die Naturphilosophie begreifende Betrachtung ist, hat sie dasselbe Allgemeine
(wie die Naturwissenschaft W. N.), aber für sich zum Gegenstand und betrachtet es in
seiner eigenen immanenten Notwendigkeit nach der Selbstbestimmung des Begriffs.«[1]

So beschreibt Hegel im zweiten Paragraphen seiner *Naturphilosophie* die Differenz
zwischen Naturwissenschaft und Naturphilosophie. Was heißt darin *begreifende
Betrachtung* und *die eigene immanente Notwendigkeit nach der Selbstbestimmung
des Begriffs?*

1   Begreifen und induktiver Schluß im naturwissenschaftlichen Denken

Hegel unterscheidet in seiner *Naturphilosophie* Naturwissenschaften[2] und Naturphilosophie nach ihren unterschiedlichen Gegenständen. Damit ist auch die unterschiedliche Weise ihrer Methodik angesprochen, da die Methodik dem Gegenstand
angemessen sein muß. Der *begreifenden Betrachtung* der Naturphilosophie stellt
Hegel die *begreifende Wahrnehmung* der Naturwissenschaft[3] entgegen. Gemeinsam
ist beiden das Begreifen.

»Begreifen heißt, für die verständige Reflexion, die Reihe der Vermittlungen zwischen
einer Erscheinung und anderem Dasein, mit welchem sie zusammenhängt, erkennen,
den sogenannten natürlichen Gang, d. h. nach Verstandesgesetzen und Verhältnissen
(z. B. der Kausalität, des Grundes usf.) einsehen«.[4]

Ziel beider Disziplinen ist es also, einen Zusammenhang zwischen den einzelnen
Erscheinungen zu stiften. Dabei hat die Naturwissenschaft die äußere Natur zum
Gegenstand, und ihre Aufgabe ist es, Daten von äußeren Gegenständen zu erheben
und diese Daten auf eine Gesetzmäßigkeit zurückzuführen. Auch diese Gesetzmäßigkeit zu finden, ist die Aufgabe der Naturwissenschaften. Freilich geschieht dies
nach den Verstandesgesetzen der Induktion. Die Naturwissenschaften nehmen

---

1   Hegel, G. W. F (1970f, 9, 15, §246.
2   Hegel, G. W. F (1952), 186f und cf. Neuser, W. (1986).
3   Hegel, G. W. F (1970f), 9, 15, § 246. Hegel, G. W. F (1952), 186 f. Hegel, G. W. F (1970f) 11,
     29.
4   Hegel, G. W. F (1970f), 10, 137f.

einzelne Daten wahr und abstrahieren daraus eine Allgemeinheit, die nur relativ ist, sofern diese Allgemeinheit sich auf die einzelnen, faktisch beobachteten Daten bezieht. Es ist nicht auszuschließen, daß das Auffinden neuer Daten zu einem neuen Gesetz führt, das das vorherige außer Kraft setzt. Die Methodik der Naturwissenschaft ist dabei das iterative Konstatieren von Bestimmungen eines äußeren Gegenstandes, der das wissenschaftliche Objekt der Naturwissenschaften ist. Iterativ ist dieses Bestimmen, weil die einzelnen Daten schrittweise aufgenommen und einer Gesetzmäßigkeit untergeordnet werden. Dieses iterative Konstatieren führt dazu, eine Mannigfaltigkeit von Daten zu produzieren, deren innere Verknüpfung *systematisch* nicht herstellbar ist, sondern selektiv für einige der Daten in Form der Gesetzmäßigkeit gesetzt, d. h. mit hypothetischer Geltung behauptet wird. Hegel spricht von den Verstandesbestimmungen, die unverbunden nebeneinander stehen und beliebig bis ins Unendliche vermehrt werden können. Sofern freilich die Gesetzmäßigkeiten konstatiert werden, und damit auf ein – wenn auch relatives – Allgemeines verweisen, scheint darin das Wesen der äußeren Gegenstände auf. Da die Naturwissenschaft aber den äußeren Gegenstand zu ihrem wissenschaftlichen Objekt hat, kann sie im Rahmen ihrer Methode kein Mittel entwickeln, das das Wesen der Welt systematisch aufweisen könnte. Die Naturwissenschaften betreiben zwar das Geschäft der Vernunft, das darin besteht, das Wesen oder die Allgemeinheit der Gesetzmäßigkeit zu erweisen.[5] Dieses Geschäft der Vernunft vollzieht sich aber in den Naturwissenschaften hinter dem »Rücken des Bewußtseins«, wie Hegel sagt, weil die Naturwissenschaften die Notwendigkeit der Verknüpfung der mannigfaltigen Bestimmungen nicht *systematisch* zeigen können, sondern immer auf die Gültigkeit der zuletzt induktiv gefundenen Gesetzmäßigkeit zurückführen und auf dieses Gesetz vertrauen müssen. Hegel spricht deshalb bei den Naturwissenschaften auch von »beobachtender Vernunft«.[6]

Um die Verknüpfung der mannigfaltigen Bestimmungen aber aufzeigen zu können, müßten die Naturwissenschaften ihren wissenschaftlichen Gegenstand wechseln. Die Notwendigkeit der Verknüpfungen ist nur als eine Verknüpfung der Bestimmungen im Begriff aufzuzeigen. Der neue Gegenstand der veränderten Disziplin wäre deshalb das Denken. Dies aber ist traditionell der wissenschaftliche Gegenstand der Philosophie. Die Naturphilosophie hat zu ihrer Aufgabe, die Verknüpfung der Bestimmungen des Gegenstandes im Begriff aufzuzeigen und einsichtig zu machen.

---

5   Hegel, G. W. F (1970f), 10, § 422.
6   Hegel, G. W. F (1952), 186f.

»Das Wesen des Gesetzes, möge dieses sich nun auf die äußere Natur beziehen (...,
W. N.) besteht in einer untrennbaren Einheit, in einem notwendigen inneren Zusammenhang unterschiedener Bestimmungen.«[7] »Die Gesetze sind die Bestimmungen
des der Welt selbst innewohnenden Verstandes.«[8]

Die »innere notwendige Einheit« der unterschiedlichen Bestimmungen »wird
allerdings erst von dem spekulativen Denken der Vernunft begriffen, aber schon
von dem verständigen Bewußtsein in der Mannigfaltigkeit der Erscheinungen
entdeckt.«[9] Das spekulative Denken und seine Gesetzmäßigkeiten aufzuzeigen,
ist die Aufgabe der Naturphilosophie. Was die Naturwissenschaften also machen,
ist, die Einzelheiten der Bestimmungen der Welt zu konstatieren, um diese in
der Gestalt eines Allgemeinen in Form von Gesetzmäßigkeiten zu formulieren.
Dieses Allgemeine ist aber – und das ist eine Eigenart der Induktion – nur von
relativer Geltung, weil jederzeit das Gesetz wieder durch Auffinden neuer Daten
umgestoßen werden kann. Die Naturwissenschaften konstatieren deshalb in den
Gesetzen tatsächlich kein Allgemeines, sondern vielmehr ein Besonderes, d. h.
eine unter eine logische Regel gestellte Einzelheit. Der logische Status, den die
Daten in den naturwissenschaftlichen Theorien haben, ist also nicht mehr die
bloß iterative mannigfaltige Einzelheit, sondern die Daten sind im Gesetz als ein
Besonderes konstatiert, das ein relatives Allgemeines ist. Solange aber ein Gesetz
gilt, gilt dieses Besondere den Naturwissenschaften als ein Allgemeines. Aufgabe
einer Naturphilosophie, die die untrennbare »innere notwendige Einheit der unterschiedlichen Bestimmungen« aufzuzeigen hat, ist es daher, mit Hinsicht auf die
Naturwissenschaften zu zeigen, worin die jeweilige Allgemeinheit der Besonderheit
der Bestimmungen, die in einem Naturgesetz zusammengefaßt werden, besteht. Die
doppelte Forderung an eine Naturphilosophie, die in dieser Aufgabenbestimmung
liegt, besteht also darin, zu zeigen, was von dem Wesen der Welt begriffen wird,
wenn wir ein bestimmtes Gesetz haben, und zu klären, inwiefern dieses Gesetz das
Gesetz der von den Naturwissenschaften konstatierten Bestimmungen der äußeren
Gegenstände ist. Das erste ist also der Aufweis einer inneren Notwendigkeit unseres
Begriffs von der Welt, also der Nachweis der Logizität des Begriffs, wenn wir unter
Begriff das verstehen, was wir »auf einen Schlag vor dem inneren Auge« haben, was
wir begriffen haben. Wir begreifen dann die einzelnen logischen Bestimmungen,
die dem Gesetz zugrunde liegen, als untrennbare Einheit. Das zweite ist zu zeigen,
daß die von den Naturwissenschaften vermeintlich aufgezeigte Allgemeinheit

---

7   Hegel, G. W. F (1970f, 10, 211.
8   Hegel, G. W. F (1970f, 10, 211.
9   Hegel, G. W. F (1970f, 10, 211.

der einzelnen Daten in den Gesetzen als eine Besonderheit der einzelnen Daten konstatiert wird. Damit erhält die Naturphilosophie im Denken gegenüber den Naturwissenschaften eine kritische Potenz, weil sie die Veränderbarkeit der im Denken der Naturwissenschaften festgeschriebenen Gesetzmäßigkeit der Welt konstatiert und damit die Möglichkeiten neuer Denkperspektiven eröffnet.

Die untrennbare Einheit des notwendigen inneren Zusammenhangs unterschiedener Bestimmungen, so Hegel, liegt in dem, was wir einen *Begriff* nennen, der das geronnene Begreifen der Welt ist. Wenn wir etwas begriffen haben, so haben wir zuvor unterschiedliche Bestimmungen des begriffenen Sachverhaltes konstatiert sowie deren Beziehungen untereinander hergestellt, zusammengefaßt und in einer Einheit als Begriff formuliert. Was bei Condillac in der analytischen Methode, die auch eine zusammenfassende Tätigkeit enthielt, im *formalen Schluß* als die Herstellung einer Ordnung von in Zeichen umgesetzten Empfindungen formuliert wurde, ist hier bei Hegel als der innere Zusammenhang des Begriffs gedacht. Bei Condillac und Hegel wird der Zusammenhang durch den Schluß dargestellt. Hegel freilich ist kein Sensualist, sondern ein Idealist, der davon ausgeht, daß das Sein nicht unterschieden ist von dem Denken. Sein und Denken sind eins. Die untrennbare Einheit der Bestimmungen des Begriffs ist nicht beliebig herstellbar, sondern folgt eigenen Gesetzmäßigkeiten. Begriffe können keine beliebige innere Struktur in ihrer Einheit haben, sondern nur eine für sie spezifische Struktur. Dies ist die innere Logizität der Begriffe. Sie ist zeit- und kulturunabhängig. Das Denken selbst aber scheint immer den gleichen Gesetzen zu folgen, die die innere Logizität der Begriffe bestimmen. Nur, was gedacht wird, das unterscheidet sich gravierend. Wie diese Gesetzmäßigkeiten der inneren Logizität der Begriffe aussehen, hat Hegel in seiner *Logik* gezeigt. Dabei geht Hegel davon aus, daß das, was das geronnene Begreifen ist, auf seine Elemente und Grundbestimmungen zurückgeführt und in der philosophischen Reflexion bestimmt werden kann, ebenso wie die Beziehungen der Elemente untereinander. Hegel spricht von Begriffsbestimmungen, deren Beziehungen aufeinander wechselseitig aus den Bestimmungen selbst hervorgehen. Dieses wechselseitig Auseinander-Hervorgehen ist die Notwendigkeit, die die Philosophie zu zeigen hat; sie ist die innere Logik des Begriffs und macht das Wesen der von uns begreifbaren Welt aus. Damit können wir die Bedeutungen für das Verständnis dessen, was Naturphilosophie ist, nach der anfänglichen Beschreibung Hegels folgendermaßen zusammenfassen:

»Indem die Naturphilosophie begreifende Betrachtung ist, hat sie dasselbe Allgemeine (wie die Naturwissenschaft W. N.), aber für sich zum Gegenstand und betrachtet es in seiner eigenen immanenten Notwendigkeit nach der Selbstbestimmung des Begriffs.«[10]

Naturphilosophie ist *begreifende Betrachtung,* sofern sie spekulativ ist, d. h. sofern sie denkende Vereinigung entgegengesetzter Bestimmungen als Totalität[11] in der Einheit des Begriffs[12] ist und die mannigfaltigen Einzeldaten als untrennbare Einheit denkt. Die Naturphilosophie hat das gleiche Allgemeine wie die Naturwissenschaft, aber sie hat es – anders als die Naturwissenschaft – als ihren wissenschaftlichen Gegenstand zu betrachten. Das *Allgemeine* erscheint in den Naturwissenschaften als der logische Status der in theoretische Gesetze konvertierten Daten äußerer Gegenstände. In der Naturphilosophie hingegen ist das *Allgemeine* der Untersuchungsgegenstand selbst. Die Naturphilosophie betrachtet dieses Allgemeine selbst, sofern es eine Denkstruktur ist. Es ist die Aufgabe der Naturphilosophie, dieses Allgemeine der Gesetzmäßigkeiten aus den Naturwissenschaften in seiner eigenen immanenten Notwendigkeit, d. h. als innere Logizität des Begreifens zu betrachten. Dies geschieht, indem die Notwendigkeit der Beziehungen der Bestimmungen und die Notwendigkeit der Bestimmungen selbst im geronnenen Begreifen, d. h. dem Begriff, aufgezeigt wird. Dies ist dann eine Darstellung der Gesetzmäßigkeiten des Denkens. So wie uns das Begreifen gerinnt, so etablieren sich nach den gleichen Gesetzen die Begriffe. Sie sind unser manifest gewordenes Denken. Wie sich diese Gesetzmäßigkeit des Denkens als innere Logik des Begriffs etabliert, das ist Gegenstand der Hegelschen *Logik.* In der Logik lernen wir die Gesetzmäßigkeiten des Denkens kennen. Hegels Behauptung, die er nachweisen will, ist, daß diese Gesetzmäßigkeit der »Selbstbestimmung des Begriffs« folgt. Wie ist dies zu verstehen?

2   Notwendigkeit und innere Logizität des Begriffs

Wenn Begriffe die Gesetzmäßigkeiten der Welt enthalten und in ihnen eine Allgemeinheit mannigfaltiger Daten ausgedrückt wird und wenn sie gleichzeitig als Begriff als ein immanentes In-Beziehung-Setzen der Bestimmungen des Begriffs verstanden werden, dann muß, um die Allgemeinheit der Logizität dieser Begriffe

---

10 Hegel, G. W. F (1970f, 9, 15, § 246.

11 Hegel, G. W. F (1970f, 8, 99.

12 Hegel, G. W. F (1970f, 10, 227. Während Kant (Kant, I. (1781, 1787), B 134) die Transzendentalphilosophie vom Verstand aus konstruieren will, setzt Hegel bei der kritischen Funktion der Vernunft an.

zu zeigen, die Allgemeinheit der Gesetzmäßigkeit der Beziehungen und der Bestimmungen des Begriffs gezeigt werden. Dann wird also der Begriff des Begriffs thematisiert. Die Gesetzmäßigkeit des Begriffs vom Begriff ist zu zeigen, weil nur dieser Begriff oder – was gleichbedeutend ist – die Denkgesetze unwandelbar sind. Die Allgemeinheit der inneren Logik des Begriffs vom Begriff ist Thema. Allgemeinheit aber heißt, die Notwendigkeit der Beziehungen von Begriffsbestimmungen zeigen. Gleichzeitig wird der Begriff als eine unteilbare Einheit verstanden. Das heißt, es gilt zu zeigen, wie die Beziehungen der Begriffsbestimmungen in ihrem Bezug aufeinander nur als ganze sind, was sie sind: nämlich die innere Logizität des Begriffs vom Begriff, d. h., die möglichen Gesetze des Denkens. Zwei Aspekte fordern bei der Darstellung unsere besondere Aufmerksamkeit. Erstens: Was ist mit der Notwendigkeit gemeint, mit der die Bestimmungen des Begriffs und schließlich der ganze Begriff bezeichnet werden, und worin besteht sie? Zweitens: Wie stellt man sicher, daß der Begriff, der eine unzertrennliche Einheit sein soll, als Ganzes – trotz der Auflösung in Bestimmungen – zur Geltung kommt.

Hat man einmal den Anfang in der *Logik* gemacht,[13] so hat man eine Ausgangsbestimmung, die noch keinen Begriff ausmacht, weil ihr das wichtigste am Begriff fehlt, nämlich dessen Begrenzung auf seinen Bedeutungsgehalt. Hegel nennt den Bedeutungsgehalt des Begriffs den *Inhalt* des Begriffs. Diese Ausgangsbestimmung kann nur als das Abstrakteste überhaupt gelten, weil sie nicht bestimmt ist. Sie muß mithin alle Bedeutungen enthalten, die im Denken überhaupt auftreten können. Umgekehrt muß die letzte Bestimmung der Logik zugleich das Konkreteste sein, weil es alle Bestimmungsmöglichkeiten des Denkens überhaupt explizit enthält. Die erste Ausgangsbestimmung, die bei Hegel völlig unbestimmt gedacht ist, ist das Sein. Die letzte Bestimmung der Logik ist der Begriff vom Begriff. Hegel spricht vom absoluten Begriff. Der erste Begriff stellt eine Einfaltung aller Denkmöglichkeiten dar[14], der letzte ist diese Einfaltung in einer komplizierten inneren Darstellung des Begriffs, aber in der Einheit des Begriffs ausgefaltet. Der Begriff vom Begriff enthält alle Denkmöglichkeiten dessen, was sein kann. Zwischen der

---

13 Zum Problem des Anfangs und zur Geschlossenheit der *Logik* siehe Neuser, W. (1992). Alternative Interpretationsansätze zu Hegels Philosophie finden sich bei Gies, M. (1988), der die Operatorsprechweise der modernen theoretischen Physik nutzt, um Logikapplikationen bei Hegel auf Naturgegenstände beschreiben zu können. Wandschneider, D. (1985a), Wandschneider, D. (1985b) und Wandschneider, D., Hösle, V. (1983) nutzen insbesondere Hegels Negationsverfahren zur Spezifizierung der logischen Argumentationsschritte bei Hegel. Cf. auch Hösle, V. (1988). Siehe zu diesem Problemkreis Büttner, S. (1991).

14 Dies kann im Sinne der Aristotelischen Metaphysik so gelesen werden, daß mit dem Sein der grundlegendste Begriff, der überhaupt denkbar ist, vorliegt.

Denkbestimmung Sein und dem Begriff vom Begriff entfaltet Hegel die mögliche Logik dessen, was gedacht werden kann. Die Entfaltung des Begriffs ist die reinste a priori-Konstruktion, die denkbar ist. Im Begriff zeigt sich eine *Synthesis a priori*, weil der Inhalt bei jedem Explikationsschritt immer reicher wird. Die von uns in dieser Entfaltung beobachtbaren Gesetzmäßigkeiten machen die innere Logizität eines jeden Begriffs aus. Sie soll kurz skizziert werden. Dazu haben wir zwei Mittel: Zunächst wollen wir die Notwendigkeit der Bestimmungen und ihrer Beziehungen zeigen. Eine Notwendigkeit können wir nur konstatieren, wenn wir zwei Bestimmungen vergleichen können. Vergleichen können wir sie nur, wenn sie wenigstens zum Teil identisch sind. Wenn wir von Zweien also ihre Identität oder ihre Nicht-Identiät oder ihren Unterschied zeigen können, so können wir sie vergleichen. Wenn sie auf den gleichen Grund zurückgehen, d. h. ihr Wesentliches identisch ist, können wir ihre Beziehung als notwendig bezeichnen. Und nur wenn die Beziehung notwendig ist, sind auch die Bestimmungen notwendig. Mit diesem Argument können wir niemals die Notwendigkeit der Anfangsbestimmung zeigen, sondern immer nur die relative Notwendigkeit jeder nachfolgenden Bestimmung. Relativ notwendig sind diese Bestimmungen in bezug auf die erste Ausgangsbestimmung.[15] Das zweite Mittel, das uns zur Verfügung steht, ist die Bestimmung durch Negation. *Determinatio est negatio.*

Wenn wir eine Begriffsbestimmung haben, wie z. B. *Sein*, so ist sie so lange inhaltsleer, wie sie einen unbegrenzten Bedeutungsgehalt hat und wir sie nicht gegen dasjenige begrenzen, das eben nicht mit dieser Ausgangsbestimmung gemeint ist. In diesem Fall bedeutet dies also alles, was nicht ist. Dieses Nichtsein bekommt den gleichen Status wie der Ausgangsbegriff. Es ist. Als diese auf die erste Begriffsbestimmung bezogene Negation ist diese Bestimmung eine in sich widersprechende Bestimmung, weil sie ihrer Form oder ihrem logischen Status nach ist und deshalb *Sein* ausdrückt, ihrem Bedeutungsgehalt nach aber *Nichtsein.*[16] Auch damit haben wir noch nicht den Begriff; es fehlt noch die Einheit von beiden Ausgangsbestimmungen, denn nur in der Einheit sind die Bestimmungen die Bestimmungen eines Begriffs. Als diese Einheit aber sind sie nur als wechselseitiges Übergehen, vom *Sein* zum *Nichtsein* und vom *Nichtsein* zum *Sein*. Wir denken das *Werden* entweder als *Entstehen* oder als *Vergehen*. Indem wir uns dies vergegenwärtigen, bestimmen wir nicht mehr Sein sondern *Werden*. *Werden* ist deshalb nicht nur der erste Begriff in Hegels *Logik*, weil die Bestimmung und ihre Begrenzung auf einen Schlag gedacht werden, sondern *Werden* läßt sich seinerseits bestimmen und enthält dann eine Substruktur, die ihrerseits selbst in sich bestimmt ist. Die Übergänge von *Sein*

---

15 Cf. Neuser, W. (1992).

16 Hegel, G. W. F (1970f), 6, 562.

zu *Nichtsein* und von *Nichtsein* zu *Sein* sind zwei solche Substrukturen, die beide *Werden* sind. Deren Beziehung aufeinander aber bestimmt uns *Werden*, sofern wir jetzt wissen, welcher Übergang (*Entstehen* oder *Vergehen*) in dem *Werden* gedacht wird. Das freilich setzt voraus, daß wir *Entstehen* und *Vergehen* selbst als die beiden Übergänge *Nichtsein* in *Sein* und *Sein* in *Nichtsein* bestimmen. Wir bestimmen diese beiden Übergänge als das negative bzw. das positive Resultat des Werdens, indem wir die beiden Übergänge aufeinander beziehen und ihre Beziehung aufeinander bestimmen. Wir haben also erneut eine Bestimmung vorgenommen, indem wir die Beziehungen von Vergehen und Entstehen aufeinander bestimmt haben. Unsere Begriffsbestimmung ist erneut auf ein *höheres Niveau der Komplexität* gestiegen. In der Beziehung von Vergehen und Entstehen aufeinander ist uns nun eine Bestimmung der Ausgangsbestimmung Sein gelungen, die das Sein als etwas konstatiert, das nur im *Werden* ist. *Werden* ist als gegen *Nichtsein* abgegrenzt, es ist nur eine Form des Überganges – das, was als Übergang ist. Dieses Werden – in seiner inneren Logik konstatiert – ist das, was wir als Dasein ansprechen, wenn wir den Begriff *Werden* als Black Box für das begreifen, was wir auf einen Schlag an innerer Logik des Begriffs *Werden*, das wechselseitiges Übergehen bedeutet, vor Augen haben. Dann ist die Bestimmung, die Werden begrenzt, das *Dasein*. Dasein ist das, was nicht die permanente Produktivität darlegt, wie der Begriff *Werden*, sondern die Produktivität vielmehr als ein ruhiges Existierendes bestimmt. *Werden* und *Dasein* sind selbst also Begriffsbestimmungen, die in der wechselseitigen Beziehung aufeinander füreinander Negationen und d. h. Bestimmungen sind. Solche Bestimmungen sind sie in dem Hegelschen Begriff des Für-sich-Seins, der nichts anderes beschreibt als die reflexive Selbstbeziehung, in der die Beziehungen thematisch werden, die in den zugrundeliegenden Bestimmungen auf sich selbst gedacht werden. Für-sich-Sein ist eines der Hegelschen Kunstworte, das eine logische Beziehung als Begriff deutet. Hier ist es die der Reflexion auf die Beziehungen, die sich in der Beziehung von *Werden* und *Dasein* aufeinander spiegelt. Dabei ist der Begriff *Dasein* natürlich ebenfalls eine Bezeichnung für eine innere logische Beziehung, denn der Begriff *Dasein* hat natürlich ebenso eine Genese, wie wir sie für den Begriff *Werden* angedeutet haben. Dies ist eine strukturell ähnliche Beziehung, und in dem Für-sich-Sein wird diese strukturelle Ähnlichkeit von beiden, von *Werden* und *Dasein*, als eine Einheit herausgearbeitet. Wenn die Beziehung gleichwertiger Begriffsbestimmung und deren interne Beziehung auf ihre Ähnlichkeit hin untersucht sind, so ist ein neuer Begriff thematisch. So beschreiben die Bestimmungen *Sein, Dasein* und *Für-sich-Sein* nach Hegel die konstitutiven Bestimmungen des Begriffs Qualität. So geht das fort, bis alle Grundkategorien des Denkens entwickelt sind, die in ihrer Summe und als Einheit gedacht den Begriff des Begriffs ausmachen. Diesen verschiedenen Begriffsentwicklungen liegen Gesetzmäßigkeiten zugrunde, die exemplarisch für den Begriff *Werden* verdeutlicht werden sollen. Der Übergang vom *Sein* zum *Nichtsein* hat sich ergeben, weil wir die Form der Ausgangsbestimmung, eine allgemeine Bestimmung zu sein, mit dem darin gedachten Inhalt verglichen haben, nämlich einen eingeschränkten und reduzierten Bedeutungsgehalt zu meinen, der alles, was nicht ist, ausschließt. In dieser Differenz zwischen Form und Inhalt eines Begriffs liegt der immanente Widerspruch des Begriffs, der die weitere Entwicklung des Begriffs vorantreibt. Beide Aspekte, als separate Strukturen des Begriffs formuliert, tauchen in dieser Entgegensetzung in der Philosophie als Antinomien auf. Die Hegelsche Dialektik geht aber insofern über eine Antinomienlehre – wie sie etwa Kant formuliert hat – hinaus, als Hegel in den beiden sich widersprechenden Extremen jeweils schon die je andere Bestimmung mitdenkt.[17] Diese Dialektik von Form und Inhalt, d. h. der im Denken immer wieder vorgenommene Vergleich zwischen Form und Bedeutungsgehalt, bestimmt den Begriff vom Begriff.

In der Folge betrachten wir – so Hegel – dazu jeweils die beiden Bestimmungen einzeln sowie ihre Beziehung aufeinander und interpretieren sodann diese Beziehung, als wäre sie eine einzelne Bestimmung, die eine vergleichbar komplexe Bestimmung wie ihre Begrenzung enthält. Dieses Procedere wiederholt sich, indem wir jeweils die von uns konstatierten Beziehungen als elementare Bestimmung interpretieren. Haben wir dann schließlich die Beziehung der Beziehungen thematisch gemacht und die rekursive und reflexive Beziehung der beiden bezogenen Beziehungen thematisiert, also die Selbstbeziehung der Bezogenen als Beziehung reflektiert, dann haben wir einen (relativen) Abschluß gefunden. Wir haben das eine der Bezogenen als das andere der Bezogenen erwiesen und damit die Identität der Bezogenen aufgezeigt. In dieser Identität liegt die Notwendigkeit ihrer Beziehungen. Über diesen Nachweis der Identität bzw. Nichtidentität allein ist die Notwendigkeit erweisbar. Auf diese Weise haben wir als Ergebnis die Notwendigkeit der Beziehungen der Begriffsbestimmungen und d. h. auch der Begriffsbestimmungen selbst erwiesen – was gefordert war.

Die Bestimmung arbeitet also mit der fortwährenden Festlegung von Identität, Differenz und Unterschied. Dabei werden nach jedem (relativ) vollständigen Bestimmungsschritt die so gewonnenen Begriffe als Black Box behandelt, deren innere Struktur zwar explizierbar ist, die aber im unmittelbaren Kontext nur bezüglich

---

17 Cf. Kesselring, Th. (1984). Aus diesem Grunde halte ich eine Bestimmung der Hegelschen Dialektik als einer methodisch orientierten Antinomienlehre wie sie Kesselring formuliert, für unterbestimmt. Gerade Hegels Bedingung, in der Beziehung der beiden Extreme zugleich die Bezogenheit mitzudenken, macht die Hegelsche Dialektik aus und unterscheidet sie von einer einfachen Antinomienlehre.

ihres Inputs und Outputs betrachtet werden, d. h. bezüglich ihrer Verwendbarkeit und Verwendung im Kontext mit anderen Begriffen und bezüglich ihres eigenen Bedeutungsgehaltes. Die neue Bestimmung dieses Begriffs bedeutet dann einen qualitativen Sprung der Bestimmung, insofern der nächstfolgende Begriff, der bestimmt wird, von höherer Komplexität ist und als Ausgangsbestimmung Begriffe hat, die ihrerseits als ihre innere Logik hochkomplexe Strukturen haben. In der Grenzbestimmung liegen latente Bedeutungsgehalte des Begriffs vor, sofern diese nicht explizit bestimmt werden.

Ausgehend von einer Anfangsbestimmung, die in ihrer größtmöglichen Allgemeinheit und Abstraktheit gefaßt wird, erreicht man schon mit der Bestimmung der Anfangsbestimmung als allgemeiner eine Differenz zu ausgeschlossenen Bestimmungen. Bestimmt ist die allgemeine Bestimmung nur, weil sie gegen *ihr* Anderes bestimmt wird. Beide, die Ausgangsbestimmung und ihr Anderes, stehen hier nur unvermittelt nebeneinander (Sein und Nichts). Der nächste Schritt ergibt sich nun als Vergleich von Form und Inhalt, von Form des Gedankens und Inhalt des Gedankens, der das Gedachte ist: Die beiden gegeneinander gestellten Bestimmungen sind qua Gegeneinanderstellung nicht mehr unvermittelt, sondern vermittelt – die eine ist aus der anderen hervorgegangen. Wir denken damit den Übergang von der Ausgangsbestimmung zur zweiten Bestimmung. Die Unterschiedenen werden in ihrer Einheit gedacht, aber am Unterschied wird in der Einheit festgehalten (Werden). Der Vergleich von Form und Inhalt ergibt nun, daß zwar die Einheit inhaltlich gedacht wird, aber die Differenz der Bestimmungen formal beibehalten wird. Jetzt wird die Unterscheidung selbst Gegenstand der Überlegungen. Der Übergang von der Ausgangsbestimmung zu ihrem Anderen (bzw. umgekehrt) wird Thema, aber so, daß nicht die Einheit festgehalten wird, sondern der Unterschied (Entstehen/Vergehen). Wird nun nicht mehr über die Bestimmung, sondern die Bestimmtheit nachgedacht, so ergibt ein Vergleich zwischen Form und Inhalt die Einseitigkeit und Nichtigkeit der Entgegensetzung und Unterscheidung der beiden Bestimmungen (Negatives Resultat). Abschließend werden die Entgegengesetzten bei der Selbstbestimmung des Begriffs durch die Konstatierung der Nichtigkeit der Unterscheidung als eine Einheit gesetzt (Positives Resultat). In diesem Gesetztsein scheint nun wieder eine Struktur hervor, die gleichsam als Entgegengesetztsein des bloß Gesetzten erscheint. Das gesamte Argument von »Entgegensetzen, Unterscheiden in der Einheit, Unterscheiden in der Differenz, Einseitigkeit der Unterscheidung und Einseitigkeit der Entgegengesetzten« wiederholt sich, und wir haben erneut eine (relative) allgemeine Bestimmung als Ausgangsbestimmung (Dasein).

So haben wir zunächst nur erreicht zu zeigen, wie sich Hegel die Entfaltung der inneren Logik des Begriffs vorstellt. Unser einziges Thema war das *Denken*. Die hier auftretenden Begriffe sind die Kategorien. Sie haben keinen äußeren Gegenstand zu

ihrem Gegenstand, sondern das Denken denkt sich selbst. Der Gegenstand dieser
Kategorien sind die Begriffe selbst. Der Gegenstand ist der Begriff des Begriffs.
Was uns für eine Naturphilosophie noch fehlt, ist die Möglichkeit, den äußeren
Gegenstand zu denken.

Im Gegensatz zur formalen Negation ist die bei Hegel auftretende Negation nicht
durch Selbstanwendung auf sich selbst zu vernichten. Der Bestimmungsprozeß
enthält immer gleichsam eine Erinnerung an sich selbst.[18] Der Prozeß der Bestimmung taucht in der Folge als die geronnene Struktur der Ausgangsbestimmung
eines Begriffs auf. Die Bestimmung geht im Verlauf der weiteren Bestimmung durch
erneute Negation natürlich nicht verloren. Dies und die abschließende Rekursivität
durch Selbstbestimmung der Beziehungen garantieren, daß der Begriff immer als
Ganzheit einzelner Bestimmungen auftaucht. Es wird bei dieser Begriffsbestimmung
gleichsam eine analytische Vermittlung der Ganzheit vorgenommen, ohne daß die
Einzelheiten der Bestimmungen infinit sukzessiv aufgeführt würden. Wir haben
mit dem Begriff, dem geronnenen Begreifen, auf einen Schlag die innere Logizität
des Gedachten vor Augen. Diese Selbstbestimmung des Begriffs läßt sich als ein
formales Schlußverfahren formulieren. Dabei werden die einzelnen Bestimmungen so gedacht, daß sie in einem Urteil in der ersten Prämisse verknüpft sind. Die
zweite Prämisse stellt die Beziehung in diesen Bestimmungen im ersten Urteil
dar und die Conclusio formuliert dann die Einheit, die im Begriff gedacht wird.
Der Begriff, in seiner Bestimmtheit als Schluß gedacht, ist dann das Herstellen
der Ordnung der Bestimmungen des Begriffs. Das dialektische Verfahren, das am
Begriff des Seins und seiner logischen Entwicklung dargestellt wurde, hat vor allem
gezeigt, daß die ursprüngliche Annahme der Allgemeinheit des Ausgangsbegriffs,
d. h. des Seins, über die Bestimmung des Seins qua Negation den logischen Status
von Einzelheit hat. Die absolute Bestimmtheit des Ausgangsbegriffs erweist sich
über die Bestimmung als das Zusammendenken von Allgemeinheit des Begriffs
mit seiner Begrenzung gegen das Nichtgemeinte. Diese Begrenzung führt dazu,
daß der Begriff ein Einzelnes meint, das von dem Nichtgemeinten abgegrenzt
wird.[19] Der Begriff muß nachgerade als das Zusammengehen von Allgemeinem
in der Bedeutungsvielfalt und von Einzelnem als dem Ergebnis der Begrenzung
des Bedeutungsgehaltes gedeutet werden. Diese Vermittlung geschieht nun im
Schlußverfahren.

---

18   Hegel, G. W. F (1970f), 6, 569.
19   Hegel, G. W. F (1970f, 6, 251 f.

Das Schlußverfahren – so Hegel – wird seit alters her als Ausdruck der Vernunft genommen.[20] Allerdings interpretiert Hegel den Schluß nicht im Sinne eines formalen Syllogismus, sondern eher – vergleichbar mit Condillac – als ordnungsstiftenden Vermittler zwischen unterschiedlichen Bestimmungen.[21] Als erste Prämisse interpretiert Hegel die Identität von Subjekt und Prädikat derart, daß der Allgemeinbegriff und seine Negation als Identische ausgesprochen werden. Die zweite Bestimmung in dieser ersten Prämisse ist also die Negation der ersten Bestimmung. Das Prädikat negiert das Subjekt. In der Reflexion auf die Grenzen der Ausgangsbestimmung ist diese Negation also nicht nur als eine einfache Bestimmung zu denken, sondern immer zugleich in dieser Bestimmung auch in der Beziehung auf die Ausgangsbestimmung. Die Negation hat also an ihr selbst die Vermittlung auf ihre Ausgangsbestimmung, da sie als Negation der Ausgangsbestimmung auftaucht. Diese zweite Bestimmung der ersten Prämisse, d. h. das Prädikats des ersten Urteils des Schlusses, schließt also in seiner Bestimmung den Widerspruch ein, einfache Bestimmtheit und zugleich Bestimmtheit nur als Negation der ersten Bestimmtheit zu sein. In diese zweite Bestimmung fällt also die innere Logik des Begriffs. Allerdings ist sie dort noch nicht explizit formuliert, sondern nur vorausgesetzt. Hegel sagt: die innere Logik des Begriffs ist in dieser Bestimmung nur »in einer Beziehung«; sie ist »gesetzt«.[22] Diese Rolle übernimmt im (formalen) Aristotelischen Schluß das Besondere; in ihm sind die Bestimmungen der Extreme des Schlusses in einer impliziten Gestalt vorhanden. Die zweite Prämisse des (dialektischen) Schlusses ist das Bestimmen der Begrenztheit der Negation oder der Begrenztheit der zweiten Bestimmung des ersten Schlusses, des Besonderen. In dieser zweiten Prämisse wird die Beziehung, die in der ersten Prämisse ausgedrückt wird und die in dem Prädikat der ersten Prämisse qua Negation impliziert ist, auf das Subjekt der ersten Prämisse thematisch. Wir betrachten in der zweiten Prämisse die »Beziehung des Negativen auf sich selbst«.[23] Die Conclusio ist dann die Behauptung der Identität der Ausgangsbestimmung und ihrer negierten Negation, insofern diese negierte Negation die ursprüngliche Ausgangsbestimmung nicht

---

20 Hegel, G. W. F (1970f, 6, 377. Cf. auch Hegel, G. W. F (1970f, 6, 561. Die 2. Habilitationsthese Hegels von 1801 lautet: »Syllogismus est principium Idealismi.« Cf. Hegel, G. W. F (1986), 74. Hegel knüpft hier an Kant (1781, 1787), B 360f an. Cf. Kapitel V.

21 Eine Reduktion der Hegelschen Dialektik auf einen formalen Syllogismus würde in ähnlicher Weise die vermittelnde Funktion der Hegelschen Dialektik unterschlagen wie eine Interpretation der Dialektik als Antinomienlehre.

22 Hegel, G. W. F (1970f), 6, 562.

23 Hegel, G. W. F (1970f), 6, 563. Die erste Prämisse vergleicht Hegel mit der analytischen Methode, die zweite Prämisse mit der synthetischen und die Conclusio mit dem Durchdringen beider Methoden. Hegel, G. W. F (1970f), 6, 557, Hegel, G. W. F (1970f), 8, 390f.

mehr als abstrakte allgemeine Bestimmung versteht, sondern in ihrer Negation begrenzt, aber in einem positiven Sinne versteht.

»Aber das Dritte ist der Schlußsatz, in welchem er durch seine Negativität mit sich selbst vermittelt, hiermit *für sich* als das *Allgemeine* und *Identische seiner Momente* gesetzt ist.«[24] »Wie das Anfangende das *Allgemeine*, so ist das Resultat das *Einzelne, Konkrete, Subjekt,* was jenes *an sich*, ist dieses nun ebenso sehr *für sich,* das Allgemeine ist im Subjekte *gesetzt.* Die beiden ersten Momente der Triplizität sind die *abstrakten,* unwahren Momente, die eben darum dialektisch sind und durch diese ihre Negativität sich zum Subjekte machen. Der Begriff selbst *ist, für uns* zunächst, *sowohl* das an sich seiende Allgemeine *als* das für sich seiende Negative *ab auch* das dritte An und für sich seiende, das *Allgemeine,* welches durch alle Momente des Schlusses hindurchgeht«[25].

Hegels Darlegung seiner Dialektik als einer expliziten Darstellung der inneren Logik dessen, was wir im Begriff »auf einen Schlag vor Augen« haben, wenn wir einen Begriff denken, findet also bei Hegel die Form eines dialektischen Schlusses, der als Vermittlung seiner Extreme in einem Dritten, d.h. der Negation des ersten Extrems, interpretiert wird. Die Hegelsche Dialektik – als Schlußtheorie interpretiert – faßt das Aristotelische Schlußverfahren so auf, daß in der Ausgangsbestimmung das Ganze des Gewußten enthalten ist und der Schluß dies als eine Explikation der im Ausgangsbegriff enthaltenen Bestimmungen darstellt. Alle möglichen Reflexionsformen auf die innere latente Logik des Begriffs sind prinzipiell in diesem – nun nicht mehr Aristotelisch interpretierbaren – Schluß als einem formalen Denkverfahren enthalten. Hegels Dialektik ist auf diese Weise ein formales und technisches Verfahren, das die Intentionen eines methodischen Neuplatonismus umsetzt, nämlich die Intention, das Ganze in seinen logischen Beziehungen systematisch darzustellen.

Im Fall der Logik erweist sich der auszuführende Schluß als eine Vermittlung von Allgemeinem und Einzelnem über die Negation des Allgemeinen, die dadurch zu einem Besonderen wird, insofern das Besondere in sich implizit die gesamte Beziehung enthält, die explizit im Schluß formuliert wird. Das Besondere ist das vermittelnde Glied zwischen den Extremen des Schlusses. Der Schluß der Logik ist also der Schluß: A(llgemeines)-B(esonderes)-E(inzelnes)[26], mit den Prämissen A-B und B-E und der Conclusio A-E.

---

24 Hegel, G. W. F (1970f), 6, 566.

25 Hegel, G. W. F (1970f), 6, 565f.

26 Meine Hegel-Interpretation bezieht sich insbesondere auf das Kapitel *Die absolute Idee* in der *Wissenschaft der Logik.* Hegel, G. W. F (1970f), 6, 548ff.

3 Hegels Schlußlogik und ihre Anwendung in Naturwissenschaft und Naturphilosophie

Haben wir in der *Logik* keinen äußeren Gegenstand, sondern nur das Denken selbst, so daß wir eine Form-Inhalt Dialektik haben, bei der der Inhalt der Bedeutungsgehalt der Kategorien selbst ist, so haben wir in der *Naturphilosophie* darüber hinaus einen äußeren Gegenstand, der in die Begriffskonstitution einbezogen werden muß. Aber auch in der *Naturphilosophie* haben wir zu unserem wissenschaftlichen Gegenstand keinen äußeren Gegenstand, sondern – wie immer in der Philosophie – das Denken. Im Gegensatz zur Logik ist dies in der *Naturphilosophie* freilich nicht das Denken des Denkens, sondern das Denken eines äußeren Gegenstandes. Wir haben zu reflektieren, wie Begriffe in ihrer inneren Logizität aussehen, in denen ein äußerer Gegenstand begriffen wird, d. h. wie ein äußerer Gegenstand mit einem Schlag beim Nennen des Begriffs vor unserer inneren Anschauung steht. Dabei sind zwei grundsätzlich differente logische Strukturen ineinander verwoben. Einerseits ist es die Darstellung der prinzipiellen Möglichkeiten des Denkens, wie sie in der *Logik* expliziert wurden, und andererseits muß mit diesen Möglichkeiten beschrieben werden, wie durch die Induktion der Naturwissenschaften eine Gesetzmäßigkeit hergestellt werden kann. In einer Gesetzmäßigkeit wird durch Beziehung von Bestimmungen des Wesens des Gegenstandes eine Aussage über das Wesen des Gegenstandes selbst gemacht. Insofern sind Gesetzmäßigkeiten als Begriffe von äußeren Gegenständen zu verstehen. *Naturphilosophie* muß also auf eine ähnliche Weise wie die *Logik* die Notwendigkeit der Begriffsbestimmungen eines Begreifens – nun äußerer Gegenstände – aufzeigen, und zwar unter der Vorgabe, daß damit lediglich durch Induktion vollzogene Abstraktionen im Rahmen der Möglichkeiten des Denkens vorliegen. *Naturphilosophie* muß zeigen, daß die Konversion von mannigfaltigen Einzeldaten in eine relative oder vermeintliche Allgemeinheit in der Induktion in den Naturwissenschaften tatsächlich eine Konversion in eine Besonderheit, also eine eingeschränkte und nicht absolute Allgemeinheit, ist. Wenn der *Naturphilosophie* dies für die einzelnen Begriffe der Naturwissenschaften gelingt, dann bedeutet dies, daß die Naturphilosophie eine kritische Potenz gegenüber dem Denken der Naturwissenschaften hat,' insofern sie ein Mittel, das der Begriffsexplikation, hat, mit dessen Hilfe sie mögliche Inkonsistenzen des Denkens und mögliche Denkperspektiven eröffnen kann.

Gleichzeitig zeigt die *Naturphilosophie* aber damit auch die Möglichkeiten der Bedingung der Erfahrung auf. Die *Naturphilosophie* hinterfragt den theorieabhängigen Teil der Erkenntnis, der jeder Empirie vorausgeht. Am Beispiel der Beschreibung der Planetenbewegung kann dies anhand der Leistungen von Brahe, Kepler, Newton und Hegels Naturphilosophie so angedeutet werden: Indem Brahe die Beobachtungsdaten zunächst konstatierte, hob er aus einem Kontinuum von möglichen Raum-Zeit-Objekt-Korrelationen diejenigen Korrelationen heraus, die Merkmale der Planetenbahnen sind. Diese Daten haben den logischen Status von Einzelnem für das spekulative Bewußtsein. Objektiv aber haben sie unter zwei Aspekten den Status des Besonderen: Erstens kann die Empirie niemals alle Einzelheiten der Mannigfaltigkeit überprüfen, sondern sie testet Daten an einem besonderen Gegenstand, bei Kepler etwa am Mars die Bewegungsabläufe für Planetensysteme schlechthin. Zweitens impliziert Empirie damit schon eine allgemeine Gesetzlichkeit, die ihr aber keineswegs in deren Logik jetzt schon explizit bekannt wäre. Die Datenerhebung selbst ist also bloß eine Hoffnung auf eine Gesetzmäßigkeit der Natur, die gleichwohl schon in der Auswahl der Daten impliziert ist. Kepler erkannte die Gesetzmäßigkeit und das heißt, er erkannte die Allgemeinheit in dem Besonderen an den Einzeldaten. Aber er konnte diese Gesetzmäßigkeit nicht mit den Mitteln der a priori-Deduktion herleiten. Kepler überprüfte Hypothesen. Obwohl die Vernunft den Naturwissenschaftler »hinter dem Rücken des Bewußtseins« leitet, nimmt der Naturwissenschaftler die Gesetze als vereinzelte Verstandesbegriffe auf. Mit dem Aufzeigen der drei Planetengesetze hat Kepler noch nicht einen einheitlichen Begriff einer wirkenden Ursache formulieren können, sondern nach wie vor zwei Physiken gehabt: eine für den Himmel, eine für die Erde. Erst Newtons Versuch der Vereinheitlichung hat den Begriff, der hinter den Daten Brahes und den Gesetzmäßigkeiten Keplers stand, herausgearbeitet. Freilich hat Newton selbst – so Hegel – sein Konzept nicht konsequent befolgt, erstens insofern er Störungsrechnungen benutzte, um die Umlaufbahnen von mehreren Planeten beschreiben zu können, und zweitens insofern er *Kräfte* zur Beschreibung der Planetenbewegung heranzog. Vielmehr, so Hegel, sei ein Planetensystem immer schon als Ganzes da und deshalb sei die Idee einer *allgemeinen Gravitation* das Fruchtbare an Newtons Theorie und nicht seine störungstheoretischen Rechnungen. Auch liege in Keplers Formulierung bereits ein Beweis vor, insofern er »für die empirischen Daten ihren allgemeinen Ausdruck gefunden« habe.[27]

Die *Naturphilosophie* nimmt nun das Allgemeine der Naturwissenschaften auf und zeigt, daß in ihm die Logik gedacht wird, die der Naturwissenschaftler seinen Ausgangsdaten hypothetisch unterstellt hat. Dieses Allgemeine der Naturwissenschaften kann dabei entweder im Sinne der Keplerschen Vielheit einzelner Bestimmungen oder im Sinne einer einzelnen Bestimmung – wie bei Newton – aufgefaßt werden. Hegels Intention in seiner *Naturphilosophie* ist somit, zu zeigen, daß die innere Logik der Begriffe, die entweder einem naturwissenschaftlichen Gesetz zugrunde liegen oder deren Verknüpfung das Gesetz selbst ausmachen, auf der

---

27 Hegel, G. W. F (1970f), 6, 86f Anmerkungen.

Einheit vernünftigen Denkens beruhen. Sofern dies nicht gezeigt werden kann, muß die Aussage der naturwissenschaftlichen Gesetze überprüft werden, was zu einer Revision der naturwissenschaftlichen Begriffe durch eine Begriffsexplikation führt. Naturphilosophie kann damit aber natürlich die Empirie nicht ersetzen. Sie ist vielmehr nur in der Lage, die Logizität der naturwissenschaftlichen Begriffe aufzuzeigen. Hat Naturwissenschaft den Mangel, daß sie die Notwendigkeit der Gesetzmäßigkeiten, die im Begriff liegt, nicht zeigen kann, weil ihr wissenschaftlicher Gegenstand ein äußeres Objekt ist, so hat Naturphilosophie den Mangel, daß sie keine Gewißheit für ihre Begriffe hat. Ihr fehlt die Gestalt des Referenten für die Begriffsbestimmungen. Begriffsbestimmungen zeigen, was denkbar ist. Sie zeigen nicht, ob dies auch da ist. Da ist der Gegenstand freilich nicht in einem Sinne, daß wir nur auf ihn zugreifen müßten, sondern da ist er, sofern er *für uns* denkbar ist. Die Gewißheit, daß das, was Naturphilosophie als wahr erwiesen hat, auch existiert, bekommt die Naturphilosophie nur in der Verifikation, in der Wahrnehmung, d. h. durch die Naturwissenschaften.

Versucht man wieder die innere Logik der naturwissenschaftlichen Begriffe von Gegenständen in ihrem Zusammenhang darzustellen, so muß berücksichtigt werden, daß der Begriff auch in der *Naturphilosophie* die Darstellung des ganzen Verständnisses der Welt (äußerer Gegenstände) ist und in jedem einzelnen Begriff einen Aspekt ausblendet. Dieser ausgeblendete Bereich wird in der Begrenzung des Bedeutungsgehaltes, dem negativen Moment des Begriffs, konserviert. Die Darstellung des Ganzen aber verlangt die Vermittlung der Bestimmungen, wie dies schon in der *Logik* im Schlußverfahren geschieht. Dies soll nun auch für die Naturphilosophie am Beispiel der allgemeinen Gravitation angedeutet werden. Die Idee der *allgemeinen Gravitation* sah Hegel stärker in Keplers Gesetzen Rechnung getragen, weil – anders als in Newtons und Lagranges Störungsrechnung, bei der sukzessiv weitere Planeten in der Rechnung berücksichtigt werden – bei Kepler die gesamte Organisation des Sonnensystems mit allen Wechselwirkungen zwischen Sonne und Planeten instantan berücksichtigt wird. Aus diesem Grund kritisiert Hegel Newton und favorisiert Kepler.

Für die Naturwissenschaften haben wir gesehen, daß sie meinen, ein Einzelnes in ein Allgemeines zu erheben, indem sie Gesetzmäßigkeiten formulieren. Tatsächlich aber erweist sich das Einzelne als Besonderes, weil die Gesetzmäßigkeit nur in der speziellen Beziehung auf die ihr zugrundeliegenden Daten zur (relativen) Allgemeinheit gelangt. Naturphilosophie hat dann die Aufgabe zu zeigen, daß diese Differenz im konkreten Einzelfall besteht, und muß zwischen beiden Aussagen die Beziehung herstellen. Dies geschieht formal bei Hegel im *zweiten dialektischen Schluß*, bei dem die vermittelnde Position in der Einzelheit liegt: A(llgemeines)-E(inzelnes)-B(esonderes). Dabei wird die erste Prämisse A(llgemeines)-E(inzelnes)

selbst als (impliziter) Schluß betrachtet. Er ist formal identisch mit dem der *Logik*.
Indem Hegel also die innere Logik der Begriffe der äußeren Gegenstände so als
eine Entwicklung aus der inneren Logik des Begriffs vom Begriff entfaltet, zeigt
er an den naturwissenschaftlichen Begriffen deren innere Logizität und weist
gleichzeitig die besondere Logizität auf, die im Denken äußerer Gegenstände liegt.
Die erste Prämisse A-E dieses zweiten Schlusses A-E-B ist dabei implizit der ganze
erste Schluß A-B-E, d. h.: die explizite Logik eines jeden Begriffs. Denn der Schluß
A-B-E wird von Hegel in der *Logik* als die innere Logik des Begriffs vom Begriff
erwiesen. Die zweite Prämisse aber ist das Urteil E-B, d. h. die Beziehung eines
unter die logische Regel gestellten Einzelnen, d. h. eines Besonderen, mit einem
Einzelnen. In diesem Schluß liegt die Vermittlung des Besonderen, d. h. der Naturgesetzlichkeit in einem Begriff, der einen äußeren Gegenstand denkt, mit dem ihm
zugrundeliegenden Allgemeinen. Die Vermittlung der im Begriff Entgegengesetzten
geschieht im Denken eines äußeren Gegenstandes nicht – wie in der *Logik* – in der
Grenzbestimmung, sondern über das Aufnehmen von Einzelnem. Da das Einzelne
die vermittelnde Instanz ist, geht zwar einerseits der äußere Gegenstand konstitutiv in den Begriff ein, andererseits bleibt aber die Vermittlung darin zwischen
den Extremen des Schlusses immer äußerlich. Das eine Extremum geht nicht in
dem anderen als dessen Begrenzung auf, sondern bleibt neben ihm bestehen. Weil
dieses Äußerlichsein die Logizität der Naturgesetzlichkeiten ist, beschreibt Hegel
die Natur als das Denken, das die Idee in ihrem Äußerlichsein ist.[28]

4   Hegels Philosophie als Folge eines methodischen Neuplatonismus

In der Philosophie können wir zwei Grundströmungen beobachten, die als Folge
der Philosophien von Platon und Aristoteles angesehen werden können. Zum einen
ist Aristoteles' Abstraktionstheorie Ausgangspunkt.[29] Danach müssen wir, wenn
wir einen Gegenstand beschreiben wollen, die unwesentlichen Bestimmungen
abstrahieren, solange, bis wir nur noch Bestimmungen haben, die das Wesen der
Dinge beschreiben. Durch den Grad unserer Abstraktion wird bestimmt, welche
Wissenschaft wir betreiben. Abstrahieren wir bis zur bloßen Gestalt eines Gegenstandes, so thematisieren wir z. B. *Geometrie*. Abstrahieren wir soweit, daß wir nur
das *Sein* thematisieren, so betreiben wir *Metaphysik*. Auf dieser Ebene thematisieren

---

28 Hegel, G. W. F (1970f, 6, 573.
29 Aristoteles, Metaphysik, 1003a ff, Buch Gamma. Nagel, F. (1984), 35-57.

wir die Methoden der Wissenschaften und haben lediglich Kategorien zugrunde liegen. In der Spätantike und der Scholastik wurde auf dieser Abstraktionstheorie aufbauend eine differenzierte Methodik ausgearbeitet, die als *Logik* eine Theorie des korrekten Schließens zur Folge hatte. Für den vorliegenden Zusammenhang ist wichtig, daß mit der Anknüpfung an Aristoteles in der *Logica Antiqua*, aber auch der *Logica Modemorum* wissenschaftliches Denken an eine lineare Abfolge von separierbaren Argumentationsschritten geknüpft wurde, deren Voraussetzungen im einzelnen zu überprüfen waren. Wichtige Voraussetzung für dieses Verständnis wissenschaftlichen Denkens ist die Linearität der Argumentation, der Ausschluß jeder zirkulären Argumentation und die transitive Geordnetheit der Argumentation.[30] Durch diese drei Bedingungen soll erreicht werden, daß das wissenschaftliche Denken jederzeit nachvollziehbar und eindeutig ist. Diese Methodik impliziert, daß der Gegenstand der Betrachtung nur bezüglich der jeweils betrachteten oder gedachten Bestimmungen – und nicht in seiner Gesamtheit – berücksichtigt wird. Da die Bestimmungen ja das Wesen des Gegenstandes hinsichtlich des reflektierten Gegenstandsbereiches erfassen, kann zumindest in dieser Hinsicht[31] behauptet werden, daß der Gegenstand vollständig erfaßt ist. Bereits mit der Spätantike und der Scholastik liegt für diese Vorstellung ein sehr differenziertes formales Schluß-verfahren vor, das spätestens mit Hispanus (gestorben 1277) zur formalen Reife gelangte. Mit dem 14. Jahrhundert wurde eine Trennung von Ontologie und Logik endgültig angestrebt und damit ein vollständiges formales Argumentationsschema vorgelegt, das den Elementen eines Ganzen den logischen Vorrang vor dem Ganzen einräumt. Diesem Schema liegt eine lineare Argumentationsstruktur zugrunde. Im Kontext dieser (linearen) mittelalterlichen Schlußverfahren übernimmt die Dialektik die Aufgabe, die materialen Gehalte des Erkennens so zu interpretieren, daß sie auf die formalen Schlüsse applizierbar sind.

Für die methodische Gegenvorstellung, den Platonismus, der insbesondere im Neuplatonismus weiterentwickelt wurde, liegt ein ausgearbeitetes formales Schlußverfahren nicht vor.[32] Die Vorstellung des Neuplatonismus bleibt immer mit den ontologischen Implikaten des Denkens verknüpft. Sie mag dadurch charakterisiert sein, daß im Neuplatonismus angestrebt wird, immer das Ganze eines

---

30 Klassisch formuliert hat dies z. B. Duns Scotus (um 1265-1308) in der *Abhandlung über das erste Prinzip* Kapitel II, 1.-3. Satz. 1.»Gar kein Ding hat eine wesentliche Ordnung auf sich selbst hin.« 2. »In jeglicher Ordnung ist ein Zirkel unmöglich.« 3. »Was nicht später ist als das frühere, ist auch nicht später als das spätere.« Zu diesem Problem, das seit jüngstem als Münchhausen-Trilemma diskutiert wird, siehe auch Hösle, V. (1990), 152ff.

31 Scotus spricht von Ordnung.

32 Pinborg, J. (1972), 42.

Gegenstandes zugleich zu denken und keine reduzierende Abstraktion auf einzelne Bestimmtheiten des Gegenstandes hinzunehmen. Zu den grundlegenden Problemen des Neuplatonismus zählt deshalb das Problem, wie die Beziehung der Ganzheit zu ihren Elementen zu denken ist. Wie generiert sich die Mannigfaltigkeit aus der Einheit?[33] Wie sind die Elemente untereinander bezogen und wie sind die Elemente des Ganzen auf die Einheit, das Ganze, bezogen? Wie viele Ganze gibt es? Sind die Elemente selbst immer wieder Einheiten mit Elementen, oder gibt es auch Elemente, die selbstbegründend sind? Alle drei Bedingungen, die als Grundbedingungen für die Aristotelische Logik stehen, haben in diesem Fragekontext keine Geltung. Sie haben im Kontext des Neuplatonismus allerdings nur sehr begrenzte Funktionen und dürfen nicht als Grundprinzipien angesehen werden. Die Argumentation kann nicht auf eine Linearität der Bestimmungen der Gegenstände reduziert werden. Zirkulär ist die Argumentation immer, wenn die Bestimmungen auf ihr Ganzes bezogen werden, und interne Strukturen der Einheit können sicher auch die transitive Geordnetheit der Bestimmungen verletzen. Diese Probleme werden schon immer im Kontext der philosophischen Diskussion des Neuplatonismus angesprochen[34] und an ontologische, metaphysische oder theologische Fragen gebunden, sie sind allerdings bislang nicht als formales Argumentationssystem ausgearbeitet.[35]

Man kann Hegels *Logik* als einen solchen – den bislang wohl einzigen – Versuch interpretieren, ein formales dialektisches Argumentationsverfahren vor dem Hintergrund des Neuplatonismus zu versuchen. Hegels Bestreben ist es, in seiner Logik für das Denken ein Argumentationsverfahren anzugeben, das in einer rekursiven Logik eine Einheit als Grundstruktur zugrunde legt, die sich aus Einzelelementen konstituiert. Eine solche Einheit ist der Begriff. Seine Bestimmungen sind in einer wohlgeordneten Weise – in durchaus zirkulärer Beziehung – konstitutiv für ihn selbst. Der Begriff und seine Bestimmungen sind immer zugleich präsent. Die Beziehungen der Bestimmungen sind durch formale Strukturen, die Hegel in Anlehnung an die Aristotelische Logik des Mittelalters *Schlüsse* nennt, vermittelt und aufeinander bezogen. Der Begriff ist immer die Einheit, die das Denken stiftet, wenn Welt begriffen wird.

Die beiden übrigen Systemteile des Hegelschen Systems versuchen dann zu zeigen, wie ein solches formales Argumentationsverfahren auszusehen hat, wenn der gedachte Gegenstand ein äußerer Gegenstand ist, die Natur, und wenn er ein

---

33 Bruno, G. hat dies mit den Mitteln der Geometrie versucht durchzuführen. Cf. Heipke, K., Neuser, W., Wicke, E. (1991).

34 Beierwaltes, W. (1972).

35 Dies trifft dann nicht zu, wenn man Mnemotechniken vom Stil des Raimundus Lullus als einen Versuch einer solchen logischen Formalisierung betrachtet.

vom Denken zwar wohl unterschiedener Gegenstand ist, aber dennoch auf sich selbst bezogen bleibt. Dieser Teil ist die *Philosophie des Geistes*.[36] Wie auch immer Hegels Versuch zu bewerten sein mag, er stellt meines Erachtens den einzigen Versuch einer Formalisierung der (neuplatonischen) Argumentationsstrategie dar, die durch das Bestreben gekennzeichnet ist, das Ganze in seiner Einheit zu denken.[37] Hegels Dialektik geht aber insoweit über einen Neuplatonismus hinaus, als sie methodisch nicht auf eine Emanation reduziert ist. Im Sinne dieser Überlegungen ist Hegels Naturphilosophie weder ein einseitiger Empirismus, der die Bedeutung von Theorien für die Erfahrung unterschätzt, noch Metaphysik, die jede Erfahrung durch rein theoretische Konstrukte ersetzen will. Vielmehr will Hegel in der Verknüpfung von prinzipientheoretischen Überlegungen und der Reflexion auf Erfahrung beides zusammenführen.[38]

Hegels Naturphilosophie ist also der Versuch, im Rahmen einer formalen rekursiven Logik die theoretischen Voraussetzungen von Erfahrung und die Erfahrung als wechselseitige Bedingungen zu formulieren. Auch wenn diese Formalisierung

---

36 Hegel, G. W. F (1970f, 6, 264f.

37 Die modernen Selbstorganisationstheorien in den Naturwissenschaften zielen ebenfalls auf das Denken des Ganzen. Auch für sie gibt es bislang keine zwingend ausgearbeitete Formalisierung.

38 Hegel benutzt den Begriff Metaphysik in drei Bedeutungen: Erstens als Bezeichnung für eine historische Epoche; als Hauptpersonen dieser Epoche nennt Hegel Cartesius, Spinoza, Locke, Leibniz und die französischen Materialisten (Hegel, G. W. F (1970f, 20, 122). Zweitens leitet Hegel aus dieser historischen Epoche die hauptsächlichen Charakteristika dieser Methode des Philosophierens ab: das Herumirren in abstrakten Verstandesbestimmungen (Hegel, G. W. F (1970f, 20, 286), wobei Gegensätze zu absoluten Widersprüchen geführt werden (Hegel, G. W. F (1970f, 20, 265). Außerdem wird Metaphysik von Hegel immer wieder als Gegenposition zum Empirismus verstanden. (Hegel, G. W. F (1970f, 20, 267 und in: Hegel, G. W. F (1970f, 8 in der *Entgegensetzung der ersten und zweiten Stellung des Gedankens zur Objektivität.)* »Die metaphysische Betrachtungsweise will es nur mit dem Begriff zu tun haben, ohne seine Erscheinung« (Hegel, G. W. F (1970f, 11, 524). Drittens hat Metaphysik für Hegel eine positive Bedeutung. In Jena 1804/05 hat Hegel Metaphysik durchgängig positiv eingeschätzt. Metaphysik folgt dort der Logik. Sie beginnt, wo das äußere Verhältnis entgegengesetzter Bestimmungen aufhört und seine Glieder als für sich Seiende auseinandergefallen sind. Dort wird das Erkennen als die Reflexion in sich selbst das erste Moment seiner selbst (Hegel, G. W. F (1967), 130). Metaphysik übernimmt (bei Hegel in Jena) den interessantesten Part in der dialektischen Entwicklung: die Reflexion in sich und ihre Formen: »Das metaphysische Beweisen ist Zeugnis des menschlichen Geistes« (Hegel, G. W. F (1970f, 17, 390). Metaphysik ist die »Form des denkenden Verstandes« (Hegel, G. W. F (1970f, 20, 122). Für Hegel ergibt sich daraus als Perspektive, die Metaphysik zu überwinden und sowohl ihren Gegensatz zur Empirie als auch ihr Festhalten an Verstandesbegriffen aufzubrechen und die Vermitteltheit der Verstandesbegriffe darzustellen.

Hegels heute als noch unzulänglich betrachtet werden muß, so ist sie doch der Versuch, die Erkenntnis der Natur aus den nicht explizit formulierten logischen Implikaten der Begriffe der Natur zu entwickeln.

5   Am Beispiel der *Kraft*

Mit der philosophischen Bewertung des Kraftbegriffs in den Naturwissenschaften beschäftigt sich Hegel zeit seines Lebens.[39] Bereits in seiner Habilitationsschrift[40] kritisiert er einen Kraftbegriff der Newtonianer des 18. Jahrhunderts, den er von Benjamin Martin aufgenommen hat.[41] Dabei geht es um die physikalische Bedeutung der Zentrifugalkraft.[42] Diese Themen haben die Naturwissenschaftler des 18. und 19. Jahrhunderts beschäftigt.[43] Hegel findet Inkonsistenzen zwischen unterschiedlichen

---

39 Zur Geschichte der Mechanik cf. Szabo, I. (1979).

40 Hegel, G.W.F (1986).

41 Martin, B. (1778). Cf. Neuser, W. (1990b).

42 Hegel zeigt mathematische und begriffliche Widersprüche im Hinblick auf die Richtungsangabe für die Zentrifugalkraft und in bezug auf den Zusammenhang mit der Trägheitskraft auf. Cf. Kapitel III. Cf. auch: Cohen, I.B. (1990), 124-135.

43 Hegels Kritik am Kraftbegriff wurde in der Sekundärliteratur unterschiedlich aufgenommen: historisch korrekt interpretieren: Petry, M.J. (1970), Petry, M.J. (1974), Perry, M.J. (1981), Shea, W. (1981), Oeser, E. (1970). In jüngster Zeit ist die Darstellung der Physik von Rotationssystemen falsch in: Ihmig, K.-N. (1989). Die Hegelrezeption zur Hegelschen Darstellung der Mechanik kann bis in unsere Zeit in fünf große Gruppen eingeteilt werden:
1. die Apologeten, denen Wissenschaftsgeschichte und Physik keine angemessene Detailarbeit wert zu sein scheinen (Closs, O. (1908a), Closs, O. (1908b), Rosenkranz, K. (1844), Rosenkranz, K. (1848)),
2. das andere Extrem, die ablehnende Rezeption, der Wissenschaftsgeschichte und Physik unwichtig zu sein scheint (Bücher, T.G. (1983)),
3. die ablehnende Rezeption mit Physikkenntnissen (Whewell W. (1838), Whewell W., (1849)),
4. wissenschaftshistorisch beziehungsweise physikalisch orientierte Hegel-Interpretation (Petry M.J. (1970), Petry, M.J. (1974), Petry, M.J. (1981), Shea, W. (1981), Oeser, E. (1970), Sedlac, F. (1921)),
5. die Rezeption, die sich ausschließlich oder doch vorwiegend für den systematischen Aspekt des Kraftbegriffs interessiert (Bullinger A. (1903), Weiße, Ch. H. (1844), Roloff, J.F. (1845- 47), Menzzer, K.L. (1847), Menzzer K.L. (1848), Chlebik, F. (1873)). Closs und Rosenkranz (Closs, O. (1908a) und Closs, O. (1908b), Rosenkranz, K. (1844), Rosenkranz, K. (1848)) bemerken, Hegel habe eine wichtige Kritik an Newton geübt, ohne zu spezifizieren, worin die Wichtigkeit liege. Zugleich haben sie selbst die Problematik

Verwendungen des Kraftbegriffs im 18. Jahrhundert.[44] Aus diesem Grunde lehnt er in seinen nachfolgenden Schriften den Kraftbegriff des Newtonianismus ab und orientiert sich an dem Begriff der inneren (oder eingeprägten) Kraft von Leibniz.[45] Insbesondere in der *Phänomenologie des Geistes* und in der *Logik* versteht Hegel unter *Kraft* immer eine innere Kraft, die von innen, aus dem Körper heraus, wirkt.

»Aber erstens die in sich zurückgedrängte Kraft *muß* sich äußern; und zweitens in der Äußerung ist sie ebenso *in sich* selbst seiende Kraft, als sie in diesem Insichselbstsein Äußerung ist.«[46]

Diese Kraft erscheint als ein Kraftmoment, das an anderen Kraftmomenten ein anderes Moment erfährt[47] und zu einer Gesamtwirkung mit den anderen Momenten »sollizitiert« wird. Unter »sollizitieren der Kraft« verstehen die Naturwissenschaftler um Leibniz das Zeitintegral über Kraftstöße. Das eine Kraftmoment wird dabei als ein tätiges und das andere als passiv verstanden. Wirklich wird die Kraft nur in ihrer Äußerung.[48] So nur wird das »Spiel der Kräfte« zum Gesetz; Kraft ist das Prinzip des Verstandes, weil die Tätigkeit des Verstandes darin besteht, Gesetze der Welt zu formulieren, die durch die Kraft repräsentiert werden.

»Die Vereinigung aller Gesetze in der *allgemeinen Attraktion* drückt keinen Inhalt weiter aus als eben den *bloßen Begriff des Gesetzes selbst*, der darin als *seiend* gesetzt

---

einer Vermischung des dynamischen und des statischen Konzeptes nicht begriffen und verwechseln selbst die Zentrifugalkraft mit der Trägheitskraft – was übrigens auch Hegel-Interpreten unserer Zeit nicht immer hindert, sich in diesem Punkt auf Closs zu berufen (Siehe Hegel, G. W. F (1986), 66, Fußnote 41).

44 Dargestellt habe ich dies ausführlicher in: Hegel, G. W. F (1986), 11ff. Dort habe ich erstmals zeigen können, daß Hegel für die Newtonsche Mechanik im 18. und 19. Jahrhundert ein philosophisches, weil begriffliches Problem darin gesehen hat, daß gelegentlich und fälschlicherweise die Zentrifugalkraft mit der Tangente (bei einer Kreisbewegung) identifiziert wurde. Cf. auch Neuser, W. 1987a). Ferrini, C. (1993) konnte zeigen, daß Hegel in seiner Berner Zeit (1793-1796) in der Bibliothek seines Arbeitgebers Steiger von Tschugg in Bern ebenfalls Literatur vorfand, in der die Vermischung von Zentrifugalkraft und Tangentialgeschwindigkeit eine Rolle spielt. Ziehe, P. (1994) hat gezeigt, daß Hegel schon während seiner Studienzeit in Tübingen (1788-1793) mit einer solchen (falschen) Darstellung der newtonschen Physik bei seinem Lehrer C. F. von Pfleiderer »vertraut« gemacht wurde. Cf. Ziehe, P. (1994), 34, 196. Ziehe verweist dabei auf die Beziehung von Pfleiderer zu LeSage.

45 Cf. Leibniz, G. W. von (1695, 1982).

46 Hegel, G. W. F (1952), 105.

47 Hegel, G. W. F (1952), 107.

48 Hegel, G. W. F (1952), 109.

ist. Die allgemeine Attraktion sagt nur dies, daß *alles einen beständigen Unterschied zu anderem hat.* Der Verstand meint dabei, ein allgemeines Gesetz gefunden zu haben, welches die allgemeine Wirklichkeit als solche ausdrücke; aber (er) hat in der Tat nur den *Begriff* des *Gesetzes selbst* gefunden; jedoch so, daß er zugleich dies damit aussagt: *alle* Wirklichkeit ist *an ihr selbst* gesetzmäßig. Der Ausdruck *der allgemeinen Attraktion* hat darum insofern große Wichtigkeit, als er gegen das gedankenlose *Vorstellen* gerichtet ist, welchem alles in der Gestalt der Zufälligkeit sich darbietet, und welchem die Bestimmtheit die Form der sinnlichen Selbständigkeit hat.«[49]

Die Kraft ist so beschaffen wie das Gesetz.[50] Hegel nimmt hier den Kraftbegriff von Leibniz bis ins Detail auf und interpretiert die Metaphysik des Kraftbegriffs. Auch in der *Logik* Hegels behält die Kraft diese Bedeutung bei.[51] In der *Logik* bekommt *Kraft* den Stellenwert einer Kategorie. Da *Kraft* so eine logische Bedeutung bekommen hat, ist zu fragen, wie ihre naturphilosophische Interpretation aussieht. Zunächst hat *Kraft* in einem positiven Sinn keine Bedeutung im Kontext der Planetenbewegung bzw. der Beschreibung des Sonnensystems. An die Stelle der Newtonschen Einzel-Kräfte tritt bei Hegel der (ebenfalls Newtonsche) Gedanke der *allgemeinen Gravitation*.[52] Hegel beschreibt das Sonnensystem als ein instantan in allen seinen Elementen (Sonne, Planeten) immer schon Vorhandenes, das sich in seiner Ganzheit als organisiertes Wechselspiel seiner Elemente erweist.

Im Sinne der Darstellung der Hegelschen Methode des philosophischen Systems als einer Schlußlogik muß Hegels Naturphilosophie als eine kritische Reflexion der inneren logischen Strukturen der Begriffe der Naturwissenschaften verstanden werden. Dialektik wird hier als Kritik an dem Verstandesgebrauch verstanden, in dem Sinne, daß sie die unberechtigten Grenzüberschreitungen von Verstandesbegriffen im Gebrauch in den Naturwissenschaften als an den bestimmten naturwissenschaftlichen Begriffen stattfindende Fixierungen offenlegt. Allerdings steht bei diesen logischen Strukturen, die die inneren Strukturen der naturphilosophischen Begriffe sind, noch nicht fest, welchen Namen sie in der Vorstellung, d. h. bei den Naturwissenschaften tragen. Es gilt, die Logik von Gedachtem in der Vorstellung aufzusuchen – wie Hegel gelegentlich in seinen Vorlesungen sagt, wenn er etwa *ganz abstraktes Außersichsein* mit der Vorstellung eines *ausgedehnten Raumes* identifiziert.

Natur selbst ist das abstrakte *Außersichsein,* und die innere Logik für die ersten Begriffe der Hegelschen Naturphilosophie ist dieses abstrakte Außersichsein. In

---

49 Hegel, G. W. F (1952), 115f.

50 Hegel, G. W. F (1952), 119.

51 Hegel, G. W. F (1970f), 8, §§ 136-141.

52 Der Gedanke der »allgemeinen Gravitation« spielt auch in der Einsteinschen allgemeinen Relativitätstheorie eine zentrale Rolle.

der Vorstellung heißt das äußerliche abstrakte Beziehen von Objekten *Raum, Zeit* und *Bewegung*. Die Zentrifugalkraft und die Zentripetalkraft aber sind nicht mehr Gegenstand dieser ersten Bestimmungen, sondern nach der irdischen Physik (Fallgesetz, Setzen eines abstrakten Zentrums) Gegenstand der Himmelsphysik. Gemäß der Entwicklung der Begriffssphären der *Logik* muß hier eine Totalität Thema sein; die Struktur der Begriffslogik ist ein vollendetes System von Schlüssen.

Im Kapitel Raum-Zeit-Bewegung ist die abstrakte Äußerlichkeit festgehalten. In der irdischen Physik gibt es bereits den Gedanken einer Vermittlung. Darin wird ein abstraktes Zentrum gedacht, und schließlich wird bei den Planetenbewegungen eine konkrete Totalität gedacht: Zentralgestirn und Planeten gehören so auf eine Weise zu einem Ganzen, daß sie als ein »ideeller Körper« gedacht werden. Hegels Einwand gegen Newton und den Newtonianismus des 18. Jahrhunderts – in Gestalt von Martin – besteht darin, daß die Newtonianer zwei Kräfte getrennt und unabhängig voneinander denken, ohne diese Kräfte als Bestimmungen derselben Totalität auszuweisen. Zentripetalkraft und Trägheit sind bei Newton Kräfte, die voneinander unabhängig sind (Aufspaltung der Kräfte). Die Planetenbewegung kann für Hegel aber nur als die Totalität eines Systems gedacht werden. Hegel denkt die Beziehung von Planeten und Zentralgestirn unter dem Titel einer allgemeinen Gravitation.

Im einzelnen folgen daraus die folgenden Bestimmungen für Hegels Begriff von der allgemeinen Gravitation:

1. Es geht um die Ausgangsbestimmung, die das Allgemeine unter seiner Besonderung denkt: Zwei Körper werden in Bewegung gedacht, die Schwere ist noch nicht zur Totalität des Begriffs entfaltet. Die Bestimmung des Ortes ist noch unbestimmt – zur Bestimmung braucht man mehr als zwei Körper. Die Besonderung in viele Körper wird nötig. Dazu schreibt Hegel:[53]

»Wir haben bisher in der himmlischen Bewegung zwei Körper gehabt. Der eine, der Zentralkörper, hatte, als Subjektivität und An-und-für-sich-Bestimmtsein des Orts, sein Zentrum absolut in sich. Das andere Moment ist die Objektivität gegen dies An-und-für-sich-Bestimmtsein: die besonderen Körper, die, wie sie ein Zentrum in sich, so auch in einem anderen haben. Indem sie nicht mehr der Körper sind, der das abstrakte Moment der Subjektivität ausdrückt, so ist ihr Ort zwar bestimmt, sie sind außer jenem; ihr Ort ist aber nicht absolut bestimmt, sondern die Bestimmtheit des Orts ist unbestimmt.«

Am Ende dieses Abschnittes ist bereits der Schritt 2 der Begriffsbestimmung erreicht:

---

53   Hegel, G. W. F (1970f), 9, 100.

2. Die schlußlogische Bestimmung der Gravitation als bestimmungsloser Unterschied (A=B) beinhaltet: Das Zentrum des Planetensystems (Sonne) ist kein Punkt, sondern ausgedehnt. Das Außereinander ist gleichgültig.

3. Die schlußlogische Bestimmung als bestimmter Unterschied besagt: Die Bewegung der Körper ist keine Bewegung um sich selbst, sondern eine um jeweils einen anderen. Hegel dazu[54]:

»So bewegt sich der unselbständige Körper nur überhaupt als Masse um den Zentralkörper, nicht als sich auf sich beziehender individueller Körper. Die unselbständigen himmlischen Körper bilden die Seite der Besonderheit; darin liegt, daß sie als eine Verschiedenheit in sich zerfallen, da in der Natur die Besonderheit als Zweiheit, nicht, wie im Geiste, als Eins existiert. Die gedoppelte unselbständige Körperweise betrachten wir hier nur nach dem Unterschiede der Bewegung, und wir haben in dieser Rücksicht die zwei Seiten der Bewegung.«

3.a. Der bestimmte Unterschied wird in diesem Schritt nun positiv bestimmt: Die Momente sind gesetzt. Hegel dazu[55]:

»Zunächst ist das Moment gesetzt, daß die ruhende Bewegung diese unruhige Bewegung wird, eine Sphäre der *Ausschweifung* oder das Hinausstreben aus ihrem unmittelbaren Dasein in ein Jenseits ihrer selbst.«

3.b. Die negative Festschreibung des bestimmten Unterschieds lautet: Der Gegensatz ist das Gedoppelte, das unmittelbare Anderssein und das Aufheben dieses Andersseins selbst. Hegel dazu[56]:

»Aber diese Unruhe ist eben das Moment des Wirbels, der seinem Mittelpunkt zugeht; das Übergehen ist nicht nur der reine Wandel, sondern dies Anderssein ist an ihm selbst unmittelbar das Gegenteil seiner selbst. Der Gegensatz ist das Gedoppelte; das unmittelbare Anderssein und das Aufheben dieses Andersseins selbst.«

3c. Die Aufhebung der Unterschiede äußert sich in der Naturphilosophie als Negation der Negation so: Das ist die Sphäre, die an und für sich ist. Hegel dazu[57]:

---

54 Hegel, G. W. F (1970f), 9, 102.
55 Hegel, G. W. F (1970f), 9, 102.
56 Hegel, G. W. F (1970f), 9, 103.
57 Hegel, G. W. F (1970f), 9, 103.

»Endlich die Sphäre, welche an und für sich ist, die *planetarische,* ist Beziehung auf sich und auf Anderes; sie ist achsendrehende Bewegung ebensosehr als ihren Mittelpunkt außer sich habende. Der Planet hat also auch sein Zentrum in sich selbst, aber dieses ist nur ein relatives; er hat nicht sein absolutes Zentrum in sich, er ist mithin auch unselbständig.«

Im Rahmen einer Begriffsdifferenzierung, wie sie Hegel hier vornimmt, können Zentrifugalkraft und Zentripetalkraft aus logischen Gründen nicht als getrennte Kräfte gedacht werden, weil die innere Logik des Begriffs die *allgemeine Gravitation* als eine Totalität zusammenfaßt, Zentralkräfte aber einzeln gedacht werden. Die Absurdität der Vereinzelung wird – so Hegel – in den unterschiedlichen Gesetzen und Aussagen über die Zentralkräfte deutlich[58]:

»Betrachten wir aber das Gesetz des Umlaufs, so haben wir nur *ein* Gesetz der Schwere; die Zentrifugalkraft ist etwas Überflüssiges, verschwindet also ganz, obgleich die Zentripetalkraft nur das eine Moment sein soll. Die Konstruktion der Bewegung aus beiden Kräften zeigt sich hierdurch als unnütz. Das Gesetz des einen Moments – das, was von der Attraktivkraft gesagt wird – ist nicht Gesetz derselben allein, sondern zeigt sich so als das Gesetz der ganzen Bewegung; und das andere Moment wird ein empirischer Koeffizient. Von der Zentrifugalkraft erfährt man weiter nichts. Anderwärts läßt man freilich beide Kräfte auseinandertreten. Man sagt, die Zentrifugalkraft ist ein Anstoß, den die Körper erhalten haben, sowohl der Richtung als der Größe nach. Eine solche empirische Größe kann nicht Moment eines Gesetzes sein, sowenig als die 15 Fuß. Will man die Gesetze der Zentrifugalkraft für sich bestimmen, so ergeben sich Widersprüche, wie immer bei solchen Entgegengesetzten. Einmal gibt man ihr dieselben Gesetze als für die Zentripetalkraft, dann auch wieder andere. Die größte Verwirrung herrscht, wenn man die Wirkungen beider trennen will, wenn sie nicht mehr in Gleichgewicht sind, sondern die eine größer als die andere ist, die eine wachsen soll, wenn die andere abnimmt. Im Aphelium, sagt man, sei die Zentrifugalkraft, im Perihelium die Zentripetalkraft am stärksten. Ebensogut könnte man aber auch das Gegenteil sagen. Denn wenn der Planet in der Nähe der Sonne die größte Attraktivkraft hat, so muß, da die Entfernung von der Sonne wieder anfängt sich zu vermehren, auch die Zentrifugalkraft jene wieder überwinden, also ihrerseits gerade am stärksten sein. Wird aber an die Stelle der Plötzlichkeit des Umschlagens ein allmähliches Zunehmen der fraglichen Kraft vorausgesetzt, so geht, da vielmehr die andere Kraft als zunehmend vorausgesetzt wurde, der Gegensatz verloren, der zum Behuf des Erklärens angenommen wurde, wenn auch das Zunehmen der einen als verschieden von dem der andern (was sich gleichfalls in einigen Darstellungen findet) angenommen wird. Mit diesem Spiel, wie jede immer wieder die andere überwiegen soll, verwirrt man sich; ebenso in der Medizin, wenn Irritabilität und Sensibilität in umgekehrtem Verhältnisse sein sollen. Diese ganze Form der Reflexion ist somit zu verwerfen. Die Erfahrung, daß, weil der Pendel unter dem Äquator langsamer schwingt als in höheren Breiten, er

---

58 Hegel, G. W. F (1970f), 9, 97.

kürzer gemacht werden muß, damit die Schwingungen schneller seien, führt man auf
den stärkeren Schwung der Zentrifugalkraft zurück, indem die Äquatorialgegend in
derselben Zeit einen größeren Kreis als der Pol beschreibe, also der Schwungkraft die
Kraft der Schwere des Pendels, womit er fällt, verhindere. Ebensogut und wahrhafter
kann man das Gegenteil sagen. Langsamer schwingen heißt, die Richtung nach der
Vertikale oder nach der Ruhe ist hier stärker, also schwächt sie die Bewegung hier
überhaupt; diese ist Abirren von der Richtung der Schwere, also ist hier die Schwere
vielmehr vergrößert. So geht es mit solchen Gegensätzen.«

Diese Beispiele diskutieren im einzelnen die Sachverhalte, die Hegel bei Martin,
LaCaille und MacLaurin[59] aufgenommen hat, messen sie an Hegels Begriffskonstitution und kritisieren sie aufgrund der logischen Konstitution von Begriffen, die
sich aus Hegels Versuch einer Formalisierung einer rekursiven Logik ergeben. Die
Inkonsistenz von dynamischer und statischer Betrachtung des Planetensystems,
wie auch des Kraftbegriffs werden dabei herausgearbeitet.[60]

Hegel hat mit diesen Überlegungen stärker als Newton und seine Schule der
Idee der »allgemeinen Gravitation« Priorität im Verständnis der Planetenbewegung
gegeben. Während Newton qua Störungsrechnung die allgemeine Gravitation durch
Summation jeweils eines weiteren Himmelskörpers aufgebaut hat, hat Hegel *allgemeine Gravitation* als instantan präsentes Wesensmerkmal eines Sonnensystems
aufgefaßt und steht den modernen Konzepten der allgemeinen Relativitätstheorie
insofern näher als Newton, als in der modernen Feldvorstellung die Geometrisierung
von Raum-Zeit so betrieben wird, daß Raum-Zeit und Materie einander bedingen
und einander wechselseitig konstituieren.

In einem positiven Sinne benutzt Hegel den Kraftbegriff in der *Naturphilosophie*
an einem völlig anderen systematischen Ort: im Kontext der Erklärung der optischen
Doppelbrechung. Anknüpfend an Goethes Erklärung der Doppelbrechung als einem
inneren Bruch der sonst homogenen Durchsichtigkeit der Kristalle erklärt Hegel, daß
das »äußerliche Vergleichen« des Doppelstrahls einer »innerlichen Vergleichung der
Kristalle entspricht«.[61] Hier – so Hegel vage – »könnte die Kategorie *Kraft* passend
gebraucht werden«. Dies ist die Stelle in der *Naturphilosophie,* an der man – nach
meiner schlußlogischen Interpretation des Hegelschen Systems – den Kraftbegriff
in Folge der Explikation der Begriffsentwicklung erwarten würde, wenn man die
oben erwähnte logische Darstellung der *Kraft* in der *Logik* akzeptiert. Hegels Kritik
am Kraftbegriff des Newtonianismus zeigt, inwiefern Hegels Naturphilosophie

---

59   Martin, B. (1778), LaCaille, N. de (1757), MacLaurin, C. (1748). Cf. Petty, M. J. (1970),
     Bd. 1.

60   Cf. Kapitel III.

61   Hegel, G. W. F (1970f), 9, 241.

als eine kritische Reflexion der naturwissenschaftlichen Befunde verstanden werden kann, nämlich insofern Philosophie und insbesondere Naturphilosophie die innere Logik von Begriffen expliziert. Dabei ist es unumgänglich, sowohl die systematische Argumentation Hegels nachzuzeichnen, als auch die naturwissenschaftlichen Befunde in Hegels *Philosophie der Natur* wissenschaftshistorisch zu bewerten. Hegels Philosophie kann also als ein Versuch gewertet werden, im Rahmen eines methodischen Neuplatonismus nicht nur die Beziehung von Theorie und Erfahrung oder Denken und Wahrnehmung oder Deduktion und Induktion zu erklären, sondern als Versuch, eine Logik des begrifflichen Denkens anzugeben. Auch dies ist ein Versuch zu erklären, wie Newtons Konzept der Induktion in den naturwissenschaftlichen Theorien interpretiert werden kann.

Die Erkenntnismethode der mathematischen Naturphilosophie

Schleidens Kritik an Schellings und Hegels Verhältnis zur Naturwissenschaft

Gegen Mitte des 19. Jahrhunderts nimmt das Ansehen der Naturphilosophie des klassischen Idealismus in kurzer Zeit rapide ab.[1] Zur gleichen Zeit publiziert Matthias Jacob Schleiden (1804-1881) seine Kritik an Schelling und Hegel in zwei Aufsätzen.[2] Einer der beiden Aufsätze[3] hat nach Meinung Noltes[4] die Naturphilosophie nachhaltig in Verruf gebracht und insbesondere Schelling veranlaßt, seine Arbeit an der Naturphilosophie abzubrechen und seine Freunde (Schönbein) sogar zu bitten, von ihm selbst mündlich geäußerte Bemerkungen zur Naturphilosophie für sich zu behalten.[5] Tatsächlich gehen Schleidens Aufsätze berechtigt auf zentrale methodologische Probleme naturwissenschaftlicher und naturphilosophischer Erkenntnis ein – vor allem in Hinblick auf die Frage, wie sich empirisches Faktenwissen und Theorie beziehungsweise Theoriebildung zueinander verhalten. Schleiden, der Entdecker der Physiologie der Pflanzenzelle und Begründer einer analytischen Biologie, dringt darauf, empirische Daten aufzunehmen, und räumt den sinnlichen Erkenntnissen eine Priorität vor jeder Theoriebildung ein. Dabei bezieht er sich auf eine Metaphysik, die er bei Fries und Apelt entlehnt hat, und spielt gleichzeitig die Kantsche und Friessche Erkenntnistheorie gegen Schellings und Hegels Philosophie aus. Fries' mathematische Naturphilosophie ist zu Beginn des 19. Jahrhunderts das Gegenkonzept zur spekulativen Theorie Hegels und Schellings.

---

1   Siehe dazu: Neuser, W. (1987b), 501-542.
2   Schleiden, M.J. (1844) und Schleiden, M.J. (1863).
3   Schleiden, M.J. (1844).
4   Nolte, P. (1984), 283-304.
5   Nolte, P. (1984), 283-304, hier: 286.

1   Schleiden gegen Schelling und Hegel

Polemisch setzt sich Schleiden 1844 von Hegel und Schelling ab, die er beide, »weil sie ja Freunde« waren[6], miteinander gleichsetzt – ungeachtet ihrer tatsächlichen Differenzen. Schleidens Kritik richtet sich nicht unmittelbar gegen Hegels und Schellings Philosophie, sondern gegen ihre späteren Anhänger in der Naturwissenschaft, also gegen die Epigonen Hegels und Schellings in der späteren Wirkungsgeschichte. Insbesondere Nees von Esenbeck[7] hatte sich 1843 in einer Rezension[8] des Schleidenschen Lehrbuches *Grundzüge der wissenschaftlichen Botanik* auf Hegels *Naturphilosophie* berufen. Diese Rezension ist der Anlaß für Schleiden, in seinem Aufsatz von 1844[9], auf dem Umweg einer Verurteilung Hegels und Schellings, eine konkurrierende Schulmeinung zur Methode in seiner Wissenschaft, der Physiologie, zu treffen. Während Schleiden der Meinung war, daß man zur Klassifizierung in den Biowissenschaften noch weitere empirische Fakten benötige, meinte die Fraktion (»Romantische Naturforschung«), zu der Nees von Esenbeck gehörte, daß eine solche Klassifizierung nur auf der Basis eines ausreichend entwickelten begrifflichen Apparates möglich sei, wenn nicht gar als eine Klassifizierung a priori. Die Frage nach einer methodischen Absicherung der empirischen Naturwissenschaften erschien in der Gestalt von Gegensätzen wie Empirie und Spekulation, Induktion und Deduktion beziehungsweise Naturwissenschaft und Naturphilosophie. Schleidens Argumente zählen zu den schärfsten und umfassendsten Kritiken an Hegel und Schelling. Er sammelt und pointiert die Einwände, die vor ihm formuliert wurden; in der Substanz seiner Kritik ist auch später niemand mehr über Schleiden hinausgegangen.

Schleiden richtet sich gegen die »Systematisiererei« in den Bereichen der organischen Wissenschaften, wie sie Hegels und Schellings Philosophie der Natur initiiert hätten.[10] Für den Entdecker der Physiologie der Pflanzenzelle scheint es offenkundig, daß die Ursachen des Wachstums und Lebens nicht im Organismus, sondern in den Zellen liegen[11] mithin auch nicht das Ganze, sondern dessen Teile essentiell oder substantiell seien. Schleiden definiert Leben und Organismus wie folgt:

6   Schleiden, J. M. (1844), 41.
7   Zur Person Nees von Esenbeck siehe ausführlich: Bonner Gelehrte (1970).
8   Nees von Esenbeck (16.5.1843), 2, 116: 473-476.
9   Die Quellen sind wieder publiziert in: Schleiden, M. J. (1990).
10 Schleiden, M. J. (1861), 19.
11 Schleiden, M. J. (1844), 22.

»Wir charakterisieren also hier den Begriff Organismus und Leben als Wechselwirkung zwischen Mutterlauge und der Gestalt, zwischen dem Inhalt und den äussern
physikalisch-chemischen Kräften, vermittelt durch die Gestalt und endlich Wechselwirkung zwischen der primären Gestalt und den in der bereits eingeschlossenen
Mutterlauge später erzeugten Gestalten.«[12] Und: »das eigentliche Rätsel des Lebens
zerfällt, wenn wir es genauer betrachten, in zwei Probleme: 1. die Construktion eines
in regelmässiger Periodizität sich selbst erhaltenden Systems von bewegenden Kräften;
2. die Construktion des Gestaltungsprozesses.«[13]

Im Verlauf der Argumentation schließt Schleiden Naturwissenschaft und Naturphilosophie zusammen und interpretiert Hegels Naturphilosophie als eine Naturwissenschaft. Konflikte zwischen Naturphilosophie und Naturwissenschaft sind
deshalb bei speziellen Aussagen von vornherein gegen Hegel entschieden, ohne
daß Schleiden eine systematische Auseinandersetzung mit Hegels philosophischer
Methode vornimmt.

Vielmehr zitiert er einzelne »naturwissenschaftliche« Aussagen aus Hegels *Habilitationsschrift* und der *Enzyklopädie*, um deren naturphilosophische Absurdität
nachzuweisen. Schleidens polemische Pauschalurteile zielen auf Hegels Zugriff auf
die empirischen Daten. Hegels Umgang mit empirischen Fakten, meint Schleiden,
sei durch eine geringe Achtung gegenüber dem Faktischen gekennzeichnet. Zum
Teil würden auch sinnlose Wortkombinationen als naturphilosophische Aussagen
angeboten. Sofern Hegel empirisches Datenmaterial einbezöge, mißverstehe er die
Aussagen der Naturwissenschaftler oder verfälsche oder verdrehe sie vorsätzlich.
Solche Ignoranz und fehlende intellektuelle Redlichkeit habe zur Konsequenz, daß
der Einfluß der spekulativen Methode auf die Naturwissenschaften gering geblieben
sei. Sofern dennoch ein Einfluß vorhanden sei, wäre er für naturwissenschaftliches Denken schädlich, wenn nicht gar vernichtend. Der Mangel an Bereitschaft,
sich auf empirische Fakten einzulassen, mache Hegel, so Schleiden, durch einen
aggressiven Dogmatismus und durch Konstruktionen der Natur in einem System
a priori wett. Hegels Unfähigkeit gehe so weit, daß er nicht einmal in der Lage sei,
innerhalb seines eigenen Fachgebietes, der Philosophie, Texte richtig zu zitieren
(Hegels Platonrezeption). Mit Geschick spielt Schleiden das damals bereits begin-
nende Spezialistentum in den Naturwissenschaften gegen Hegel aus und unterstellt
ihm implizit völlige Inkompetenz für naturwissenschaftliche und – wegen der
Gleichsetzung von Naturwissenschaft und Naturphilosophie – naturphilosophische
Fragen. Gleichzeitig beansprucht Schleiden für sich selbst, daß er die für junge
Naturwissenschaftler richtige Philosophie angeben und beurteilen könne.

---

12 Schleiden, M. J. (1861), 38.
13 Schleiden, M. J. (1861), 38.

In seinem Aufsatz gegen Schelling und Hegel von 1844 verteidigt[14] und empfiehlt Schleiden eine Mischung aus Kantscher und Friesscher Philosophie zum Studium für junge Naturwissenschaftler und stellt sie dem »Dogmatismus« Hegelscher und Schellingscher Provinienz als »die reine Philosophie, die kritische, für die angewandte Philosophie und für die Naturwissenschaft die induktorische Methode«[15] gegenüber. Gemäß dieser kritischen Methode gibt Schleiden eine Folge von Überlegungen für eine Fundierung naturwissenschaftlichen Vorgehens an, die deshalb »unmittelbare Gewißheit« für die Erkenntnis des Menschen garantieren, weil sich diese Überlegungen »vom Boden der Beobachtung (hier der Selbstbeobachtung) nicht entfernen«.[16] Im Ausgang von »innerer Erfahrung«, der ein »innerer Sinn« korrespondiere, komme der Naturwissenschaftler durch Selbstbeobachtung (mit Kant) zu einer »Theorie der erkennenden Vernunft«. Die Vernunft habe, so Schleiden, »einen bestimmten beschränkten Kreis« und stoße auf Grenzen, »innerhalb deren sie allein positiv zu erkennen vermag«[17]. Den Kreis könne sie ebensowenig verlassen, wie »ein Planet die Sonne«. Es gelte, diesen Kreis einzuhalten und nicht qua Verneinung der Grenzen zu überschreiten. Um Irrtümer bei der naturwissenschaftlichen Erkenntnis auszuschließen, fordert Schleiden eine Verstandestheorie, die zwischen den Inhalten einer »Vorstellung im allgemeinen (geistiger Tätigkeit)« und »erkennender Vorstellung (Erkenntnis)« unterscheiden kann und ebenso zwischen »unmittelbarer Erkenntnis (Anschauung, Kant)« und »vermittelter (diskursiver und einer unmittelbaren Erkenntnis abgeleiteter) Erkenntnis« (S. 25) differenziert. Beide Unterscheidungen sind nach Schleiden notwendig, um eine geistige Entwicklung zu beschreiben, die mit »wirklicher Erkenntnis (z. B. mit Sinnesanschauung)« beginnt und über »Assoziation« und »Abstraktion« zu Vorstellungen fortschreitet. Irrtümer können sich dabei nur durch die Abstraktion ergeben, da die Sinnesanschauung immer als wahr vorausgesetzt wird. »Vermittelte Erkenntnis« kann nur Wahrheitsanspruch haben, wenn sie »strenger Anwendung der Gesetze (Logik)« folgt. Neben diesem Korrespondenzkriterium beruft sich Schleiden – ganz in der Tradition des Kritizismus – auf ein weiteres Wahrheitskriterium, dem zufolge Wahrheit nicht nur eine Übereinstimmung von Gegenstand und Erkenntnis, sondern auch innere Konsistenz voraussetzt. Schleiden bezeichnet eine Erkenntnis dann als wahr, und zwar ohne jeden Gegenstandsbezug, wenn wir sie »wirklich besitzen«. Der Gegenstand wird erst interessant, wenn »wir vollständig übersehen können,

---

14 Bianco, B. (1974), 709ff.

15 Schleiden (1844), 18.

16 Schleiden, J. M. (1844), 26. Bianco, B. (1974), 709ff.

17 *Vergleiche zum Beispiel Kants* Kritik der reinen Vernunft, *Abschnitt* Transzendentale Dialektik, *B 396*.

welche Erkenntnis wir besitzen«. Dies ist offensichtlich gegen eine Systematisierung a priori gerichtet, weil Schleiden damit auf die Vollständigkeit nahezu aller empirischen Fakten zielt. Man kann ausschließen, daß Schleiden dabei an Konsistenz im Sinne von Vernunfterkenntnis (Hegel) denkt. Wie diese Kriterien aber weiter zu präzisieren und aufeinander zu beziehen sind, läßt Schleiden in seiner Polemik gegen Schelling und Hegel offen.[18]

Aus der Perspektive des Anwenders empfiehlt er Kantsche und Friessche Philosophie als Garant eines unmittelbaren Zugriffs auf empirische Erkenntnis.[19] Der große Einfluß, den Schleiden auf naturwissenschaftlich orientierte Wissenschaftstheoretiker und Naturwissenschaftler hatte[20], ist insofern überraschend, als er in seinen eigenen naturwissenschaftlichen Arbeiten für den Geschmack der Naturwissenschaftler seiner Zeit zu stark philosophisch argumentierte.[21] Allenfalls für die Moderne, die die »Theoriebeladenheit von Erfahrung« als Selbstverständlichkeit ansieht, wäre eine philosophische Argumentation auch im Rahmen naturwissenschaftlicher Überlegungen einsichtig.[22] Konfligieren kann dies auch dann noch mit den philosophischen Implikaten der Naturwissenschaften.

Was die Rolle der Empirie in der Naturwissenschaft betrifft, so steht Schleidens philosophische Methode nach eigener Einschätzung ganz auf dem Boden der Erfahrung – im Gegensatz zu den kritisierten Naturphilosophien Schellings und Hegels. Wahrnehmung, hier des eigenen Denkens, ist nach Schleiden die letzte Sicherheit, auf die sich Philosophie berufen kann. Daß dies in einem Subjektivismus endet, der sein sicheres Objekt verliert, scheint für Schleiden nicht problematisch. Paradox wird sein Rekurs auf Fries, wenn man sich vergegenwärtigt, daß Fries die Schellingsche Naturphilosophie in einigen Aspekten – bei allen Widerständen dagegen[23] – durchaus geschätzt hat.[24] Insbesondere gibt Fries just diejenigen Punkte als Schellings Stärke aus, von denen Schleiden meint, daß Fries sie kritisiert. So hebt Fries hervor, daß Schelling die Naturphilosophie mit den Naturwissenschaften verbindet, nennt dessen Philosophie »phänomenologische Naturphilosophie« und bescheinigt Schelling, daß er »seit der neuen Ausbildung

18 Buchdahl, G. (1974 b).
19 Bianco, B. (1974), 709ff.
20 Brockmeier, J. (1981), 157-174.
21 Buchdahl, G. (1974), 1-27 und Sachs, D. J. (1875).
22 Siehe dazu: Stegmüller, W. (1973), 165ff.
23 Engelhardt, D. von (1975), 65.
24 Gravierende Differenzen zwischen Schelling, Hegel und Fries sieht: Fischer, K. (1862), 79-102.

der Naturwissenschaft das Ganze der Physik mit einem Blick« überschaue.[25] Schelling sei für die Naturphilosophie ein Kepler. Fries erwartet, daß ein anderer die spekulativen Ideen Schellings in ein mathematisches, naturphilosophisches Konzept übertragen werde, ganz so wie Newton Keplers Einsicht reformuliert habe. Schelling habe, ohne es selbst zu wissen, heuristische Maximen genutzt, die jede rationelle Arbeitsweise für die Naturwissenschaftler bestimmen. Er habe den Organismusgedanken in die Naturphilosophie eingeführt, und dies sei Schellings größtes Verdienst. Die *rein dynamische Physik* Schellings stelle jenen Typus von Methodik dar, der unmathematische, regulative Grundsätze nutze.[26] Neben den konstitutiven mathematischen Grundsätzen sieht Fries gerade in den unmathematischen, regulativen einen Weg der Naturwissenschaften, sich fortzubilden. Mit dieser Wertung will Fries demjenigen Teil der Naturwissenschaften eine feste Grundlage geben, der auf Hypothesen, Mutmaßungen und »Erraten« angewiesen ist. Schellings Fehler sieht Fries allein darin, daß Schelling die Konsequenz aus seinen eigenen Fortschritten gegenüber seinen Vorgängern nicht begriffen habe. Schelling sei entgangen, daß seine Ergebnisse eben nicht auf Vernunfttätigkeit allein beruhen, sondern aus der Erfahrung stammen. Zu den gravierenderen Kritiken Fries' gehört der systematisch-konzeptionelle Einwand, daß Schelling sein Identitätsprinzip für konstitutiv gehalten habe, dies aber bestenfalls regulativ sei.

Die Beziehung zwischen Hegel und Fries war durch wechselseitige kritische Konkurrenz bestimmt, die zahlreiche Parallelitäten zwischen beiden Philosophen und ihren Publikationen aufweist.[27] Beide, Hegel und Fries, entwickeln ihre Philosophie im Ausgang von Kants Frage nach einem ersten Grundsatz und entlehnen die Formulierung der Grundsätze bei Fichte, Reinhold und Schelling. Dies veranlaßt Hegel und Fries – aus unterschiedlichen Gründen – zur Ablehnung eines »ersten Grundsatzes«[28] überhaupt. Selbst wenn man von einem ersten Grundsatz ausgehen könnte, wäre – so der Einwand – doch nicht geklärt, wie dies zu geschehen habe. »Intellektuelle Anschauung« scheint für Fries einen Weg dazu anzugeben, aber unter expliziter Ablehnung der Fichteschen Vorstellung und unter Akzeptierung der Schellingschen. Die Differenz zwischen Hegel und Fries liegt in der unterschiedlichen Interpretation dessen, was »intellektuelle Anschauung« ist. Fries sieht darin eine Möglichkeit der »Selbstbeobachtung« und »Erkenntnis der inneren Organi-

25 Fries, J. F. (1803), 179ff. Cf. Gregory, F. (1983).

26 Hier weicht Fries' Beurteilung zweifellos von Schellings eigener Selbsteinschätzung ab. Siehe auch: Fries, J. F. (1837/1840), 680ff. Hegel nennt Fries gelegentlich *Heerführer der Seichtigkeit* oder auch *Heerführer der Nichtdenker.* Hegel, G. W. F (1969), 35.

27 Vogel, E. F. (1843) und Van Dooren, W. (1970), 217-226.

28 Taureck, B. (1973), 57-92.

sation der Vernunft«, während Hegel ausschließlich darauf zielt, das »Denken des Begriffs« zu vollziehen. Die intellektuelle Anschauung ist bei Hegel als absolutes Wissen zu interpretieren, in dem Denken und Gedachtes zusammenfallen. Fries dagegen stellt die Frage, wie man vom Standpunkt des Absoluten zum Endlichen kommt – eine Frage, die sich für Hegel so nicht stellt und nicht stellen kann, weil der Begriff bei Hegel immer schon die Reflexion des Endlichen im Denken darstellt. Die Endlichkeit, folgert Fries, muß, da sie nicht dem Prinzip des Absoluten folgen kann, ihr eigenes Prinzip haben. Darin kann man[29] insofern eine Parallele zu Hegel sehen, als auch Hegel nicht vom entfalteten Absoluten selbst ausgeht, sondern dies nur qua Negation -als Ziel seiner Argumentation wieder einholt und so erst erreicht.

Der Unterschied zwischen Hegel und Fries wird vor allem in ihren Methoden deutlich. Wo Hegel »beweisen« – mit logischer Notwendigkeit ableiten – kann, kann Fries nur »aufweisen« – mit großer Wahrscheinlichkeit plausibel machen. Für Fries kann philosophische Erkenntnis nur durch Reflexion ins Bewußtsein kommen, und er stellt diese »Reflexion« (im Sinne eines Widerspiegelns) der Hegelschen »Dialektik« gegenüber. Wenn auch Übereinstimmung im Ziel keineswegs Übereinstimmung in der Methode bedeutet, so sind die Hegelsche und Friessche Philosophie gleichermaßen von dem Bemühen um die Klärung der erkenntnistheoretischen Probleme getragen, die Kant aufwarf. Die Nähe zwischen Fries und Hegel im Hinblick auf die Betonung der Bedeutung der intellektuellen Anschauung wird verständlich, wenn man bedenkt, daß Fries den Hauptzweck der *Kritik der reinen Vernunft* nicht im ästhetischen Beweis, nämlich im Beweis aus der Apriorizität von Raum und Zeit sah, sondern in der Antinomienlehre, die einer veränderten Auffassung der ganzen Dialektik eine entscheidende Rolle zuerkannte.[30] Friessche Philosophie empfahl sich für Schleiden, weil er die Frage nach der Erfahrung in Wissenschaft und Philosophie ganz zentral stellte.

Schleidens Kant-Interpretation weist – nach Sandkühler – ebenfalls Inkonsistenzen auf.[31] »Unbeeindruckt davon, daß sich *Kritik* bei Kant an Kritik am Induktivismus begründet hatte, gibt Schleiden als seine Gewißheit aus, daß ›aller Fortschritt in den einzelnen Disciplinen immer nur an die Herrschaft der inductiven und kritischen Methoden geknüpft ist und wie sich die einzelnen Wissenschaften erst ganz allmählich eine nach der anderen das Bewußtseyn der allein richtigen Methode erobern‹. Das erfahrungswissenschaftliche Konzept wendet sich aus einem bestimmten Grund gegen die Versuche der Philosophie, ›aus Einem Grundsatz

29 Van Dooren, W. (1970), 217-226 und Bianco, B. (1981), 889-908.
30 Bianco, B. (1981), 889-908.
31 Sandkühler, H. J. (1984), 13-82.

heraus den reichen, lebendigen Gehalt der Wirklichkeit zu entwickeln«»[32] Allerdings ist Schleiden kein naiver Empirist. Vielmehr beruft er sich ja gerade auf Fries und Apelt, weil er die Theoriebeladenheit der Wissenschaften erkennt und für erklärungsbedürftig hält.

2   Methodenüberlegungen Schleidens

In seinem Aufsatz von 1867 wiederholte Schleiden eine Beschreibung seiner wissenschaftlichen Methode und deren philosophische Voraussetzungen, die er bereits in seinem Lehrbuch *Grundzüge der Wissenschaftlichen Botanik* (1861) ausgeführt hatte. Dabei verwies er immer wieder auf Kant, Fries und Apelt. Schleiden unterscheidet 1861 zwei grundsätzlich unterschiedliche methodische Zugriffsweisen auf Natur. Die eine ist die *absolute Methode,* nach dem Vorbild Hegels und Schellings, die andere nennt er *mathematische Naturphilosophie*[33], nach dem Vorbild Fries' und Apelts. Die absolute Methode spezifiziert Schleiden nicht weiter, sondern er verwirft sie mit folgendem Hinweis:»die dogmatischen Philosophen, insbesondere Hegel, gehen in ihrer Entwicklung von einem hübschen runden Satz aus, den sie Gott weiss woher genommen«.[34] Die *mathematische Naturphilosophie* hingegen gehe von empirischen Fakten aus, führe sie auf mathematische Gesetze zurück und habe damit die allgemeinen leitenden Maximen an der Hand, nach denen sie spezielle Erkenntnisse ableiten kann.[35] Dies jedenfalls gilt für die Physik. Für die Botanik, die Biologie überhaupt, fehlt das allgemeine mathematische Gesetz. Folgt man den Ansprüchen der *mathematischen Naturphilosophie,* so ist das»eigentliche Rätsel des Lebens in zwei Probleme aufgespalten: die Construction eines in regelmäßiger Periodizität sich selbst erhaltenden Systems von bewegenden Kräften und die Konstruktion des Gestaltungsprozesses«.[36] Schleiden ergänzt diese Konstruktion eines»Naturtriebs, des Selbsterhaltungsprocesses, und eines Bildungstriebs, des Gestaltungsprocesses«[37] durch die»Construktion des Gesetzes, nach welchem beide mit einander verbunden sind.«[38] Wären diese drei Bedingungen erfüllt, so

---

32   Sandkühler, H. J. (1984), 13-82, hier: 43.
33   Schleiden, M. J. (1861), 98.
34   Schleiden, M. J. (1861), 20.
35   Schleiden, M. J. (1861), 98.
36   Schleiden, M. J. (1861), 38.
37   Schleiden, M. J. (1861), 39.
38   Schleiden, M. J. (1861), 39.

wäre die Biologie nach dem Typus Newtonscher Wissenschaft formuliert. Mit der Kant-Friesschen Philosophie als Erkenntnistheorie, die auf die Newtonsche Wissenschaft zugeschnitten ist, wäre mit der Erfüllung dieser drei Bedingungen auch die angemessene Wissenschaftstheorie verfügbar.

Leider lassen sich diese Bedingungen aber nicht erfüllen – wie man aus Schleidens Bemerkung zur Vorstellung von einer *Lebenskraft* ersehen kann, die gelegentlich in der Biologie den Anschein erwecken soll, als könne die Biologie wie die Newtonsche Mechanik auf ein mathematisches Naturgesetz zurückgeführt werden; der Begriff der *Lebenskraft* erscheint Schleiden unangemessen, weil die Biowissenschaften nicht einmal den »gesetzmäßigen Verlauf im Entstehen und Vergehen der Formen vollständig kennen, geschweige denn das Spiel der Kräfte.«[39] Was wir *Lebenskraft* nennen, wendet Schleiden ein, sind »diese uns unbekannten Ursachen der auch nur mangelhaft bekannten Tatsachen«. Das Wort Kraft habe in der Biologie einen anderen Sinn. Bei der Untersuchung der kosmischen Erscheinungen suche die »Wissenschaft nach einem Erklärungsgrund, d. h. einem einfachen Prinzip, woraus sich alle Erscheinungen ableiten und dem Maasse nach voraus bestimmen ließen«.[40] Aber bei allen inzwischen in der Physik gefundenen Kräften würden wir wenigstens eine feste Erkenntnis der »Eigentümlichkeiten ihrer Wirkungsweisen und ihrer Gesetzlichkeiten«[41] kennen. Beides gehe uns für die Lebenskraft ab.

> »Niemand ist im Stande, anzugeben, was sie sei, wie sie wirke, an welche Gesetze ihre Wirkungsweise gebunden sei, wie sie gemessen, und danach der Erfolg bestimmt werden könne, und deshalb ist es auch unmöglich, sie als Erklärungsgrund für irgend eine Erscheinung, welche es auch sei, zu gebrauchen.«[42]

Es ist Sache der Naturphilosophie, so Schleiden, nachzuweisen, daß die »Annahme einer Lebenskraft, als einer von den physikalischen Kräften qualitativ und ursprünglich verschiedenen, als einer dem Organismus eigenen Grundkraft, ein Unding« ist. Schleiden seinerseits will die Unmöglichkeit einer Lebenskraft von der »empirischen Seite her« erörtern. Um die Lebenskraft bestimmen zu können, müsse man die Wirksamkeit der unorganischen Kräfte im Organismus bestimmen. Dann könne man feststellen, »ob nun von dem Ganzen, das wir Leben nennen, ein größerer oder geringerer Teil übrig bleibt, der sich niemals auf die unorganischen Kräfte als deren Resultat zurückführen lassen würde. Erst dann seien wir im Be-

---

39 Schleiden, M. J. (1861), 40.
40 Schleiden, M. J. (1861), 40.
41 Schleiden, M. J. (1861), 40.
42 Schleiden, M. J. (1861), 40.

244 IX Die Erkenntnismethode der mathematischen Naturphilosophie

reich der Lebenskraft angekommen, erst dann könnten unsere Forschungen diese eigentümliche Kraft zu ihrem Gegenstand nehmen«. Schleiden betrachtet aber so viele Fragen im Rahmen der unorganischen Kräfte als ungelöst, daß dort auf sinnvolle Lösungen zu hoffen sei und der Begriff der Lebenskraft nicht benötigt würde. Damit hat Schleiden als Grenzbestimmung für einen sinnvollen Begriff von der Lebenskraft Argumente aus der empirischen Forschung genannt.

Zwischen Schleiden und Schelling gibt es hier eine frappierende Nähe und Differenz zugleich. Das Ziel von Schellings früher Naturphilosophie ließe sich durchaus auf die drei Bedingungen Schleidens, den Naturtrieb oder den Selbsterhaltungstrieb der Natur, den Bildungs- oder Gestaltungstrieb und das verbindende Gesetz zurückführen. Auch die Ablehnung der Lebenskraft findet sich bei Schelling. Allerdings ist der entscheidende Unterschied, daß Schelling in seiner Naturphilosophie sich von jedem mechanistischen Ansatz distanziert. Nicht die fehlende Meßbarkeit spricht gegen den Begriff der *Lebenskraft*, sondern Lebenskraft gilt Schelling deshalb als unzureichend, weil Leben eine Form von Selbstorganisation ist, die keine lineare Ursache-Wirkung-Relation kennt, sondern in ihrer Organisation eine Zielgerichtetheit enthält, die auf die Selbsterhaltung und die Selbststabilisierung gerichtet ist. Leben läßt sich Schelling zufolge nicht beschreiben, indem man zu Unorganischem noch ein weiteres Prinzip hinzufügt, sondern Leben ist ein völlig anderer Typ von Kausalitätsbeziehung, der eher prozessualen als mechanischen Charakter hat. Und so sind Naturtrieb und Gestaltungstrieb bei Schelling auch nicht mechanistisch interpretierbar wie bei Schleiden, sondern sie sind Ausdruck jener Zielgerichtetheit, die das Leben ausmacht.

Deshalb, weil die Lebenskraft bei Schleiden eben *keine* leitende allgemeine Maxime für die Biologie sein kann wie der Kraftbegriff der klassischen Mechanik, deshalb bedarf es in der Biologie nach Schleiden auch anderer Methoden als in der Mechanik, die aber zum gleichen Ziel führen sollen. Von den Tatsachen werden wir (in der Biologie) durch Induktion, Hypothesen und Analogien zu Theorien geführt. Biologie hat kein vergleichbares Gesetz wie die Mechanik und muß daher verstärkt induktiv verfahren.[43] Jede Form von theoretischer Herleitung, wie sie etwa Nees van Esenbeck avisierte, ist bei dem Stand der Forschung in der Biologie – so Schleiden – zu seiner Zeit deshalb unangemessen. Von den Tatsachen werden wir in der Biologie zur Theorie hauptsächlich durch Induktion, Hypothese und Analogie geführt.[44] Diese drei Schlußverfahren sind nur »Wahrscheinlichkeitsschlüsse und können deshalb für sich nie logische Gewißheit beanspruchen«. Deshalb bedürfen

---

43 Schleiden, M. J. (1861), 28.
44 Schleiden, M. J. (1861), 95.

sie der Vergewisserung, indem ihr »Verhältnis zum Ganzen an unserer Erkenntnisthaftigkeit orientiert« wird.[45]

Die Induktion ist ein »divisiver Schluß« unter der kategorischen Form, d. h. man schließt von vielen Fällen – nicht von allen – auf die Gültigkeit einer allgemeinen Regel. Die Hypothese ist ein divisiver Schluß unter »hypothetischer Form«, indem man von einigen Folgen – statt von allen – auf die Einheit des Grundes schließt, und die Analogie ordnet nur nach der durch Induktion gefundenen Regel unter. Daß wir trotz der begrenzten logischen Gültigkeit dieser drei methodischen Vorgehensweisen und ihrer bloß wahrscheinlichen Gültigkeit unser Urteil nicht suspendieren, liegt in der Natur der erkennenden Vernunft, die überall Einheit und Zusammenklang in ihrer Erkenntnis fordert.[46] »Die Schlußformen gelten deshalb« – so Schleiden – »auch nur im Einklang mit der ganzen Erkenntniskraft und den daraus abzuleitenden Prinzipien«. Wir setzen eben qua Vernunft überall »Einheit und Gesetzmäßigkeit als vorhanden voraus und entscheiden uns deshalb vorzugsweise für das, was mit dieser Voraussetzung übereinstimmt. Der Reflexion, die hier entscheidet, dienen dabei alle allgemeinen Prinzipien der Vernunft – nicht als Regeln«, denen etwas unterzuordnen wäre, sondern als »leitende Maximen«, denen gemäß die Reflexion ihr »Urteil bestimmen soll. Dieses Urteil gilt nur dann, wenn es in vollkommenem Zusammenhang mit der gesamten Erkenntnis der Vernunft« zustande kommt.

Im Hinblick auf die »Regeln für den Gebrauch der Induktion, der Hypothese und der Analogie« fordert Schleiden, daß jeder Naturwissenschaftler »vollständig im Besitz der leitenden Maximen sei und denen gemäß folgere«. Diese leitenden Maximen sind entweder allgemein, als Ergebnis der philosophischen Überlegungen, oder speziell, als Ergebnis der speziellen Wissenschaftsdisziplin. Aus diesen Gründen muß Schleiden fordern, daß jeder, »der mit Hoffnung auf Erfolg die Botanik wirklich über eine blosse Sammlung von Thatsachen hinaus fortbilden will, dass er kritisch philosophisch gebildet sei und über die allgemeinsten Gesetze sich verständigt habe.«[47] Für Schleiden gibt es also einen systematischen Ort und Grund, Metaphysik zu betreiben. Die Position eines naiven Empiristen ist ihm fremd.

An allgemeinen leitenden Maximen gibt er an: »Maxime der Einheit«, »Maxime der Mannigfaltigkeit«, »Maxime der objektiven Gültigkeit« und die »Maxime der Sparsamkeit«. »Die Anwendung von Induktion und Hypothese erfordert jedesmal die Möglichkeit und Einheit der Voraussetzung und Konsequenz der Ableitung«.

---

45 Schleiden, M. J. (1861), 95.

46 Fries nennt dies – und Schleiden beruft sich darauf – eine philosophische Wahrscheinlichkeit.

47 Schleiden, M. J. (1861), 96.

Bei aller eingeschränkten Tragfähigkeit der Induktion wird diese – so Schleiden – unter Verwendung der Maximen sehr wohl bedeutsam, ja zum einzigen relevanten Erkenntnisverfahren. »Regelmäßig angewendet ist hingegen dieses Verfahren eines der vorzüglichsten und durchgreifendsten zur Erweiterung unserer Kenntnisse; der Grad der Gewißheit steigt bis zu einem hohen Grade der Sicherheit, sobald die heuristischen Maximen bestimmt genug sind[48], und wenn eine große Mannigfaltigkeit der Fälle oder Folgen durch einen Grund beherrscht wird, den die Wissenschaft genehmigt, so überwindet dieser jeden Zweifel. So ruht z. B. unsere ganze Himmelskunde auf der Hypothese des kopernikanischen Systems. Man könnte sich hier auch andere sehr künstliche Erklärungen ersinnen, nach denen alles ebenso erfolgen müßte, aber sie werden zu Albernheiten neben der Einfachheit dieses Systems.[49] Ebenso die ganze geistige Weltansicht des Menschen beruht auf der hypothetischen Analogie, dass dem Körper anderer Menschen ebenso Vernunft entspreche, wie meine Vernunft meinem Körper. Auch hier könnte es anders sein, mein ganzes Leben könnte ein selbstgeschaffener Traum sein, in den die Geburt mich führte, aus dem vielleicht der Tod mich weckt; oder höhere Geister, die das Innere meiner Gedanken durchschauen, können mit todten Phantomen mir den ganzen Schein dieses Lebens vorgaukeln. Aber auch das wird als ungereimt verworfen neben der einfachen Erklärung des gemeinen Lebens.«[50]

Als eine weitere Bedingung für den Erfolg induktiver Wissenschaft nennt Schleiden[51]: »Jede Hypothese und jede Induktion soll auch im ganzen System der menschlichen Erkenntnis orientiert sein, und das heißt auch gegen jede andere Disziplin. Die Philosophie« und insbesondere die »mathematische Naturphilosophie« gibt uns die »allgemeinen leitenden Maximen an die Hand, nach denen wir die Induktion gebrauchen sollen«. Die »speziellen leitenden Maximen«, von denen oben schon die Rede war, müssen von den einzelnen Naturwissenschaften bereitgestellt werden. Da es aber nur eine Natur gibt, kann es auch nur eine Naturwissenschaft geben. Deshalb müssen die Prinzipien der Physik und Chemie ebenfalls in der Biologie gelten.[52] »Jeder Widerspruch zwischen zwei Zweigen der Naturwissenschaften

---

48 Schellings und Hegels Programm ist zu klären, wie wir zu diesen Maximen überhaupt kommen.

49 In jüngster Zeit hat insbesondere Kuhn, T. S. (1967) gezeigt, daß die Einfachheit eines Systems niemals Grund dafür war, daß es sich historisch erfolgreich durchgesetzt hat. Vielmehr wird man annehmen müssen, daß die Angemessenheit von Begriffsgefügen des Systems an ein verändertes Weltbild ein Grund für seinen Erfolg ist.

50 Fries, J. F. (1811), 336-338. Zitiert nach Schleiden, M. J. (1861).

51 Schleiden, M. J. (1861), 98.

52 Dies ist der systematische Grund für Schleidens Ablehnung der Lebenskraft. Denn die Erkenntnisse der übrigen Disziplinen der Naturwissenschaften sind in der Biologie noch

weist auf unzulässige Hypothesen oder auf falsche Induktion« hin. Deshalb stellt Schleiden die Anforderung an den Biologen, speziell den Botaniker, daß er sich »enzyklopädisch mit dem gegenwärtigen Stand sämtlicher naturwissenschaftlicher Disziplinen bekannt gemacht hat und insbesondere die Stellung der einzelnen zur Erkenntniskraft überhaupt begriffen hat«.[53] Alle Naturwissenschaften werden auf diese Weise Hilfswissenschaften für die Botanik und umgekehrt, indem sie jeweils für die »Fortleitung des Gedankens durch Induktion und Hypothese die speziellen leitenden Maximen liefern«. Leitende spezielle Maximen für die Botanik sind nach Schleiden:

1. »Die Maxime der Entwicklungsgeschichte«. Die Pflanze kann man als das »Resultat vorangegangener Veränderungen« ansehen, als »Produkt einer lebendigen Tätigkeit«, oder wir können die Pflanze betrachten als »Komplex in lebendiger Wechselwirkung begriffener Kräfte und eine Verbindung auf einander wirkender Organe, die zu ihrer Erhaltung sich gegenseitig Zweck und Mittel sind«. Außerdem können wir die Pflanze betrachten in einer »Tätigkeit, den gegenwärtigen Zustand zu verändern«. Die »einzige Möglichkeit zu wissenschaftlicher Einsicht in der Botanik zu gelangen, ist das Studium der Entwicklungsgeschichte«.
2. Die »Maxime der Selbständigkeit der Pflanzenzelle«[54]. Mit der Ausarbeitung dieser Maxime hat Schleiden sich seinen Platz in der Wissenschaftsgeschichte gesichert, als Begründer der Physiologie der Pflanzenzelle.

Die Bedeutung des induktiven Verfahrens für die empirischen Wissenschaften besteht nach Schleiden zusammenfassend im folgenden: Das »induktive Verfahren« muß von vornherein auf die »Definition des Gegenstandes einer naturwissenschaftlichen Disziplin verzichten«. Der Wissenschaftler beginnt mit den »unmittelbar gewissen Tatsachen und sieht es für seine höchste Aufgabe an, von ihnen sich allmählich zu einer genauen Kenntnis der Natur seines Gegenstandes« zu erheben. Der »gebildete Naturwissenschaftler sieht darin nur die Schemata der produktiven Einbildungskraft, die in völlig schwankenden Umrissen jedem einzelnen nach dem Umfang seiner Erfahrung in anderer Zeichnung vorschweben. Er weiß, daß er einen langen Weg vor sich hat, wenn er seine Aufgabe einer allmählichen Ausbildung seines Wissens erreichen will, und aus der Geschichte der Wissenschaften weiß er, daß es lange Zeit, genaue Beobachtung, oft glückliche Zufälle und den Scharfsinn der ausgezeichnetesten Köpfe erfordert hat, um nur die rohesten Grenzlinien ziehen

---

nicht ausgeschöpft.
53 Schleiden, M. J. (1861), 98.
54 Schleiden, M. J. (1861), 99.

zu können«.[55] Hypothesen haben also nur einen Sinn, wenn sie durch Erfahrung – und d. h. empirische Fakten – kontrolliert werden:

>»Da uns aus dem Versuch, Vorgänge in der Natur hypothetisch zu erklären, durchaus kein reeller Fortschritt in der Erkenntnis erwächst, am wenigsten da, wo alle Bedingungen zur Aufstellung einer haltbaren Hypothese, nämlich leitende Tatsachen, fehlen, so kann ich mir alle historische Einleitung in das folgende sparen; denn so viel mir bekannt geworden, sind direkte Beobachtungen über das Entstehen der Pflanzenzelle bis jetzt nicht vorhanden.«[56]

Der Grund, weshalb Schleiden die Entstehung wissenschaftlicher Theorien auf diesem Weg annimmt, liegt in seiner Erkenntnistheorie. Grundsätzlich gibt es zwei Welten: eine körperliche und eine geistige.[57] Beide kommen prinzipiell niemals zusammen, gleichwohl ist aber unsere Theorie über die Natur eine Erscheinung des Geistes, als theoretische Aussage über die körperliche Welt. Es gilt also zu verstehen, wie Aussagen über die körperliche Welt möglich sind. Solche Aussagen sind wahrscheinliche Aussagen, weshalb Induktion, Hypothese und Analogie die angemessenen wissenschaftlichen Methoden sind.

Wegen dieser beiden Welten zerfällt unsere »Erkenntnis in sehr verschiedene, streng gesonderte Gruppen nach dem Gesetz der Spaltung der Wahrheit«.[58] Zunächst liegt unserem »ganzen Geistesleben die sinnliche Anregung« zugrunde, die uns »anfänglich insbesondere die Kenntniss der Körperwelt zuführt«. Weiter bleibt unsere »ganze Erkenntnis des Geistes an körperliche Vermittlungen gebunden und von den äußeren Sinnen abhängig. So nimmt die Körperwelt, deren Kenntniss nur durch die äusseren Sinne uns zugeführt wird, einen bedeutenden Teil unseres ganzen geistigen Reichtums in Anspruch. Hier finden wir als das Wesentliche, als Substanz, die tote Masse, die begabt mit Kräften, einhergeht, die ausnahmslos unter Naturgesetze fallen, deren Formen mathematische sind. Dagegen giebt uns nach und nach der innere Sinn von unserem eigenen Geiste Rechenschaft; durch körperliche Wechselwirkung vermittelt treten wir mit fremdem Geistesleben in Gemeinschaft, und so entwickelt sich uns eine ganz andere Welt, in der wir nur den selbständigen und von Naturgesetzen unabhängigen Geist als das Wesentliche, als Substanz, anerkennen. Beide Weltansichten sind wegen ihres getrennten Ursprungs wissenschaftlich völlig unvereinbar; der innere Sinn gibt nie von körperlichem, der äußere Sinn nie von Geistigem Kunde, Geist und Körper bleiben also als zwei

---

55 Schleiden, M. J. (1861), 35.
56 Schleiden, M. J. (1838), 137-174, hier: 138.
57 Schleiden, M. J. (1861), 25.
58 Schleiden, M. J. (1861), 25.

unvereinbare Substanzen nebeneinander und unabhängig voneinander stehen.« Der Körperwelt kommt keine Wesenheit an sich zu, sondern nur der Geisteswelt. (Kant zeigt, das einzige an sich Seiende ist der Geist.)

> »In der Körperwelt erkennen wir nicht das Wesen der Dinge an sich, sondern nur in der beschränkten Weise einer sinnlich gebundenen Vernunft. Was in der Körperwelt dem Wesenhaften an sich widerspricht, ist gerade das, was darin nicht den Dingen, sondern der Form unserer Erkenntnis angehört, nämlich die Auffassung unter den Formen von Raum und Zeit.«

Schleiden fragt, wie Erkenntnis entsteht, und argumentiert, daß den beiden Welten, Geist und Körper, zwei Sinne entsprächen, ein innerer Sinn, der die Geisteswelt sinnlich erfährt, und ein äußerer Sinn für die Körperwelt. Mit diesen Sinnen wird die Wahrnehmung, die Ausgangspunkt unserer Erkenntnis ist, jeweils spezifisch vorgenommen und in Theorien überführt. Dem induktiven Vorgehen folgt die a priori-Konstitution von Wissen. Wissenschaftliche Erkenntnis ist deshalb immer induktiv, und die Induktion ist ihrerseits an die leitenden Maximen der Reflexion gebunden, die sich als Bedingung für die Erkenntnis aus der Konstitution von Welt ergeben – wie etwa deren Einheit, deren objektive Gültigkeit, deren Mannigfaltigkeit und deren Einfachheit. Die angemessene Philosophie, die diesen Erkenntnisvorgang beschreibt, ist – sagt Schleiden – die *mathematische Naturphilosophie.*

Die Ansicht der Geisteswelt, die aus »innerer Erfahrung die psychisch-anthropologische Weltansicht« enthält, die »pragmatische Weltansicht«, in der der »Körper in Abhängigkeit vom Geist erkannt wird und danach alles Vorhandene unter die Begriffe von Person und Sache ordnet, und die politische Weltansicht, die die Geistesgemeinschaft durch Sprache in Gesetz und Sitte umfaßt«, sind nach Schleiden keiner wissenschaftlichen Ausbildung fähig, weil es ihnen an positivem Gehalt fehlt. Ausschließlich die »Ansichten der Körperwelt« sind wissenschaftlich ausarbeitbar.[59] Sie interessieren den Biologen natürlich vornehmlich. Bei den natürlichen Ansichten der Körperwelt muß man feststellen, daß die »einzelnen Qualitäten, die uns in der Sinnesempfindung zugeführt werden, unter sich völlig unabhängig sind, insbesondere wenn sie verschiedenen Sinnen angehören«. So ist es nicht möglich, daß die unterschiedlichen Qualitäten, vor allem, wenn sie solche unterschiedlicher Sinne sind, als Erklärungsgrund füreinander nutzbar sein können.[60] Weil sie »unterschiedlichen Gebieten angehören, können sie niemals Zusammenkommen«. Sie sind auch nicht wechselseitig Begründungsvoraussetzung füreinander, weil nur gleichartige Erkenntnisquellen Erklärung irgendeiner Tatsache sein können. Das

---

59 Schleiden, M. J. (1861), 26.
60 Schleiden, M. J. (1861), 27.

gilt auch für die morphologische Auffassung der Welt, die nur die »Verhältnisse der Dinge zu mir, dem erkennenden Geist«, beschreibt. Dies ist daher »völlig subjektiv und ihre Erkenntnis keiner wissenschaftlichen Ausbildung fähig«. Nur für den Geist sind Dinge Körper oder Geist, untereinander sind die Dinge nicht aufeinander bezogen. Für die »objektive Bestimmung« der Körper bleibt deshalb nur das, was bleibt, »wenn alle Sinnesqualität abgezogen« wird. Schleiden meint, wir behielten also als »Wesen der Dinge nur Stoff, Materie mit ihren notwendigen Prädikaten und die Beziehung zu Raum und Zeit. Alle Veränderungen sind Veränderungen von Raum und Zeit einer sich immer gleichen Masse«. Denjenigen Veränderungen, die eine zureichende Ursache in der Masse haben, schreiben wir Kraft zu. Die unabänderliche mathematische Form der Wirkungen einer solchen Kraft nennen wir Naturgesetz. Wir sehen, daß Schleiden aus der Descartesschen Vorstellung der beiden Welten und der Erkenntniskritik von Fries und Apelt zu einer Begründung von Naturwissenschaft Newtonscher Form kommt, die ausschließlich die körperliche Welt wissenschaftlich beschreibbar macht.

Unsere Naturerkenntnis ist »zusammengesetzt aus Tatsachen, die unter Gesetzen« stehen, und beide sind völlig »verschiedenen Ursprungs«. Tatsachen entstammen unserer »Wahrnehmungserkenntnis, das Gesetz aber stammt nicht daher, weil Gesetz Allgemeingültigkeit beansprucht, Wahrnehmung aber immer nur einen kleinen Teil der Fälle umfassen kann«.[61] Das Gesetz entstammt der »vernünftigen Form unserer Erkenntnis«.[62] Das Gesetz (oder die Regel) ist für sich daher nur leer und formell und wird erst dadurch bedeutsam, daß es auf Tatsachen angewendet wird, diese Tatsachen bedingt und bestimmt. Diese Vermittlung zwischen Gesetz und Tatsache kann nur mathematische Anschauung leisten. Deshalb gibt es »vollständige theoretische Erkenntnis, die Tatsachen unter Gesetzen faßt«, nur durch Mathematik und nur, soweit die Mathematik anwendbar ist. »Gesetz und Tatsache haben eine gleichartige Erkenntnisweise« nur in der mathematischen Anschauung und müssen deshalb aus diesem Punkt, der mathematischen Anschauung, heraus beide erklärt werden. Dies sind die »Formen vernünftiger Erkenntnis« – weshalb Schleiden sie *mathematische Naturphilosophie* nennt.

Da unsere »vollständige Naturerkenntnis aus Gesetzen und Tatsachen besteht«, so kann man auch über eine von beiden Eingang in die Erkenntnis in den Wissenschaften finden: So können wir als einen möglichen Ansatz die Formen unserer »vernünftigen Erkenntnis« entwickeln[63] und daraus problematisch die »möglichen Gesetze ableiten« (wie die Naturphilosophie) und diese »Gesetze auf die Tatsachen

---

61 Schleiden, M. J. (1861), 27.
62 Schleiden, M. J. (1861), 27.
63 Schleiden, M. J. (1861), 28.

anwenden«, wenn sich die Möglichkeit ergibt. Der andere Weg besteht darin, daß wir von den Tatsachen her argumentieren und »unsere Erkenntnis mit der morphologischen Weltansicht« beginnen lassen. Wir fassen dann die »einzelnen Tatsachen auf, analysieren sie und erforschen die Bedingungen, unter denen sie stehen. Wir lassen uns dann von diesen zu höheren allgemeinen und einfachen Bedingungen leiten und gehen fort, bis wir bei irgend einem einfachen a priori bestimmbaren Gesetz, bei einem Gesetz menschlicher Erkenntnis, angekommen« sind. Dies ist das von Schleiden bevorzugte induktive Verfahren. Erkenntnis durchläuft hier folgende Stufen: 1. »systematische Naturbeschreibung, 2. teleologische Naturbetrachtung, 3. kombinierende Beobachtung, 4. theoretisches Experimentieren und 5. mathematische Theorie.«[64] Da das »Gesetz leer und bloß formell« ist, kann man auch mit der Naturphilosophie nur so weit zu den Tatsachen Vordringen, als es die mathematischen Wissenschaften erlauben.

Da die Anzahl möglicher Kombinationen von mathematischen Erkenntnissen zu groß ist, um wirklich durchgespielt werden zu können, kann Wissenschaft historisch nur ablaufen, wenn sie gezielt induktiv vorgeht:

> »Für alle gehaltreiche Ausbildung der Wissenschaft sehen wir uns daher an die induktive Methode gewiesen und haben hier im Einzelnen den weitesten Weg von der morphologischen Weltansicht bis zur naturphilosophischen Vollendung der Theorie zurückzulegen. Fast alle Disziplinen mit Ausnahme der reinen Bewegungslehre stehen hier noch sehr im Anfang ihrer Ausbildung, und die a priori entwickelten naturphilosophischen Gesetze geben uns für die meisten Fälle nur leitende Maximen, Regeln, nach denen wir im Fortschritt die Zulässigkeit der Hypothesen beurtheilen, oder die Methoden bestimmen können, indem jene uns das Endziel, die reine und höchste Aufgabe aller Naturwissenschaften nennen.«[65]

Nun macht aber gerade die Verbindung bloß wahrscheinlicher Erkenntnis qua Induktion mit der a priori-Erkenntnis Schwierigkeiten bezüglich der Beziehung beider Erkenntnisarten.

> »Die Anwendung der allgemeinen Begriffe a priori auf die Erkenntnis ist nur möglich durch ihre Verbindung mit einer anschaulichen Vorstellung (Schema, schematisierte Kategorien)«.[66] »Die Verbindung ergibt sich als eine ursprüngliche Tätigkeit der Vernunft. So ist z.B. Veränderung eines Zustandes eine anschauliche Vorstellung, die sich mit der Kategorie von Ursache und Wirkung verbindet«.

---

64 Schleiden, M.J. (1861), 28f.
65 Schleiden, M.J. (1861), 29.
66 Schleiden, M.J. (1861), 29.

Die allgemeinen anschaulichen Vorstellungen verbunden mit den Kategorien und als Regel ausgesprochen, ergeben die »allgemeinsten Gesetze, unter denen alle Natur stehen muß, die Bedingung für die Möglichkeit einer Erfahrung«. Die »Kategorien werden durch die Anschauung immer spezieller schematisiert und wir dadurch zu immer spezielleren metaphysischen Gesetzen« geführt. So erhält man – nach Schleiden – ein System der metaphysischen Naturerkenntnis, das uns die »Regulative für alle unsere Naturerkenntnisse« gibt.

Die allgemeinste Aufgabe, allen Wechsel der Erscheinungen auf Bewegungen durch Gegenwirkungen zurückzuführen, d. h. die »morphologische Weitsicht auf eine wissenschaftlich vollständige zurückzuführen«, geht entweder den »theoretischen Weg der Entwicklung aus konstitutiven Prinzipien«, d. h. der »Rückführung auf mathematische Gesetze der Bewegung«, oder den Weg der »induktiven Methode«. Für die Biologie heißt das, daß man in der »morphologischen Weitsicht« als Ausdruck des *Wesens* der Dinge die »Gestalten unter dem Artbegriff gefaßt« hat, als dessen *Eigenschaften* die »unendliche Mannigfaltigkeit der veränderlichen Qualitäten«, die die »Entwicklungsgeschichte der Individuen bedingen, und als *Regel,* unter der die Arten stehen, die spezifischen Bildungstriebe«.[67]

Das Ganze des menschlichen Wissens mit dem Ziel einer Naturwissenschaft beginnt bei Schleiden mit der Aufnahme von Tatsachen, schreitet fort über die Sinne zu einer immer höheren Abstraktion in apriorischen Gesetzen, die ihrerseits – wegen der enormen Zahl möglicher Kombinationen – nicht a priori hergeleitet, sondern nur qua Induktion gewonnen werden können. Sie haben die Bedeutung apriorischer Gesetze nur wegen ihrer Allgemeinheit und ihrer uneingeschränkten Bedeutung als leitende allgemeine Maximen. Uneingeschränkt wird aber jedesmal das Material für die Erkenntnis aus der Wahrnehmung entnommen, weshalb Schleiden von »Erkenntnis aposteriori« spricht.[68] Die »Sinnlichkeit, auf deren Anregung die Erkenntnis der Tatsachen« beruht, geht entweder auf die »äußeren Sinnesorgane, als Erkenntnis der Körperwelt«, oder auf die »inneren Sinne, als Erkenntnis der Geisteswelt«, zurück, durch die wir uns des wechselnden Spiels unserer geistigen Tätigkeit bewußt werden, als der Tätigkeit der einen und gleichen Vernunft«.[69] Wir finden dabei drei große Klassen von Subjektivität: »Erkenntnisvermögen«, »Vermögen sich zu interessieren (Lust und Unlust)« und das »Vermögen der Selbstbestimmung, den Willen«. Alle diese Klassen sind miteinander verbunden und machen als Gesamtheit die Vernunft aus. Unsere Erkenntnis nimmt dabei den folgenden Gang: Aus den »Erkenntnissen in Verbindung mit den Wahrnehmungserkenntnissen gehen alle

---

67 Schleiden, M. J. (1861), 30.
68 Schleiden, M. J. (1861), 24.
69 Schleiden, M. J. (1861), 21.

unsere verschiedenen wissenschaftlichen Disziplinen« hervor. Die »Materie für unsere Erkenntnis stammt aus der Wahrnehmung« und ist insofern a posteriori.[70] Wollen wir alle »möglichen a priori-Erkenntnisse erfahren, so müssen wir alle möglichen Urteile aufstellen«, so wie die »Logik alle möglichen Urteilsformen« aufstellt. Die Begriffe, die wir daraus erhalten, sind dann eben die Kategorien. Dem steht auf der anderen Seite die Einheit der Natur entgegen:

> »Nennen wir die Gesamtheit der Dinge (also auch das Geistesleben), so wie sie der erkennenden Vernunft in Raum und Zeit beschränkt erscheinen, Natur, so erhalten wir zunächst den Hauptgegensatz zwischen natürlichen Weltansichten und Ansichten aus den Ideen des Absoluten, indem wir uns die aus der Natur der sinnlichen gebundenen Vernunft hervorgegangenen Beschränkungen als aufgehoben denken.«[71]

Dieser Gegensatz ist der zwischen *mathematischer Naturphilosophie* und *Schellingscher* beziehungsweise *Hegelscher Naturphilosophie*.

Woher aber weiß Schleiden all diese Dinge über unsere Erkenntnis? Kann er dies wissenschaftlich begründen?

3   Hegels und Schellings Frageansätze

Schleiden auf der einen Seite und Schelling und Hegel auf der anderen Seite unterscheiden sich grundsätzlich durch ihre unterschiedliche Frageperspektive. Schleiden ist kein naiver Empirist, der keine Vorstellung von der Schwierigkeit hätte, wie Theorien zustande kommen. Schleiden beruft sich selbst auf eine a priori-Argumentation im Rahmen einer *mathematischen Naturphilosophie*. Schleidens erkenntnistheoretisches Problem ist die Frage, wie empirische Fakten zu interpretieren sind. Der Forschungsgegenstand Schleidens ist eine äußere Natur, die wahrgenommenen Gegenstände sind das Sinnliche. Seine Frage ist, wie diese Fakten im Kontext von Theorieerfahrung zu interpretieren sind.

Hegel und Schelling sind nicht primär an der äußeren Natur interessiert, sondern an der Frage, wie es möglich ist, daß wir Natur überhaupt erfahren und erkennen können. Ihr naturphilosophisches Interesse zielt darauf, genauer zu erklären, wie die Erkenntnis einer Natur überhaupt möglich ist. Dies darzustellen kann aber nur Aufgabe *einer* wissenschaftlichen Disziplin sein, der Philosophie, die die Erkenntnis zu ihrem Forschungsobjekt hat. Diese Disziplin muß nach den Kriterien

---

70 Schleiden, M. J. (1861), 24.
71 Schleiden, M. J. (1861), 25.

wissenschaftlicher Argumentation ihr Forschungsobjekt beschreiben, und d. h. Aussagen mit Notwendigkeit erweisen. Der Gegenstand der Forschungen Hegels und Schellings ist also die Erkenntnis – und nicht die äußere Natur. Schelling und Hegel fragen, was in unserem Geist bereits passiert ist, wenn wir Wahrgenommenes als Wahrnehmung interpretieren, d. h. sie als Faktum auffassen.

In seiner frühen Naturphilosophie (1796-1800) fragt Schelling, wie es möglich ist, daß unsere »Erkenntnis der Natur real wird«. Was heißt das? Im Kontext Fichtescher Transzendentalphilosophie hatte sich ergeben, daß wahre Erkenntnis eines Gegenstandes der menschlichen Gesellschaft oder des menschlichen Lebens sich als die Grundstruktur des »Ich bin« erweist. Jede Form von Erkenntnis ist ein Spiegel unserer Existenz. In welcher Weise kann dann verstanden werden, daß die äußere Natur so ist, wie wir sie erkennen? In welcher Weise muß die erkannte Natur aufgebaut sein, damit unsere Erkenntnis der Natur überhaupt möglich ist? Dabei ergeben sich aus methodischen Überlegungen eine Reihe von grundlegenden Aussagen über die Natur. Sie sind eine Folge der Tatsache, daß wir Natur erkennen können und die äußere Natur die Realisierung unseres Erkennens der Natur ist, weil nur eine solche Natur erkannt werden kann und auch nur eine Natur für uns real ist, die unsere Erkenntnis ermöglicht. Schelling kam, nachdem er seine frühe Naturphilosophie entwickelt hatte, zu der Vorstellung, daß Natur, da sie sich selbst erhält, ein kontinuierlicher und nicht unterbrochener Prozeß ist. Als dieser ununterbrochene Prozeß ist Natur auf dieses eine Ziel hin gerichtet, als ganze nicht unterzugehen und sich selbst zu erhalten. Diese Form von Organisation kann nur ein geistiger Prozeß sein, weil jede Organisation geistiger Art ist. Allerdings können wir diesen Prozeß nicht wahrnehmen, er ist vielmehr eine transzendentale Bedingung für die Existenz der von uns erkannten Natur. Wahrnehmbar ist für uns nur, wenn die Natur in diesem kontinuierlichen Produzieren ihrer selbst stockt und der Produktionsprozeß sich selbst aufhält, weil er als Wechselspiel von Kräften sich ergibt. Dieses Wechselspiel der Kräfte erkennen wir, weil wir eine Ursache-Wirkung-Relation an ihnen beschreiben können, und die in dieser Relation stehenden Gegenstände bezeichnen wir als Objekte. Diese Objekte ihrerseits lassen sich nach den Regeln von Identität und Differenz in ihrem weiteren Naturkontext beschreiben. Auf diese Weise sind alle weiteren Darstellungen der Natur zu begreifen.

Schelling versucht so, die innere Logik der Natur an den naturwissenschaftlichen Befunden seiner Zeit zu beschreiben. Dazu geht er von dem komplexesten und am wenigsten Differenzierten, der Materie, aus, um schließlich beim Entfaltetsten, dem Organismus, d. h. dem Leben, alle möglichen Strukturen zu beschreiben, die unserer Erkenntnis nach möglich sind. Ziel ist dabei keineswegs, naturwissenschaftliche Einzelerkenntnis überflüssig zu machen, sondern vielmehr den inneren Zusammenhang von Natursein, sofern er unsere Naturerkenntnis darstellt, darzulegen. Damit kann Schelling die Möglichkeit unserer Erkenntnis von Natur erweisen. Schellings Überlegungen zielen also auf eine Darlegung der Möglichkeit von Naturwissen, indem er am konkreten Material untersucht, wieso es in der spezifischen Form unserer Erkenntnis auftauchen kann. Naturerkenntnis muß die Selbstorganisation, die auf den Erhalt der Natur gerichtet ist, beschreiben.

Hegel schließt daran an. Auch er fragt nach der Möglichkeit unserer Erkenntnis überhaupt. Anders als Schelling aber zeigt er, daß das, was Schelling als das Wechselspiel von Kräften in der Natur versteht, tatsächlich die innere Logik von Begriffen schlechthin ist. Jede Form von Begriff, unabhängig von seinem Gegenstand, hat als ihre innere Logik das Wechselspiel von Identität und Differenz, das Schelling als das der Naturkräfte erkannt hatte. Mithin kann und muß man zunächst die »Selbstorganisation« des Begriffs vom Begriff untersuchen und durch Darlegung der einzelnen Schritte dieser Selbstentfaltung die Möglichkeit von Erkenntnis überhaupt mit Notwendigkeit zeigen. Dies geschieht in Hegels Wissenschaft der Logik. Naturerkenntnis hat dann eine doppelte Aufgabe: Einerseits muß sie im einzelnen zeigen, wie die möglichen Strukturen der Erkenntnis der Natur aussehen können, und zum anderen muß sie zeigen, inwiefern diese so gefundene innere Logik des Begriffs von Naturgegenständen tatsächlich in der Vorstellung Vorkommen. Inzwischen ist auch hinreichend gezeigt worden, daß Hegel und Schelling auf dem Stand der zeitgenössischen Wissenschaften waren.[72]

Sowohl Hegels als auch Schellings Forschungsprogramm zielen also nicht darauf, äußere Naturgegenstände a priori zu deduzieren, sondern die Möglichkeit von Erkenntnis der Natur zu erweisen, indem die innere Logik von Erkenntnis einzelner Naturereignisse oder Naturgegenstände aufgezeigt werden soll.

Das Programm Schellings und Hegels kann also nicht bei der Darlegung einer *mathematischen Naturphilosophie* stehenbleiben, sondern fragt noch dahinter zurück, wieso gerade *mathematische* Gesetze Naturerkenntnis wiedergeben oder darstellen.

Schleiden, Schelling und Hegel vertreten übereinstimmend die Ansicht, daß eine Metaphysik der Natur notwendig ist, die beschreibt, wie die Erkenntnis der Natur vonstatten geht. Schleidens Behauptung, daß die Wahrnehmung selbst, die Tatsachen, schon der »feste Grund sind, von welchem wir ausgehen können«,[73] steht im Gegensatz zu Schellings und Hegels Annahme (und schon der des späten D'Alembert), die – auf jeweils unterschiedliche Weise – der Frage nachgehen,

---

72 Engelhardt, D. von (1969), Engelhardt, D. von (1974), 125-140, Breidbach, O. (1982), Hasler, L. (1981), Heckmann, R., Krings, H. und Meyer, R. W. (1985), Neuser, W. (1987a), Hegel, G. W. F (1986), Petry, M. J. (1970).

73 Schleiden, M. J. (1861), 20.

wieso gerade diese spezielle Wahrnehmung möglich ist. Die Einordnung der Wahrnehmung in den theoretischen Begriffskontext, den Schleiden betont, wollen Schelling und Hegel untersuchen und dessen logischen Rechtsgrund aufweisen. Während Schleiden eine wissenschaftliche Ausbildung der Erkenntnislehre – sie ist Teil der Geisteswelt – nicht für möglich hält, ist es Schellings und Hegels Ziel zu untersuchen, wie eine schlüssige Theorie der Erkenntnis formuliert werden kann, um die Bedingungen der Möglichkeit von Naturerkenntnis zu klären. Wenngleich Schleiden die Vorstellung einer Lebenskraft, die aus der Biologie eine Wissenschaft Newtonschen Stils machen können sollte, also zur Mathematisierung der Biologie führen würde, ablehnt, macht er doch die Methodik einer mathematischen Philosophie, die sich an der Newtonschen Methodik orientiert, zu seinem Ideal. Die Naturwissenschaften und die daran anknüpfenden Philosophien sind, bei aller Orientierung am gleichen Gegenstand, nämlich der Frage nach dem logischen Rechtsgrund methodischer Naturphilosophie, während ihren Entwicklungen im 18. und 19. Jahrhundert auf jeweils gravierende Weise unterschieden und haben dabei doch die gleichen Begriffe benutzt und sie in ihrer inneren Logik und ihrer Bedeutung nur geringfügig geändert. Insbesondere wird in den modernen Naturwissenschaften häufig ein Konzept vertreten, wie wir es bei Schleiden beobachten: Die Verknüpfung von mathematischer Theorie und Empirie geschieht so, daß der Mathematik eine gesetzgebende und der Empirie eine regulative Funktion im Erkenntnisprozeß zugeschrieben wird.

Schlußbetrachtungen: Natur und Technik

Unverkennbar sind mit den Segnungen der Technik zugleich eine Reihe von Problemen verbunden, von denen häufig befürchtet wird, daß sie den Benutzern der Technik zum Fluch werden, wenn sie nicht gelöst werden.

In der Technikphilosophie wird häufig als ein Lösungsverfahren für derartige Probleme angestrebt, die bestehende Naturwissenschaft und Technik durch eine zusätzliche ethische Bindung der Wissenschaftler und Techniker zu begrenzen, um so zu erreichen, daß von der Technik nur noch deren Segnungen übrigbleiben.

Die Ethik fungiert in dieser Beziehung zur Technik als eine externe Begrenzung, die ex post einer historisch gewachsenen Technik von außen aufgeprägt werden soll, ohne daß sie aus der inneren Konstitution von Naturwissenschaft und Technik entwickelt würde.

Unberücksichtigt bleibt dann häufig, daß die Technik und das Procedere der Technik in Grundzügen vorgeprägt werden durch unsere Auffassung von der Natur. Offensichtlich hängen Natur- und Technikbegriff aufs engste zusammen.

1   Natur und Technik in der Gegenwart

Weithin verbreitete und gängige Meinung ist, daß Technik die Herrschaft über die Natur beansprucht und die vermittelnde Instanz zwischen den Menschen und der Natur sein will. Technik bedient sich dabei der theoretischen Einsichten in Naturzusammenhänge, also der Naturwissenschaften, so wie die Naturwissenschaften umgekehrt sich technischer Vorrichtungen bedienen, um Einsichten in die Natur zu gewinnen. Nach dieser gängigen Technikvorstellung ist die Natur dasjenige, was von der Technik zum Nutzen der Menschen umgewandelt wird. Der Natur unterliegt dabei eine Gesetzmäßigkeit, die ihr keine Möglichkeit läßt, sich einem Zugriff durch die Technik zu entziehen. Natur ist prinzipiell vollständig erkennbar. Dazu

257

müssen die linearen Gesetzmäßigkeiten der Natur nur erkannt werden. Aufgrund der Gesetze kann man dann analytisch Anfangs- und Endpunkt technischen Handelns festlegen. Technik ist der Vollzug von Regeln, die die Naturwissenschaften für die Wirkungszusammenhänge in der Natur erkannt haben.[1] Auch wenn die Natur zur Zeit noch nicht vollständig erkannt sein sollte – so unterstellt man –, so gilt sie doch als prinzipiell vollständig erkennbar. Aber auch dann, wenn die Technik nicht nur angewandte Naturwissenschaft ist, sondern der Naturwissenschaft vorausgeht, ist es so, daß Technik nicht gegen die Natur verstoßen kann, sondern immer die Regeln, denen die Natur folgt, erfüllt.[2] Wenn die Naturwissenschaft der Technik historisch vorausgeht und wenn die Technik der Naturwissenschaft vorausgeht, schafft sich die Technik eine Naturwissenschaft, die das Objekt für die Technik, also die Natur, präpariert, um dann im Gegenzug von den Naturwissenschaften durch diese Gesetze Grenzen gesetzt zu bekommen. Die Natur, deren Technik sich bedient, ist die Summe der von den Naturwissenschaften erarbeiteten Naturgesetze. An dieser weithin akzeptierten Auffassung der Beziehung von Natur und Technik ist mir wichtig, daß Technik als das Instrument und die Fertigkeit der Naturaneignung sinnvoll nur dann gedacht werden kann, wenn Natur prinzipiell vollständig erkennbar ist, wenn sie gezwungen ist, nach Regeln oder Gesetzen zu agieren, und die Regeln im analytischen Zugriff einsichtig werden und die Natur darüber technisch verfügbar wird.[3]

2   Der Naturbegriff von der Renaissance bis zur Aufklärung

Diese Beziehung von Technik- und Naturbegriff oder Praxis und Theorie ist keine ad-hoc-Erfindung jüngerer Zeit, sondern ist historisch gewachsen und geht in Grundzügen auf die Renaissance und die Aufklärung zurück. In der frühen Renaissance beginnen Handwerker, Künstler und Erfinder im Ausgang von der Praxis Regeln zu formulieren, die in der handwerklichen Erfahrung wurzeln und zunächst nur Handlungsanweisungen für den Handwerker bedeuten. Diese Regeln werden durch Vernunft oder Verstand aus dem Umgang mit den konkreten Gegenständen abstrahiert, und die Wissenschaften, in denen diese Abstraktion geschieht, werden als Erfahrungswissenschaften interpretiert. Dies gilt für die Mechanik wie auch

---

1   Cf. Birnbacher, D. (1991), 608ff und Heidegger, M. (1954), 19ff.
2   Cf. Lenk, H., Rupohl, G. (1987). Zimmerli, W. Ch. (1988), Rapp, F. (1981).
3   Kritisch dazu: Heipcke, K. (1992), 143-158.

für die Mathematik, die z. B. als Astronomie oder auch als Perspektivenlehre in der Erfahrung wurzelt. Diesen ersten Schritt hin auf die neuzeitliche Technik finden wir bei Dürer[4] (1471-1528) und Leonardo da Vinci[5] (1452-1519). Erst bei Francis Bacon[6] (1561-1626), Kepler (1571- 1630) und Galilei (1564-1642) bekommt die Mathematik die Funktion einer Beweistheorie, weil nun das, was bei da Vinci die Regel für das Handwerk ist, als die Aristotelische Form der Natur interpretiert wird. Die Regeln, derer sich das Handwerk bedient und die der Natur abgeschaut wurden, müssen auch die Regeln sein, denen die Natur selbst folgt, ja sie müssen in ihrer Summe die Natur ausmachen. Diese Regeln, die die Natur sind, sind für die Natur Gesetze, denen die Natur folgt, weil – so Kepler – in einem Schöpfungsprozeß der Schöpfer einem Baumeister gleich, Geometrie betrieben und das Universum nach geometrischen Gesetzen erschaffen habe.[7] Selbst Galilei, der dem Platonischen Konzept Keplers kritisch gegenüberstand, identifizierte die Mathematik mit dem letzten Grund der Welt und forderte deshalb, daß Mathematik das Beweismittel der Naturwissenschaften sei. War bei da Vinci die Forderung nach Mathematik noch damit begründet, daß Mathematik die einfachsten Erfahrungstatsachen enthalte, so ist bei Kepler und Galilei die Mathematik bereits Ausdruck eines Wesens der Welt. Damit enthält die Mathematik die logischen Gestalten jener Regeln, die jetzt nicht mehr bloß Anleitung für den Handwerker sind, sondern bereits das Wesen der äußeren Natur beinhalten. Damit ist ein entscheidender Schritt getan. Durch eine Uminterpretation dessen, was die Regeln der theoretischen Durchdringung der handwerklichen Praxis bedeuten, wurde ein Naturbegriff geschaffen, der das Wesen der Welt als Gesetze der Mathematik enthält, die aber immer noch durch die Erfahrung gegangen sind. Bei Kepler klingt dies so:

»Da nun der Schöpfer die Idee der Welt im Geiste faßte .... und die Idee etwas bereits Vorhandenes und ... Vollkommenes zum Inhalt hat, auf daß die Form des zu schaffenden Werkes ebenfalls vollkommen werde, erhellt, daß nach diesen Gesetzen, die sich Gott selber in seiner Güte vorschreibt, Gott die Idee zur Grundlegung der Welt keinem anderen Ding entnehmen konnte als seinem eigenen Wesen.«[8] »Was bleibt uns übrig, als mit Plato zu sagen, Gott treibe immer Geometrie.«[9]

---

4   Dürer, A. (1989), 143, 150, 158.

5   Leonardo da Vinci (1958), 27ff, 32f, 40f.

6   Bacon, F. (1638, 1970), 205, 208, 213f. Feuerbach, L. (1990), 51, 53, 55-59, 62, 65f. Bacon, F (1620, 1981), 27, 30, 50, 55, 239. Cf. auch Krohn, W. (1987), 114ff.

7   Kepler, J. (1923), 48.

8   Kepler, J. (1923), 46.

9   Kepler, J. (1923), 48.

Und später:

> »Daher muß man so lange auf Kopernikus hören, bis jemand Hypothesen aufbringt,
> die noch besser mit unseren philosophischen Feststellungen zusammenstimmen, oder
> bis einer lehrt, es könne sich so ganz von ungefähr in die Zahlen ... hineinschleichen,
> was durch das beste Schlußverfahren aus den Prinzipien der Natur direkt erschlossen
> worden ist. Denn was könnte staunenswerter sein, was könnte Beweiskräftigeres erdacht
> werden als die Tatsache, daß das, was Kopernikus aus den Erscheinungen, aus den
> Wirkungen, a posteriori ... mehr durch glücklichen Einfall als durch zuverlässiges
> Schlußverfahren festgestellt und sich zurechtgelegt hat, daß das alles, sage ich, durch
> Gründe, die a priori, aus den Ursachen, aus der Idee der Schöpfung hergeleitet sind,
> aufs sicherste festgestellt und erfaßt wird.«[10]

Die Idee der Schöpfung aber ist in der Geometrie enthalten. Galilei formuliert:

> »Zunächst muss eine der natürlichen Erscheinung genau entsprechende Definition
> gesucht und erläutert werden.«[11] »Das glauben wir schließlich nach langen Ueber-
> legungen als das Beste gefunden zu haben, vorzüglich darauf gestützt, dass das,
> was das Experiment den Sinnen vorführt, den erläuterten Erscheinungen durchaus
> entspreche.«[12]

Dabei erkennen wir im Geiste jene Bewegung.[13]

> »In Wirklichkeit sind (die Eigenschaften der Natur, W.N.) denn auch schon in den
> Definitionen aller Dinge virtuell enthalten und bilden schließlich, wiewohl an Zahl
> unendlich, vielleicht doch in ihrem Wesen und im göttlichen Geiste eine Einheit.«[14]

Die Erkenntnis der Gegenstände der Natur mittels der Mathematik ist nahezu
göttlich.

> »Nimmt man... das Verstehen intensive, insofern dieser Ausdruck die Intensität, d. h.
> die Vollkommenheit in der Erkenntnis irgendeiner einzelnen Wahrheit bedeutet,
> so behaupte ich, daß der menschliche Intellekt einige Wahrheiten so vollkommen
> begreift und ihrer so unbedingt gewiß ist, wie es nur die Natur selbst sein kann. Da-
> hin gehören die rein mathematischen Erkenntnisse, nämlich die Geometrie und die
> Arithmetik... Die Erkenntnis ... kommt meiner Meinung an objektiver Gewißheit der
> göttlichen Erkenntnis gleich; denn sie gelangt bis zur Einsicht ihrer Notwendigkeit,

---

10   Kepler, J. (1923), 48f.

11   Galilei, G. (1973), 146.

12   Galilei, G. (1973), 146.

13   Galilei, G. (1973), 147.

14   Galilei, G. (1982), 109.

und eine höhere Stufe der Gewißheit kann es wohl nicht geben.«[15] »Wer soll Führer in der Wissenschaft sein?... Wer aber Augen hat, körperliche und geistige, der nehme diese zum Führer... denn unsere Untersuchungen haben die Welt der Sinne zum Gegenstand, nicht eine Welt von Papier.«[16]

Francis Bacon teilt diese Vorstellung, rekurriert aber statt auf Astronomie und Mechanik stärker auf die Alchimie und interpretiert die handwerklichen oder experimentierenden Regeln als die Form der physikalischen Elemente, unter denen sie gestaltet werden. Für Bacon muß die Wissenschaft für jede künftige Praxis innovativ und ein umfassendes vollständiges organisiertes System sein. In dieser praktisch orientierten Wissenschaft müssen die Erfindungen durch die theoretischen Wissenschaften rational gesteuert werden. Als Folge einer allumfassenden organisierten Wissenschaft wird die vollständige Erkenntnis der Natur in einem Wissenschaftsgefüge organisiert, die nahe bevorstehende vollständige Erkenntnis der Natur erwartet und die vollständige Erkennbarkeit der Natur vorausgesetzt.[17]

Ist bei Kepler, Bacon und Galilei noch die Rolle der Erfahrung im Erkenntnisprozeß dominant und die Praxis das Ziel der Erkenntnis, so tritt schließlich bei Newton (1642-1727) eine Verschiebung bei der Bewertung der mathematischen Deduktion auf.[18] Bei allem Rekurs auf die Erfahrung wird die Mathematik und damit der Gesetzescharakter der Natur dominant. Natur wird nun als theoretisches Erklärungskonzept stärker aus der Bindung an einen praktischen Umgang herausgenommen und der Objektcharakter der Natur betont. Natur ist der Gegenstand, der in seiner Gesamtheit die Gesetze ausmacht, denen alle Naturvorgänge folgen müssen. Der Naturbegriff Newtons wird am deutlichsten, wenn man seine Argumentationsverfahren ansieht. Einerseits gibt es eine mathematische Deduktion, die andererseits per Induktion verifiziert werden muß. Die mathematische Deduktion ist eine erlaubte Hypothese. Sie ist erlaubt, weil sie – unabhängig von der Erfahrung – die Erfahrung selbst nicht tangiert und stört. Unerlaubt sind natürliche Hypothesen, die etwas über den Charakter der erfahrbaren Tatsachen aussagen. Diese Aussagen sind nur durch Induktion, d. h. begriffliche Verallgemeinerung aus der Erfahrung, möglich und erlaubt. Natur ist ein gegebenes und unveränderliches Objekt, das auf Gesetzmäßigkeiten zurückgeführt werden kann.

Bei Newton wird nicht hinreichend geklärt, wie die Beziehung zwischen der Mathematik und der Erfahrung genau zu denken ist. Dies versuchen die französische

---

15 Galilei, G. (1982), 108.

16 Galilei, G. (1982), 117.

17 Bacon, F. (1638, 1970), 202ff (Kapitel über das Haus Salomon).

18 Cf. Rosenberger, F. (1895), 151ff, 157ff. Siehe auch Kapitel I.

und die deutsche Aufklärung – Condillac (1714-1780), d'Alembert (1717-1783) und
Kant (1724-1804) – zu klären. Condillac interpretiert die Induktion als eine Analyse
von Erfahrungsinhalten und die Mathematik als die grundlegende Sprache, mit der
Erfahrungen beschrieben werden können, wenn die Empfindungen auf dem Weg
der Analyse zuvor zu Ideen konvertiert worden sind. Die Analyse zerlegt dabei ein
empfundenes Bild von der Natur in Einzelaspekte und beschreibt die Beziehungen
dieser Einzelaspekte. Auf diese Weise wird die Natur selbst zum Lehrmeister, und
nur solche Ideen sind nach Condillac akzeptabel, die unmittelbar der Erfahrung
einer Empfindung entsprechen. Nun ist die Natur vollends das Objekt, dessen vollständige Analyse zunehmend durch die Naturwissenschaften erarbeitet wird und
das vollständig die Summe der so erarbeiteten Gesetze ist. Der späte d'Alembert
schließlich diskutiert die Beziehung zwischen theoretischen Wissenschaften und
Naturwissenschaften. Während die theoretischen Wissenschaften wie Metaphysik,
Logik und Algebra die reinen Formen von Ideen – d'Alembert nennt sie Definitionen und Begriffe – und deren möglichen Beziehungen erarbeitet, ist es die
Aufgabe der empirischen Wissenschaften wie Mechanik, Hydrodynamik, etc., die
Empfindungen in Begriffe und Definitionen zu konvertieren, die dann unter den
Regeln von Logik, Metaphysik oder Mathematik analytisch verhandelt werden.[19]
Der Aufgabe, diese Daten für alle Künste und Wissenschaften zusammenzustellen,
dient das Unternehmen der Enzyklopädie. Bei d'Alembert ist die Argumentation vor
dem Hintergrund der Newtonschen Physik nun wieder näher an der Renaissance.
Aus der Erfahrung und der Praxis werden die Grundbegriffe für die theoretische
Wissenschaft genommen, um sodann einen Leitfaden für die Technik zu liefern,
die nach den Gesetzen der Natur ihre Aktivitäten einrichten kann.

Ganz im Sinne der Aufklärung überhöht Kant noch einmal den formalen
Charakter, den Natur hat, unter Rückgriff auf seine transzendentalphilosophische
Methode. Kant unterscheidet Natur in formaler und materialer Absicht.[20] Im For-
malen wird die transzendental-logische Möglichkeit jeder möglichen Erfahrung der
Natur erörtert. Die Natur umfaßt die Vollständigkeit der Summe der Formen. Diese
Formen sind die Bedingungen für Naturgesetze und erschöpfend. Der materiale
Gehalt der Natur ist Gegenstand der empirischen Naturwissenschaften, die sich
einer Mathematik bedienen, die eine Konstruktion von Begriffen in die Anschauung
in Raum und Zeit ist, während die Metaphysik die Konstruktion in bloße Begriffe
ist. Natur (in formaler Absicht) ist die prinzipiell vollständig erkennbare Summe
aller Naturgesetze und zumindest in formaler Absicht a priori. Folgerichtig wird
Technik bei Kant zur Fertigkeit, die die Anwendung von theoretischem Wissen

---

19 Siehe auch Kapitel II.
20 Kant, I. (1783), §§ 16f, 36, 38.

aus den Naturwissenschaften ist. In dem Buch *Grundlegung zur Metaphysik der Sitten* werden alle Handlungen von Kant danach eingeteilt, ob sie Regeln der Geschicklichkeit, Ratschlägen der Klugheit oder Geboten der Sittlichkeit folgen. Dem entsprechen technische, pragmatische und moralische Imperative. Die technischen Imperative sind die Regeln der Geschicklichkeit. Die Regeln der Geschicklichkeit zielen auf den Gebrauch geeigneter Mittel zu grundsätzlich beliebigen Zielen.[21]

Kant hat damit die Entwicklung der Naturvorstellung, die in der Renaissance begann, auf den Punkt gebracht und jenen Naturbegriff formuliert, der die vollständige und unbegrenzte Verfügbarkeit von Natur in technischen Verfahren zunächst in der Renaissance forderte und nun in der transzendentalphilosophischen Argumentation voraussetzt, und der im analytischen Zugriff des Menschen auf ein ihm äußeres Objekt als theoretische Wissenschaft diese Verfügbarkeit garantiert. Mit dieser in der Renaissance beginnenden Verknüpfung von praktischer Naturbewältigung und theoretischer Durchdringung der Natur wird der entscheidende Unterschied zur antiken und mittelalterlichen Technik gesetzt. Die Eigenentwicklung der Technik wird – anders als in der Antike – nicht mehr darauf beschränkt, gelegentlichen Einfällen folgend zufällig eine Entdeckung zu machen, sondern es wird das Instrument erarbeitet, die technischen Möglichkeiten unbeschränkt und systematisch auszuforschen, und zwar deshalb, weil mit der Verknüpfung von Theorie und Praxis eine Entwicklung des Gegenstandsbereichs nach Prinzipien möglich wird. Die neuzeitliche Technik will und kann die technischen Möglichkeiten systematisch erforschen und das Unerforschte vollständig erforschen.[22] Das theoretische Erklärungskonzept der Naturwissenschaften, auf dem die Technik beruht, macht nur Sinn, wenn unterstellt wird, daß Natur vollständig und analytisch erkennbar ist.

Die Akademien und Erfindergesellschaften haben seit dem 18. Jahrhundert genau dies beabsichtigt.[23] Dies macht gleichzeitig das Prägende der neuzeitlichen Technik aus. Es ist keine kontingente Eigenschaft unserer Technik, sondern diese Verknüpfung von Theorie und Praxis ist das bedeutendste Konstitutivum unserer Technik. Die Frage freilich wäre, ob sich keine andere Vorstellung von Natur denken läßt, die ebenfalls eine Technik – aber eine gegenüber der herkömmlichen gewandelte – möglich scheinen läßt.

---

21 Cf. Hunning, A. (1990), 37. Kant, I. (1785, 1786), AB 44.
22 Hübscher, K. (1974), 1477.
23 Ritchie-Calder, L. (1990), 156-165.

3   Modernes Naturverständnis

Der Wandel, den der Naturbegriff von der Renaissance bis zur Aufklärung vollzogen hat, klingt in unserem Naturverständnis in Naturwissenschaft und Technik nach wie vor an und prägt als Vorgabe für technisches Handeln und für die Vorgehensweise der Technik mehr, als jede ethische ex-post-Begrenzung verhindern könnte.

1. Die Vorstellung der Aufklärung, daß Natur, die die Summe der Naturgesetze ist, prinzipiell vollständig und korrekt erkennbar sein muß, ermöglicht zwar eine globale und historische Zeiten übergreifende Technik, trägt aber nicht prinzipiell dem Rechnung, daß grundsätzlich Naturveränderungen auftreten können, die außerhalb des Geltungsbereichs der speziellen Naturgesetze liegen können, für die die analytischen Bedingungen gelten, unter denen Experimente oder Theorien stattfanden. Technik handelt notwendig in unbekannte Bereiche hinein, von denen wir nichts wissen. Dem aber trägt der zugrundeliegende Naturbegriff nicht Rechnung.

2. Die analytische Methode der Naturwissenschaften und der Ingenieurwissenschaften führt zu einer Diversifizierung der Natur und unterstellt, daß die Natur die Summe dieser Teilbereiche sei. Dies führt, selbst wenn man unterstellt, daß es keine nichterkennbaren Bereiche der Natur gibt, zu einer Begrenzung der Folgenabschätzung der Technik.[24] Die globale Wirkung der Technik impliziert, daß auch für die Wirkung zwischen Teilbereichen Regeln formuliert sind oder wenigstens formulierbar wären. Dies aber ist wegen der Komplexität der Natur nicht möglich. Außerdem vermag die analytische Methode keinerlei angemessene Würdigung von Entstehungsprozessen vorzunehmen. Eine Reihe von Naturgebilden sind dynamische Gebilde, die durch wechselseitige Stabilisierung ihrer Komponenten zustandegekommen sind. Diese Stabilisierung fand z. T. in langen »Einschwingvorgängen« statt[25], die nicht verkürzt werden können. Die Geschichtlichkeit ist dann ein eigener Wert, der der Natur zukommt, und der sich wegen der Einmaligkeit des Ereignisses dem analytischen Zugriff entzieht.

3. Mit der Vorstellung, daß der Fortschritt der Erkenntnis der Natur zu einer Akkumulation des Wissens führt, ist für die Technikwissenschaften die Vor-

---

24 Rapp, F. (1987), 36.

25 Ein solcher Jahrhunderte während Einschwingvorgang ist z. B. der Wachstumsprozeß der Regenwälder. Hier haben individuelle Pflanzen über lange Zeit Symbiosen aufgebaut, deren Zerstörung auf Jahrhunderte zum Verlust von Biotopen führt. So ist der Wald in Mittelamerika, nachdem die Mayas ihn zunächst kultivierten und dann vor 1200 Jahren verließen, nach 1200 Jahren noch nicht wieder in der ursprünglichen Form renaturiert. Cf. Terborgh, J. (1992), 229f.

stellung verbunden, daß entweder eine dauernde nachträgliche Veränderung
bestehender Vorrichtungen (z. B. von Kernkraftwerken) stattfinden muß, oder
aber die Erwartung, daß die Technik zukünftiges Naturwissen bereits antizipieren müßte, während sie ihre Projekte realisiert. Sinnvolle Abschätzung der
Technikfolgen wäre nur unter diesen absurden Bedingungen möglich.

Globale und vollständige Verfügbarkeit der Natur setzt den Glauben voraus, eine
vollständige Kalkulierbarkeit der Natur sei möglich. Dann – und nur dann – kann
ein ethisch handelnder Techniker Technik einsetzen, ohne befürchten zu müssen,
daß es keine nichtberücksichtigten Effekte in der Natur gibt, deren Folgen uner-
wünscht sind. Zu keiner Zeit aber gab es eine umfassende und vollständige Theorie
zur Erklärung der Natur. Bislang wurden alle Theorien historisch korrigiert. Ein
Naturbegriff und damit zusammenhängend ein Begriff von Naturtheorie, der die
prinzipielle Begrenztheit der Erkennbarkeit und Verfügbarkeit der Natur konstitutiv berücksichtigt, erlaubt allererst, daß ein Techniker begründet und vernünftig
ethisch handeln kann. Ob Natur dann aber noch als eine Einheit aus der Summe der
Gesetzmäßigkeiten verstanden werden darf, ist ebenso zweifelhaft wie, daß Gesetze
dann immer noch kausale Gesetze sind. Fortschritt der Erkenntnis bedeutet dann
nicht mehr Kummulation von wahrem Wissen, sondern ständige Korrektur von
unpraktikablem Wissen.

Es besteht also der Verdacht, daß einige Probleme, die mit den Segnungen der
Technik aufkommen, Folge unseres Naturbegriffs sein könnten. Dieser Naturbegriff
hat sich – wie die vorliegenden Studien belegen – aus der Fragestellung entwickelt,
wie Natur angemessen begriffen werden kann. Wenn sich der Verdacht erhärten
läßt, daß unsere Vorgabe für unser Verständnis von dem, was Natur ist und wie
sie begreifbar ist, ausschlaggebend dafür wird, wie wir Natur verstehen und hand-
haben, dann liegt eine Lösung der Probleme, die mit der neuzeitlichen Technik
aufkommen, primär in der Naturauffassung der Naturwissenschaften. Und eine
Technikethik ist allenfalls eine mittelfristige und symptom-orientierte Lösung – es
sei denn, sie bezieht eine Änderung des Naturbegriffs in den Naturwissenschaften
– mit allen Folgen – in ihre Überlegungen ein, wie das Hans Jonas – leider nur am
Rande – in seinem Buch *Das Prinzip Verantwortung* 1979 vorschlägt, ohne dies
freilich in Angriff genommen zu haben:

>»Das erwähnte Umdenken (wäre) weit auszudehnen und über die Lehre vom Handeln,
>das heißt die Ethik, hinaus in die Lehre vom Sein, das heißt die Metaphysik, voran-
>zutreiben, in der alle Ethik letztlich gegründet sein muß. Über diesen spekulativen
>Gegenstand will ich hier nicht mehr sagen, als daß wir uns offen halten sollten für

den Gedanken, daß die Naturwissenschaft nicht die ganze Wahrheit über die Natur aussagt«[26].

Ich präzisiere: Die *gegenwärtige Naturwissenschaft* sagt aus *systematischen Gründen* nicht die ganze Wahrheit über die Natur aus. Verantwortlicher und kritisch durchdachter Umgang mit der Technik setzt voraus, daß wir uns der Implikate und der Grenzen der Begriffe, die unser Wissen von der Natur ausmachen, bewußt sind. Dieses zu Bewußtsein zu bringen, könnte Aufgabe einer modernen Philosophie der Naturwissenschaften sein.

---

26 Jonas, H. (1979), 30.

Literaturverzeichnis

Adickes, E. (1924, 1925). Kant als Naturforscher. Bde. 1 und 2. Berlin.

Adler, J. (1987). Eine fast magische Anziehungskraft. München.

D'Alembert, J. Le Rond (1743). Traité de Dynamique. Paris. (Abhandlung über die Dynamik. Übersetzt ins Deutsche von A. Korn. Leipzig. 1899.)

D'Alembert, J. le Rond (1751). Discours Préliminaire de l'Encyclopédie. (Einleitung zur Enzyklopädie. Übersetzt und hrsg. von E. Köhler. Hamburg. 1955.)

D'Alembert, J. le Rond (1759). Essai sur les Eléments de Philosophie ou sur les principes de conaissances humaines. (Anfangsgründe der Philosophie. Übersetzt von J.M. Weissegger. Wien. 1787.)

D'Alembert, J. Le Rond (1767). Eclaircissement sur les élémens de philosophie, in: Ouevre Bd. 1, 1. Teil. Genf. 1967.

D'Alembert, J. Le Rond (1989). Einleitung zur Enzyklopädie. Hrsg. und mit einem Essay von G. Mensching. Frankfurt/Main.

Algarotti, F. (1745). J. Newtons Welt-Wissenschaft für das Frauenzimmer oder Unterredungen über das Licht, die Farben und die anziehende Kraft. Aus dem Italiänischen (1737) des Herrn Algarotti durch Herrn DuPerron de Castera ins Französische (1745) und aus diesem ins Teutsche übersetzet. Braunschweig.

Ampère, A.M. (1838). Essai sur la philosophie des sciences, ou éxposition analytique d'une classification naturelle des toutes les connaissance humaines. Paris.

Ampère, A.M. (1866). Philosophie des deux Ampère publiée par J.B. Saint-Hilaire. Paris.

Ampère, A.M. (1889). Brief des Herrn Ampère an den Herrn Grafen Berthollet, über die Bestimmung der Verhältnisse, in welcher sich die Stoffe nach der Zahl und der wechselseitigen Anordnung der Molekeln, aus denen ihre integrierenden Partikeln zusammengesetzt sind, verbinden. Hrsg. von W. Ostwald. Leipzig.

Aristoteles. Metaphysik

Arnauld, A. (1685, 1972). Die Logik oder die Kunst des Denkens. Darmstadt.

Bachelard, G. (1974). Epistemologie. Übersetzt von H. Beese. Frankfurt/Main, Berlin, Wien.

Bacon, F. (1638, 1970). Neu-Atlantis, in: Der utopische Staat. Übersetzt und hrsg. von K.J. Heinisch. Reinbek bei Hamburg.

Bacon, F. (1620, 1981). Neues Organon der Wissenschaften. Übersetzt und hrsg. von A.T. Brück. Darmstadt.

Baumgartner, A. (1829). Naturlehre. Wien.

Bayertz, K. (1980). Wissenschaft als historischer Prozeß. München.

Beierwaltes, W. (1972). Platonismus und Idealismus. Frankfurt/Main.

Bergmann, S., Schäfer, C. (1970). Lehrbuch der Experimentalphysik. Berlin.

Bernoulli, Joh. (1742). Discours sur les loix de la communication du mouvement. Opera ominia III. Lausanne.

Bianco, B. (1974). Bemerkungen über den anthropologischen Kritizismus von J. F. Fries, in: Kant- Kongress, Teil II. 2, 709ff.

Bianco, B. (1981). Begründung des transcendentalen Idealismus bei J. F. Fries, in: Kant-Kongress, Teil I. 1, 889-908.

Birnbacher, D. (1991). Technik, in: Philosophie. Ein Grundkurs. Bd. 2. Hrsg. von E. Martens, H. Schnädelbach. Reinbek bei Hamburg. 606-641.

Blumenberg, H. (1976). Aspekte der Epochenschwelle: Cusaner und Nolaner. Frankfurt/Main.

Böhme, G. (1977). Die kognitive Ausdifferenzierung der Naturwissenschaft – Newtons mathematische Naturphilosophie, in: G. Böhme, W. van den Daele, W. Krohn, Experimentelle Philosophie. Frankfurt/Main. 237-263.

Böhner, E, Gilson, E. (1954). Christliche Philosophie von ihren Anfängen bis Nikolaus von Cues. Paderborn.

Bonner Gelehrte (1970). Beiträge zur Geschichte der Wissenschaft in Mathematik und Naturwissenschaft. Bonn.

Borzeszkowski, H.-H. von, Wahsner, R. (1978). Die Mechanisierung der Mechanik. Berlin.

Borzeszkowski, H.-H. von, Wahsner, R. (1980). Newton und Voltaire. Berlin.

Boscovich, R. J. (1758). Philosophia naturalis. Wien. (Hrsg, und eingeleitet von J. M. Child. London, Chicago. 1922)

Breidbach, O. (1982). Das Organische in Hegels Denken. Phil. Diss. Würzburg.

Brittan, G.G. (1978) Kant's Theory of Science. Princeton.

Brockmeier, J. (1981). Zum Verhältnis von Philosophie und Naturwissenschaft bei Hegel, in: Dialektik, 2, 157-174.

Bruno, G. (1879-1891). Opera latina conscripta. Hrsg. von F. Fiorentino et. al. Neapel und Florenz. (Nachdruck Stuttgart-Bad Cannstatt 1961-1962)

Brush, S. G. (1976). The kind of motion we call heat. Amsterdam.

Buchdahl, G. (1974a). Hegels Naturphilosophie und die Struktur der Naturwissenschaft, in: Ratio, 15, 1, 1-27.

Buchdahl, G. (1974b). Leading Principles and Induction: The Methodology of Matthias Schleiden, in: Foundations of Scientific Method. The Nineteenth Century. Hrsg. R. N. Giere, R. S. Westfall. London.

Bucher, T. G. (1983). Wissenschaftstheoretische Überlegungen zu Hegels Planetenschrift, in: Hegel-Studien, 18, 65-138.

Buffon, G. L. L (177HF). Allgemeine Naturgeschichte. Berlin.

Bullinger, A. (1903). Hegels Naturphilosophie im vollen Recht gegenüber ihren Kritikastern. München.

Büttner, S. (1991). Natur als sich fremde Vernunft. Studien zu Hegels Naturphilosophie. (Diss. München.) Weinheim.

Cabanis, P.-J. G. (1804). Beziehung zwischen dem Physischen und Moralischen im Menschen. Aus dem Französischen und mit einer Abhandlung vermehrt von L. H. von Jacob. 2 Bde. Halle (Französisch: OEuvre Philosophiques, Paris 1956).

Cardwell, D. S. L (1966). Some factors in the early development of the concepts of power, work and energy, in: British Journal for the history of Science, 3, 209-224.

Carrier, M. (1986). Die begriffliche Entwicklung der Affinitätstheorie im 18. Jahrhundert. Newtons Traum – und was daraus wurde, in: Archive for History of Exact Sciences, 36, 327- 389.

Carrier, M. (1990). Kants Theorie der Materie und ihre Wirkung auf die zeitgenössische Chemie, in: Kant-Studien, 81, 170-210.

Cassirer, E. (1922, 1974). Das Erkenntnisproblem. Bd. II. (Nachdruck: Darmstadt. 1974.)

Châtellet, G. E. la Tonnelier de Breteuil, Marquise du (1740). Institutions de physique. Paris.

Châtellet, G. E. la Tonnelier de Breteuil, Marquise du (1756). Principes Mathematiques de la Philosophie Naturelle. Paris.

Chlebik, F. (1873). Kraft und Stoff oder der Dynamismus der Atome. Berlin.

Clairaut, M. (1749). Du système du monde dans les principes de la gravitation universelle, in: Academie des Sciences (Paris). Histoire de l'Academie Royale des sciences (1745), 329-364.

Closs, O. (1908a). Das Problem der Gravitäten in Schellings und Hegels Jenaer Zeit. Heidelberg.

Closs, O. (1908b). Kepler und Newton und das Problem der Gravitation in der Kantischen, Schellingschen und Hegelschen Naturphilosophie. Heidelberg.

Cohen, I. B. (1976). The eighteenth-century origins of the concept of scientific revolution, in: Journal of the History of Ideas, XXXVII, 257-288.

Cohen, I. B. (1978). Introduction to Newton's Principia. Cambridge.

Cohen, I. B. (1985). Revolution in Science. Cambridge/Massachusetts, London.

Cohen, I. B. (1990). Newtons Gravitationsgesetz – aus Formeln wird eine Idee. Aus dem Amerikanischen von W. Neuser, in: Spektrum der Wissenschaft, Mai 1981, 100-111. Neu in: Neuser, W. (1990a), 124-135.

Comte, A. (1844). Rede über den Geist des Positivismus. Übers, von I. Fetscher. Hamburg.

Condillac, Abbe Etienne Bonnot de (1959). Die Logik oder die Anfänge der Kunst des Denkens. Die Sprache des Rechnens. Hrsg. von G. Klaus. Berlin.

Condillac, Abbe Etienne Bonnot de (1977). Versuch über den Ursprung der menschlichen Erkenntnis. Paris. Deutsch, von U. Ricken.

Condillac, Abbe Etienne Bonnot de (1983). Abhandlung über die Empfindungen. Deutsch von L. Kreimendahl. Hamburg.

Condorcet, Marquis de Marie-Jean Nicolas-Caritat (1976). Entwurf einer historischen Darstellung der Fortschritte des menschlichen Geistes. Deutsch von W. Alff. Frankfurt/Main.

Crombie, A. C. (1953). Robert Grosseteste and the origins of experimental science 1100 – 1700. Oxford.

Crombie, A. C. (1977). Von Augustinus bis Galilei. München.

Damerow, R, Lefèvre, W. (1981). Rechenstein, Experiment und Sprache. Stuttgart.

Descartes, R. (1644). Principia Philosophiae. Paris.

Destutt de Tracy, A. L. C (1801-1815). Eléments d'ideologie. 5 Bde. Paris. (Reprint: Stuttgart-Bad Cannstatt. 1977).

Dijksterhuis, E. J. (1983). Die Mechanisierung des Weltbildes. Berlin, Heidelberg, New York.

Dobbs, B.-J. T. (1982). Newtons alchemy and his theory of matter, in: Isis, 73, 511-528.

Dooren, W. van (1970). Hegel und Fries, in: Kant-Studien, 61, 217-226.

Drake, S. (1990). Newtons Apfel und Galileis Dialog, in: Neuser, W. (1990a), 86-95.

Dürer, A. (1989). Schriften und Briefe. Leipzig.

Düsing, K. (1969). Spekulation und Reflexion. Zur Zusammenarbeit Schellings und Hegels in Jena, in: Hegel-Studien, 5, 95-128.

Düsing, K. (1988). Schellings und Hegels erste absolute Metaphysik (1801-1802). Köln.

Duhem, P. (1978). Ziel und Struktur der physikalischen Theorien. Übersetzt von L. Schäfer. Hamburg.

Durner, M. (1985). Die Rezeption der zeitgenössischen Chemie in Schellings früher Naturphilosophie, in: Natur und Subjektivität. Zur Auseinandersetzung mit Schellings Naturphilosophie. Hrsg. R Heckmann, H. Krings und R. W. Meyer. Stuttgart-Bad Cannstatt. 15-38.

Durner, M. (1991). Die Naturphilosophie im 18. Jahrhundert und der naturwissenschaftliche Unterricht in Tübingen, in: Archiv für Geschichte der Philosophie, 73, 71-103.

Engelhardt, D. von (1969). Hegel und die Chemie. Studie zur Philosophie und Wissenschaft der Natur um 1800. Phil. Diss. Heidelberg.

Engelhardt, D. von (1974). Das chemische System der Stoffe, Kräfte und Prozesse in Hegels Naturphilosophie und der Wissenschaft seiner Zeit. Hegel-Studien Beiheft, 11, 125-140.

Engelhardt, D. von (1975). Naturphilosophie im Urteil der »Heidelberger Jahrbücher der Literatur« (1808- 1832), in: Heidelberger Jahrbücher, 65, 53-82.

Engelhardt, D. von (1986). Der Entwicklungsbegriff zwischen Naturwissenschaft und Naturphilosophie um 1800, in: Annalen der internationalen Gesellschaft für dialektische Philosophie Societas Hegeliana, II, Köln, 309-316.

Engelhardt, D. von (1987). Sozialgeschichte der Wissenschaften, in: Berichte zur Wissenschaftsgeschichte, 10, 129-139.

Erxleben, J. Ch. P. (1787⁴). Anfangsgründe der Naturlehre, mit Zusätzen von G. C. Lichtenberg. Göttingen.

Euler, L. (1745). Brief an Mme. de Châtellet, in: Akademiya Nauk S. S. S R., Institut Istorii Yestestvoznaniya i Tekhniki, Leonard Eiler, Pis'ma k uchenym, Moskau/Leningrad 1963.

Euler, L. (1773ff). Briefe an eine deutsche Prinzessin. 3 Bde. Leipzig.

Faber, M., Manstetten, R. und Proops, J. L. R (1992). Humankind and the Environment: An Anatomy of Surprise and Ignorance, in: Environmental Values, 1, 217-242.

Fellmann, F. (1991). Bild und Bewußtsein bei Giordano Bruno, in: Die Frankfurter Schriften Giordano Brunos und ihre Voraussetzungen. Hrsg. von K. Heipcke, W. Neuser und E. Wicke. Weinheim. 17-36.

Ferrini, C. (1993). Nuove fonti per la Filosofia della Natura del primo Hegel: Dal »Catalogue de la Bibliothèque de Tschugg« a Berna, in: Rivista di Storia della Filosofia, 4, 717-760.

Feuerbach, L. (1990). Geschichte der neueren Philosophie. Leipzig.

Feyerabend, P. (1976). Wider den Methodenzwang. Frankfurt/Main.

Figala, K. (1975). Isaac Newton (geb. 1642), in: Die Großen der Weltgeschichte. Hrsg. von K. Faßmann. Bd. VI. Zürich. 130-157.

Fischer, E. G. (1801). Berthollets neue Theorie der Verwandtschaft, in: Scherers Journal, 7, 503-525.

Fischer, J. (1988). Napoleon und die Naturwissenschaften. Stuttgart.

Fischer, K. (1862). Die beiden kantischen Schulen in Jena, in: Akademische Reden. Stuttgart. 79-102.

Fontenelle, B. le Bovier de (1780, 1983). Dialogen über die Mehrheit der Welten. Übersetzt von J. E. Bode 1798. (Nachdruck: Weinheim. 1983.)

Fontenelle, B. le Bovier de (1989). Philosophische Neuigkeiten für Leute von Welt und für Gelehrte. Hrsg. von H. Bergmann. Leipzig.

Franklin, B. (1758). Briefe von der Elektrizität. Hrsg. von J. Heilbron (1983). Braunschweig, Wiesbaden.

Freudenthal, G. (1982). Atom und Individuum im Zeitalter Newtons. Frankfurt/Main.

Fries, J. F. (1803). Reinhold, Fichte und Schelling, in: Sämtliche Schriften. Hrsg. von G. König, L. Geldsetzer. Bd. 24. (1978) Aalen. 31-477.

Fries, J. F. (1811). System der Logik, 3. Auflage. Heidelberg, in: Sämtliche Schriften. Hrsg. von G. König, L. Geldsetzer. Bd. 7. (1971) Aalen.

Fries, J. F. (1837, 1840). Geschichte der Philosophie. Bd. 2. Halle, in: Sämtliche Schriften. Hrsg. von G. König, L. Geldsetzer. Bd. 19. (1976) Aalen.

Galilei, G. (1973). Unterredungen und mathematische Demonstrationen über zwei neue Wissenszweige, die Mechanik und die Fallgesetze betreffend. Hrsg, und übersetzt von A. von Oettingen. Darmstadt.

Galilei, G. (1982). Dialog über die beiden hauptsächlichsten Weltsysteme. Übersetzt von E. Strauss, mit einem Beitrag von A. Einstein, Vorwort von S. Drake und hrsg. von R. Sexl und K. von Meyenn. Darmstadt.

Gehler, J. S. T (1787). Physikalisches Wörterbuch. 5 Bde. Leipzig.

Géoffroy, E. E (1719). Table des différents Rapports observes en Chemie entre différentes substances. Deutsch in: Crells neues Archiv, 1, 197-203.

Gerthsen, Chr., Kneser, H. O. (1969). Physik. Heidelberg.

Gies, M. (1988). Einführung in Hegels Naturphilosophie. Publikation der Fernuniversität. Hagen.

Giovanni, G. di (1979). Kant's Metaphysics of Nature and Schellings Ideas for a Philosophy of Nature, in: Journal of the History of Philosophy XVII, 197-215.

Gjertsen, D. (1986). The Newton Handbook. London, New York.

Glas, E. (1986). On the dynamics of mathematical change in the case of Monge and the French revolution, in: Studies in History and Philosophy, 17, 249- 268.

Gloy, K. (1976). Die Kantische Theorie der Naturwissenschaft. Berlin, New York.

Goldstein, H. (1963). Klassische Mechanik. Frankfurt/Main.

Gravesande, W. J. van's (17252). Physices elementa mathematica. Leiden.

Greenberg, J. L. (1986). Mathematical Physics in Eighteenth-Century France, in: Isis, 77, 59-78.

Gregory, F. (1983). Die Kritik von J. F. Fries an Schellings Naturphilosophie, in: Sudhoffs Archiv, 67, 145-157.

Grimsley, R. (1963). Jean D'Alembert. Oxford.

Groh, R., Groh, D. (1991). Weltbild und Naturaneignung. Frankfurt/Main.

Guerlac, H. (1981). Newton on the Continent. Ithaca.

Gulyga, A. (1985). Immanuel Kant. Frankfurt/Main.

Haller, A. von (1922). Von den empfindlichen und reizbaren Teilen des menschlichen Körpers. Deutsch von K. Sudhoff. Leipzig.

Hamann, J. G. (1988). Vom Magus im Norden und der Verwegenheit des Geistes. Ein Hamann-Brevier. Hrsg. von S. Majetschak. München.

Hamberger, G. E. (³1741). Elementa physices. Jena.

Hankins, T. L. (1965). Eighteenth-Century attempts to resolve the vis viva controversy, in: ISIS, 56, 3, 185,281-297.

Hankins, T. L. (1967). The reception of Newton's second Law of motion in the eighteenth century, in: Archives internationales d'histoire des sciences, 20, 43-65.

Hasler, L. (1981). Schelling. Seine Bedeutung für eine Philosophie der Natur und der Geschichte. Stuttgart-Bad Cannstatt.

Haverkamp, A. (1987). Paradigma Metapher, Metapher Paradigma, in: Epochenschwelle und Epochenbewußtsein. Hrsg. von Herzog, R., Koselleck, R. München. 547-560.

Heckmann, R., Krings H. und Meyer, R. W. (Hrsg.) (1985). Natur und Subjektivität. Zur
  Auseinandersetzung mit Schellings Naturphilosophie. Stuttgart-Bad Cannstatt.
Hegel, G. W. F (1952). Phänomenologie des Geistes. Hamburg.
Hegel, G. W. E (1956). Über Thilo von Wiedenbrücks Theorie des Sonnensystems, in: Berliner
  Schriften. 1818-1831. Hrsg. von J. Hoffmeister. Sämtliche Schriften Bd. XI. Hamburg.
  533- 540.
Hegel, G. W. F (1967). Jenenser Logik, Metaphysik und Naturphilosophie (Realphilosophie
  I). Hamburg.
Hegel, G. W. F (1968fif). Gesammelte Werke. In Verbindung mit der Deutschen Forschungs-
  gemeinschaft hrsg. von der Rheinisch-Westfälischen Akademie der Wissenschaften.
  Hamburg.
Hegel, G. W. F (1969). Rechtsphilosophie. Frankfurt/Main.
Hegel, G. W. F (1970f) Werke in 20 Bänden. Auf der Grundlage der Werke von 1832-1845
  neu edierte Ausgabe. Redaktion E. Moldenhauer und K. M. Michel. Frankfurt/Main.
Hegel, G. W. F (1982). Naturphilosophie. Bd. 1. In Verbindung mit K. H. Ilting hrsg. von
  M. Gies. Neapel.
Hegel, G. W. F (1986). Dissertatio Philosophica de Orbitis Planetarum – Philosophische
  Erörterung über die Planetenbahnen. Übersetzt, eingeleitet und kommentiert von W.
  Neuser. Weinheim.
Heidegger, M. (1954). Die Frage nach der Technik, in: Vorträge und Aufsätze. Bd. 1. Pfullin-
  gen. 5- 36.
Heilbron, J. (1983). Einleitung in: B. Franklin, Briefe von der Elektrizität. Braunschweig,
  Wiesbaden.
Heipcke, K., Neuser, W. und Wicke, E. (1991). Die Frankfurter Schriften Giordano Brunos
  und ihre Voraussetzungen. Weinheim.
Heipcke, K. (1992). Technik und Metaphysik, in: Einsprüche kritischer Philosophie. Kleine
  Festschrift für Ulrich Sonnemann. Hrsg. von W. Schmied-Kowarzik. Kassel. 143-158.
Helmholtz, H. von (1983). Über die Erhaltung der Kraft. Weinheim.
Henrich, D. (1971). Historische Voraussetzungen von Hegels System, in: D. Henrich, Hegel
  im Kontext. Frankfurt/Main. 41-72.
Herivel, J. (1965). The background of Newton's Principia. Oxford.
Herrmann, J. (1973). Astronomie. München.
Hertz, H. (1894). Die Prinzipien der Mechanik. Leipzig. (Nachdruck der Einleitung in:
  Hertz, H.: Die Prinzipien der Mechanik. Einleitung. Hrsg. von J. Kuczera. Leipzig 1984.)
Herzog, R., Kosellek R. (1987). Epochenschwelle und Epochenbewußtsein. München.
Higby, H. J., Sonnedecker, G. (1985). Adoption of the Metric System by the U. S. Pharmaco-
  poeia, in: Journal of the History of Medicine and allied Sciences, 40, 207-213.
Höffe, O. (1981). Immanuel Kant, in: Klassiker der Philosophie I. Hrsg. von O. Höffe.
  München. 7-39.
Hoffmeister, J. (1936). Dokumente zu Hegels Entwicklung. Stuttgart.
Holliday, L. (1990). Atomismus und Kräfte in der Geschichte, in: Newtons Universum.
  Materialien zur Geschichte des Kraftbegriffs. Hrsg, und eingeführt von W. Neuser mit
  einem Vorwort von E. Seibold. Heidelberg. 148-155.
Holton, G. (1981). Thematische Analyse der Wissenschaft. Frankfurt/Main.
Hoinkes, U. (1991). Philosophie und Grammatik in der französischen Aufklärung. Münster.
Hooykas, R. (1982). Wissenschaftsgeschichte – eine Brücke zwischen Natur- und Geistes-
  wissenschaften, in: Berichte zur Wissenschaftsgeschichte 5, 153-172.

Hösle, V. (1988). Hegels System. 2 Bde. Hamburg.

Hösle, V. (1990). Die Krise der Gegenwart und die Verantwortung der Philosophie. München.

Hübener, W. (1983). Ordo und Mensura bei Ockham und Autrecourt, in: Mensura. Mass, Zahl Zahlensymbolik im Mittelalter. Hrsg. von A. Zimmermann. Berlin, New York. 103-117.

Hübscher, K. (1974). Technik, in: H. Krings et al. Handbuch philosophischer Begriffe, Bd. 5. München.

Hume, D. (1748). Eine Untersuchung über den menschlichen Verstand. Übersetzt von H. Herring. Stuttgart. 1971.

Hunning, A. (1990). Die Philosophische Tradition, in: F. Rapp, Technik und Philosophie. Düsseldorf.

Ihmig, K.-N. (1989). Hegels Deutung der Gravitation. Frankfurt/Main.

Iltis, C. (1971). Leibniz and the Vis Viva Controversy, in: Isis, 62, 21-35.

Jammer, M. (1962)- Concepts of force. New York.

Johannes Duns Scorns (1987)
Abhandlung über das erste Prinzip. Hrsg, und übersetzt von W. Kluxen. Darmstadt.

Jonas, H. (1979)
Das Prinzip Verantwortung. Frankfurt/Main.

Kant, I. (1746). Über die wahre Schätzung der lebendigen Kräfte. Königsberg.

Kant, I. (1781, 1787). Kritik der reinen Vernunft. Riga.

Kant, I. (1783). Prolegomena zu einer jeden künftigen Metaphysik, die als Wissenschaft wird auftreten können. Riga.

Kant, I. (1785, 1786). Grundlegung zur Metaphysik der Sitten. Riga.

Kant, I. (1786). Metaphysische Anfangsgründe der Naturwissenschaft. Riga.

Kant, I. (1790, 1793, 1799). Kritik der Urteilskraft. Berlin.

Kant, I. (1936). Opus postumum, in: Gesammelte Schriften. Handschriftlicher Nachlaß. Hrsg. von der Preußischen Akademie der Wissenschaften. Bd. 21. Berlin, Leipzig.

Kepler, J. (1923). Mysterium Cosmocraphicum, das Weltgeheimnis. Übersetzt und hrsg. von M. Casper. Augsburg.

Kesselring, Th. (1984). Die Produktivität der Antinomie. Frankfurt/Main.

Kleinert, A. (1974). Die allgemeinverständlichen Physikbücher der französischen Aufklärung. Aarau.

Klemm, F. (1977). Naturwissenschaften und Technik in der französischen Revolution. München.

Kohler, O. (1931). Die Logik des Destutt de Tracy. Borna, Leipzig.

Köpper, J. (1979). Einführung in die Philosophie der Aufklärung. Darmstadt.

Koyré, A. (1980). Von der geschlossenen Welt zum unendlichen Universum. Frankfurt/Main.

Krafff, F. (1989). Nicolaus Copernicus, in: Lebenslehren und Weltentwürfe im Übergang vom Mittelalter zur Neuzeit. Hrsg. von B. Boockmann, K. Moeller und K. Stackmann. Göttingen. 282-335.

Kratky, K. W. (1990). Einführung in: K. W. Kratky und F. Wallner. Selbstorganisation. Darmstadt.

Kretzmann, N., Kenny, A. und Pinborg, J. (1982). The Cambridge History of Later Medieval Philosophy. Cambridge, London, New York, New Rochelle, Melbourne, Sydney.

Krohn, W. (1987). Francis Bacon. München.

Kuhn, T. S. (1967). Die Struktur wissenschaftlicher Revolution. Frankfurt/Main.

Kuhn, T. S. (1981). Die kopernikanische Revolution. Braunschweig.

Kutschmann, W. (1983). Die newtonsche Kraft. Wiesbaden.

LaCaille, N. de (1757). Leçons élémentaires de méchanique ou Traité abregé du mouvement et de l'équilibre. Paris.

Lagrange, J. L. (1899). Vorrede zur Analytischen Mechanik (1797), in: Philosophische Gesellschaft an der Universität zu Wien. Leipzig.

Lamarck, J. B. de (1990). Zoologische Philosophie. 3 Bde. Übersetzt von S. Koref-Santibañez, eingeleitet von D. Schilling, kommentiert von I. Jahn. Leipzig.

Lange, E., Alexander, D. (1987). Philosophen Lexikon. Westberlin.

Langins, J. (1983). Hydrogen Production for Balooning during the French Revolution: An Example of Chemical Process Development, in: Annals of Science, 40, 531-558.

Laudan, L. L. (1968). The Vis Viva Controvercy, a Post-Mortem, in: Isis, 59, 131-143.

Lauener, H. (1981). Französische Aufklärer, in: Klassiker der Philosophie I. Hrsg. von O. Höffe. München. 405-433.

Lauth, R. (1984). Die Genese von Schellings Konzeption einer rein aprioristischen spekulativen Physik und Metaphysik aus der Auseinandersetzung mit LeSages spekulativer Mechanik, in: Kant-Studien, 75, 74-93.

Lavoisier, A. L. (1789). Traité élémentaire chimie. Paris. (Dt.: Des Herrn Lavoisiers System der antiphlogistischen Chemie aus dem Französischen von D. S. F Hermbstädt, 1. Bd. Berlin, Stettin, 1792). Lefévre, W. (1984). Die Entstehung der biologischen Evolution. Frankfurt/Main, Berlin, Wien.

Leibniz, G. W. von (1720). Merckwürdige Schrifften ... in teutscher Sprache herausgegeben worden von H. Köhlern. Jena.

Leibniz, G. W. von (1695, 1982). Specimen Dynamicum. Hrsg. von E. Rudolph et. al. Hamburg.

Leisegang, H. (1951). Denkformen. Berlin.

Lenk, H., Rupohl, G. (1987). Technik und Ethik. Stuttgart.

Leonardo da Vinci (1958). Philosophische Tagebücher. Zusammengestellt, übersetzt, mit einem Essay versehen von G. Zamboni. Reinbek bei Hamburg.

Lepenies, W. (1988). Autoren und Wissenschaftler im 18. Jahrhundert. München, Wien.

LeSage, G. L. (1758). Essai de Chymie méchanique. Couronne en 1758 par l'Académie de Rouen quant à la 2de partie de cette question: Déterminer les affinités qui se trouvent entre les principaux mixtes, ainsi que l'a commence Mr. Géoffroy; et trouver un systéme physico-mechanique de ces affinités. Privatdruck.

LeSage, G. L. (1782). Lucréce Newtonien, in: Nouveaux Memoires de L'Académie Royale des Science et Belles-Lettres, 404-427.

Levin, A. (1984). Venel, Lavoisier, Fourcroy, Cabanis and the idea of scientific revolution: The french political context and the general patterns of conceptualization of scientific change, in: History of Science, XXII, 303-320.

Locke, J. (1981). Versuch über den menschlichen Verstand. 2 Bde. Hamburg.

Lovejoy, A. O. (1985). Die große Kette der Wesen: Geschichte eines Gedankens. Übersetzt von D. Turck. Frankfurt/Main.

MacLaurin, C. (1748). An account of Sir Isaac Newton's Philosophical Discoveries. London. (Lateinisch: Expositio philosophiae Newtonianae. Wien. 1761.). Mach, E. (1933). Die Mechanik. Leipzig. (Nachdruck: Darmstadt. 1982.). Mainländer, P. (1989). Philosophie der Erlösung. Frankfurt/Main.

Mainzer, K. (1980). Geschichte der Geometrie. Mannheim, Wien, Zürich.

Malthus, T. R. (1798). An Essay on the Principle of Population, as It Affects the Future Improvement Of Society. London.

Marcucci, S. (1991). Zu Kants Theorie der physikalischen Gesetze, in: Archiv für Geschichte der Philosophie, 73, 104-110.

Martin, B. (1778). Philosophia Britannica oder Lehrbegriffe der newtonianischen Weltweisheit, Sternkunde etc. Aus dem Englischen von C. H. Wilke, mit einer Vorrede von A. G. Kästner, 3 Thle. Leipzig.

Martin, G. (1972). Arithmetik und Kombinatorik bei Kant. Berlin, New York.

Matsuyama, J. (1987). Kraft und Wirbel. Newtons Kosmologie und Kants Kosmogonie, in: The Bulletin of Cultural and Natural Sciences of Osaka Gakuin University, 16, 69-86.

Matsuyama, J. (1988a). Kraft, Atom, Monade. Zur Genealogie des Kraftbegriffs von Newton bis Kant, in: The Bulletin of Cultural and Natural Sciences of Osaka Gakuin University, 17, 33- 55.

Matsuyama, J. (1988b). Kraft und Materie. Die Konstruktion der Materie bei Kant und Schelling, in: The Bulletin of Cultural and Natural Sciences of Osaka Gakuin University, 18, 1-19.

Matthieu, V. (1982). Die transzendentale Philosophie und die Methode der Physik, in: Kant-Kongress, Teil II. 2, 81-90.

Maupertius, P. L. M de (1753). Essai de cosmologie, in: Oeuvre, T. 1. Lyon.

Maxwell, J. C. (1878). Theorie der Wärme. Deutsch von F. Neesen. Braunschweig.

Mayer, A. (1966). Die Vorläufer Galileis im 14. Jahrhundert. Rom.

Mayr, E. (1984). Die Entwicklung der biologischen Gedankenwelt. Berlin, Heidelberg, New York, Tokyo.

Menzzer, K. L. (1847). Naturphilosophie Bd. 1: Allgemeine Einleitung in die Naturphilosophie und Theorie der Schwere. Halberstadt.

Menzzer, K. L. (1848). Die Naturphilosophie und der Hegelianismus. Antwort auf die Angriffe des Julius Schaller in der Allgemeinen Literaturzeitung, Oct. 1847, zugl. als Anh. zum 1. Bd. der Naturphilosophie des Verf. Halberstadt.

Merton, R.K. (1961) Singletons and Multiplas in Scientific Discovery: a chapter in the sociology of science, in: Proceedings of the american Philosophical Society, Vol. 105 (1961), 470-486.

Meyer, R. W. (1985). Zum Begriff der spekulativen Physik bei Schelling, in: Natur und Subjektivität. Zur Auseinandersetzung mit Schellings Naturphilosophie. Hrsg. R. Heckmann, H. Krings und R. W. Meyer. Stuttgart-Bad Cannstatt. 129-156.

Mittelstaedt, P. (1972). Philosophische Probleme der modernen Physik. Mannheim, Wien, Zürich.

Mittelstraß, J. (1989). Der Flug der Eule. Von der Vernunft der Wissenschaft und der Aufgabe der Philosophie. Frankfurt/Main.

Moiso, F. (1985). Schellings Elektrizitätslehre 1797-1799, in: Natur und Subjektivität. Zur Auseinandersetzung mit Schellings Naturphilosophie. Hrsg. R. Heckmann, H. Krings und R. W. Meyer. Stuttgart-Bad Cannstatt. 59-97.

Mudroch, V. (1987). Kants Theorie der physikalischen Gesetze. Berlin, New York.

Müller-Jahncke, W.-D. (1979). Von Ficino zu Agrippa, in: A. Faivre und R. C. Zimmermann, Epochen der Naturmystik, Berlin. 24-51.

Muhrhardt, D. (1797). Über die vollkommene Attraktionskraft der schwimmenden Körper auf dem Wasser, in: Grens Neues Journal, IV, 78-92.

Musschenbroek, P. van (^{2}1741). Elementa Physicae. Wien.

Nagel, F. (1984). Nikolaus Cusanus und die Entstehung der exakten Wissenschaften. Münster.

Nees von Esenbeck (1843). Rez: Grundzüge der Wissenschaftlichen Botanik nebst einer methodologischen Einleitung als Anleitung zum Studium der Pflanze, von M. J. Schleiden, in: Neue Jenaische Allgemeine Literatur-Zeitung 2, 116, (16.5.1843). 473-476.

Neuser, W. (1986). Der Raum zwischen Logik und Erfahrung. Bemerkungen zu Flegels Naturphilosophie. Diss. Kassel.

Neuser, W. (1987a). Die naturphilosophische und naturwissenschaftliche Literatur aus Hegels privater Bibliothek, in: Hegel und die Naturwissenschaften. Hrsg. von M. J. Petry. Stuttgart-Bad Cannstatt. 479-499.

Neuser, W. (1987b). Sekundärliteratur zu Hegels Naturphilosophie von 1802-1985, in: Hegel und die Naturwissenschaften. Hrsg. von M. J. Petry. Stuttgart-Bad Cannstatt. 501- 542.

Neuser, W. (1990a). Newtons Universum. Materialien zur Geschichte des Kraftbegriffs. Hrsg, und eingeführt von W. Neuser mit einem Vorwort von E. Seibold. Heidelberg.

Neuser, W. (1990b). Newtonianismus am Ende des 18. Jahrhunderts in Deutschland am Beispiel Benjamin Martin, in: Hegel-Studien, 24, 195-203.

Neuser, W. (1992). Der Seinsbegriff bei Hegel und Heidegger, in: Einsprüche kritischer Philosophie. Kleine Festschrift für Ulrich Sonnemann. Hrsg. von W. Schmied-Kowarzik. Kassel. 79-96.

Neuser, W. (1993a). Traditionslinien in Wissenschaft und Wissenschaftsgeschichte, in: Biologisches Zentralblatt, 112 (1993), 131-135.

Neuser, W. (1993b). Einfluß der Schellingschen Naturphilosophie auf die Systembildung bei Hegel: Selbstorganisation versus rekursive Logik, in: Die Naturphilosophie im deutschen Idealismus. Hrsg.: K. Gloy und P. Burger. Stuttgart-Bad Cannstatt. 238- 266.

Neuser, W. (1993c). Naturwissenschaft und Systematik in Schellings Naturphilosophie, in: Philosophie der Subjektivität? Zur Bestimmung des neuzeitlichen Philosophierens, Bd. 2. Hrsg. von H. M. Baumgartner und W. Jacobs, Stuttgart-Bad Cannstatt. 138-140.

Neuser, W. (o.J.). Naturwissen. Überlegungen zum Einfluß der Naturwissenschaften auf Schellings frühe Naturphilosophie 1796 bis 1799.

Neuser von Oettingen, K. (1980). Wissenschaftliche Revolutionen und die Dynamik wissenschaftlicher Theorien, in: Wissenschaft und Zärtlichkeit, 8, 57-67.

Newton, I. (1872). Philosophiae Naturalis Principia mathematica, Mathematische Prinzipien der Naturlehre. Hrsg, und übersetzt von J. P. Wolfers. Berlin. (Nachdruck: Darmstadt. 1963.). Newton, I. (1898). Optik. Übersetzt von W. Abendroth. Leipzig. (Nachdruck: Braunschweig. 1983.) Newton, I. (1988a). De Gravitatione. Hrsg. von G. Böhme. Frankfurt/Main.

Newton, I. (1988b). Mathematische Grundlagen der Naturphilosophie. Hrsg. von E. Dellian. Hamburg.

Nolte, P. (1984). Bemerkungen zum Verhältnis des Chemikers Schonbein zu Schelling, in: H. J. Sandkühler, Natur und geschichtlicher Prozeß. Frankfurt/Main. 283-304.

Oeser, E. (1970). Der Gegensatz von Kepler und Newton in Hegels »Absoluter Mechanik«, in: Wiener Zeitschrift für Philosophie, 3, 69-93.

Ogburn, W.F., Thomas,D. (1922) Are Inventions inevitable? A note on Social Evolution, in: Political Science Quarterly, Vol. 37, 83-98.

Ostwald, W. (1885). Lehrbuch der allgemeinen Chemie. Bd. 1. Leipzig.

Ostwald, W. (1887). Die Aufgabe der physikalischen Chemie, in: Abhandlungen und Vorträge allgemeinen Inhaltes. Leipzig. 1916.

Ostwald, W. (1909). Energetische Grundlagen der Kulturwissenschaft. Leipzig.

Ostwald, W. (1985). Zur Geschichte der Wissenschaft. Mit einer Einführung und Anmerkungen von R. Zott. Leipzig.

Otto, S. (1984). Renaissance und frühe Neuzeit. Stuttgart.

Pemberton, H. (1728). A view of Sir Isaac Newtons Philosophy. London.

Perrier, E. (1896). La Philosophie Zoologique avant Darwin. Paris.

Petry, M. J. (1970). Hegel's Philosophy of Nature, 3 Bd. London.

Petry, M. J. (1974). Hegel's dialectic and the natural Sciences, in: Hegel-Jahrbuch, 452-461.

Petry, M. J. (1981). Hegels Naturphilosophie – Die Notwendigkeit einer Neubewertung, in: Zeitschrift für philosophische Forschung, 35, 614-628.

Philosophische Gesellschaft an der Universität zu Wien (1899). Vorreden und Einleitungen zu klassischen Werken der Mechanik. Wien.

Pinborg, J. (1972). Logik und Semantik im Mittelalter. Stuttgart-Bad Cannstatt.

Plaas, P. (1964). Kants Theorie der Naturwissenschaft. Göttingen.

Pluche, N.-A. (1753ff). Schauplatz der Natur. Aus dem Französischen 8 T. (1737ff). Frankfurt/ Main, Leipzig u. a.

Prevost, P. (1788). De l'origine des forces magnétiques. Genf. In deutscher Übersetzung von David Ludewig Bourguet: Vom Ursprung der magnetischen Kräfte und einer Vorrede von F. A. C Gren. Halle 1794.

Prevost, P. (1805). Notice de la vie et des écrits de George-Louis Le Sage de Genève. Genf.

Prevost, P. (An XIII). Essai des philosophie ou étude de l'esprit humain. Genf.

Prigogine, I. (1979). Vom Sein zum Werden. München.

Ramus, P. (1543). Dialecticae Institutiones. Paris.

Rang, B. (1993). Zweckmäßigkeit, Zweckursächlichkeit und Ganzheit in der Natur, in: Philosophisches Jahrbuch, 100, 39-71.

Rapp, F. (Hrsg.) (1981). Naturverständnis und Naturbeherrschung. München.

Rapp, F. (1987). Die normativen Determinanten des technischen Wandels, in: Lenk, H., Rupohl, G. Technik und Ethik. Stuttgart.

Regnault, N. (1729-1750). Les entrétiens physiques d'Ariste et d'Eudoxe, ou physique nouvelle en dialogues. T. 5. Paris, Amsterdam.

Riedel, M. (1988). Für eine zweite Philosophie. Frankfurt/Main.

Rieppel, O. (1989). Unterwegs zum Anfang. Zürich, München.

Ritchie-Calder, L. (1990). Ein Elitezirkel vor 200 Jahren: Die Lunar Society von Birmingham, in: W. Neuser, Newtons Universum. Materialien zur Geschichte des Kraftbegriffs. Hrsg, und eingeführt von W. Neuser mit einem Vorwort von E. Seibold. Heidelberg. 156-165.

Ritter, J. W. (1984). Fragmente aus dem Nachlaß eines jungen Physikers. Hrsg. von S. und B. Dietzsch. Leipzig.

Roloff, J. F. (1845-47). Die Reform der Naturwissenschaften. Bd. 2: Allgemeine Kritik der Mechanik. Theoretischer Teil. Bd. 3: Besondere Kritik der Mechanik. Praktischer Teil, enth. die Entscheidung des Streites über Luft- und Wasserdruck. Hamburg.

Rosenberger, F. (1895). Isaac Newton und seine physikalischen Principien. Leipzig. (Nachdruck: Darmstadt. 1987.). Rosenkranz, K. (1844). Hegels Leben. Berlin.

Rosenkranz, K. (1848). Hegels ursprüngliches System 1798-1806, in: Literaturhistorisches Taschenbuch. Hrsg. von R. E. Prutz. 2, 153-242.

S'Gravesand, W. J. (1725). Physices elementa mathematica. Leiden.

Sachs, D. J. (1875). Geschichte der Biologie vom 16. Jahrhundert bis 1860. München.

Sandkühler, H. J. (1984). Natur und geschichtlicher Prozeß, in: H. J. Sandkühler, Natur und geschichtlicher Prozeß. Frankfurt/Main. 13-82.

Sarnowsky, J. (1989). Die aristotelisch-scholastische Theorie der Bewegung. Münster.

Schäfer, L. (1966). Kants Metaphysik der Natur. Berlin, New York.

Schelling, F. W. J (1797). Ideen zu einer Philosophie der Natur. Leipzig.

Schelling, F. W. J (1798). Von der Weltseele, eine Hypothese der höheren Physik. Hamburg.

Schelling, F. W. J (1799). Erster Entwurf eines Systems der Naturphilosophie, in: Schriften von 1799-1801. Darmstadt.

Schelling, F. W. J (1800). Zeitschrift für spekulative Physik. Jena, Leipzig.

Schelling, F. W. J (1801). Darstellung meines Systems der Philosophie, in: Schriften von 1801-1804. Darmstadt.

Schelling, F. W. J (1802). Fernere Darstellungen aus dem System der Philosophie, in: Schriften von 1801- 1804. Darmstadt.

Schelling, F. W. J (1988). Einleitung zu seinem Entwurf eines Systems der Naturphilosophie (1799). Hrsg. von W. Jacobs. Stuttgart.

Schippers, H. (1978). Natur. In: W. Conze. Geschichtliche Grundbegriffe. Stuttgart. 215-244.

Schirn, M. (1991). Kants Theorie der geometrischen Erkenntnis und die nichteuklidische Geometrie, in: Kant-Studien, 82, 1-28.

Schleiden, M. J. (1838). Beiträge zur Phytogenesis, in: Archiv für Anatomie, Physiologie und wissenschaftliche Medicin. 137-174.

Schleiden, M. J. (1844). Schellings und Hegels Verhältnis zur Naturwissenschaft. Leipzig. (Wieder publiziert und ausführlich eingeleitet von O. Breidbach. 1988 Weinheim.).

Schleiden, M. J. (1861). Grundzüge der wissenschaftlichen Botanik. Leipzig.

Schleiden, M. J. (1863). Über den Materialismus der neueren deutschen Naturwissenschaft, sein Wesen und seine Geschichte. Leipzig.

Schleiden, M. J. (1990). Wissenschaftsphilosophische Schriften. Hrsg. von U. Charpa. Köln.

Schmidt-Biggemann, W. (1983). Topica Universalis. Eine Modellgeschichte humanistischer und barocker Wissenschaft. Hamburg.

Schmidt-Biggemann, W. (1991). Geschichte des absoluten Begriffs. Frankfurt/Main.

Schneider, I. (1988). Isaac Newton. München.

Schüling, H. (1969). Die Geschichte der axiomatischen Methode im 16. und beginnenden 17. Jahrhundert. Hildesheim, New York.

Sedlac, F. (1921). Pure Thought and the Riddle of the Universe. London.

Shea, W. (1981). The young Hegel's quest for a philosophy of Science, or pitting Kepler against Newton, in: Scientific Philosophy Today. Hrsg. von J. Agassi, R. S. Cohen. Dordrecht. 381-397.

Sneed, J. D. (1971). The logical structure of mathematical physics. Dordrecht.

Sonnemann, U. (1973). Immanuel Kant (geb. 1724), in: Die Großen der Weltgeschichte. Hrsg. von K. Faßmann. Bd. VI. Zürich. 658-675.

Spengler, O. (1923). Der Untergang des Abendlandes. München.

Staum, M. S. (1980). Cabanis. Princeton University.

Staum, M. S. (1985). Human, not Secular Sciences: Ideology in the central Schools, in: Historical Reflections, 12,49-76.

Stegmüller, W. (1967). Gedanken über eine mögliche rationale Rekonstruktion von Kants Metaphysik der Erfahrungen, Teil 1, in: Ratio 9, 1-30.

Stegmüller, W. (1968). Gedanken über eine mögliche rationale Rekonstruktion von Kants Metaphysik der Erfahrungen, Teil 2, in: Ratio 10, 1-31.

Stegmüller, W. (1973). Theorie und Erfahrung, Bd. 2, 2. Halbband. Berlin, Heidelberg, New York.

Stork, H. (1991) Einführung in die Philosophie der Technik, Darmstadt.

Strube, I., Stolz, R. und Remane, H. (1986). Geschichte der Chemie. Berlin.

Suhling, L. (1986). »Philosophisches« in der frühneuzeitlichen Berg- und Hüttenkunde – Metallogenese und Transmutation aus der Sicht montanistischen Erfahrungswissens, in: Die Alchemie in der deutschen Kultur- und Wissenschaftsgeschichte. Hrsg. von Ch. Meinel. Wiesbaden. 293-314.

Szabo, I. (1979). Geschichte der mechanischen Prinzipien und ihrer wichtigsten Anwendungen. Basel, Stuttgart.

Taureck, B. (1973). Mathematische und transzendentale Identität. Philosophische Untersuchungen über den Identitätsbegriff der mathematischen Logik sowie bei Schelling und Hegel. München.

Terborgh, J. (1992). Lebensraum Regenwald. Zentrum biologischer Vielfalt. Heidelberg, Berlin, Oxford.

Toth I. (1972). Die nicht-euklidsche Geometrie in der Phänomenologie des Geistes, in: Philosophie als Beziehungswissenschaft. Hrsg. von F. W. Niebel. Frankfurt/Main. XX, 3- 92.

Toulmin, S. (1978). Die evolutionäre Entwicklung der Naturwissenschaft, in: Theorien der Wissenschaftsgeschichte. Hrsg. von W. Dietrich. Frankfurt/Main. 249-275.

Treder, H. J. (1983). Einführung in: H. Helmholtz' Über die Erhaltung der Kraft. Weinheim. 5-10.

Vogel, E. F. (1843). Schelling oder Hegel oder oder keiner von beiden. Leipzig.

Volkmann-Schluck, K.H. (1995) Kants transzendentale Metaphysik und die Begründung der Naturwissenschaften. Würzburg.

Volpi, E, Nida-Rümelin, J. (1988). Lexikon der Philosophischen Werke. Stuttgart.

Voltaire (1739). D'defence du Newtonianisme, in: Ouevres completes. Bd. 22. 1879 Paris. 267- 277.

Voltaire (1745). Elémens de Philosopie de Newton, in: Ouevres completes. Bd. 22. 1879 Paris. 393-583.

Voss, J. (1980). Die Akademien als Organisationsträger der Wissenschaften im 18. Jahrhundert, in: Historische Zeitschrift 231, 43-74.

Waidhas, D. (1985). Kants System der Natur. Frankfurt/Main, Bern, New York.

Wandschneider, D. (1985a). Die Absolutheit des Logischen und das Sein der Natur, in: Zeitschrift für philosophische Forschung, 39, 331-351.

Wandschneider, D. (1985b). Die Möglichkeit von Wissenschaft. Ontologische Aspekte der Naturforschung, in: Philosophia naturalis, 22, 200-213.

Wandschneider, D., Hösle, V. (1983). Die Entäußerung der Idee zur Natur und ihre zeitliche Entfaltung als Geist bei Hegel, in: Hegel-Studien, 18, 173-199.

Weiße, Ch. H. (1844). Hegel und das Newtonsche Gesetz der Kraftwirkung, in: Zeitschrift für Philosophie und spekulative Theologie. Hrsg. von I. H. Fichte. Tübingen.

Weizsäcker, C. E von (1971). Die Einheit der Natur. München.

Weizsäcker, V. von (1973). Der Gestaltkreis. Frankfurt/Main.

Westfall, R. S. (1972). Circular Motion in Seventeenth-Century Mechanics, in: Isis, 63, 184-189.

Westfall, R. S. (1977). The Construction of Modern Science. Cambridge.

Westphal, W. H. (1970). Physik. Heidelberg.

Whewell, W. (1838). History of the inductive Sciences. London. (Deutsch: Geschichte der induktiven Wissenschaften. Übersetzt von J. J. v. Littow. Stuttgart. 1840, 1841.). Whewell, W. (1849). On Hegels Criticism of Newtons Principia, in: Transactions of the Cambridge Philosophical Society, VIII., 5., 696-706.

Wickert, J. (1983). Isaac Newton. München, Zürich.

Williams, L. P. (1953). Science, Education and the French Revolution, in: Isis, 44, 311-330.

Williams, L. P. (1970). Ampère, in: Dictonary of Scientific Biography. Hrsg. von Ch. C. Gillispie. New York.

Williams, L. P. (1989). Andre-Marie Ampère als Physiker und Naturphilosoph, in: Spektrum der Wissenschaft, 3, 114-124.

Williams, P. E. (1973). Kant's Naturphilosophie and Scientific Methode, in: Foundations of Scientific Method: The Nineteenth Century. Hrsg. von R. N. Giere, R. S. Westfall. Bloomington, London. 3-22.

Winkler, J. H. (1754). Anfangsgründe der Physik. Leipzig.

Wolff, Chr. (1730). Elementa Matheseos universae: elementa geometriae. Halle.

Wolff M. (1978). Geschichte der Impetustheorie. Frankfurt/Main.

Wollgast, S. (1988). Philosophie in Deutschland zwischen Reformation und Aufklärung 1550-1650. Berlin.

Wolters, G. (1989). Immanuel Kant, in: Klassiker der Naturphilosophie. Hrsg. von G. Böhme. München.

Zedier, J. H. (1737). Universallexikon. Halle, Leipzig.

Ziehe, P. (1994). Einführung in: Christoph Friedrich von Pfleiderer. Physik. Hrsg. von P. Ziehe. Stuttgart-Bad Cannstatt.

Zimmerli, W. Ch. (1988). Technologisches Zeitalter oder Postmoderne? München.

Quellennachweise

Zwei Kapitel (VI, IX) des vorliegenden Buches wurden bereits früher separat publiziert. Die Kapitel I-III, VI-IX lagen als ein Teil meiner Schriften bei meiner Habilitation für Philosophie an der Universität GH Kassel 1992 vor. Sie wurden überarbeitet.

Vorüberlegungen zu einer Theorie der Begriffsgeschichte. Dieses Kapitel ist aus einer Vorlesung hervorgegangen, die ich im Rahmen einer Gastprofessur am Wissenschaftlichen Zentrum III (Mensch, Umwelt, Technik) der Universität GH Kassel im Sommersemester 1990 hielt. Den Kollegen, insbesondere Prof. Dr. Hans Georg Flickinger und Dr. Heinz Scheidig, schulde ich Dank für zahlreiche Anregungen. Unpubliziert.

I. Isaac Newtons Philosophiae Naturalis Principia Mathematica. Unpubliziert.

II. Die Sprache als Letztbegründung der Naturwissenschaften – Von der Französischen Aufklärung zu den Ideologen. Das Kapitel geht auf zwei Vorträge zurück: *Der Einfluß der Französischen Revolution auf die Wissenschaften,* gehalten an der Fernuniversität Hagen am 24.11.1989 und *Die Bedeutung der Ideologen für die Wissenschaften zur Zeit der französischen Revolution,* gehalten vor der *Gesellschaft zur Gründung und Förderung eines Biologiehistorischen Museums* am 21.7.1990 in Lübeck (*Institut für Medizin- und Wissenschaftsgeschichte*). Unpubliziert.

III. Die Suche nach Bedeutungsgehalten. Fruchtbare Widersprüche im Kraftbegriff im 18. Jahrhundert wurde aus dem Englischen übertragen: *The concept of force in eighteenth-century mechanics.* In: *Hegel and Newtonianism.* Hrsg. von M. J. Petry. Dortrecht. 1993. 383-397. Auf Deutsch nicht publiziert.

IV. Metaphysik als Letztbegründung. D'Alemberts Wissenschaftssystem und Newtons Physik. Unpubliziert.

V. Erkenntnis unter der Einheit der Vernunft. Kants transzendentalphilosophische Begründung der Newtonschen Physik. Unpubliziert.

VI. Traditionslinien. Letztbegründung in der Naturphilosophie von Newton bis Hegel geht auf einen Hauptvortrag des Kongresses Hegel: Natur und Geist (Berlin 28.3.-7.5.1988) der *Internationalen Hegel-Gesellschaft* zurück und erschien unter dem Titel: *Von Newton zu Hegel. Traditionslinien in der Naturphilosophie, Hegel-Jahrbuch,* 1989, 27-40.

VII. Spekulative dynamische Physik. Schellings Metaphysik der Natur vor dem Hintergrund der Chemie LeSages geht zurück auf einen Vortrag vor der *Schelling-Kommission der Bayerischen Akademie der Wissenschaften,* München, am 1.3.1989. Unpubliziert.

VIII. Die Logik des Begriffs. Hegels Naturphilosophie als eine Metaphysik der Natur geht auf zwei Vorträge zurück, die auf dem *Hegel-Kongreß* (Stuttgart 18.-21.6.1987) der *Internationalen Hegel-Vereinigung* und vor dem *Arbeitskreis zu Hegels Naturphilosophie* im 16.10.1987 unter dem Titel *Hegels Naturphilosophie – eine Metaphysik der Natur!* vorgetragen wurden. Der Abschnitt V geht auf einen Vortrag *Empirie und Logik. Hegels Rückgriff auf die physikalischen Zentralkräfte* vor der *Interdisziplinären Arbeitsgruppe Philosophie* an der *Universität GH Kassel,* 7.2.1986 zurück. Unpubliziert.

IX. Die Erkenntnismethode der mathematischen Naturphilosophie. Schleidens Kritik an Schellings und Hegels Verhältnis zur Naturwissenschaft ist erschienen unter dem Titel *Schleidens Kritik an Schellings und Hegels Verhältnis zur Naturwissenschaft. Prima Philosophia,* 4 (1991), 1, 33-52.

X. Schlußbetrachtungen: Natur und Technik. Unpubliziert.

Register

Namenregister

Agrippa von Nettesheim (1486-1533) 34
Agricola, G. (1494-1555) 27n
Algarotti, F. (1712-1764) 87n, 88n
Ampère, A.-M. (1775-1836) 31, 43f, 62ff, 68ff
Ampère, J.-J. (1800-1864) 67
Apelt, E. F. (1812-1859) 235, 242, 250
Aristotelismus 185
Augustinus, A, (354-430) 51n
Bacon, F. (1561-1626) 33n, 37, 259, 261
Bergmann, T. O. (1735-1784) 154n, 181
Bernoulli, D. (1700-1782) 86n, 92, 178
Berthollet, C. L. (1748-1822) 43, 181f, 189
Blumenbach, J. F. (1752-1840) 150n
Blumenberg, H. (1920-1996) 11, 16f, 19
Bohr, N. H. D (1885-1962) 21
Born, M. (1882-1970) 21
Boscovich, R. (1711 -1787) 96f, 192n
Brahe, T. (1546-1601) 219f
Bruno, G. (1548-1600) 3n, 224n
Buffon, G. L. L Comte de (1707-1788) 160ff
Cabanis, P. J. G (1757-1808) 44ff
Châtellet, G. E. la Tonnelier de Breteuil, Mar-
quise de (1706-1749) 89, 161
Clairaut, A. C. (1713-1765) 87n
Comte, I. A. M F. X. (1798-1857) 101n
Condillac, E. B. de (1714-1780) 22n, 29ff, 43,
59ff, 64f, 66n, 68f, 77, 79, 99ff, 105, 107,
108n, 113, 123, 130f, 137, 187n, 209, 217,
262
Condorcet, M. J. A N., Marquis de (1743-1794)
44, 54ff, 62n
Coriolis, G. G. (1792-1843) 83
Cuvier, G. (1769-1832) 74
D'Alembert, J. R. (1717-1783) 29ff, 38, 67, 92ff,
99ff, 116n, 117ff, 128, 131, 134n, 154, 157n,
164ff, 174, 186f, 255, 262
Darwin, C. R. (1809-1882) 15, 75f
Daunou, RC. F. (1761-1840) 44
Demokrit (460-371a) 185
Descartes, R. (1596-1650) 33n, 34ff, 38f, 44f,
57n, 62, 78, 82n, 86n, 88n, 98, 119, 159f,
167, 185, 197n, 250
Destutt de Tracy, A. L. C (1754-1836) 44, 58,
60ff
Diderot, D. (1713-1784) 100
Duhem, P. M. M (1861-1916) 11, 14f, 19
Duns Scotus, J. (1266-1308) 223n
Dürer, A. (1471-1528) 258, 259n
Einstein, A. (1879-1955) 11, 21, 155n, 193n,
228n
Epikur (341-270a) 177, 199
Erxleben, J. C. P (1744-1777) 88n
Euler, L. (1707-1783) 37, 87nf, 90, 92f, 95f,
158, 160f, 170
Fichte, J. G. (1762-1814) 68n, 195n, 240, 253
Fischer, E. G. (1852-1919) 181
Fontenelle, B. de (1657-1757) 87nf, 117n
Foucault, J. B. L (1819-1868) 83

Fourier, J. B.J (1768-1830) 44
Freind, J. (1675-1728) 80n, 185n
Franklin, B. (1706-1790) 97,
Fries, J. F. (1773-1843) 30ff, 156, 235, 238ff, 250
Galilei, G. (1564-1642) 33n, 36, 38, 259f
Gay-Lussac, J. L. (1778-1850) 68f
Gehler, J. S. T (1751-1795) 90ff
Géoffroy, E.-F. (1672-1731) 178ff, 185, 191
Ginguene, EL. (1748-1816) 44
Goethe, J. W. von (1749-1832) 180n, 232
Gravesande, W. J. van s' (1688-1742) 86n
Haller, A. von (1708-1777) 71
Halley, E. (1656-1743) 36, 157
Hamberger, G. E. (1697-1755) 87n
Hamilton, W. R. (1805-1865) 93
Hegel, G. W. F (1770-1831) 157f, 163n, 164,
    167n, 173ff, 179, 193n, 204ff, 246n, 253ff
Heidegger, M. (1889-1976) 23n, 258n
Heisenberg, W. (1901-1976) 21
Helmholtz, H. von (1821-1894) 97, 98n
Helvetius, C. A. (1715-1771) 60
Heraklit (540-475a) 189
Hertz, H. R. (1857-1894) 3n, 153, 193n
Hippokrates (450-370a) 189
Holton, G. (geb. 1922) 11, 20
Hooke, R. (1635-1702) 34, 36ff, 82
Hume, D. (1711-1776) 128, 139, 176n
Huygens, C. (1629-1695) 36, 82n
Jacobi, K. G.J (1804-1851) 93, 178
Jonas, H. (1903-1992) 265, 266n
Kant, I. (1724-1804) 3n, 30f, 66, 68f, 71n,
    80, 86n, 88n, 101, 114, 117, 125ff, 136n,
    137f, 139n, 140ff, 157n, 164, 169ff, 174f,
    179n, 189n, 205, 210n, 214, 217n, 235,
    238ff, 249, 262f
Kästner, A. G. (1719-1800) 90n
Keill, J. (1671-1721) 80n, 185n
Kepler, J. (1571-1630) 36, 38, 81, 89, 158, 185,
    219ff, 240, 259, 260n, 261
Kopernikus, N. (1473-1543) 38, 260
Koyré, A. (1892-1964) 11ff, 39n
Krafft, F. (geb. 1935) 17, 160

Kuhn, T. S. (1922-1996) 11ff, 19, 36nf, 98, 246n
LaCaille, N. L. de (1713-1762) 87nf, 232
Lagrange, J. L. (1736-1813) 9, 31, 92f, 95f, 221
Lakanal.J. (1762-1845) 44
Lamarck, J.-B. de (1744-1829) 10n, 44, 50n,
    62, 69ff
Laplace, PS. de (1749-1827) 29, 31, 88n
Lavoisier, A.-L. (1743-1794) 31, 43f, 62ff, 77,
    180n, 181, 202
Leibniz, G. W. (1646-1716) 31f, 34, 39, 77f, 83n,
    87f, 88n, 90n, 92f, 96f, 119, 144n,157n,
    159f, 175n, 182, 185, 200n, 225n, 227f
Leonardo da Vinci (1452-1519) 262
LeSage, G. L. (1724-1803) 160, 163, 187ff,
    197ff, 227n
Locke, J. (1632-1704) 29, 31, 44f, 52, 54, 60,
    77, 100f, 109, 111, 119, 121, 175n, 225n
MacLaurin, C. (1698-1746) 91, 92n, 232
Macquer, P. J. (1718-1784) 181
Maine de Biran, M.-F.-E (1766-1824) 67, 68n
Malthus, T. R. (1766-1843) 75f
Martin, B. (1704-1782) 88n, 129n, 226, 229,
    231
Maupertius, P. L. M de (1698-1759) 88n, 92
Mittelstraß, J. (geb. 1936) 18
Monge, G. (1746-1818) 31, 43f, 62ff, 77
Musschenbroek, P. (1692-1761) 87n
Nees von Esenbeck, C. G. D (1776-1858) 236,
    244
Newton, I. (1642-1727) 1, 8, 12, 15, 19, 28ff,
    43f, 55, 71, 77ff, 88n, 90ff, 95ff, 103, 117,
    119, 123, 125, 127, 129ff, 144, 150n, 153f,
    157ff, 164f, 168ff, 174, 176f, 178n, 182ff,
    187, 191ff, 194n, 197n, 204, 219ff, 226ff,
    232f, 240, 243, 250, 256, 261f
Nikolaus von Autrecourt (1300-1350) 146n
Ostwald, F. W. (1853-1932) 9f
Pemberton, H. (1694-1771) 87n
Petrus Hispanus (1219-1277) 223
Pfleiderer, C. F. von (1736-1821) 163n, 178,
    179n, 194n, 227n
Platon (427-347a) 222, 237, 259

Printed in the United States
By Bookmasters